化学与生物传感器

赵常志　孙　伟　编著

科学出版社
北　京

内 容 简 介

本书基于编者多年教学和科研的成果，结合近年来化学与生物传感器的发展和应用，比较系统地阐述了化学与生物传感器的基本原理、构造及应用。全书共9章，包括绪论、化学与生物传感器中的换能器、敏感膜和敏感元件的制备技术、电化学传感器、电化学生物传感器、光化学与生物传感器、其他化学与生物传感器、化学与生物传感器的应用、化学与生物传感器的未来。本书内容丰富，编排新颖，特别适合于教学和培训使用。

本书可供高等学校化学、应用化学、生物化学、环境化学以及相关专业本科生和研究生使用，还可供化学化工、生物技术、医疗卫生、药检质检、环境监测等部门的科研人员和分析检验人员参考。

图书在版编目(CIP)数据

化学与生物传感器/赵常志，孙伟编著.—北京：科学出版社，2012.3

ISBN 978-7-03-033604-0

Ⅰ.①化… Ⅱ.①赵… ②孙… Ⅲ.①化学传感器-高等学校-教材②生物传感器-高等学校-教材 Ⅳ.①TP212

中国版本图书馆CIP数据核字(2012)第027586号

责任编辑：陈雅娴 / 责任校对：刘小梅

责任印制：赵 博 / 封面设计：迷底书装

科学出版社 出版

北京东黄城根北街16号

邮政编码：100717

http://www.sciencep.com

固安县铭成印刷有限公司印刷

科学出版社发行 各地新华书店经销

*

2012年3月第 一 版 开本：720×1000 1/16

2025年1月第九次印刷 印张：15 3/4

字数：328 000

定价：58.00元

（如有印装质量问题，我社负责调换）

前　言

化学与生物传感器是一种在气相、液相或固相的介质中将化学或生物效应转变成可读信号的器件，是化学或生物组分测量仪器的核心装置。化学与生物传感器既属于化学与生物的范畴，也是微系统和当代信息产业的重要组成部分。化学与生物传感器是随着材料科学、电子技术的进步和计算机的应用而逐步发展起来的，涉及分析化学、物理化学、有机化学、生物化学、无机化学、材料化学、光学、电子学以及计算机技术等诸多学科。从生态环境的远距离监测设备、生产过程的自动控制装置、医疗中的血气监控仪，到家用煤气泄漏报警器和糖尿病人使用的血糖计，无不显示出化学与生物传感器的研究正在迅速发展，并已成为应用于工农业生产的专门技术和逐渐融入人们日常生活的“家用电器”。

鉴于化学与生物传感器的广泛应用和深入发展，在大学的相关专业开设这门课程已成为必然。目前我国许多高校已开设了这门课程作为本科生和研究生的选修课，编者之一就从2001年起讲授这门课程至今。尽管目前国内已有多种化学与生物传感器的专著出版，但均属于追踪研究的进展或学者使用的学术性专著，不适合高校教学的使用。为了适应大学本科和研究生的教学，满足相关科技工作者学习化学与生物传感器的需要，编者以2001年所编的“化学传感器”讲义为基础，结合近年来教学积累和科研成果，并在参考和引用国内外资料的基础上成就了这本拙作，以飨读者。

本书共9章，主要阐述了化学与生物传感的基本原理，叙述了几种典型的换能器，阐述了化学和生物敏感器件的制备方法和技术，具体介绍了各种化学与生物传感器的原理、构造和应用。希望读者通过阅读本书，能融合各专业的知识，了解学科交叉的优势，增强创造性思维，提高分析和解决实际问题的能力。

本书第1、2、4、6章，7.1、7.2、7.6节，8.1、8.2节由赵常志编写；第3、5、9章，7.3、7.4、7.5节和8.3节由孙伟编写。

感谢科学出版社和青岛科技大学对出版本书的支持和帮助。另外，收入本书中的有关编者的研究成果得到了国家自然科学基金、山东省自然科学基金和电分析化学国家重点实验室开放基金的资助，在此表示感谢。

本书面向的读者是高等学校的高年级本科生和研究生，以及相关专业的科技人员，因此在章节的安排和知识的切入点上有别于已出版的同类著作。另外，由于化学与生物传感器的迅速发展，加之编者水平有限，一些提法可能不妥或出现错误，恳请各位读者给予批评指正。

编　者

2011年10月于青岛

前 言

主要符号说明

Ab	抗体
A/D	模拟/数字
Ag	抗原
AP	碱性磷酸酶
APTS	3-氨基丙基三乙氧基甲硅烷
ATR	衰减全反射
BPE	B-藻红朊
CaMV 35S	花椰菜花叶病毒 35S 启动子
CCD	电荷耦合器件图像传感器
Ch	胆碱
ChOx	胆碱氧化酶,胆固醇氧化酶
CILE	离子液体修饰碳糊电极
CMCPE	化学修饰碳糊电极
CME	化学修饰电极
CNTs	碳纳米管
CPE	碳糊电极
CS	壳聚糖
CTAB	十六烷基三甲基溴化铵
CV	循环伏安(法)
DC	直流
DEAE	二乙基氨基乙基
DMF	*N*, *N*-二甲基甲酰胺
DNA	脱氧核糖核酸
DO	溶解氧
dsDNA	双链 DNA
DSP	高速数字信号处理器
ECL	电化学发光
EB	溴化乙锭
EDC	1-乙基-3-(3-二甲基氨丙基)-碳二亚胺
FAD	黄素腺嘌呤二核苷酸
$FADH_2$	还原型黄素腺嘌呤二核苷酸
Fc	二茂铁
Fc^+	二茂铁阳离子
FET	场效应晶体管
FOCS	光纤化学传感器
FS	满量程
FW	挠性波
GCE	玻璃碳电极
GOD	还原型葡萄糖氧化酶
GOPS	缩水甘油丙氧基甲基硅烷
GOX	氧化型葡萄糖氧化酶
GR	石墨烯
HCG	人绒毛膜促性腺激素
HPLC	高效液相色谱
HPTS	羟基芘三磺酸
HRP	辣根过氧化物酶
IC	集成电路
IECL	免疫电化学发光
IgG	免疫球蛋白
I/O	输入/输出
IOW	化学修饰波导管
ISE	离子选择性电极
ISFET	离子敏感场效应晶体管
ITO	氧化铟锡镀膜玻璃(导电玻璃)
IUPAC	国际纯粹与应用化学联合会
LB	朗格缪尔-布洛杰特
LDH	乳酸脱氢酶
LED	发光二极管
lel	最低爆炸限度
MAA	甲基丙烯酸
MALDI-TOF-MS	机制辅助的激光解析离子化时间飞行质谱
MIP	分子印迹聚合物
MISFET	金属-绝缘体-半导体场效应管
MIT	分子印迹技术

MOS 金属氧化物半导体
MOSFET 金属-氧化物-半导体场效应管
MOST 金属-氧化物-半导体晶体管
MSE 汞-硫酸亚汞电极
MtES 甲基三乙氧基硅烷
NAD^+ 氧化型烟酰胺腺嘌呤双核苷酸
NADH 烟酰胺腺嘌呤双核苷酸(辅酶 I)
NDIR 非发散性红外线
NOS 胭脂碱合成酶基因终止子
Nylon 聚酰胺纤维(尼龙)
OMC 有序介孔碳
ORP 氧化还原电位
PCR 聚合酶链反应
PDDA 聚二烯丙基二甲基氯化铵
PDMS 聚二甲基硅氧烷
PFPP 四(5-氟基酚)卟啉铁(Ⅲ)
PLC 可编程控制器
PMT 光电倍增管
PTS 光敏晶体管
PVA 聚乙烯醇
PVC 聚氯乙烯
QCM 石英晶体微天平
QD 量子点
RAM 随机存储器
REFET 参照场效应晶体管
RNA 核糖核酸
ROM 只读存储器
RSD 相对标准偏差
SA 自组装
SAW 表面声波
SCE 饱和甘汞电极
SESA 对 β-硫酸酯乙砜基苯胺
SH-APW 剪切水平声极板模式
SPR 表面等离子共振
SPW 表面等离子波
ssDNA 单链 DNA(寡核苷酸)
SWCNT 单壁碳纳米管
TDS 总溶解固体物
Teflon 聚四氟乙烯
TES *N*-三(羟甲基)甲基-2-氨基乙撑磺酸
Th 硫堇
THF 四氢呋喃
TMA 三甲胺
TMOS 四甲氧基硅烷
TOC 总有机膦
TPA 三丙胺
TSM 厚模剪切模式
uel 最高爆炸限度
WQMS 水质自动监测系统
XO 二甲酚橙
Y_{FS} 理论满量程输出
μTAS 微全分析系统

目　录

前言
主要符号说明
第1章　绪论 …… 1
1.1　传感器和传感器系统 …… 1
1.1.1　传感器的概念及其系统的组成 …… 1
1.1.2　传感器的作用与功能 …… 3
1.1.3　传感器的种类和名称 …… 4
1.2　分子识别与传感器 …… 7
1.2.1　分子识别 …… 7
1.2.2　感官与传感器 …… 8
1.2.3　生物传感器的响应机理和构造 …… 10
1.2.4　化学与生物传感器的性能参数 …… 12
1.2.5　化学与生物传感器的命名 …… 15
第2章　化学与生物传感器中的换能器 …… 16
2.1　电化学换能器 …… 16
2.1.1　电化学换能器的组成和相关理论 …… 16
2.1.2　电极、参比电极和辅助电极 …… 19
2.1.3　固体电极 …… 21
2.1.4　修饰电极 …… 22
2.1.5　pH电极 …… 22
2.2　半导体器件 …… 22
2.2.1　导体与半导体 …… 22
2.2.2　半导体器件的性质 …… 24
2.3　光化学换能器 …… 24
2.3.1　光电器件 …… 25
2.3.2　光导纤维 …… 26
2.3.3　光化学换能器的类型与原理 …… 27
2.4　石英晶振 …… 29
2.4.1　压电效应与逆压电效应 …… 30
2.4.2　声波质量换能器及频变原理 …… 30
2.5　其他换能器 …… 32
2.5.1　热敏电阻 …… 32

2.5.2 场效应晶体管 …… 33
2.5.3 光电极 …… 34
第3章 敏感膜和敏感元件的制备技术 …… 37
3.1 敏感元件的构成及材料 …… 37
3.2 敏感元件的制备方法和性能 …… 38
3.2.1 吸附法 …… 39
3.2.2 共价键合法 …… 42
3.2.3 聚合物包埋法 …… 44
3.2.4 交联法 …… 46
3.2.5 微胶囊法 …… 46
3.2.6 夹心法 …… 47
3.3 化学修饰电极 …… 47
3.3.1 CME 的分类 …… 47
3.3.2 CME 中基底电极的表面处理 …… 48
3.3.3 CME 的制备方法 …… 49
3.4 溶胶-凝胶技术 …… 53
3.5 光器件的化学修饰 …… 58
3.5.1 化学修饰玻璃材料 …… 58
3.5.2 化学修饰光纤 …… 60
第4章 电化学传感器 …… 62
4.1 半导体气体传感器 …… 62
4.1.1 半导体气体传感器的工作原理 …… 62
4.1.2 半导体气敏传感器的结构和主要性能 …… 64
4.1.3 燃气报警器 …… 65
4.2 电势型化学传感器 …… 66
4.2.1 离子选择性电极 …… 66
4.2.2 场效应管电化学传感器 …… 70
4.2.3 基于化学修饰电极的电势型传感器 …… 74
4.3 电流型化学传感器 …… 77
4.3.1 电流型气体传感器 …… 77
4.3.2 过氧化氢传感器 …… 82
4.3.3 无酶葡萄糖传感器 …… 83
第5章 电化学生物传感器 …… 87
5.1 电化学测试的基本原理 …… 87
5.1.1 电流型传感器的测量系统 …… 87
5.1.2 电流的产生及测量 …… 88
5.1.3 常用的控制电势技术 …… 92

5.2　电流型酶传感器 …… 95
5.2.1　电化学酶传感器的原理 …… 95
5.2.2　酶电极传感器的发展 …… 96
5.2.3　电流型酶传感器的研究 …… 98
5.3　电流型免疫传感器 …… 109
5.3.1　电流型免疫传感器的基本原理 …… 110
5.3.2　免疫分子的固定化技术 …… 111
5.3.3　电流型免疫传感器的分类 …… 115
5.3.4　电流型免疫传感器的应用 …… 116
5.3.5　电流型免疫传感器的发展 …… 118
5.4　电流型基因传感器 …… 120
5.4.1　电化学 DNA 传感器的基本原理与结构 …… 121
5.4.2　DNA 在电极表面的固定化方法 …… 122
5.4.3　杂交反应的电化学指示 …… 125
5.4.4　电流型 DNA 传感器的应用 …… 130
第 6 章　光化学与生物传感器 …… 133
6.1　光学式气体传感器 …… 133
6.1.1　非发散性红外线 CO_2 传感器 …… 134
6.1.2　烟尘浊度监测仪 …… 136
6.2　光化学传感器 …… 137
6.2.1　光纤化学传感器 …… 137
6.2.2　流控式光纤化学传感器 …… 140
6.3　光纤生物传感器 …… 144
6.3.1　光纤型酶传感器 …… 144
6.3.2　光纤免疫传感器 …… 145
6.3.3　光纤 DNA 传感器 …… 147
第 7 章　其他化学与生物传感器 …… 153
7.1　电化学发光传感器 …… 153
7.1.1　电化学发光原理 …… 153
7.1.2　直接浸入式电化学发光传感器 …… 155
7.1.3　电化学发光甲醛传感器 …… 156
7.1.4　电化学发光免疫传感器 …… 159
7.1.5　电化学发光 DNA 传感器 …… 161
7.2　压电晶体声波化学传感器 …… 164
7.2.1　压电石英晶体气体传感器 …… 164
7.2.2　压电石英晶体液体传感器 …… 167
7.3　表面等离子共振传感器 …… 168

7.3.1 SPR的基本原理 …… 168
7.3.2 SPR传感器的结构和组成 …… 171
7.3.3 SPR传感器中分子固定的方法 …… 173
7.3.4 SPR传感器的应用与发展 …… 174
7.4 分子印迹传感器 …… 177
7.4.1 分子印迹传感器的原理和特点 …… 177
7.4.2 分子印迹聚合物的常用制备方法 …… 180
7.4.3 分子印迹传感器的类型 …… 185
7.4.4 分子印迹传感器存在的问题 …… 189
7.5 纳米材料生物传感器 …… 191
7.5.1 纳米材料的性质及特点 …… 191
7.5.2 常用的纳米材料 …… 195
7.5.3 纳米材料生物传感器的研究 …… 198
7.6 光致电化学传感器 …… 199
7.6.1 基于无机半导体材料的光致电化学传感器 …… 200
7.6.2 基于染料的光致电化学传感器 …… 202
7.6.3 基于复合材料的光致电化学传感器 …… 206
第8章 化学与生物传感器的应用 …… 207
8.1 多参数水质监测传感器系统 …… 207
8.1.1 水质自动监测系统 …… 207
8.1.2 实时测量的氨氮传感器系统 …… 209
8.1.3 多探头传感器系统 …… 210
8.1.4 水源监测光纤阵列传感器 …… 211
8.2 便携式血糖测试仪 …… 212
8.2.1 血糖检测的意义 …… 212
8.2.2 血糖测试仪的检测原理、结构及其发展 …… 214
8.2.3 血糖测试电化学试纸的产业化开发 …… 215
8.3 基因芯片 …… 217
8.3.1 基因芯片的定义及特点 …… 217
8.3.2 基因芯片的工作原理 …… 219
8.3.3 基因芯片的应用 …… 226
8.3.4 基因芯片的发展及问题 …… 229
第9章 化学与生物传感器的未来 …… 231
9.1 化学与生物传感器的发展方向 …… 231
9.2 新型化学与生物传感器的开发与应用 …… 232
参考文献 …… 238
附录 …… 239
附录1 常用固体电极及其规格 …… 239
附录2 相关仪器及其主要性能 …… 239

第1章 绪 论

1.1 传感器和传感器系统

1.1.1 传感器的概念及其系统的组成

人和动物是依靠感官与自然环境相联系的。感官包括眼、鼻、耳、舌和皮肤等,人们通过这些感官感受自然,即感觉颜色、气味、声音、滋味和冷热等自然现象。感官不仅使人们感觉到生活的美好,更重要的是把人同自然和环境联系起来,使人类通过感知自然而认识自己所处的环境。所以,传感器最早来自"感觉"一词。人们用眼睛看,可以感觉到物体的形状、大小和颜色;用耳朵听,可以感觉到声音;用鼻子嗅,可以感觉到气味;用舌品尝,可以感觉到滋味;用手抚摸,可以感觉到物体的温度和硬度。这种视觉、听觉、嗅觉、味觉和触觉是人类感觉外界刺激所必须具备的感官,称为"五官",它们就是天然的传感器。

同人的感官相似,传感器是指一些能把光、声、力、温度、磁感应强度、化学作用和生物效应等非电学量转化为电学量或转换为具有调控功能的元器件。它们是能感受规定的被测量并按照一定的规律将其转换成可用信号的器件或装置,通常由敏感元件和转换元件组成。其中,敏感元件是指传感器中能直接感受或响应被测量的部分;转换元件是指传感器中将敏感元件感受或响应的被测量转换成适于传输或测量的电信号部分。

传感器是人类通过仪器探知自然界的触角,它的作用与人的感官相类似(图1-1)。计算机相当于人的大脑,传感器就相当于人的五官。人的五官如果出了毛病,大脑就不能得出正确的结论,行为就会陷入盲目性,由此可见传感器的重要性。在科学技术高度发达的现代社会中,人类已进入瞬息万变的信息时代,人们在从事工业生产和科学实验等活动中,主要依靠对信息资源的开发、获取、传输和处理。传感器处于研究对象与测控系统的接口位置,是感知、获取与检测信息的窗口,它提供系统赖以进行决策和处理所必需的原始数据。一切科学实验和生产过程,特别是在自动监测和自动控制系统中要获取的信息,都要通过传感器转换为容易传输与处理的信号。如果没有传感器对原始参数进行精确可靠的测量,如果传感器不能灵敏地感受被测量,或者不能把感受到的被测量精确地转换成电信号,其他仪表和装置的精确度再高也没有意义,无论是信号转换或信息处理,或者是数据的显示与控制,都将成为一句空话。不难看出,传感器是自动控制系统和信息系统的关键基础器件,其技术水平直接影响到自动化系统和信息系统的水平。自动化技术水平越高,测量环境越恶劣,对传感器技术的依赖程度就越大。所以传感器技术的日新月异必将对科学技术的迅猛发展、人类生存环境的监控,以及未来空间的拓展起到举足轻重的作用。

从"传感器"的字面来看,传感器不但要对被测量敏感,即"感",而且要把它对被

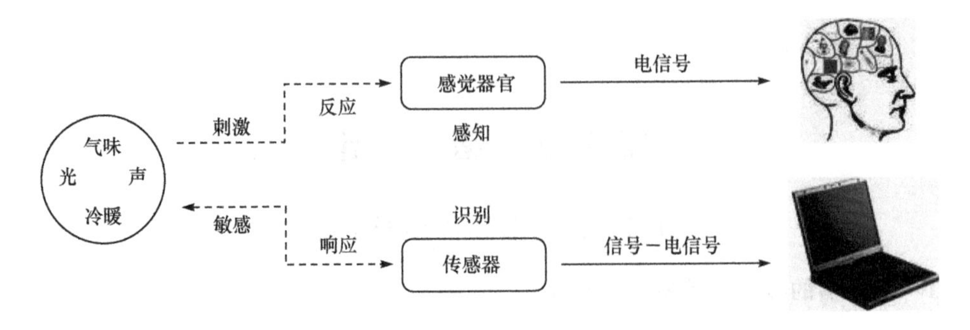

图 1-1　感觉与传感的比较

测量的信息传送出去，即“传”。所以，通常传感器在不同场合或行业又称为变换器、转换器、检测器、探测器（探头、探针）和敏感元（器）件等。传感器的英文一般用 sensor、transducer、detector、probe、sensing element 等表达。这些不同的提法反映出在不同的行业和领域中，它们是根据各自用途对同一类型的器件使用不同的技术术语。从仪器仪表学科的角度强调，它是一种感受信号的装置，所以称为“传感器”；从电子学的角度，则强调它是能感受信号的电子元件，称为“敏感元件”，如热敏元件、磁敏元件、光敏元件及气敏元件等；从环境监测的角度，则强调的是对物质成分和浓度的检测器，可称为“检测器”或“监测器”，如一氧化碳气体检测器、水质监测器。这些不同的名称在大多数情况下并不矛盾。例如，热敏电阻既可以称为“温度传感器”，也可以称为“热敏元件”。但有些情况下，则只能用“传感器”一词，如利用压敏元件并具有质量块、弹簧和阻尼等结构的加速度传感器很难用“敏感元件”等词来称谓，而只有用“传感器”才更为贴切。另外，某些提法在含义上比较狭窄，而传感器是使用最为广泛而概括的用词。

作为对外部环境及其变化具有某种响应的传感器，无论其外形、结构、检测对象如何，首先都要有选择性地“捕捉”或“接受”信息，然后把已感应到的信息按一定规律转换成某种可用信号而输出，以满足信息的传输、处理、记录、显示和控制等要求。应当指出，这里所谓的“可用信号”是指便于处理、传输的信号，一般为电信号，如电压、电流、电阻、电容、频率等。虽然光导纤维使光信号的传输变得快捷，但信号的处理、显示和控制还是电信号更方便。如今，人们使用着各种各样的传感器，电冰箱、微波炉、空调有温度传感器；电视机有红外传感器；录像机、摄像机有湿度传感器；液化气灶有气体传感器；汽车有速度、压力、湿度、流量、氧气等多种传感器。这些传感器的共同特点是利用各种物理、化学、生物效应等实现对被检测量的测量。可见，在传感器中包含两个必不可少的因素，其一是检测信号；其二是能把检测的信息变换成一种与被测量有确定函数关系的，而且便于传输和处理的量。例如，传声器（话筒）就是一种传感器，它感受声音的强弱，并转换成相应的电信号。又如，煤气报警器根据敏感元件能感受到气体浓度的变化，并把它转换成相应的电信号。

传感器是以敏感元件为主体，加上输入、输出及辅助单元而构成的，单独的敏感元件未必是实用的传感器。对物理型传感器而言,一般可由敏感元件单独构成,即可直接实现“被测非电量—有用电量”的转换;而对化学与生物传感器来说,通常必须通过前置敏感元件(感受器)预转换后,再由转换元件(换能器)进行二次转换才能完成,即只能间接实现“被测非电量—有用非电量(或非有用电量)—有用电量”的转换。此时,传感器的构成就相对复杂,须由敏感元件、转换元件和其他辅助器件等组成。实际上,传感器的具体构成方法视被测对象、转换原理、使用环境及性能要求等具体情况的不同而有较大差异,但最基本的传感器构成形式可由图1-2表示。

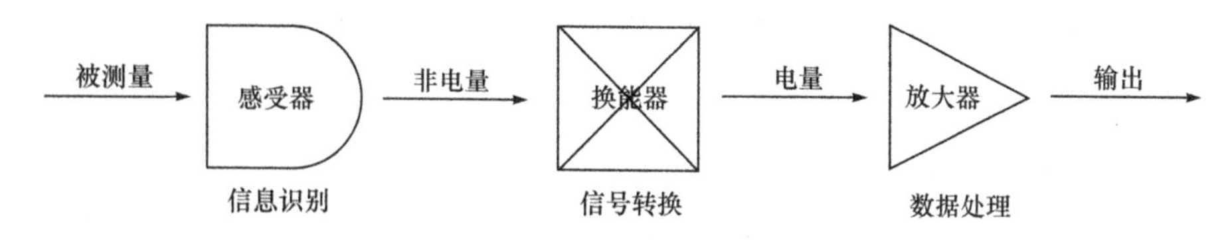

图1-2　传感器的基本构成形式

如图1-2所示,传感器一般由感受器和换能器组成,信号放大器、数据处理和显示输出常由附属或外部设备承担,一般不算作传感器的必需组成部分。感受器的作用是有选择性地“捕捉”或“接受”信号,使自己产生“响应”;换能器的作用则是把特定的“响应”按一定规律转换成某种可用信号而输出,以满足下一步信息的传输、处理、记录、显示和控制等要求。所以,作为敏感器件使用的传感器主要包括感受器和换能器,但要完成测量,一般还要有信号的放大和显示记录装置才能构成一个传感器系统。很多时候,传感器都是由感受器、换能器以及初级放大部件一起构成一个独立器件并作为测量控制系统的一部分而工作的。

1.1.2　传感器的作用与功能

1. 测量与数据采集

这是传感器最基本的功能,绝大多数传感器都能实现测量与数据采集。例如,科学研究中的实验测量、生态环境中的数据采集、产品制造中的数量计测以及销售中所需的计量统计等都需要传感器来完成。

2. 监测与控制作用

传感器能检测系统中处于某种状态的信息,并由此跟踪和控制系统的状态。例如,在企业的生产线上装备着各种各样的检测、显示与控制装置,以保证产品的正常生产和质量。在这些系统中,传感器首先对各种设备的运行参数和工作状态,原料、半成品和产品的质量和数量加以检测,显示在各类显示器上,提供给操作和监控人员进行控制和调节,或者传输指令给各种自动控制系统,如配料加料、温度调节、酸度控制、灌注包装等,以实现生产的自动化。高度自动化的工厂、设备、装置或系统可以说是传感器的大集成。从计算机集成制造系统、几十万千瓦的大型发电机组、连续生产的轧钢生产线,到无人驾驶的自动化汽车操纵系统,直至宇宙飞船或星际、航海、深海探测器等，均需配置数以千计的传感器，用以检测各种各样的工况参数，以达到运行监控的目的。

3. 检测与诊断作用

传感器对所关心的信号进行采集，然后判断是否合乎指标，能否正确工作。现在使用医用传感器可以对人体的表面和内部温度、血压及腔内压力、血液及呼吸流量、肿瘤、血液的分析、脉波及心音、心脑电波等进行高准确度的诊断，还能实现对病患的自动监测与监护。在环境保护方面，传感器可用于对大气、水质污染的检测，以及放射性和噪声的测量等。

4. 观测与探测作用

传感器是科学研究和工业技术的“耳目”。在基础科学和尖端技术的研究中，大到上千光年的茫茫宇宙，小到 10^{-13} cm 的粒子世界；长到数十亿年的天体演变，短到 10^{-24} s 的瞬间反应；高到 $5\times10^4\sim10^8$ ℃的超高温或 3×10^8 Pa 的超高压，低到 0.01 K 的超低温或 10^{-13} Pa 的超真空；强到 25 T 以上的超强磁场，弱到 10^{-11} T 的超弱磁场，要检测如此极端巨微的信息，单靠人的感官或一般电子设备已无能为力，必须借助配有相应高精度的传感器系统。因此，某些传感器的发展是一些边缘科学研究和高新技术开发的先驱。资源探测传感器可用于陆地、海洋、气象、太空资源以及空间环境等方面的测量，如测定农田土地实际状态、作物分布，预防判断灾情，掌握森林资源、海洋资源、渔业资源等。

5. 建设现代生活

传感器在家庭生活中已得到普遍应用，各种电子产品的遥控器，监测煤气泄漏的报警器，空调、电热水器、电冰箱和电饭锅中使用的温度传感器，糖尿病人使用的血糖仪，这些传感器为家庭生活提供了方便，性能安全可靠且能够节省能源。有统计资料表明，家用电器中所采用的热敏传感器占热敏传感器总产量的 40%左右。

传感器在生活、生产和科技领域有着非常广泛的应用。日本把传感器技术列为 20 世纪 80 年代十大技术之首，美国把传感器技术列为 20 世纪 90 年代的关键技术，而我国有关传感器的研究和应用方兴未艾。

1.1.3 传感器的种类和名称

对不同应用领域、不同行业的成千上万种传感器进行分类本身就是一门科学，正确、科学地分类取决于对传感器认识的程度与水平。对传感器进行分类将有助于从总体上认识和掌握传感器，并且对传感器的开发与应用都具有重要意义。传感器的种类繁多，一种被测量可以用不同的传感器来测量，而且传感器的原理多种多样，同一原理的传感器可以应用于不同领域。因此，对传感器的分类是仁者见仁，智者见智，分类的方法也是多种多样。对比人的感官，从理论上传感器可以按表 1-1 来分类。但实际上，对传感器这样一个品种繁多、结构和功能多种多样的大家庭，至今国内外还没有一个统一的被普遍接受的分类方法。传感器可以按被测量、能源种类、工作机理(作用原理)、使用要求、技术水平等进行分类。按被测量主要有位移、压力、力、速度、温度、流量、气体成分等传感器；按能量种类分为机、电、热、光、声、磁六种能量传感器；按工作机理可分为结构型(空间型)和物性型(材料型)两大类。结构型传感器是依靠传感器结构参数的变化实现信号变换，从而检测出被测量，这是目前应用最多、最普遍的传感器；物性型传感器是利用某些材料本身的物性变化来实现被测量的变换，其主要是以半导体、电介质、磁性体等作为敏感材料的固态器件。结构型传感器常采用按能源种类再分类，如机械式、磁电式、电式等；物性型传感器主要按其物性效应再分类，如压电式、压磁式、磁电式、热电式、光电式、仿生式等。按所使用的材料可以将传感器分为陶瓷传感器、半导体传感器、复合材料传感器、金属材料传感器、高分子材料传感器等；按技术水平传感器又可分为普通型和先进型两大类。

表 1-1　人的感官与传感器的比较

人的感觉	感官	传感器	传感器的归属
视觉	眼	光控传感器	
听觉	耳	声控传感器	物理传感器(光控～温度传感器)
触觉	皮肤	压力传感器	
		温度传感器	
		气体传感器	
嗅觉	鼻	气味传感器	化学传感器(温度～离子传感器)
		鲜度传感器	
味觉	舌	离子传感器	生物传感器(气味～基因传感器)
		酶传感器	
病状	内分泌系统	免疫传感器	
		基因传感器	

1. 物理传感器

物理传感器(physical sensors)是利用某些变换元件的物理性质或某些功能材料的特殊性能制成的传感器。它是利用某些物理效应，把被测的物理量转化为便于处理的能量形式信号的装置，其输出的信号和输入的信号有确定的关系。主要的物理传感器有光电式传感器、压电式传感器、压阻式传感器、电磁式传感器、热电式传感器、光导纤维传感器等。物理传感器一般是直接利用物理型元器件的性质制备的，如光电效应、压电效应、热敏效应、压敏效应、热敏效应等。目前，人们的工业生产和日常生活都离不开物理传感器，它在生态环境监测中也逐渐发挥越来越重要的作用。例如，以前的海啸报警系统的基础是地震检波仪，当检测到海底出现大的、浅的地震时，就可能出现海啸。

但是这个方法并不是很准确，常会发出错误的警告，因为并不是每次地震都会引起海啸。为了克服这个缺点，海啸报警装置被换成了安放在海底的压力传感器，这些传感器可以检测到在其上路过的轻微的海啸。日本和美国都相继在其海岸线下沿着电缆线放置了一系列海底压力传感器，当这些传感器检测到海啸时，安放在旁边的浮标就通过卫星将信号传到海岸上，使人们及时得到预警，避免可能发生的危险。另外，物理传感器不仅本身是物理传感器家族的重要成员，化学和生物传感器的基体往往是物理传感器或与物理传感器相关的元件，灵活运用物理传感器必然能够创造出更多的产品，产生更好的效益，因此物理传感器也是其他类型传感器发展的基础。

2. 化学与生物传感器

化学传感器(chemical sensors)是能够将各种化学物质(电解质、化合物、分子、离子等)在自然环境中的存在形式定性和定量地转换成有用信号而输出的装置。它一般由感受器(receptor)与换能器(transducer)组成，感受器具有化学敏感层的分子识别结构，换能器是可以进行信号转换的物理传感装置。待测物质经具有分子识别功能的感受器识别后，所产生的化学信号由换能器转化为与分析物特性有关的电信号或者光信号输出，再经由电子线路，通过仪表进行信号的再加工，构成分析装置和系统。因而，化学传感器是应用化学反应中产生的各种信息及其变化(如光效应、热效应、场效应和质量变化等)而设计的各种精密而灵敏的检测装置，其工作原理如图 1-3 所示。在科学研究、工农业生产和环境保护等很多领域，化学量的检测与控制技术正在得到越来越广泛的应用，而化学传感器是这个过程的首要环节。随着现代科学技术的不断发展，新原理、新材料的不断发现，以及加工工艺的不断发展和完善，化学量传感器的发展也异常迅速，品种越来越多，涉及的学科也越来越多，这就使得化学传感器成为一个多学科交叉、综合性很强的技术学科，同时是一门实用性很强的技术科学。

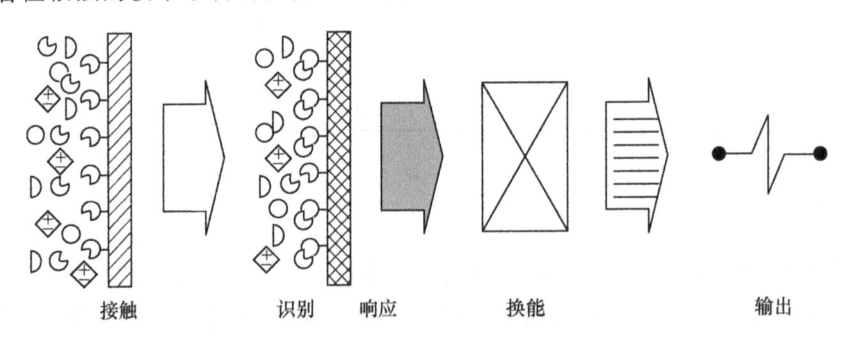

图 1-3　化学与生物传感器的响应机理

生物传感器(biosensors)是一种特殊的化学传感器，它以生物活性单元(如酶、抗体、核酸、细胞等)作为敏感基元，能对被测物进行高选择性地识别，通过各种理化换能器捕捉目标物与敏感基元之间的作用，然后将作用的程度用离散或连续的信号表达出来，从而得出被测物的种类和含量。生物传感器具有选择性高，响应速度较快，操作简易和仪器价格低廉等特点，还可能进行连续监测和在体分析。随着生物传感器的自动化、微型化与集成化，减少了对使用技术的要求，非常适合复杂体系的在线监测和野外现场分析，在生化、医药、环境、食品以及军事等领域有着重要的应用价值。

化学与生物传感器是当代信息产业的重要组成部分，是传感器的一个重要分支。它是一种能在气相、液相或固相的化学和生物物质中传递信息的器件，是当代新型物质检测方法和化工生产流程的计测、控制手段，也是一种重要的分子识别技术。如果从“测量”的角度来说，化学与生物传感器属于分析化学的研究领域。但由于它是随着材料科学、电子技术的进步和计算机的应用而逐步发展起来的，涉及分析化学、物理化学、有机化学、生物化学、无机化学、光学、电子学以及计算机技术等诸多学科，因而已经远远超过了分析化学的范畴。目前，化学与生物传感器是迅速发展着的尖端技术，是正在应用于工农业生产的专门技术，也是逐渐融入人们日常生活的“家用电器”。大到生产过程的自动控制装置和竖立街头的污染气体指标显示装置，小到煤气报警器和血糖计，化学与生物传感器已融入工农业生产和人们的日常生活中。

1.2　分子识别与传感器

1.2.1　分子识别

分子识别(molecule recognition)，更广义地也称分子认识，原属于细胞生物学的细胞通信与信号转导中的概念，指分子间特异性结合的相互作用。例如，tRNA 分子与氨酰 tRNA 合成酶的相互作用，免疫细胞与抗原之间的相互作用等。其实，早在 1894 年，德国化学家费歇尔(E. Fischer，1852—1919，1902 年诺贝尔化学奖得主)就建议以“锁和钥匙”的比喻来描述酶与底物的专一性结合，并称之为识别。所以，分子识别这一概念最初是被用来在分子水平上研究生物体系中的化学问题而提出，用以描述有效且有选择性的生物功能。随着科技的发展和学科的交叉，从 20 世纪 80 年代后期开始，分子识别的概念已扩展为表示主体(受体)对客体(底物)的选择性结合并产生某种特定功能的过程。分子识别的实质是分子之间精密地交换信息，彼此相互认识的过程。在此过程中，其外在的环境固然是重要的，但其相互作用与否取决于彼此的分子结构，即是否有“锁和钥匙”或“楔和铆”的关系。化学性分子识别和生物学特异性相互作用都是通过化学基团的作用来实现的，其区别是生物特异性作用更复杂，是生命大分子间有关基团的“集团”作用。

分子识别是在特定的条件下通过分子间作用力的协同作用达到相互结合的过程，两种分子的作用部位是否有“凸和凹”的结构，能否相互“照应”，成为实现这一过程的关键。所以，分子携带的电荷、基团的亲疏水性质、分子之间化学键或氢键的形成、生物酶对底物的催化、抗体(Ab)和抗原(Ag)的特异性结合都可能是实现这一过程的途径。

1990 年，科学家发现钌的联吡啶和邻菲咯啉类配合物的旋光异构体对 DNA 具有不同的作用，图 1-4 是配合物$[Ru(phen)_2(dppz)]^{2+}$的 Λ 体和 Δ 体，它们互为镜像异构，$[Ru(phen)_2(dppz)]^{2+}$本身不发光，但当有 DNA 存在时，Δ 体的发光强度是 Λ 体的

10 倍。因此 [Ru(phen)$_2$(dppz)]$^{2+}$ 的 Δ 体好像一个 DNA 的“光开关”,可以识别微量的 DNA。不难想像,反过来类似的识别可以选择性地制备手性化合物。同样,若开发出固态的可代替电开关的“光开关”,就能大大加快信息的交换速度。

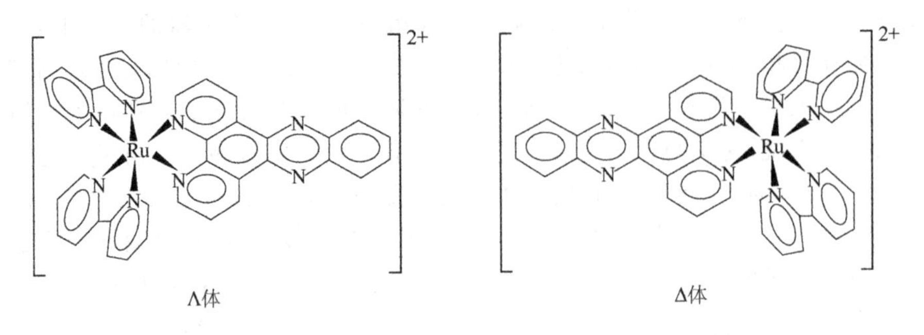

图 1-4　配合物[Ru(phen)$_2$(dppz)]$^{2+}$的 Λ 体和 Δ 体

这种能与其他分子、蛋白或细胞结合并用于这些分子、蛋白或细胞结构的定位、性质等分析的分子,即专用于识别某些物质的分子称为分子探针(molecular probe)。图 1-4的配合物[Ru(phen)$_2$(dppz)]$^{2+}$、核酸杂交所用的寡核苷酸、标记癌细胞的荧光化合物等都可以称为分子探针。某些分子探针能利用本身或发生反应后具有的特殊性质(如放射性、荧光、电流变化等)识别目标分子,如[Ru(phen)$_2$(dppz)]$^{2+}$、罗丹明 6G、绿色荧光蛋白 GFP。而有些分子探针虽然与待识别物质相作用,但无法给出明显的物理信息,需要用能伴随生化反应而给出物理信号的物质标记,使分子探针由“隐性”变为“显性”,便于识别与检测。这种标记分子探针或目标分子的物质称为标记物,如一些染色剂、酶、量子点纳米材料等。

1.2.2　感官与传感器

在具体叙述生物传感器之前,先来观察一下生物感官中的视觉和嗅觉器官和与之对应的传感器。

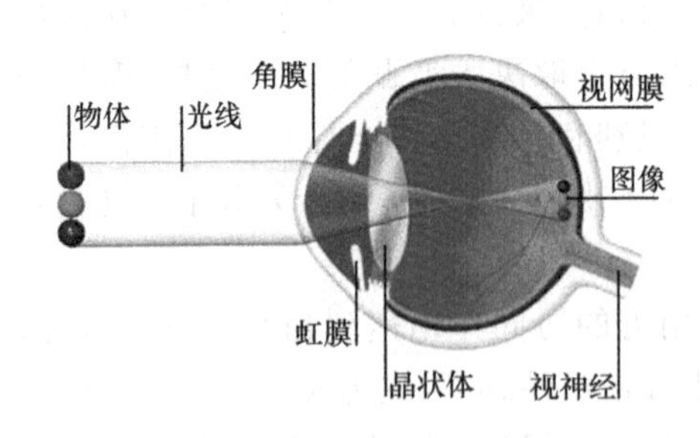

图 1-5　眼睛的构造和视物原理

眼睛(图 1-5)是一个可以感知光线的器官。最简单的眼睛结构可以探测周围环境的明暗,更复杂的眼睛结构可以提供视觉。复眼通常在节肢动物(如昆虫)身上发现,它由很多简单的小眼面组成,并产生一个影像。在很多脊椎动物和一些软体动物中,眼睛通过把光投射到对光敏感的视网膜成像,在视网膜上光线被接受并转化成信号,通过视神经传递到脑部。如图 1-5 所示,人的眼睛是位于眼眶内的球状体。眼球的外壁由角膜和虹膜组成,起维持眼球形状和保护眼内组织的作用。角膜是眼球前部的透明部分,呈椭圆形,略向前突,光线经此射入眼球,是接受信息的最前哨入口。角膜富含神经,感觉敏锐,除了是光线进入眼内和折射成像的主要结构外,也起保护作用。角膜前的一层泪液膜有防止角膜干燥、保持角膜平滑和光学特性的功能。虹膜呈环圆形，位于晶体前，为致密的胶原纤维结构，有辐射状皱褶，表面含不平的隐窝，呈乳白色，质地坚韧。不同种族人的虹膜颜色不同。位于虹膜中央的圆孔称为瞳孔。眼球的中部主要为眼内腔，包括前房、后房和玻璃体腔，内容物包括房水、晶状体和玻璃体。三者均透明，与角膜一起共称为屈光介质。房水由睫状突产生，有营养角膜、晶体及玻璃体，维持眼压的作用。晶状体为富有弹性的透明体，形如双凸透镜，位于虹膜和瞳孔之后、玻璃体之前。玻璃体为透明的胶质体，充满眼球后4/5的空腔，主要成分为水。玻璃体有屈光作用，也起支撑视网膜的作用。眼球的后部为视网膜，它是一层透明的膜，也是视觉形成的神经信息传递的第一站，具有很精细的网络结构及丰富的代谢和生理功能。视网膜的视轴正对终点为黄斑中心凹，其黄斑区是视网膜上视觉最敏锐的特殊区域。视神经是中枢神经系统的一部分，视网膜所得到的视觉信息经视神经传送到大脑。

摄像头(图1-6)主要由光圈、镜头、电荷耦合器件(charge coupled device，CCD)图像传感器和图像处理器组成。光圈相当于眼睛的瞳孔，控制进入的光线；镜头相当于晶状体，起聚焦的作用；CCD相当于视网膜，将光线产生的影像变成数字信号。摄像头的工作原理是：景物通过镜头生成的光学图像投射到CCD表面上，转为电信号，然后经过A/D(模拟/数字)转换后变为数字图像信号，送到图像处理器加工处理，再由USB接口传输至计算机，最后由显示器观看图像。比较眼睛和摄像头的结构和功能可以发现，它们的关键部件是相同或相似的，只是眼睛的生理构造更复杂一些，而摄像头属于物理传感器，相对于化学与生物传感器则简单得多。

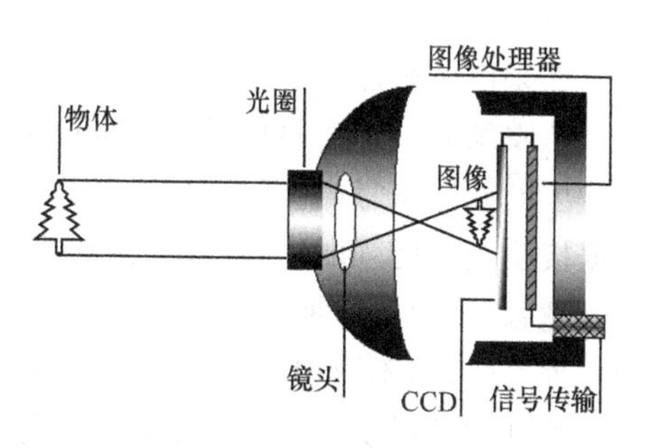

图1-6 摄像头的构造和工作原理

再来看看人的嗅觉器官(图1-7)。人的鼻子由两个鼻孔组成，中间由鼻中隔分开。每个鼻孔有鼻前庭、鼻甲、鼻道、副鼻窦，上、中、下三个鼻甲把鼻腔隔成上、中、下三个鼻道。在上鼻甲和鼻中隔区间的黏膜内有许多嗅细胞，这些嗅细胞就是人的嗅觉接受器。上鼻甲内通常有5～12 cm^2 的黏膜，在黏膜里有三种嗅细胞，围绕嗅细胞的支持细胞是嗅细胞的1/6～1/7，并含有刺激黏液分泌的颗粒。黏液层有数十微米厚，上鼻甲黏膜不仅有保护黏液组织的作用，还承担接受气体的角色。嗅细胞直径仅有数微米，上方有嗅纤毛、嗅小胞，下方直接与嗅神经相连。嗅细胞吸附气体后，嗅细胞膜膜电势会发生改变，产生脉冲电流(神经信号)，嗅细胞本身携带有神经细胞，因此脉冲电流直接传给嗅神经，从而将气味的信号传至大脑。一般人的嗅细胞数为20万个，牛蛙有800万个，牧羊犬达2亿个。

由人的鼻子设想一下电子鼻，即嗅觉传感器的构造，可能就没有视觉传感器即摄像头那么简单了。因为气味要比光线复杂得多，嗅觉是最复杂的一种化学过程，鼻子的一个敏感神经元对应一种气味。人的嗅觉细胞有能力分化10 000种不同气味，但实际上

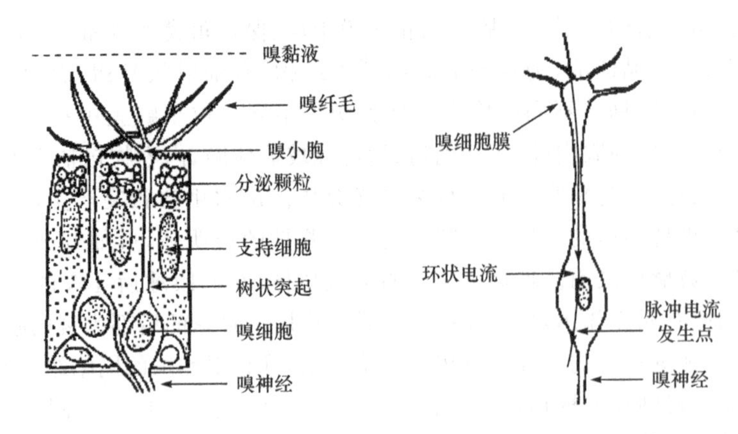

图 1-7　嗅细胞及其嗅觉信号的传递

人的鼻子大约只能分辨出 350 种不同的气味，远远少于能分辨出 1000 种气味的狗和老鼠。如果电子鼻能识别 100 种不同的气味，就要有 100 个相应的敏感单元。

从嗅细胞设想生物传感器的构成可以想到，作为感受器的嗅细胞膜受体受到刺激后产生的脉冲信号（神经信号）通过神经传达到脑细胞，从而完成信息的传递。嗅细胞根据接受刺激的强弱，即环境气体的浓度大小，产生频度不同的脉冲信号。浓度越大，刺激越强，产生的脉冲信号的频度就越高。细胞膜受体可以有几个感受部位，可能会识别几种气味，但不会识别全部的气味，如某些昆虫专门感知性荷尔蒙的嗅细胞。

嗅细胞的膜受体是如何吸附气体分子的，其机理是什么，对此人们虽然还不完全清楚，但是有几点是明确的：

(1) 膜受体具有接受相应气体分子的“孔穴”，即膜受体与气体分子存在特征反应的部位，好比卯、榫的凹、凸关系。

(2) 嗅细胞的膜受体是具有识别能力的分子集合体，它能够以体积大小、亲疏水性、氢键等作用来认识相应的气体分子。

(3) 嗅细胞膜受体上可能有几种“凹”的识别部位，如果气体分子具有相应的“凸”部位，膜受体就会与该气体分子作用而产生脉冲信号。

嗅细胞对响应分子的感度主要取决于嗅细胞的性质，也受环境条件和嗅细胞疲劳程度的影响。感度是引起嗅细胞响应的某种气味浓度的最小值，它随物种的不同而不同。人对臭味的这一数值为 4×10^{-10} mg/L，对苯酚的为 4×10^{-3} mg/L，但比狗的则低了 100 万倍。

1.2.3　生物传感器的响应机理和构造

作为对一定生化物质具有某种响应的生物传感器，目前虽无法达到生物感官那样精密和敏感，但就要求和构成是很相似的。无论生物传感器的外形、结构、检测对象如何，都必须要有一个类似于味蕾或嗅细胞膜的感受器——敏感膜，它能像膜受体一样有选择性地“捕捉”自己感兴趣的目标物质。如图 1-8 所示，当生物传感器的敏感膜与被测物接触时，敏感膜上的某种功能性或生化活性物质就会从众多的化合物中挑选出自己喜欢的分子并与其产生作用。正是由于这种特殊的作用，生物传感器具有选择性识别的能力。生物传感器敏感膜上的功能性物质或生化活性物质可以是半导体材料、显色剂、高分子材料、氧化剂或还原剂，可以是酶、辅酶、抗原或抗体，也可以是细菌或生物组织，甚至可以是某种病毒。这些功能性物质与目标生物分子之间的特殊作用可以是吸附、螯合、包接、电子转移，也可以是催化、助催化、免疫，甚至是人们现在解释不清的机理。

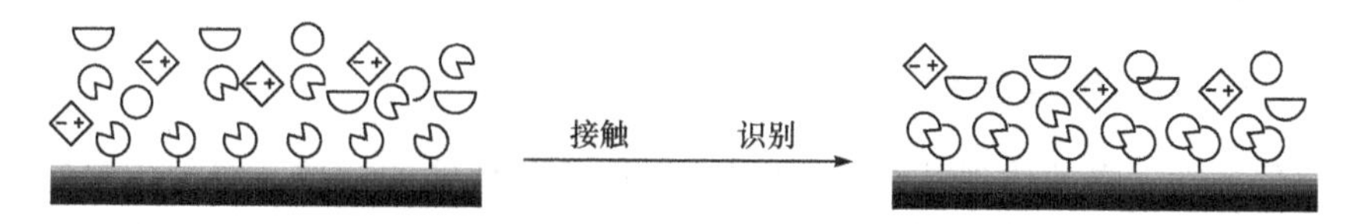

图 1-8　敏感膜对生物分子的选择性作用

图 1-9 是一种利用二茂铁(Fc)作为媒介物制备的葡萄糖酶电极对葡萄糖的响应机理及其传感器模拟图。其电流响应是在还原型葡萄糖氧化酶(GOD)的作用下，葡萄糖(glucose)被氧化为葡萄糖酸(gluconic acid)，再由氧化态的二茂铁(Fc^+)将还原型葡萄糖氧化酶氧化为氧化型葡萄糖氧化酶(GOX)，最后葡萄糖电极将二茂铁氧化而产生的。

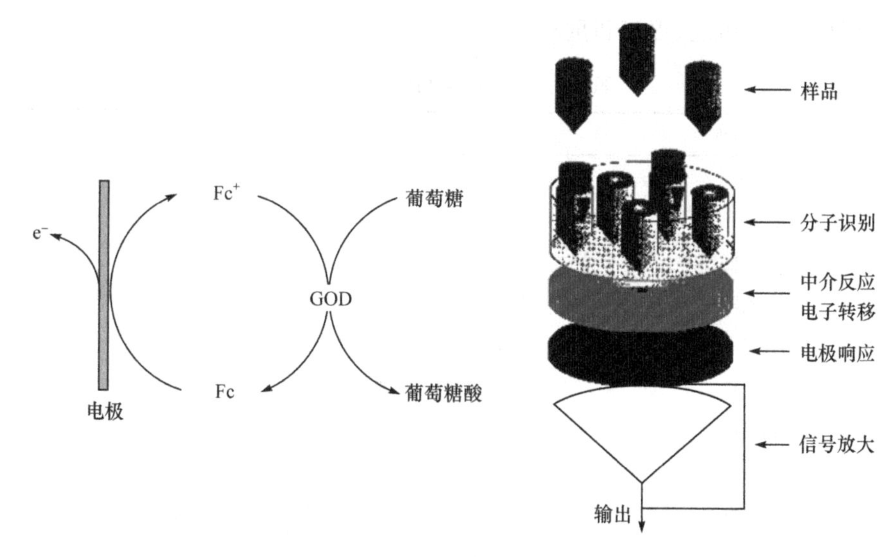

图 1-9　二茂铁-酶电极对葡萄糖的响应机理及其传感器模拟图

生物传感器除了感受器之外，还要有一个类似于味细胞突触的部分，它负责将生化反应变成一种可解读的信号，这部分称为换能器。当然，也可以像嗅细胞一样，将感受器和换能器揉为一体。生物传感器的感受器“捕捉”到被测物后，感受器的敏感物质与被测物相互作用所产生的生物化学变化不能直接被解读，换能器的作用就是将这些变化转换为电流、电压、电导率、吸光度、荧光、频率、声强和热量等能够记录和进一步处理的信息，将来自感受器的次级信号转换成输出信号。图 1-9 中的电极就是生物传感器中一种常用的换能器。

虽然生物传感器还需要壳体和引线等辅助部件(类似动物感官的肌肉、神经等)才能构成一个完整的传感器,但要完成测量,一般还要有信号的放大和显示记录装置。对于简便的电化学型生物传感器,感受器、换能器和放大、显示记录装置可能构成一个整体传感器,但很多时候,生物传感器都是由感受器、换能器或和初级放大部件一起构成生物传感器件并作为测量控制系统的一部分而工作的。

1.2.4　化学与生物传感器的性能参数

1. 一般传感器的性能参数及其表达

传感器的性能参数体现其性能的优劣,是评价其性能的标准。测量传感器的性能参数是研制与使用传感器都要进行的工作,对传感器性能参数的正确表述也是传感器商品化的重要内容。对传感器性能的表述主要有响应特性和工作特性等,但广义上传感器的主要功能是对信号进行转换。因此,一般根据传感器的输入量(q)与输出量(p)来评定其性能参数。传感器常用的性能参数及其意义见表 1-2。大多数传感器都是输入量与输出量成正比。但在实际工作中,由于非线性(高次项的影响)和随机变化等因素的影响,不可能是线性关系。所以,衡量传感器静态特性的主要技术指标是量程与测量范围、线性度、灵敏度、迟滞和重复性等。

表 1-2　传感器常用的性能参数

参数名称	意　　义
噪声	$q=0$ 时的 $p(p_N)$
零点漂移	$q=0$ 时的 Δp
灵敏度	$\Delta p/\Delta q$
检测限	$p/p_N=2.5$ 时的 q
分辨率	$(\Delta q)_{min}/q_{max}$
稳定性	p 不随时间变化的能力
精确度	p 与“真值”的接近程度
精密度	p 的标准偏差
响应时间	从接触样品时算起 p 达到平均值 95%的时间
迟滞	在 q 时的 Δp

量程与测量范围　在规定的测量特性内,传感器在规定的精确度范围内所测量的被测变量的范围称为测量范围,其最高值与最低值分别称为上限与下限,上限值与下限值的代数差就是量程。

线性度　线性度又称非线性,用于表征传感器输出、输入的实际标定曲线与理论直线(或拟合直线)的不一致性。通常以理论满量程(FS)的相对误差来表示,即

$$\delta_L=\pm(\Delta L)_{max}/Y_{FS}\times 100\%$$

式中，$(\Delta L)_{\max}$为在满量程的范围内，实测曲线与理论直线间的最大偏差；Y_{FS}为理论满量程输出。当进行多次校准循环时，以最差的线性为准。线性度如不附加说明参考何种拟合直线是没有意义的。选择对于规定的拟合直线所确定的线性特性，应在线性之间冠以不同的说明词(如端点线性)或加上“参考最佳直线”这样的附注。选择拟合直线的原则应保证获得尽量小的非线性误差，并考虑到使用与计算的方便。几种目前常用的拟合方法有理论直线法、端点直线法、最佳直线法、最小二乘法直线法。

灵敏度 灵敏度是指传感器在稳态下输出量增量与被测输入量增量之比，即

$$S = \mathrm{d}y/\mathrm{d}x$$

显然，线性传感器的灵敏度是拟合直线的斜率；非线性传感器的灵敏度通常也是用拟合直线的斜率表示，非线性特别明显的传感器灵敏度可以用 $\mathrm{d}y/\mathrm{d}x$ 表示，或用某一小区间(输入量)内拟合直线的斜率表示。

迟滞(滞后) 迟滞特性是反映传感器正(输入量增大)反(输入量减小)行程过程中，输出-输入曲线的不重合程度。也就是说，对应同一大小的输入信号，传感器正反行程的输出信号的大小却不相等，这就是迟滞现象。产生这种现象的主要原因是传感器机械部分存在不可避免的缺陷，如轴承摩擦、间隙、紧固件松动、材料的内摩擦、积尘等。迟滞的大小一般用实验方法确定。实际评价用正反行程输出的最大偏差$(\Delta H)_{\max}$与理论满量程输出的百分比来表示，即

$$\delta_{\mathrm{H}} = \pm(\Delta H)_{\max}/Y_{\mathrm{FS}} \times 100\%$$

重复性 重复性是衡量传感器在同一工作条件下，输入量按同一方向作全量程连续工作多次变动时，所得特性曲线间一致程度的指标。各条特性曲线越靠近，重复性越好。重复性的好坏与许多随机因素有关，它属于随机误差，要按统计规律来确定。通常用标定曲线间最大偏差对理论满量程输出的百分比表示，即

$$\delta_{\mathrm{R}} = \pm(\Delta H)_{\max}/Y_{\mathrm{FS}} \times 100\%$$

分辨力 分辨力是指传感器在规定测量范围内所能检测出被测输入量的最小变化量。有时对该值用满量程输入值的百分数表示，则称为分辨率。

阈值 阈值是指能使传感器的输出端产生可测变化量的最小被测输入量值，即零点附近的分辨能力。有的传感器在零位附近有严重的非线性，形成所谓“死区”，则将死区的大小作为阈值。更多情况下，阈值主要取决于传感器噪声的大小，因而有的传感器只给出噪声电平。

稳定性 稳定性又称长期稳定性，即传感器在相当长时间内仍保持其原性能的能力。稳定性一般以室温条件下经过一规定时间间隔后，传感器的输出与起始标定时的输出之间的差异来表示，有时也用标定的有效值来表示。

漂移 漂移是指在一定时间间隔内，传感器的输出存在与被测输入量无关的、不需要的变化。漂移常包括零点漂移和灵敏度漂移。零点漂移或灵敏度漂移又可分为时间漂移和温度漂移，即时漂和温漂。时漂是指在规定的条件下，零点或灵敏度随时间有缓慢变化；温漂是指由周围温度变化所引起的零点或灵敏度的变化。

相间干扰 相间干扰只存在于传感器(两相或三相等)中，一般若给其中一相加载，

其他各相的输出应为零，但实际上其他相的输出端仍有信号输出，二者比值的百分数就是相间干扰。

静态误差 静态误差是评价传感器静态特性的综合指标，指传感器在满量程内，任一点输出值相对其理论值的可能偏离(逼近)程度。静态误差的计算方法国内外尚不统一，目前常用的方法有将线性、滞后、重复性误差用几何或代数法综合表示。

动态特性 动态特性是指传感器对随时间变化的输入量的响应特性。一般来说，总是希望传感器的输出随时间变化的关系能复现输入量随时间变化的关系，但实际上除了具有理想比例特性的环节以外，输出信号不会与输入信号完全一致。这种输出与输入之间的差异称为动态误差，研究这种误差的性质称为动态特性分析。传感器的动态响应特性可以分为稳态响应特性和瞬态响应特性。所谓稳态响应特性是指传感器在振幅稳定不变的正弦形式非电量作用下的响应特性。稳态响应的重要性在于，工程上所遇到的各种非电量变化曲线都可以展开成傅里叶级数或进行傅里叶变换，即可以用一系列正弦曲线的叠加来表示原曲线。因此，当已知道传感器对正弦变化的非电量的响应特性后，也就可以判断它对各种复杂变化曲线的响应了。所谓瞬态响应特性是指传感器在瞬变的非周期非电量作用下的响应特性。瞬变的波形多种多样，一般只选几种比较典型规则的波形对传感器进行瞬态响应的分析。例如，阶跃、脉冲和半正弦等，其中阶跃信号可能是输入信号中最差的一种，传感器如能复现这种信号，则说明该传感器瞬态响应特性较好。

2. 化学与生物传感器的主要性能参数及表示方法

对于化学与生物传感器来说，不仅要考虑换能器的性能，更重要的是要表达出感受器的性能，所以有几项参数(包括表 1-2 列出和未列出的)是衡量传感器性能的重要指标。它们分别是响应时间、灵敏度、精密度、检测限、测量范围和使用寿命。

响应时间 响应时间是指化学与生物传感器从其感受器或探头(探针)接触试样算起，输出信号达到平衡值的 95%所需要的时间。响应时间一般以秒(s)或分(min)表示，且越短越好。化学传感器的响应时间普遍长于物理传感器，一般从数十秒到数分钟。生物传感器的响应时间有的与化学传感器相近，有的比化学传感器长。因为化学与生物传感器的响应时间取决于其感受器的性质，感受器对基质的响应如果来源于化学作用，则生物传感器的响应时间就与化学传感器相当；如果感受器对基质的响应来源于生物效应，则生物传感器的响应时间长于化学传感器。对于化学与生物传感器来说，除了响应时间，还有恢复时间。恢复时间是指传感器在测量一次样品后，回至空白测量值所需要的时间，当然也越短越好。

灵敏度 灵敏度是指当基质的物质量变化时，化学或生物传感器对基质的响应信号的变化率。它表达了传感器对基质响应的敏感程度，实际上也是传感器对基质量的线性响应的斜率。灵敏度的表示方法视具体情况而定，一般以单位物质量的信号变化量表示，如－62 mV/pH、23.5 nA/(mmol/L)、－12.0 Hz/ppm 等。

精密度　化学与生物传感器测量精密度的标示与其他仪器分析方法类似，通常以标准偏差或相对标准偏差来表达。即通常对一个样品作 $n \geqslant 5$ 次的测定，用测得的 x_i 计算 x 的平均值，然后求算标准偏差(s)或相对标准偏差(RSD)。

$$s=\sqrt{\frac{\sum_{i=1}^{n}(x_i-\bar{x})^2}{n-1}} \tag{1-1}$$

$$\mathrm{RSD}=\frac{s}{\bar{x}}\times 100\% \tag{1-2}$$

检测限　化学与生物传感器的检测限一般指 $S/N=2.5$ 或 $S/N=3$(S 为信号强度，N 为噪声强度)时的测定试样物质量的下限。

测量范围　测量范围是指限定在一定误差条件下，化学与生物传感器测定样品中某种物质量的范围，当然测量范围越大越好。

使用寿命　化学与生物传感器的使用寿命可能有三种含义。敏感膜可换的传感器一般指敏感膜的使用寿命，以测量次数或时间表示；敏感膜和探头可换的传感器指探头的使用寿命，也以测量次数或时间表示；敏感膜和探头不可换的传感器指传感器整机的使用寿命，一般以时间表示。无论哪种，一般都以使用寿命长为佳。

1.2.5　化学与生物传感器的命名

化学与生物传感器是传感器的一个重要分支。但同其他传感器一样，由于是交叉学科，涉及面广，所以对其进行分类和命名比较困难。有的学者提出可以就传感器的四个层次对其进行分类，这四个层次分别是待传感的量(物性)、感受器(敏感膜)、换能器、传感器的几何尺寸。若待传感的量是物理、化学、生物的，可分为物理传感器、化学或生物传感器。按感受器分类，可有两种选择途径，一个是敏感膜基质，另一个是敏感材料。对于化学传感器，由于敏感材料在敏感膜中的关键作用，所以根据它来划分感受器及传感器是可取的，如LB膜、SA膜、SiO_2 膜、酶膜、抗体膜等。根据换能器来区分传感器由来已久，并早已被接受，如电流传感器、光纤传感器、场效应晶体管传感器等。传感器的形状和大小限制它的用途，有时需要标明传感器的几何尺寸，如体内植入式传感器。传感器按其探针的尖端尺寸一般划分为常规、小型、微型、超微型，其敏感部尺寸相应为厘米级、毫米级、微米级、纳米级。对于化学与生物传感器可以参照上述四个方面来命名，即遵循敏感膜-换能器-待测物-传感器尺寸来命名，一般情况下可以不考虑传感器尺寸。例如，SiO_2 半导体一氧化碳气体传感器、葡萄糖氧化酶膜电流型血糖生物传感器、SiO_2 包埋指示剂膜 pH 光纤传感器等。

第2章　化学与生物传感器中的换能器

化学与生物传感器的感受器“捕捉”到被测物后，感受器的敏感物质与被测物相互作用所产生的化学变化或生物效应一般不能直接被解读，需要将其转换为电流、电压、电导率、吸光度、荧光、频率、声强和热量等能够记录和进一步处理的信息。传感器中具有此功能的部分或元件称为换能器，它的任务是将来自感受器的次级信号转换成能被解读的输出信号。根据敏感物质与被测物相互作用的性质和化学、生物传感器的预期用途，常用的换能器主要有电化学、光化学、半导体、声波、热学等类型换能器。电化学换能器可分为电势型、电流型(燃料电池型)、电导型；光化学换能器又可分为光度型、荧光型、发光型等。本章介绍典型的换能器。

2.1　电化学换能器

2.1.1　电化学换能器的组成和相关理论

1. 电化学池与电动势

电化学换能器实际上是一个电化学池(电池或电解池)装置(图2-1和图2-2)，主要由电解池和电极构成。无论传感器的尺寸大小和传感机理如何，它的电化学换能器都是一个二电极或三电极的电池或电解池装置，电池和电解池的区别在于氧化还原反应的机理和交换能量的不同。在电化学池中，电荷在化学相界面之间的迁移过程和因素，即电极/电解质界面的性质以及施加电势和电流通过时该界面上所发生的情况是电化学换能器工作的关键。在电化学池中，电极上的电荷迁移是通过电子(或空穴)运动实现的，在电解液相中，电荷迁移是通过离子运动来进行的，所以电解质溶液必须有较低的电阻(足够高的导电性)。

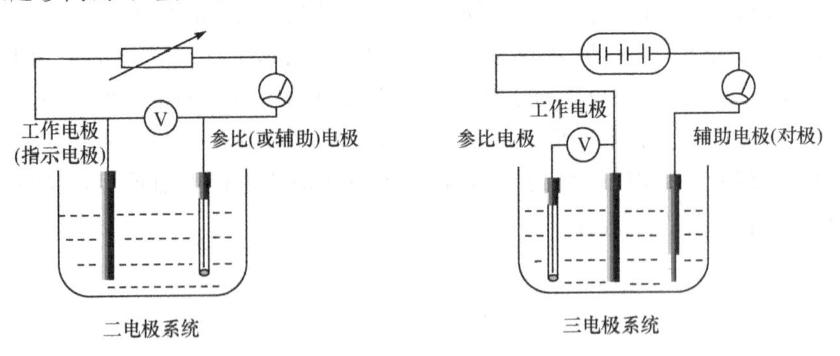

图2-1　电化学池装置示意图

在电化学池中，所发生的总化学反应是由两个独立的半反应构成的，它们描述两个电极上真实的化学变化。每一个半反应(电极附近体系的化学组成)与相应电极上的界面电势相对应。电池中的化学反应是自发进行的，其自由能 $\Delta G=-nFE<0$。输出电能 E 称为电化学池的电动势，它是化学反应在电极对上产生的电势差。由能斯特方程(Nernst equation)可以计算电化学池的电动势，即

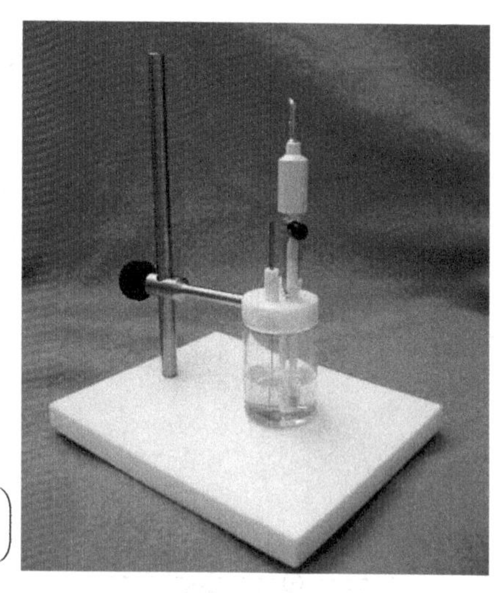

图 2-2　商品电解池

(由天津艾达恒晟科技发展有限公司授权登载)

$$\begin{aligned}E&=\varphi_{+}-\varphi_{-}\\&=\left(\varphi_{+}^{\ominus}+\frac{RT}{nF}\ln\frac{a_{\text{氧化态}}}{a_{\text{还原态}}}\right)-\left(\varphi_{-}^{\ominus}+\frac{RT}{nF}\ln\frac{a_{\text{氧化态}}}{a_{\text{还原态}}}\right)\\&=\Delta\varphi^{\ominus}+\frac{RT}{nF}\ln\left(\frac{a_{\text{氧化态}}}{a_{\text{还原态}}}\right)_{+}\left(\frac{a_{\text{还原态}}}{a_{\text{氧化态}}}\right)_{-}\end{aligned}\quad(2\text{-}1)$$

式中，φ_{+} 和 φ_{-} 为发生两个半电池反应的电极电势；$\varphi_{+}^{\ominus}$ 和 $\varphi_{-}^{\ominus}$ 为它们的标准电极电势；a 为参加反应的物质的活度。对于一个处在平衡状态($\Delta G=0,i=0$)的电化学体系，通过测量电动势可以定量物质的活度；而非平衡状态($\Delta G\neq0,i\neq0$)的电化学体系，物质的活度及其变化可以由电流的大小来测定。

2. 界面电势

液体接界电势(扩散或浓差电势)　在两种不同离子的溶液或两种不同浓度的溶液接触界面上存在着微小的电势差，称为液体接界电势。它产生的条件是相互接触的两液间存在浓差梯度，由各种离子具有不同的迁移速率所引起。如图 2-3(a)所示，界面两侧 $HClO_4$ 的浓度不同，左侧的 H^+ 和 ClO_4^- 不断向右侧扩散，同时由于 H^+ 的迁移速率比 ClO_4^- 的大，最终界面右侧将分布过剩正电荷，左侧有相应的负电荷，形成液体接界电势。另外两种类型的液体接界电势如图 2-3(b)和图 2-3(c)所示，界面两侧的浓度相同，但由于 H^+ 的迁移速率比 Na^+ 的大，界面右侧将分布过剩正电荷，左侧有相应的负电荷，形成液体接界电势。静电场的建立使离子迁移速率改变，达到动态平衡，液体接界电势可以处于相对稳定的状态。

固体电极与溶液的相间电势　将金属电极插入电解质溶液中，从外表看似乎不起什么变化，但实际上金属晶格上原子被水分子极化、吸引，最终有可能脱离晶格以水合离子形式进入溶液。同样，溶液中金属离子也有被吸附到金属表面的，最终二者达到平衡。由于荷电粒子在界面间的净转移而产生了一定的界面电势差(图 2-4)。该类电势主要产生于金属为基体的电极，它与金属本性、溶液性质和浓度等有关。

膜电极电势　一个选择性膜与两侧溶液相接触，膜两侧液相中的分子通过膜相发生交换反应，达到动态平衡后会在两个界面处形成液体接界电势(图 2-5)。因此膜电

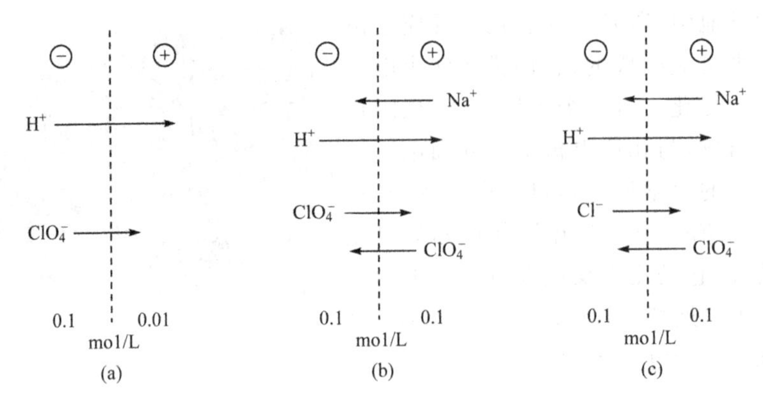

图 2-3　液体接界电势

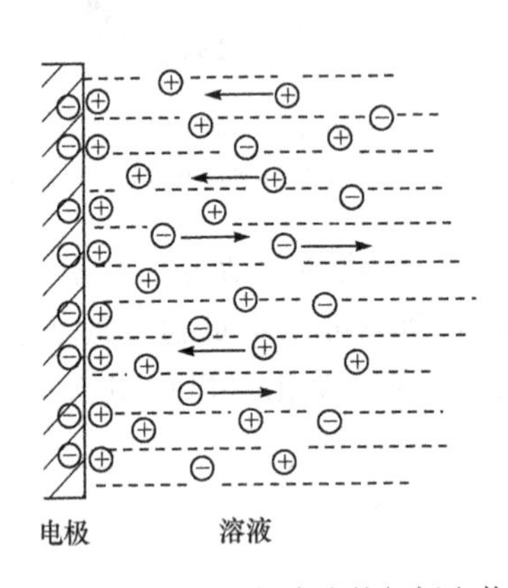

图 2-4　固体电极与溶液的相间电势

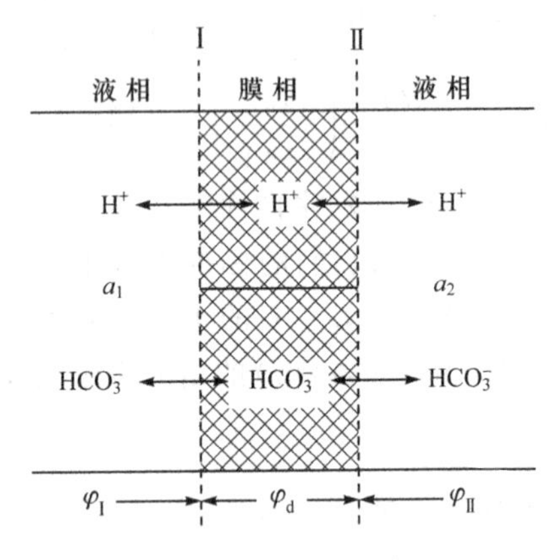

图 2-5　膜电极电势

势可表达为

$$\varphi_{\mathrm{d}} = \varphi_{\mathrm{II}} - \varphi_{\mathrm{I}} = \frac{RT}{nF}\ln\left(\frac{a_2}{a_1}\right) \tag{2-2}$$

如果膜一侧(内部)溶液中物质的活度为定值,则膜电势是膜另一侧(外部)溶液中活性物质活度的响应值,即

$$\varphi_{\mathrm{d}} = k + \frac{RT}{nF}\ln a_2 = k' + \frac{0.0592}{n}\lg a_2 \tag{2-3}$$

在电池中,电势较正的电极称为正极,电势较负的电极称为负极。电池放电时,电流从正极流向负极,电子从负极移向正极。电势型传感器中的电池并不是能源,而是测量电池。因此,电势型传感器一般通过测量指示电极与参比电极之间的电势差,输出符合能斯特方程的电信号。

3. 法拉第电解定律

在电解池中,化学反应是被动进行的,其自由能 $\Delta G = -nFE > 0$,消耗电能,输出生物化学能。即在一定的电压下,电极对之间的电势差使电流通过电解池,电极表面的物质发生电子转移，生成新的产物。物质消耗电量与所生成产物的物质的量之间的关系遵循法拉第电解定律(Faraday's law of electrolysis)，即通过 96 485 C 的电量可以引起 1 mol电子的反应(消耗 1 mol 的反应物或生成 1 mol 的产物)。法拉第电解定律阐明了电能和化学反应物质间相互作用的定量关系，是法拉第在 1833 年根据精密实验测量而提出的。

无论对于电极上的氧化反应 $M^{z+}+ze^- \longrightarrow M(s)$ 还是还原反应 $X^{z-}-ze^- \longrightarrow 1/2X_2$，都有

$$m=nM=\frac{Q}{zF}M=\frac{it}{zF}M \tag{2-4}$$

式中，$F=N_Ae=6.023\times10^{23}\times1.602\times10^{-19}=96\ 485\ C/mol$，称为法拉第常量，是 1 mol电子所带电量的绝对值；电流 i 为电量 Q(或电子)流动的速度，1 A=1 C/s；m、n 和 M 分别为反应物质的质量、物质的量和摩尔质量；z 为得失电子数。

法拉第定律的数学表达式阐明了上述法拉第电解定律的文字叙述。只要电极反应中没有副反应或次级反应，法拉第电解定律不受温度、压力、浓度等条件的限制，是最准确的科学定律之一。

对电化学池而言，人们常称发生氧化反应的电极为阳极(anode)，发生还原反应的电极为阴极(cathode)。电子穿过界面从电极到溶液中一种物质上所产生的电流称为阴极电流(cathodic current)，电子从溶液中物质注入电极所产生的电流称为阳极电流(anodic current)。在电解池中，阴极相对于阳极较负；在电池中，阴极相对于阳极较正。对于电流型换能器中工作电极上发生的反应，无论是氧化反应还是还原反应，都可以用法拉第电解定律表达。所以在电流型传感器中一般采用三电极工作方式，在工作电势下，阳极电流或阴极电流都可作为响应电流，即

$$i\propto f(a) \tag{2-5}$$

另外，当电流作为电势的函数作图时，可得到电流-电势曲线(current-potential curve，i-E)。该曲线可提供相关物质和电极的性质，以及在界面上所发生反应的非常有用的信息。

2.1.2　电极、参比电极和辅助电极

1. 工作电极

在电化学池中能反映物质活度(或浓度)、发生电化学反应或响应激发信号的电极称为工作电极。一般对于平衡体系或在测量期间主体浓度不发生可察觉变化的体系，相应的工作电极也称为指示电极，常用于电势型换能器中。如果在测量体系中有较大的电流通过，主体浓度发生显著改变，则称为工作电极，常用于电流型换能器中。指示电极一般用于有离子交换反应的敏感器件中，主要有离子选择性电极和覆盖有离子选择性膜的电子器件。工作电极一般用于有电子转移反应的敏感器件中，一般为金属电极和碳质固体电极，如贵金属电极、玻璃碳电极，或者以它们为基体电极的修饰电极。

2. 参比电极

电化学池的电动势是两个电极的电势差。电势差是相对值，必须以一个电极的电势为标准，测量另一个与其组成测量电池的电极电势，或者用来控制电解池中工作电极的电势。用来提供电势标准的电极称为参比电极。参比电极在工作过程中其电势基本不发生变化，它应符合可逆性、重现性和稳定性好等条件。在一定温度下，参比电极的电势取决于内充液的活度[浓度，式(2-6)]，它们的关系见表 2-1。常用的参比电极(图 2-6和图 2-7)有甘汞电极、银-氯化银电极、硫酸亚汞电极。

$$\varphi=\varphi^{\ominus}-0.0592\lg a_{Cl^-} \tag{2-6}$$

表 2-1　参比电极的电极电势(25℃)

参比电极	甘汞电极	标准甘汞电极(NCE)	饱和甘汞电极(SCE)	Ag-AgCl 电极	标准 Ag-AgCl 电极	饱和 Ag-AgCl 电极
KCl 浓度/(mol/L)	0.01	1.0	饱和溶液	0.01	1.0	饱和溶液
电极电势/V	0.3365	0.2828	0.2438	0.2280	0.2223	0.2000

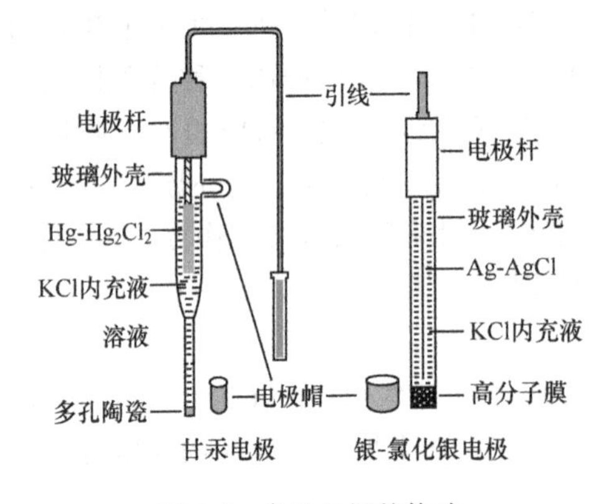

图 2-6　参比电极的构造

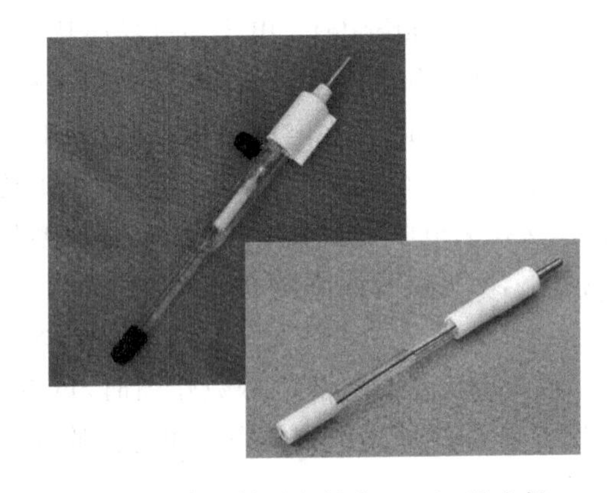

图 2-7　商品甘汞电极和 Ag-AgCl 电极
(由天津艾达恒晟科技发展有限公司授权登载)

3. 辅助电极

辅助电极是提供电子传导的场所，与工作电极组成电化学池，形成电子通路，但电极反应不是所需的化学反应。当通过电化学池的电流很小时，一般由工作电极和参比电极组成测量电池。但是，当通过的电流很大时，参比电极将不能负荷，其电势不再稳定，或体系的 iR 降太大，难以克服。此时，可采用辅助电极构成三电极系统来测量或控制工作电极的电势。在不用参比电极的二电极系统中，与工作电极配对的电极常称为对电极，有时也把辅助电极称为对电极或简称对极。在电化学传感器中，辅助电极一般由不影响工作电极反应的惰性金属制成，如铂、金、不锈钢等。

2.1.3　固体电极

在电化学传感器中经常使用固体电极作为工作电极或修饰电极的基体电极，主要包括贵金属电极和碳质电极等惰性电极，偶尔也使用铜、镍等金属电极作为工作电极，很少直接使用无掺杂、无修饰的固体电极作为电化学传感器的换能器。惰性电极本身是非电化学活性的，一般很难独自给出与生化反应有关的有用信号。直接用无掺杂、无修饰的固体电极作为电流型传感器的换能器主要有两种方式，一种是基质在某种固体电极上具有电化学活性，能给出明显的电子转移信号，并且在其所在工作环境中具有相对好的选择性。例如，酸性介质中Cr(Ⅵ)在金电极表面还原成Cr(Ⅲ)就可以直接作为检测铬的信号(图 2-8)。另一种方式是电活性物质作为某种生化物质的标记物使用。不过，由于目前各种修饰电极的应用，这种情况已较少。常见的商品固体电极见图 2-9。

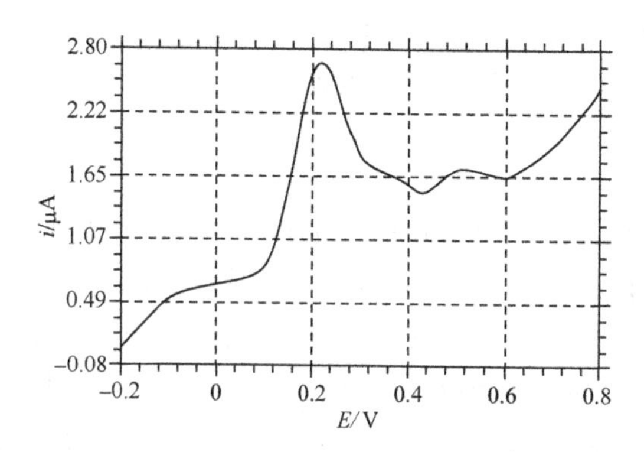

图 2-8　Cr(Ⅵ)还原的伏安曲线

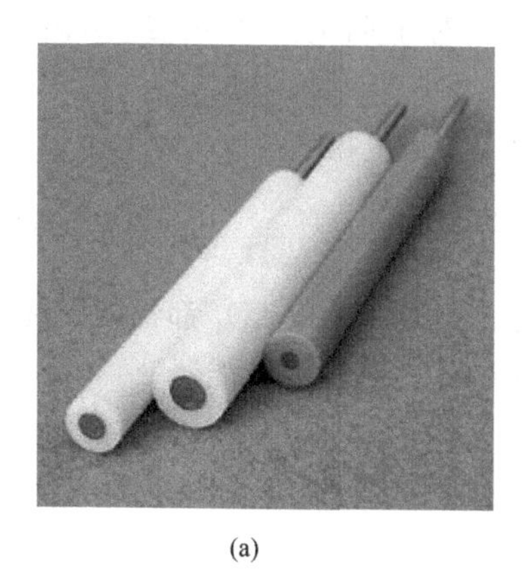

(a)

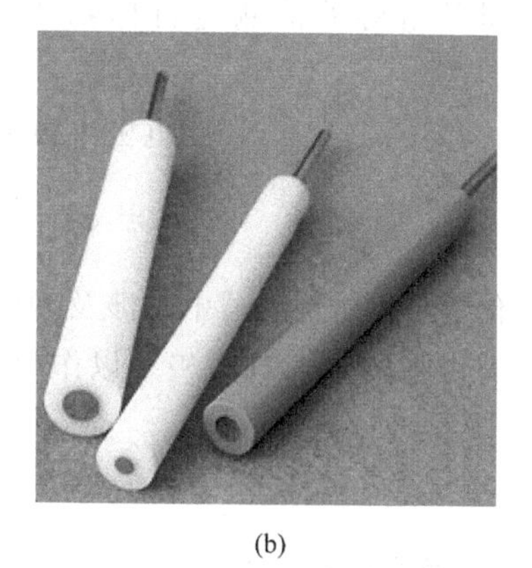

(b)

图 2-9　常见的贵金属(a)和碳质(b)固体电极

(由天津艾达恒晟科技发展有限公司授权登载)

电化学传感器中的换能器主要由固体电极及其修饰电极承担，固体电极的质量对传感器的性能有很大影响。过去我国的传感器中大多使用进口电极，成本较高。近几年，由于材料和工艺的进步，国内企业已能生产与进口电极媲美的固体电极。附录1为天津艾达恒晟科技发展有限公司生产的商品电极的规格。

2.1.4　修饰电极

修饰电极也称化学修饰电极，是通过一些物理或化学的方法，在微观上对固体电极的表面进行分子设计，重塑电极表面的微观结构，使原来的电极具有某种特殊功能，成为新的换能器。例如，H_2O_2 在固体电极上的氧化还原电势很高(～0.7 V)，此时 H_2O_2/固体电极作为换能器会引起许多副反应；将二茂铁和过氧化物酶固化在固体电极表面后，涉及 H_2O_2 的反应就会在较低的电势(～0.3 V)下进行，提高了传感器的选择性。修饰电极是1975年问世的，它突破了传统电化学中只限于研究裸电极/电解液界面的范围，开创了从化学状态上人为控制电极表面结构的领域。通过对电极表面的分子剪裁，可按意图给电极预定的功能，以便在其上有选择地进行所期望的反应，在分子水平上实现电极功能的设计。修饰电极常作为电流型化学与生物传感器的换能器，是当前电化学传感器、生物传感器等方面的研究热点。

2.1.5　pH 电极

pH 电极是一种具有离子识别功能的电极，是制备电势型化学与生物传感器的基本换能器，这一方面是由于 pH 电极灵敏度极高、稳定性好，另一方面是由于质子是多种化学和生物过程的参与者。离子选择性电极属于电势型换能器，信号取值于工作电极与参比电极之间的电势差，一般采用二电极工作方式。对于一个选择性膜电极，当其他外界条件固定时，膜电势与溶液中待测离子活度(或浓度)的对数值呈线性关系，即符合能斯特方程。离子选择性电极与参比电极组成一个测量电池，通过测量其电势差值测定目标物质的浓度。式(2-7)对于阳离子取正号，阴离子取负号。

膜电极 | 被测物质活度(a_x) ‖ 参比电极

$$E = \varphi_{参比} \pm \varphi_{膜} = E' \pm \frac{0.0592}{n}\lg a_x \tag{2-7}$$

化学与生物传感器中常涉及 NH_3 和 CO_2 的测量，而 NH_3 和 CO_2 都是能引起 pH 变化的物质，所以 pH 电极可以作为电势型 NH_3 或 CO_2 传感器的换能器。

2.2　半导体器件

2.2.1　导体与半导体

某物质的原子的价电子较少，外电子层不饱满或运动速率很低，存在电子空位，在电场的作用下外来的电子进入电子空位，自由电子在电子空位间定向移动，形成电流，该物质即可称为导体，如金属材料。离子化合物在熔融状态或溶解于溶剂后会发生电离，产生大量的自由离子，在外加电场的作用下产生定向运动而导电，称为离子导电。在这种状态下的离子化合物也可称为导体，但习惯上称为电解质。

半导体(semiconductor)是电导率介于金属和绝缘体(insulator)之间的固体材料。半导体在室温时电导率为 $10^{-8}\sim1\times10^{6}$ S/m。没有掺杂且无晶格缺陷的纯净半导体称为本征半导体，纯净的半导体温度升高时电导率按指数上升。半导体材料的种类如下：

半导体材料的种类
- 元素半导体　　锗和硅
- 化合物半导体
  - Ⅲ～Ⅴ族(砷化镓、磷化镓等)
  - Ⅱ～Ⅵ族(硫化镉、硫化锌等)
  - 锰、铬、铁、铜的氧化物
  - 非晶态的有机物半导体

在半导体中，承担导电任务的是其结构中的空穴和电子。图 2-10(b)是半导体材料硅的晶体结构示意图，正电位点表示硅原子，负电位点表示围绕在硅原子旁边的 4 个电子。当硅晶体中掺入其他杂质，如掺入硼[图 2-10(a)]时，硅晶体中就会存在一个空穴，因为暗色硼原子周围只有 3 个电子，所以就会产生图中所示的空穴，这个空穴因为没有电子而变得很不稳定，容易吸收电子而中和，形成 p(positive)型半导体。而掺入条状位点的磷原子后[图 2-10(c)]，因为磷原子有 5 个电子，所以就会有一个电子变得非常活跃，产生的多余电子形成 n(negative)型半导体。当 p 型和 n 型半导体结合在一起时，两种半导体的界面区域内会形成一个特殊的薄层，p 型一侧带负电，n 型一侧带正电。这是由于 p 型多空穴，n 型多自由电子，出现了浓度差。n 区的电子会扩散到 p 区，p 区的空穴会扩散到 n 区，形成一个由 n 指向 p 的“内电场”，扩散达到平衡后，就形成了电势差(p-n 结)，从而产生电流。半导体依靠电子和空穴导电，在单位体积内半导体中电子和空穴的数目少于金属中自由电子的数目，所以半导体的导电性比金属差。

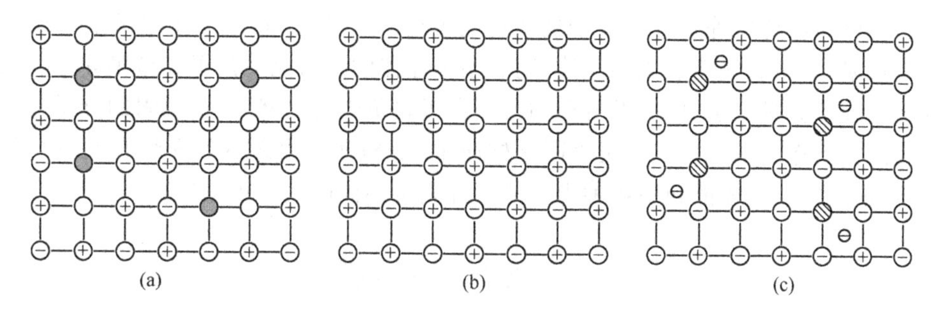

图 2-10　半导体的导电原理

⊕正电位点；⊖负电位点；●硼原子；○空穴；⊘磷原子；⊖电子

2.2.2　半导体器件的性质

半导体的电导率介于导体和绝缘体之间，且随温度的升高而增大，随温度的下降而减小。当半导体中存在一些杂质时，这些杂质不仅能影响其导电情况，而且决定导电的类型。杂质能提供导带电子(电子导电)的半导体称为 n 型半导体；能提供价带空穴(空穴导电)的称为 p 型半导体。半导体本身存在表面能级，当与其他物质(如金属)接触后，如图 2-11 所示，在半导体表面产生空间电荷层，使能级发生弯曲。与表面能级一样，对气体分子的吸附使半导体具有吸附能级，若吸附能级位于半导体的费米能级 E_F 之上为 E_C 时，电子从被吸附的分子向半导体迁移，被吸附的分子带有正电荷；若吸附能级位于半导体的费米能级 E_F 之下为 E_V 时，电子从半导体向被吸附的分子迁移，被吸附的分子带有负电荷。结果，在半导体表面就会形成双电层。对于 n 型半导体，吸附了负电荷，会引起空间电荷层内导电电子的减少，产生电子亏损层，半导体的阻抗增大，电导率下降；吸附了正电荷，会引起空间电荷层内导电电子的增加，产生电子蓄积层，半导体的阻抗减小，电导率增大。半导体的电导率 σ 与半导体的电子浓度 n 和空穴浓度 p 有关，也与电子的迁移率 μ_- 和空穴的迁移率 μ_+ 有关，一般可表示为

$$\sigma = ne\mu_- + pe\mu_+ \tag{2-8}$$

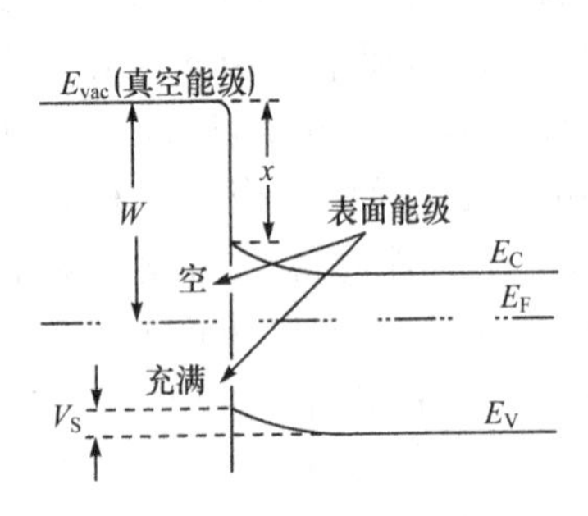

图 2-11　半导体的表面能级图

对于 n 型半导体，$n \gg p$，对于 p 型半导体，则 $p \gg n$。半导体的电导率还与温度有关，所以半导体型传感器在通电几分钟后才能开始正常工作，因为敏感器件达到工作温度需要一定的时间。

由于半导体材料的导电性对外界条件(如热、光、电、磁、某些微量杂质等因素)的变化非常敏感，据此可以制造各种敏感元件，用于信息转换。半导体器件常用于气体传感器的换能器，并要求其敏感物质具有很好的物理和化学稳定性。从对气体的吸附来考虑，对氢气、一氧化碳、烷烃等具有给电子性质的还原性气体来说，n 型半导体优于 p 型半导体。反过来，对于氧气等氧化性气体，则 p 型半导体的吸附能力强于 n 型半导体。通常供电型的分子会吸附正电荷，吸电型的分子会吸附负电荷。然而，被吸附的分子与半导体表面的相互作用不可能仅仅是吸附这样简单，其相互作用必然要反映它们各自的化学性质，正因为如此才能利用各种半导体器件制备不同的气体传感器。

2.3　光化学换能器

光化学换能器与电化学和半导体换能器不一样，它一般置于光源与光电器件之间，光化学敏感元件虽然不一定以光电器件为基底，但都要经过光电器件的转换才能将光信号变成电信号。所以，本节首先对有代表性的光电器件进行简单的介绍。

2.3.1　光电器件

光电器件属于物理传感器中的光学传感器，是发展较早和较成熟的一类物理传感器。它的传感原理是基于光的传导和光电效应。三种光电效应(外光电效应、内光电效应和光生伏特效应)造就了光电管和光电倍增管(PMT)、光敏电阻和光敏晶体管、光电池和电荷耦合器件图像传感器等光电器件，它们在光化学传感器中承担光电转换的任务。目前新型的光电元器件不仅能测量一维量，而且能够测量二维量乃至三维量，直接获得图形符号，为化学与生物传感器的光学换能器提供了众多的选择。

光电管和光电倍增管是电子管型的光电转换器件，常用于分光光度计或原子吸收分光光度计的光电转换中。由于光电倍增管的光电转换效率远高于光电管，所以在弱光的光电转换中常使用光电倍增管，如荧光和发光光度计。光电倍增管是一种具有极高灵敏度和超快响应时间的光电器件。典型的光电倍增管如图 2-12 所示，在透明真空壳体内排列组装着光电阴极、聚焦电极、电子倍增极和电子收集极(阳极)。光电倍增管是根据光电子发射、二次电子发射和电子光学的原理制成的。光阴极在光子作用下发射电子，这些电子被外电场(或磁场)加速，聚焦于第一次极。这些冲击次极的电子能使次极释放更多的电子，它们再被聚焦在第二次极。这样经十次以上的倍增，放大倍数可达到 1000 左右，最后在高电位的阳极收集到放大了的光电流。由于光电倍增管增益高和噪声较低，它的输出电流和入射光子数成正比，所以被广泛用于紫外、可见和近红外区的辐射能量的光电检测器中。

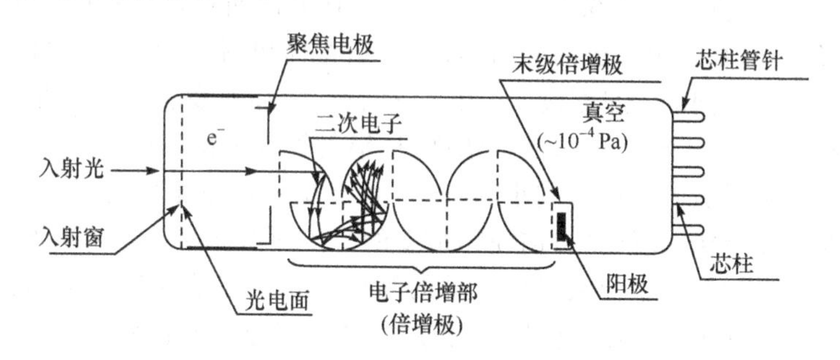

图 2-12　光电倍增管的内部结构示意图

电荷耦合器件图像传感器是由一种高感光度的半导体材料制成，能把光子转变成电荷，通过模拟/数字转换芯片转换成数字信号，数字信号经过压缩以后由闪速存储器或硬盘卡保存，因而可以轻而易举地把数据传输给计算机，并可借助于计算机的数据处理技术优化图像。CCD 由许多感光单位组成，通常以百万像素为单位。当 CCD 表面受到光线照射时，每个感光单位会将电荷反映在组件上，所有的感光单位所产生的信号加在一起，就构成了一幅完整的画面。CCD 由三层组成：第一层微镜头；第二层滤色片；第三层感光元件。CCD 的每一个感光元件由一个光电二极管和控制相邻电荷的存储单元组成，光电二极管捕捉光子并将其转化成电子，收集到的光线越强产生的电子数量就越多，电子信号越强，当然就越容易被记录而不容易丢失，图像细节就更丰富。如图 2-13所示，彩色底片有三个感光层，可以直接记录红、绿、蓝光和由这三基色构成的影像；具有一个像素层的 CCD

要采用颜色过滤层，通过三个一组的像素来捕获每个图像点的颜色；而具有三个像素层的CCD，可以直接捕获影像的所有颜色。由于CCD可以直接获得图形符号或彩色图像，给化学与生物传感器特别是对用于医疗领域的生物传感器的发展带来了革命性的影响。

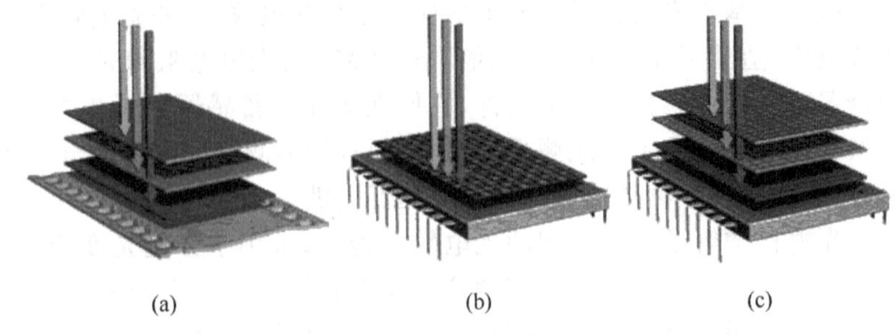

(a)　　(b)　　(c)

图 2-13　彩色底片(a)和CCD(b、c)的感光原理示意图

2.3.2　光导纤维

光导纤维(光纤)作为远距离传输光波信号的媒质已广泛应用于光通信系统中。光在光纤内的传输过程中受外界环境因素的影响(如温度、压力和机械扰动等环境条件的变化)，将引起光波量(如光强度、相位、频率、偏振态等)变化。因此人们发现如果能测出光波量的变化，就可以知道导致这些光波量变化的物理量的大小，于是出现了光纤传感技术。光纤传感器与传统的各类传感器相比有一系列独特的优点，主要有：灵敏度高、抗电磁干扰、耐腐蚀、电绝缘性好、防爆、光路有可挠曲性，以及便于与光电器件连接，便于与光纤传输系统组成遥测网络等；还有结构简单、体积小、质量轻、耗电少等优点。目前已有性能不同的测量温度、压力、位移、速度、加速度、液面、流量、振动、水声、电流、电场、磁场、电压、杂质含量、液体浓度、核辐射等各种物理量和化学量的光纤传感器在使用。特别是对被测介质影响小的特点，对于在生态环境和生物化学领域的应用极为有利。在生化领域，光纤是目前使用最多的光传导器件和光学换能器。

光纤是传导光的纤维波导或光导纤维的简称。其典型结构是多层同轴圆柱体，如图 2-14 所示，自内向外为纤芯、包层和涂覆层。核心部分是纤芯和包层，其中纤芯由高度透明的材料制成，是光波的主要传输通道；包层的折射率略小于纤芯，使光的传输性能相对稳定。纤芯粗细、纤芯材料和包层材料的折射率对光纤的特性起决定性影响。涂覆层包括一次涂覆、缓冲层和二次涂覆，起保护光纤不受水汽侵蚀和机械擦伤的作用，同时增加光纤的柔韧性，延长光纤寿命。

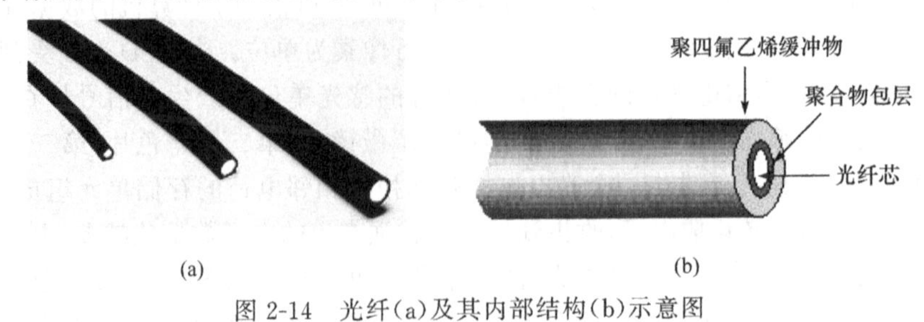

(a)　　(b)

图 2-14　光纤(a)及其内部结构(b)示意图

根据折射率在横截面上的分布形状划分，光纤分阶跃型和渐变型(梯度型)两种。阶跃型光纤在纤芯和包层交界处的折射率呈阶梯形突变，纤芯的折射率 n_1 和包层的折射率 n_2 是均匀常数。渐变型光纤纤芯的折射率 n_1 随着半径的增加而按一定规律(如平方律、双正割曲线等)逐渐减少，到纤芯与包层交界处为包层折射率 n_2，纤芯的折射率不是均匀常数。根据光纤中传输模式的多少，可分为单模光纤和多模光纤两类。单模光纤只传输一种模式，纤芯直径较细，通常为 4～10 μm 。而多模光纤可传输多种模式，纤芯直径较粗，典型尺寸约为 50 μm。按制造光纤所使用的材料分，有石英系列、塑料包层石英纤芯、多组分玻璃纤维、全塑光纤等四种。光通信中主要用石英光纤，而光化学传感器所用的光传导器件和光学换能器则根据光传输距离、光传输损耗、修饰情况和使用方便等来选择。

光纤的直径虽然较细，但相对于光的波长，其几何尺寸要大得多，因此从射线光学理论的观点出发研究光纤中的光射线，可以直观认识光在光纤中的传播机理和一些必要的概念。射线光学的基本关系式是有关其反射和折射的菲涅耳(Fresnel)定律。首先，光在分层介质中的传播如图 2-15 所示，图中介质 1 的折射率为 n_1，介质 2 的折射率为 n_2，设 $n_1>n_2$。当光线以较小的角度 δ_1 入射到介质界面时，部分光进入介质 2 并产生折射，部分光被反射，它们之间的相对强度取决于两种介质的折射率。

由菲涅耳定律可知 $\delta_1=\delta_3$，则

$$\sin(\delta_1/\delta_2)=n_2/n_1 \tag{2-9}$$

当 $n_1>n_2$ 时，逐渐增大 δ_1，进入介质 2 的折射光线进一步趋向界面，直到 δ_2 趋于 90°。此时，进入介质 2 的光强显著减小并趋于零，而反射光强接近于入射光强。当 $\delta_2=90°$ 的极限值时，相应的 δ_1 定义为临界角 δ_c。$\sin90°=1$，所以临界角 $\delta_c=\arcsin(n_2/n_1)$。当 $\delta_1\geqslant\delta_c$ 时，入射光线将产生全反射。应当注意，只有当光线从折射率大的介质进入折射率小的介质，即 $n_1>n_2$ 时，才能在界面上产生全反射。所以光在光纤中的传播是由于光在纤芯与包层界面的全反射而进行的(图 2-16)。

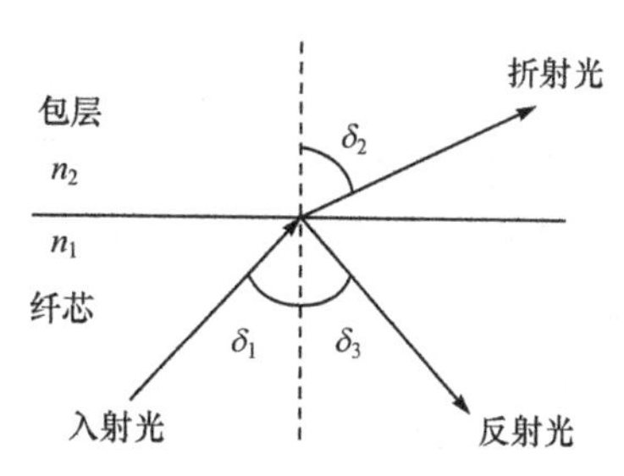

图 2-15　光在分层介质中的传播

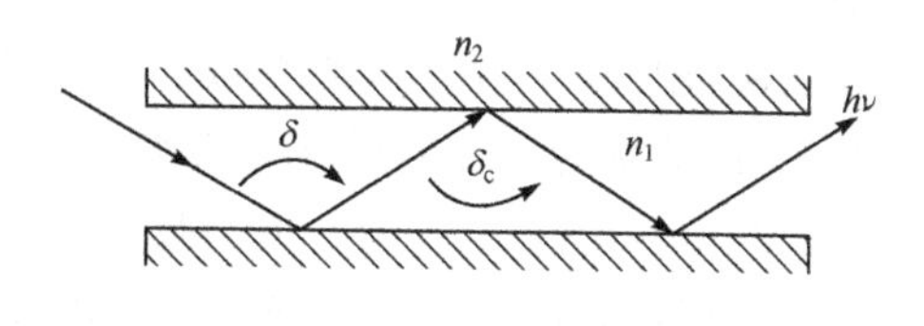

图 2-16　光在光纤中的传播

2.3.3　光化学换能器的类型与原理

光度型换能器是最初和最基本的光化学换能器。它通过吸光、荧光、光淬灭等将感受器的化学变化转变成可解读的光信号，通过光学器件、光纤传导光信号，最后通过光电管或半导体光敏器件检测光信号。最初的光度型换能器是将涂有敏感膜的玻璃置于

光度计的光路中组成的。严格地说这种装置很难称为光化学传感器，但它成就了光化学传感器的雏形。光纤和半导体光敏器件的使用使光度型换能器实现了小型化和集约化，图 2-17 即为四种光度型换能器的结构示意图：(a)为最简单的一种，由敏感膜、聚焦棱镜和光路组成，入射光经敏感膜吸收后给出光信号；(b)是将敏感膜直接制备在光纤中，将敏感膜与换能器合为一体；(c)为一种利用荧光检测的换能器，当入射光(单色光或激光)经光纤照射到敏感膜上后，敏感膜与试样作用产生的荧光信号可经另一分路的光纤输出；(d)是用于流动系统的发光检测换能器，流动相中的试样与敏感膜作用后产生的发光信号可被光纤捕捉。某些光度型换能器由于利用光纤捕捉和传导光信号，因此也称为光纤换能器。它有两种基本类型，即单独型和分路型，单独型是以对置的监测模式把光从发射器送到独立的接收器[图 2-17(b)]；分路型使用一半光纤传送光，用另一半光纤接收光[图 2-17(c)]。

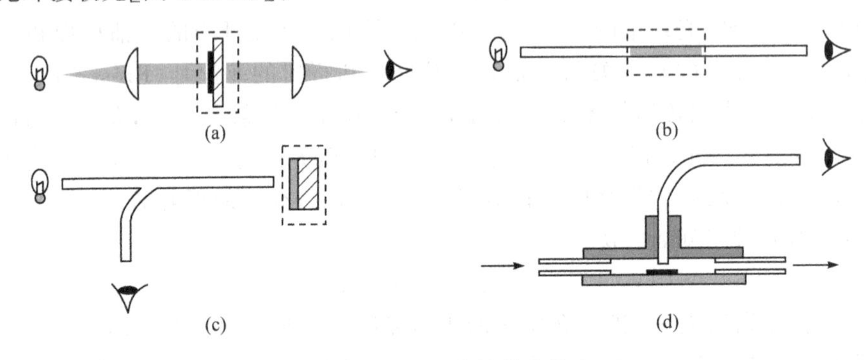

图 2-17　光度型换能器的构造

光化学换能器的换能原理一般基于传统的光化学定律，即

光吸收：
$$A=\varepsilon lc \tag{2-10}$$

荧光：
$$I=I_0\varepsilon lc\ln 10 \tag{2-11}$$

荧光淬灭：
$$I_0/I_c=1+k_{sv}c \tag{2-12}$$

光反射：
$$F_r=\varepsilon c/\theta \tag{2-13}$$

式中，A 为吸光度；ε 为摩尔吸光系数；c 为浓度；l 为光程；I_0 为入射光强度；I 为发射光强度；I_0 和 I_c 分别为荧光基质在淬灭物浓度为 0 和 c 时的荧光强度；k_{sv} 为斯特恩-沃尔默(Stern-Volmer)常数；F_r 为延迟函数；θ 为散射系数。

另一种波导(waveguide)型换能器是以玻璃或光纤制成的波导层或波导管为基体，根据光束经波导层或波导管外表面敏感层的数次反射后衰减的“消失波”现象而设计的一种光换能器。图 2-18 为光纤波导型换能器的示意图，当试液与敏感膜未接触时，由于全反射($\delta>\delta_c$)，光束在光纤内可无衰减的传导；当光束照射到与试液作用的敏感膜时，因为敏感膜表面的折射率大于光纤包层的折射率，所以 δ_c 变大，产生消失波。由于消失波的存在，光纤内的全反射光将出现一个位移 D，若反射角 δ 接近临界角($n_1>n_2$)，则有

$$D=\mathrm{d}p\cos\delta \tag{2-14}$$

光渗入第二介质 n_2 的深度 dp 定义为光的电场强度降至原强度的距离，即

$$E=E_0^{Z/dp} \tag{2-15}$$

式中，E 为电场在深度 Z 时的振幅；dp 取决于光的波长和两种介质的折射率，即

$$dp=\lambda/2\pi n_1[\sin^2\delta-(n_2/n_1)^2]^{1/2} \tag{2-16}$$

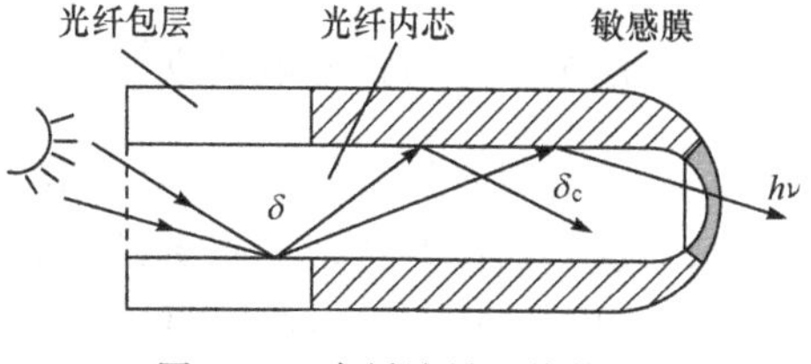

图 2-18　光纤波导型换能器

由于消失波的存在，引起了吸光度 A 的降低，从而可根据 ΔA 值检测试液中待测物的浓度。

2.4　石英晶振

石英晶振俗称石英振子或晶振，是用石英材料制成的。由其制成的石英晶体振荡器是一种电子器件，起产生频率的作用。石英晶体振荡器的应用已有几十年的历史，因其具有稳定、抗干扰性能良好的特点，在电子技术领域中一直占有重要的地位。石英晶体振荡器常应用于通信、导航、遥控、航空航天、计算机、精密计测仪器及消费类民用电子产品中，作为标准频率源或脉冲信号源，为仪器提供频率基准。石英晶体振荡器有几种类型，其中无温度补偿式晶体振荡器是最简单的一种，在一些工业标准中称其为标准封装晶体振荡器。

石英晶体有天然的也有人造的，是一种重要的压电晶体材料。石英晶体本身并非振荡器，它只有借助于有源激励和无源电抗网络才能产生振荡。石英晶体振荡器主要由品质因数很高的晶体谐振器（石英晶振）与反馈式振荡电路组成。石英晶振是振荡器中的重要元件，晶体的频率（基频或 n 次谐波频率）及其温度特性在很大程度上取决于其切割取向。石英晶振的外形、基本结构及其等效电路如图 2-19 所示。

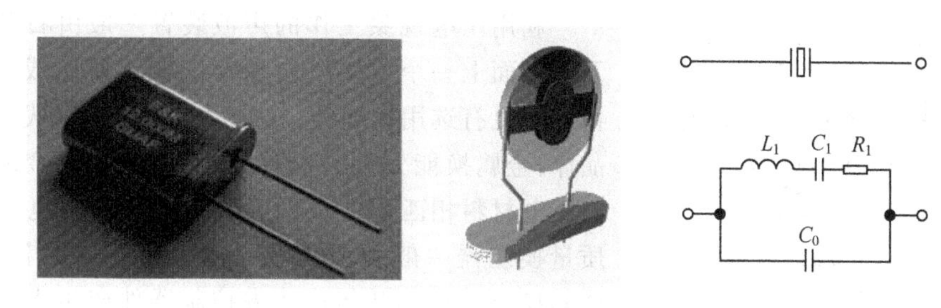

图 2-19　石英晶振的外形、基本结构及其等效电路

只要在石英晶振极板上施加交变电压，就会使晶片产生机械变形振动，此现象即所谓逆压电效应。当外加电压频率等于晶体谐振器的固有频率时就会发生压电谐振，从而导致机械变形的振幅突然增大。如果石英晶振极板吸附了微量的物质，就会使晶体谐振器的频率发生显著的变化，从而对非常微小的质量进行定量传感。

2.4.1　压电效应与逆压电效应

压电现象最早是由居里兄弟于1880年发现的，他们在研究石英和电气石等晶体时发现，当这些晶体在特定方向受到机械压力时，晶体表面变形产生相应的电压，其大小与所加的压力成正比。这种现象称为压电效应。1881年底他们又将一电压加到石英晶体上，证实了逆压电效应，并推导出石英晶体的压电系数对正、逆压电效应均为常数。1924年前后Cady和Pierce等制作了高稳定性的石英晶体控制振荡器，用作无线电通信的调谐器和滤波器。1946年Langevin采用石英晶片作水下高频声波的发射器和接收器，从而导致声呐的发展，出现了扬声器、麦克风和电唱机拾音器等电声器件。目前这些技术和器件广泛应用在电声领域，因石英晶体质优价廉，制造技术成熟，成为声波传感器的基础。

逆压电效应可用于构造非常稳定的振荡器电路，即沿石英晶体施加一交变电场使晶体产生振荡或位移，因而产生声驻波。施加电场产生的机电偶合和压力取决于晶体对称性、晶体物质的切角和用于沿晶体施加电场的激励电极的设置，各种机电偶合模式产生不同类型的声波传播模式和质点位移，如厚模剪切模式（TSM）、表面声波（SAW）、挠性波（FW）和剪切水平声极板模式（SH-APW）等。

2.4.2　声波质量换能器及频变原理

以石英晶振为主构成的声波质量换能器本身就是声波传感器，它一般由产生声波的器件——石英晶振以及控制和测量电路构成，利用石英晶振的压电效应产生声波，然后进行频率测量，一种简单的晶振电路如图2-20所示。配上声频输入的晶体本身具有逆压电效应，即承担了换能器的功能。如果在石英晶体表面覆盖上一定性能的敏感膜，它就成为一种化学或生物敏感器件。

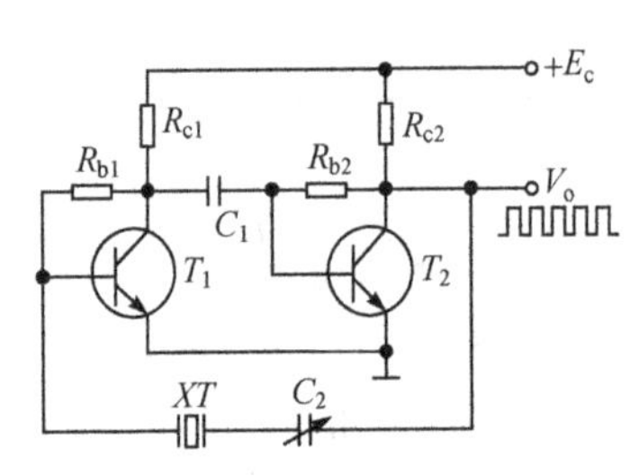

图2-20　一种简单的晶振电路

利用压电现象工作的声波装置一般由石英晶体及其表面上一个或多个金属换能器件所组成。特殊情况下也有选用铌酸锂、氧化锌等压电材料代替石英晶体，金属换能元件一般选用惰性金属，如金或易于与压电材料相匹配的金属银或铝。晶体压电型声波质量换能器一般利用压电晶体材料的取向和厚度、金属换能元件的几何尺寸来控制器件产生声波的类型及频率。产生的声波如果在基底平板中传播即为体波，在平面上传播即为表面波，在基底两个平面之间反射传播即为平板波。与铌酸锂、压电陶瓷等压电材料相比，石英晶体是压电传感器最常用的材料。它最明显的优点是介电和压电常数的温度稳定性好，适于作温度范围很宽的传感器。石英晶体的频率取决于石英片的物理切割方位及其表面上电极的厚度，具有AT切割（切割角35°15′）的晶体在很宽的使用温度范围都有低或零温度系数，质量敏感性也优于其他切型，因而被广泛用作化学敏感元件。图2-21为石英晶振的实物外形和结构。压电晶体固有的高质量敏感性很早以前就被发现，如一直用来制作标称频率的谐振器，修磨电极能提高频率，镀覆附加质量能减小频率。1957 年 Sauerbrey 利用金属蒸气沉积实验方法，提出了压电石英晶体谐振频率变化量(Δf/Hz)与晶体表面均匀沉积的极薄层刚性物质质量(Δm)之间成正比，即

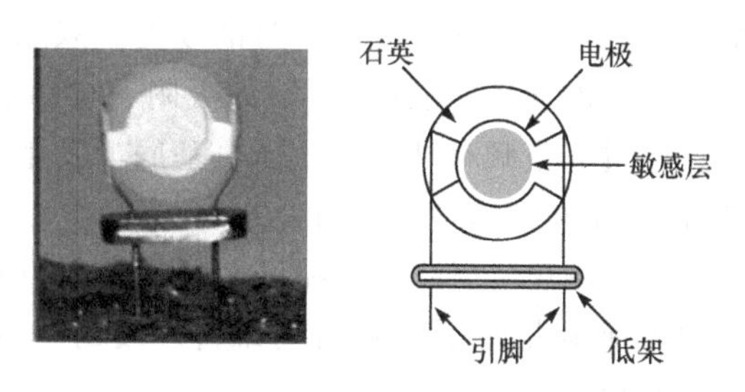

图 2-21　石英晶振的实物外形和结构

$$\Delta f = \frac{-2f_0^2}{\sqrt{\rho_q \mu_q}} \frac{\Delta m}{A} \tag{2-17}$$

式中，f_0 为石英晶体在吸附物质前的谐振基频(MHz)；ρ_q 为石英的密度(2.648 g/cm^3)；μ_q 为 AT 切割晶体的剪切模量(2.947×10^{-11})；A 为晶体表面积(cm^2)。将常数代入式(2-17)，则有

$$\Delta f = -2.26\times10^6 f_0^2 \Delta m/A \tag{2-18}$$

因此，石英晶体的检测限可达到 10^{-12} g。可见剪切振动的石英晶体可作为非常灵敏的质量检测器件，故常称为石英晶体微天平(QCW)。

Sauerbrey 方程是在假设沉积膜为刚性均一薄膜的前提下推导出来的，仅适用于沿厚度剪切模式振动和沿 Y 轴施加电场的 AT 切割石英晶体，且要求沉积质量很小(一般小于晶体质量的 2%)。后来人们在 Sauerbrey 理论的基础上考虑了与沉积膜相关的其他参量，推导出一系列的关系式，尽管这些表达式不一样，但对于质量变化很小的情形，这几种模型的计算结果与 Sauerbrey 方程一致，从而奠定了压电石英晶体作为质量传感器件的基础，使压电晶体型声波质量传感器的研究和应用在生化领域得到迅速发展。典型的声波质量换能器电路如图 2-22 所示。

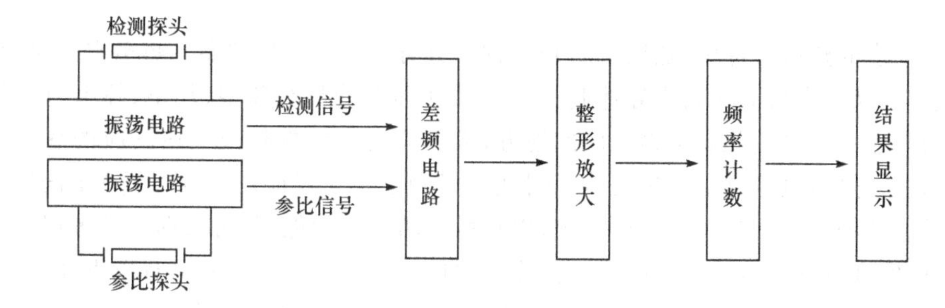

图 2-22　典型的声波质量换能器电路

利用压电现象产生声波的一般方法是用射频交变激励电压输入换能器，在压电材料上产生声波。在只有一个端口的声波器件中，输入换能器在压电基底上产生声波，这种声波信号又反作用于该换能器并引起电量的变化，从而导致输入换能器阻抗的改变，最终使声波的特性发生改变。因此，换能器阻抗的变化间接反映了传感器的响应。在双端声波器件中，交变电压作用是输入换能器产生的声波，通过压电基底及传播媒质，

输出换能器可以接收到电信号的改变。双端声波器件声波的改变同传播媒质的特性有关。当声波媒质的表面质量(如吸附、生化反应)发生变化时,声波的频率就会发生改变。通过测量频移即可测定压电基底上发生变化的物质量。对声波的控制和测量有多种方式,常用的有以下三种:

(1) 在双端声波器件端口之间加置射频放大器,当放大器的增益大于声波在介质中的传递损失时,该电路即可维持声波的产生。利用频率计数器测量输出端口声波频率的变化。

(2) 在双端声波器件输入端加入信号发生器,信号发生器利用同器件共振频率相匹配的射频电压驱动换能器产生声波。在端口之间利用向量伏特计测量波速及振幅,该方法可以避免方式(1)中因放大器饱和时其信号失真的缺点。

(3) 利用网络分析仪控制和测量声波器件的声波,该方法可以完整地提供声波各方面的信息。

压电石英晶体换能器的特点是仪器装置简单、成本低廉;灵敏度高、易数字化、便于信号的传输,可发展一类非标记的亲和型生物传感检测方法。把生物敏感元件固定在石英晶体上制备的生物传感器兼有生物材料高选择性和压电传感器高灵敏度的特点。研究发现,在液相中石英晶体的频率不仅对质量变化敏感,而且会受到温度、气压、液体密度、黏度、介电常数等多种因素影响,其中质量负载和黏弹性耦合是导致压电石英晶体频率变化的两个主要作用机理。因此根据检测原理的不同,压电生物传感器分为质量响应型和非质量响应型,它们在免疫学、微生物学、基因检测、血液流变、药理研究以及环境等科学领域具有重要的应用价值和开发前景。

2.5 其他换能器

2.5.1 热敏电阻

在众多的热敏元件中,热敏电阻是一种十分有效的温度传感器。热敏电阻是由铁、镍、锰、钴、钛等金属氧化物半导体制备的。从外形上分类有珠型、片型、棒型、厚膜型、薄膜型与触点型等。凡有生物反应的地方,大多可观察到放热或吸热反应的热量变化(焓变化)。热敏电阻化学或生物传感器就是以测定生化反应焓(enthalpy)变化作为测定基础。若测量系统是一个绝热系统,以热敏电阻作为换能器,可根据对系统温度变化的测量,实现试样中待测成分的测定。作为温度传感器的热敏电阻具有以下几个特点:

(1) 灵敏度高,温度系数为−4.5%/K,灵敏度约为金属的10倍。

(2) 因体积很小,故热容量小、响应速度快。

(3) 稳定性好,使用方便,价格便宜。

热敏电阻的外形如图2-23所示,由于制造厂家不同,在外表上多少有些差别,在室温条件下电阻值为10～100 kΩ。温度变化可用带有载波放大器的惠斯登电桥来测量。如果用Danielsson等创造的电桥,记录纸满刻度为100 mV,温度测量的灵敏度可达到1.0×10^{-3} K。例如,酶反应焓变化量为5～100 kJ/mol时,采用中等温度测量,灵敏度

为 1.0×10^{-2} K，可测量低至 5×10^{-4} mol/L 的底物浓度。

图 2-23　热敏电阻的实物外形

在图 2-24 所示的热敏电阻工作电路中，输出电压的灵敏度为 +10 mV/℃，温度测量范围为 −50～150 ℃。当电桥加上 +5 V 基准电压 U_{REF} 时，热敏电阻 R_T 中就会有恒定的电流流过。当 $R_T=R_1+R_{P1}$ 时，电桥平衡，调节 R_{P1} 使环境温度为 0 ℃时，输出电压等于零。温度升高时，R_T 的阻值增大，产生负电压，A_1 输出 −5 mV/℃的电压，再通过 A_2 放大器，输出 +10 mV/℃的电压。

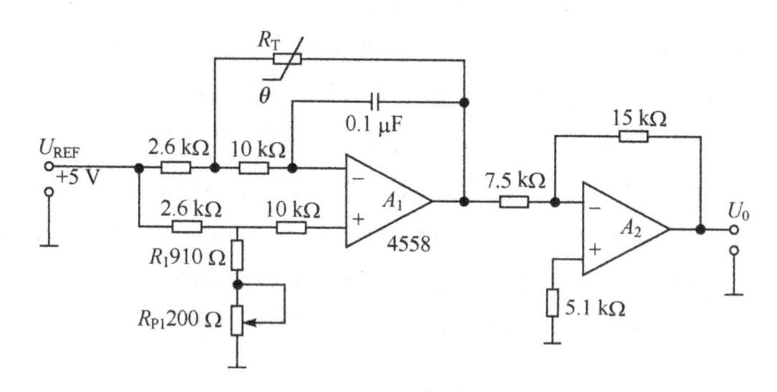

图 2-24　热敏电阻的工作电路

因为对于许多生物体反应都可观察到放热或吸热的热量变化（焓变化），所以酶热敏电阻生物传感器测量对象范围广泛，适用的分子识别元件包括酶、抗原、抗体、细胞器、微生物、动物细胞、植物细胞、组织等。在检测时，由于识别元件的催化作用或因构造和物性变化引起焓变化，可借助热敏电阻把其变换为电信号输出。现已在医疗、发酵、食品、环境、分析测量等很多方面得到应用，如在发酵生化生产过程中测定青霉素、头孢菌素、酒精、糖类和苦杏仁等。

2.5.2　场效应晶体管

场效应晶体管（field effect transistor），缩写为 FET。一般的晶体管是由两种极性的载流子，即多数载流子和反极性的少数载流子参与导电，因此称为双极型晶体管。而 FET 仅是由多数载流子参与导电，它与双极型相反，称为单极型晶体管。由于 FET 的特性与双极型晶体管完全不同，能构成技术性能非常好的电路。

场效应晶体管是一种半导体换能器，包括金属-绝缘体-半导体场效应管（MISFET）

和金属-氧化物-半导体场效应管(MOSFET),而 MOSFET 又分为 n 沟耗尽型和 p 沟耗尽型。场效应晶体管具有以下特点:

(1) 场效应晶体管是电压控制元件,允许从信号源获取较少电流的情况下传导信号。

(2) 场效应晶体管是单极型器件,容易控制。

(3) 场效应晶体管的源极和漏极有时可以互换使用,栅压也可正可负,灵活性好。

(4) 作为换能器,场效应晶体管的灵敏度高,响应速度快,易与外接电路匹配,使用方便。

(5) 场效应晶体管能在很小电流和很低电压的条件下工作,而且它的制造工艺可以很方便地把很多场效应管集成在一块硅片上,容易实现传感器的小型化和阵列化。

MOSFET 的结构如图 2-25 所示,在半导体硅上有一层 SiO_2,其上为栅绝缘层 Si_3N_4,绝缘层上为金属栅极(G),构成金属氧化物半导体(MOS)组合层,它具有高阻抗转换特性,如在源极(S)和漏极(D)之间施加电压,电子便从源极流向漏极,即有电流通过沟道,所测电流称为漏电流(i_d)。i_d 的大小受栅极与源极间电压(V_g)的控制,并为栅极和漏极间电压(V_d)的函数。如将 MOSFET 的金属栅极去掉代之以特定的敏感膜,即成为相对应物质有响应的 FET,当它与试液接触并与参比电极组成测量体系时,由于膜与溶液的界面产生膜电势,叠加在栅压上,引起 MOSFET 漏电流的变化。i_d 与相应分子浓度之间有类似于能斯特方程的关系,许多敏感膜材料(如晶体膜、PVC 膜和酶膜等)都可以作为 MOSFET 的感受器。FET 是全固态器件,体积小、易微型化和多功能化。它本身具有高阻抗转换和放大功能(图 2-26),可以集膜感受器和换能器于一体成为敏感器件,因此简化了接续仪器的电路。用 FET 制作的敏感器件响应快,适用于自控监测和流程分析等,但这种换能器的制作工艺较复杂。

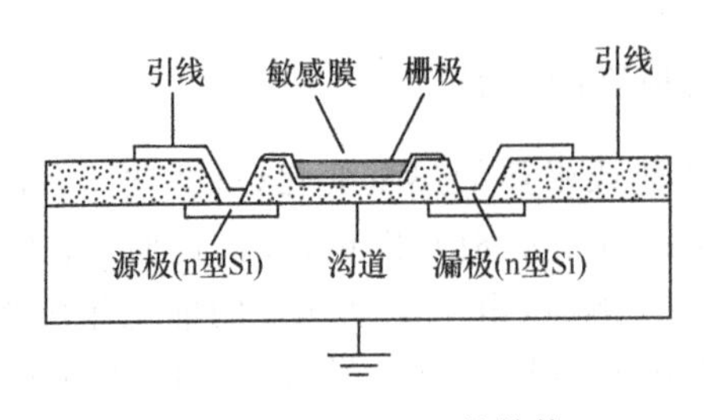

图 2-25　MOSFET 的结构

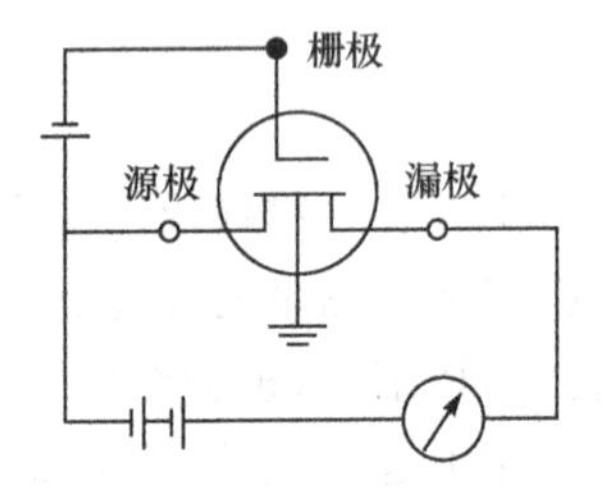

图 2-26　场效应晶体管的电路

2.5.3　光电极

光电极是光电池中的一个元件,要了解光电极,有必要认识一下光电池。光电池是一种在光的照射下产生电动势和电流的装置。由于目前光电池多采用半导体材料,所以光电池多指在光的照射下产生电动势的半导体器件。光电池的种类很多,常用的有硒光电池、硅光电池和硫化铊、硫化银光电池等,主要用于仪表、自动化遥测和遥控方面。有的光电池可以直接把太阳能转变为电能,这种光电池又称太阳能电池。太阳能电池作为能源广泛应用于人造卫星、灯塔、无人气象站等。

一般的光电池是一种特殊的半导体二极管，能将可见光转化为直流电，或将红外光和紫外光转化为直流电。最早的光电池是用掺杂的氧化硅来制作的，掺杂是为了影响电子或空穴的行为。目前，单晶硅和多晶硅已成为太阳能电池的主要材料，其他材料如铜铟硒(CIS)、碲化镉(CdTe)和砷化镓(GaAs)等也已经被开发为光电池的电极材料。半导体光电池的发电原理是光生伏特效应，当半导体的 p-n 结被光照时，样品对光子的本征吸收和非本征吸收都将产生光生载流子。但能引起光伏效应的只能是本征吸收所激发的少数载流子。因 p 区产生的光生空穴、n 区产生的光生电子属多子，都被势垒阻挡而不能过结。只有 p 区的光生电子、n 区的光生空穴和结区的电子空穴对扩散到结电场附近时，才能在内建电场作用下漂移过结。这样光生电子被拉向 n 区，光生空穴被拉向 p 区，即电子空穴对被内建电场分离。从而导致在 n 区边界附近有光生电子积累，在 p 区边界附近有光生空穴积累。它们产生一个与热平衡 p-n 结的内建电场方向相反的光生电场，其方向由 p 区指向 n 区。此电场使势垒降低，其减小量即光生电势差，p 端正，n 端负。于是有结电流由 p 区流向 n 区，其方向与光电流相反。如果这时分别在 p 型层和 n 型层焊上金属导线，接通负载，则外电路便有电流通过，如此形成一个个电池元件，把它们串联、并联起来，就能产生一定的电压和电流，输出功率。

光电极是光电池中的一个电极，或是组成半导体光电二极管中 p-n 结的两个电极。虽然化学与生物传感器中的光电极不同于太阳能电池中的光电极，但它们产生的电流均来自于光电效应，只不过太阳能电池的光电效应仅属于物理变化，而化学与生物传感器中使用的光电极可能也具有类似于半导体的光电效应，但它必须与生物化学反应相关联。

在这种光电极的表面上，具有光电化学活性物质的分子受到光激发后，其外层电子可从基态跃迁到激发态。由于激发态分子具有很强的活性，能够直接或间接通过电子调节机理将电子转移到半导体电极的导带或其他具有较低能量水平的电极上，从而产生光电流。从光电化学机理上看，可能有两种情况：

(1) 如果溶液中存在还原剂分子，反应后产生的氧化态受激分子被还原到基态，继而再次参与光电化学反应，因此产生的光电流不间断。

(2) 如果溶液中存在淬灭剂分子(通常为电子供体或受体分子)，激发态分子可与其发生电子转移反应，生成的氧化态或还原态分子能够进一步从电极表面得到或失去电子，即可产生光电流，光电活性分子重新回到基态参与反应。

光电流的强弱与辐射光的波长和强度、光电活性物质的性质、电极的种类和形状、电极电势(或偏压)的大小以及电解质的组成有关。在优化的实验条件下，光电流与基质的浓度成正比。

$$i_{h\nu}=b+kC \tag{2-19}$$

采用这种光电极的化学与生物传感器称为光致电化学传感器，它利用光能激发物质产生光电流，通过直接或间接检测光电流的强弱实现检测目的。光致电化学传感器的激发与检测是分步进行的。由于是检测电流响应，因此相对于光学检测方法而言，具有设备简单、成本低廉、易于微型化和集成化的优点。随着电化学检测和光电转换技术的不断发展，光致电化学传感器应当具有与化学发光传感器和电化学发光传感器相媲美的灵敏度，且光电流产生原理类似于电催化原理，较普通的电化学传感器灵敏度要高得多。

常用于光致电化学传感器中的光电极是用二氧化钛（TiO_2）、硫化镉（CdS）、联吡啶合钌[$Ru(bpy)_3$]$^{3+}$及一些具有光电效应的染料（如硫堇）制备的电极。

第3章　敏感膜和敏感元件的制备技术

敏感膜和敏感元件是化学与生物传感器的重要组成部分，它可以感受外界所发生的物理或化学变化。敏感膜一般会固定在某种基体材料表面从而构建一个传感器界面，同时这个基体材料可能是换能器的一部分，如果换能器的这一部分能够起到信号传导的作用，并且与敏感膜组合构成一个相对独立的器件，就成为该传感器的敏感元件。敏感元件能够直接决定传感器的功能与质量，它通过敏感膜对待测目标分子进行有效的识别作用，产生相应的物理或化学效应的变化，进而获取相应的传感信号，这些信号可以直接或间接地传递给后续的换能元件，达到信号转换的目的。因此敏感膜和敏感元件的制备是相辅相成的，并且有效地决定了传感器的性能指标。

3.1　敏感元件的构成及材料

一般来说，敏感元件是由基体材料、成膜材料和敏感功能材料三部分组成，组成方法有以下四种方式：

(1) 基体材料/成膜材料/敏感功能材料。

(2) 基体材料/成膜材料＋敏感功能材料。

(3) 基体材料/成膜材料(敏感功能材料)。

(4) 成膜材料＋敏感功能材料。

基体材料是敏感元件的载体，敏感功能材料固定在基体材料的表面，它对传感器的寿命和使用方式产生较大的影响，并且能够发挥敏感功能材料的作用。根据传感器的种类不同，所使用的基体材料也有很大的差别，常用的基体有铂、金、钯等金属材料；二氧化硅(石英、玻璃)、氮化硅、金属硫化物、硅、锗、金属氧化物等无机或半导体材料；聚氯乙烯、硅橡胶、纤维素、导电聚合物、树脂等有机材料。

成膜材料是用于固定敏感功能材料的物质，它具有良好的成膜性，可以形成一个传感界面；同时具有一定的刚性和柔韧性，能够支持敏感功能材料使其牢固地结合在基体材料的表面；它还必须具有一定的物理或化学作用力，进而增加敏感元件的稳定性。常用的成膜材料可以分为以下几类：

(1) 有机高分子聚合物类，如聚氯乙烯、聚苯乙烯、聚氟乙烯、葡聚糖、硅橡胶、聚酰胺纤维素酯等。

(2) 无机化合物类，如多孔玻璃、活性炭、石墨、石英、硫化物、黏土、水滑石等。

(3) 天然生物材料，如琼脂、动植物细胞膜、卵磷脂类、壳聚糖等。

(4) 人工合成的生物材料，如各种两亲有机化合物构成的双层脂膜，如磷脂。

敏感功能材料是传感器的核心组成，它能够直接感受被测对象的非电量信息部分，然后通过转化器转换成为合适的电化学信号。由于敏感功能材料需要从被测对象上获取相应的光、电、声、热、磁、化学、生物识别等不同形式的能量信号，因此它必须具有光电、热电、压电、电化学等不同方式的转换功能。常用的敏感功能材料有金属材料、无机材料、有机材料、生物材料等四大类。金属材料具有良好的导电导热性能、磁学特征和热胀冷缩的特性，可以用于光电子、微电子、热敏元件和磁敏元件等不同领域，常用的金属材料有各种贵金属单体如金、铂、镍和各种合金材料等。无机材料包括各种石英材料、金属氧化物、金属硫化物、陶瓷材料、半导体材料等，它们可以用于光电传感器、气温传感器、压电传感器等。例如，半导体材料具有特殊的电子结构，对于被测对象其半导体性质如电子的运动状态和数目表现出很大的差别，并随着外部作用的大小按一定规律进行变换，从而达到信号传导的目的。而陶瓷材料具有特殊的电、光、磁、热和压电效应，可以进行换能和信号传输。有机材料如导电聚合物、高分子材料、液晶材料、湿敏凝胶材料、有机半导体材料等，也已经被广泛应用于热敏传感器、气体传感器、压电传感器等不同领域。生物材料主要包括各种生物分子，如酶、动植物组织、抗原和抗体、DNA、蛋白质等，利用生物分子的特异性识别作用，进而对生化反应的过程进行选择性测定。将生物敏感组分固定在基体材料上是制备生物敏感元件的关键步骤，通常的生物敏感元件的固定化技术应满足以下条件：

(1) 固定化后的生物敏感组分仍能保持良好的生物活性。

(2) 生物膜与基体材料应紧密接触，且能适应多种测试环境。

(3) 固化层要有良好的稳定性和耐用性。

(4) 减少生物膜中生物组分的相互作用，以保持其原有的高度选择性。

随着材料科学的不断发展，各种新型半导体材料、功能高分子材料、纳米材料、生物复合材料被不断合成出来，为构建新型敏感元件和传感界面提供了基础，极大地促进了传感器技术的发展。

3.2　敏感元件的制备方法和性能

敏感元件是由基体材料、成膜材料和敏感功能材料三部分组成，这三部分是相辅相成、互相依托的，有时候是相互补充，或者是二者合一的，没有完全的区分方法。在敏感模式上也有离子识别、分子识别、生物识别等不同方式，因此敏感功能材料的固定化方法也是多种多样的。常见的敏感元件的制备方法有直接法和间接法。直接法是直接在基体材料上合成敏感功能材料，或者敏感材料与基体材料是由一种材料直接合成；间接法是先分别合成得到相关材料，然后采用不同的方式复合在一起构建敏感元件。

为了研制价廉、灵敏度高、选择性好和寿命长的生物传感器，生物敏感材料的固定化技术已成为世界各国竞相研究和探索的对象。经过近 20 年来的不断努力，已经建立了对各种不同类型生物功能性物质的固定化方法，生物敏感材料的固定方法主要有三大类：一是混合成膜法，即将敏感材料和膜材料以一定比例混合后再制膜，如包埋法；二是锚定法，即将膜材料先单独成膜，再将敏感材料锚定于膜表面，或直接将敏感材料锚定于膜基体表面上，如物理或化学吸附法、共价键合法、交联法；三是夹心法，即用两层膜将敏感材料夹在其中。成膜工艺有很多，如压制法、滴注法、涂布法、LB 法、溶胶-凝胶法、印刷法等。特别需要指出的是，生物敏感组分的固化和制膜在制备敏感膜的过程中是相辅相成的，应综合考虑，不可将它们截然分开。与游离的生物敏感材料相比，固定化的生物敏感功能材料具有稳定性高、重复性好、生物材料用量少、条件温和、易于制备与分离等优点，因此得到了人们的广泛关注。图 3-1 为生物敏感材料的常用固定化方法示意图，主要包括吸附法、聚合物包埋法、共价键合法、交联法、夹心法、微胶囊法等，每种方法都有其优点、特点及相应的适用范围。

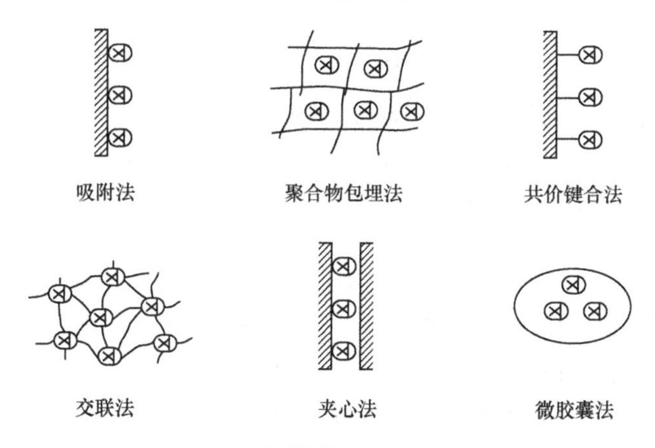

图 3-1　生物敏感材料的固定方法

3.2.1　吸附法

吸附法的方法简单，操作条件温和，对生物分子活性影响较小，生物分子不易发生变性。它是将生物敏感元件与非水溶性载体经过物理、化学或离子结合作用进行固定，作用力可能是氢键力、范德华力、离子键力、疏水作用力、π 电子亲和力或者多种方式的共同作用，但其缺点是生物分子与固定载体之间的表面结合力较弱、稳定性差，易于发生脱附作用，进而导致重现性差和灵敏度低。

1. 物理和化学吸附法

当固体浸到溶液中时就发生吸附，这是在固体/溶液界面发生的一种自然现象。物理和化学吸附是一种常见的制备单分子层修饰电极的简便方法。常用的吸附载体有无机载体如多孔玻璃、活性炭、氧化铝、石英砂、皂土、白土、高岭土、二氧化钛、膨润土、陶瓷、金属氧化物等；有机载体如纤维素、葡聚糖、琼脂糖、聚氯乙烯、聚苯乙烯、氟聚酯、骨胶原、淀粉、壳聚糖；各种电极材料如金、铂、石墨、玻碳以及其他金属电极；还有各种离子交换剂如阴离子交换剂二乙基氨基乙基(DEAE)-纤维素、混合胺类-纤维素、四乙氨基乙基-纤维素、DEAE-葡萄糖凝胶等；阳离子交换剂如羧甲基纤维素、纤维素柠檬酸盐等。

物理和化学吸附法依靠静电引力与修饰物质的 π 电子相互作用而实现，是物理和化学吸附共同作用的结果。早期的物理和化学吸附法操作简单,但被吸附的物质容易脱落,因此生物敏感膜单纯使用物理和化学吸附法制备的极少。物理和化学吸附法对溶液的 pH 变化、温度、离子强度和电极基底状况较为敏感,生物分子与基体表面结合力弱,而且有些膜基体表面取向的不规则分布,使制得的敏感元件易发生生物分子的泄漏或解脱。当溶液的 pH、温度、离子强度、溶剂性质和种类发生变化时会导致生物组分的变性或脱落,因此吸附法必须严格控制实验条件。

2. Langmuir-Blodgett 膜法

朗格缪尔-布洛杰特(Langmuir-Blodgett)膜法(简称 LB 膜法)可把液面上有序排列的某些有机化合物逐层地转移到固定基片上,在分子水平上制造按设计次序排列的分子组合体,得到单分子层或几个多分子层的修饰薄膜,这种薄膜排列规则、均一性好,可以获得相当高的表面积/体积比,是制作仿生膜的有用技术。LB 膜具有以下特点:

(1) 膜的厚度可精确控制,可精确到纳米级。

(2) 膜内分子排列有序且致密。

(3) 脂质双层膜同生物膜结构相似,是理想的仿生膜,具有较好的生物相容性。

(4) 可把功能分子固定在 LB 膜的预定位置上进行分子识别的组合设计,从而制备成具有特殊功能的生物传感器。

LB 膜法是将具有脂质疏水端和亲水基团的双亲分子溶于挥发性的有机溶剂中,铺展在平静的气/水界面上,待溶剂挥发后沿水面横向施加一定的表面压,这样溶质分子便在水面上形成紧密排列的有序单分子膜,然后将单分子膜转移到固体电极表面,就得到 LB 膜修饰电极(图 3-2)。按膜转移(挂膜)时电极表面相对于水面的不同运动方向,可把 LB 膜的制备分为 X、Y 和 Z 三种方式(图 3-3)。将电极表面垂直于水面向下插入挂膜,使成膜分子的憎水端指向电极,称为 X 法;将电极反向从水下提出挂膜,使成膜分子的亲水端指向电极,称为 Z 法;而将电极上下往返运动挂膜,使各层分子的亲水和憎水端依次交替指向电极,称为 Y 法。若把酶溶于水中,在水面上展开的脂质单分子膜将吸引溶解在水中的酶,沿水平面对其表面积的压缩会使单位面积上酶的密度增加,然后经过挂膜,随着 LB 膜在电极上的沉积,酶就被固化在电极表面上。

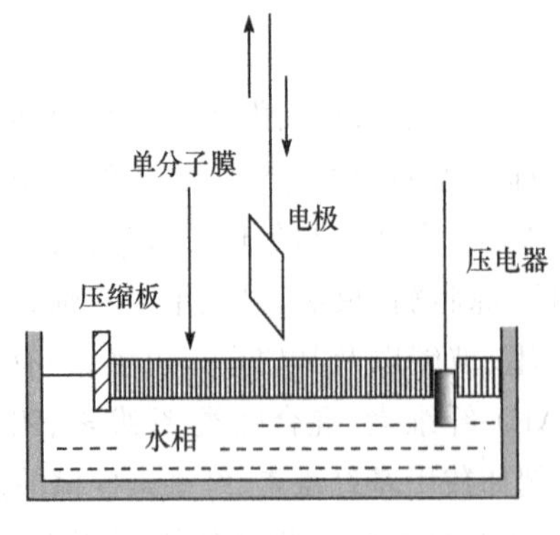

图 3-2　制备 LB 膜的装置示意图

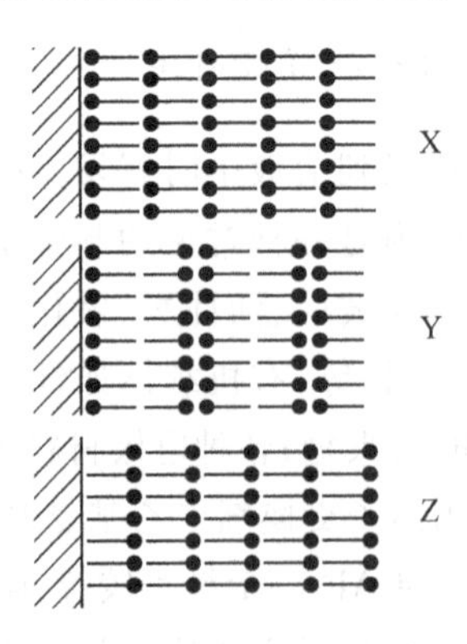

图 3-3　X、Y 和 Z 型 LB 膜

LB 膜法实质上是一种人工控制的特殊吸附法，可在分子水平上实现某些组装设计，完成一定空间次序的分子组合。若在电极表面挂一单分子层膜，表现出准二维特性，称为单分子层 LB 膜修饰电极；将相同或不同的成膜分子在电极表面重复挂膜，积叠成多层膜，具有三维的超结构，称为多分子层 LB 膜修饰电极；将两种或两种以上的不同分子按一定比例混合后形成 LB 膜，再挂膜在电极上，称为混合型 LB 膜修饰电极。

LB 膜只有一个或几个单分子层厚，电子或物质的传输在电极上非常容易进行，具有分子排列紧密，活性中心密度大，电化学响应信号强的特点。特别是在电极表面上分子的高度有序排列能产生用其他制备方法达不到的效应，如对各种离子传输的选择性，一般非离子型的分子 LB 膜不利于亲水离子的传输，而离子型的分子 LB 膜则有利于这种传输。通常 LB 膜修饰电极的循环伏安曲线呈现典型的表面波特征，其阴阳极峰基本对称，峰电流与扫描速度成正比，不受溶液搅拌的影响。用 LB 膜制成的敏感器件响应时间快且灵敏度高，光电转换效率也高，特别适合制备化学、生物或仿生传感器件以用于分子识别。

3. 自组膜法

与 LB 膜的制备不同，基于分子的自组装作用在固体表面上自然地形成高度有序的单分子层方法称为自组(self assembling，SA) 膜法。显然，SA 膜法比 LB 膜法更加简单易行而且膜的稳定性好。由于 SA 膜是双亲分子在固体表面上自发形成的单分子层结构，可作为生物表面的模型膜用来进行分子识别，同时它广泛地涉及基础和应用研究的许多方面，如膜的渗透性、电子转移动力学、湿润现象、黏接和润滑等表面科学，以及非线性光学器件和防护涂层应用等。

SA 膜的类型主要有单分子层、混合单层、双分子层以及多层膜等。有些物质能在固/液界面上自然地“自组”成高度有序的单分子层，目前由 SA 膜法获得的单分子层有：硫醇、二硫化物和硫化物在金表面，脂肪酸在金属氧化物表面，硅烷在二氧化硅表面，磷酸在金属磷酸盐表面以及金属配合物在白金表面等。混合单层是上述自组装单分子层的进一步扩展。图 3-4 即为混合单层自组装膜的模型，上部是具有生物活性的分子，通过以圆柱表示的烷基硫醇接到电极上，电活性的(二茂铁标记的)硫醇被非电活性的硫醇(以端部为圆的圆柱表示)稀释。这个模型说明，非电活性的硫醇使二茂铁保持彼此完全分开的状态。同时，密集排列的烷基链很好地保持了电活性的二茂铁基与电极表面的距离。因此通过改变烷基链的长度，可直接检测电子转移速率与电极距离的依赖关系。

SA 膜的这种人工自组体系对仿生研究有重要意义。因为在它分子尺寸、组织模型以及膜的自然形成三个方面类似于天然的生物双层膜。同时，它具有分子识别和选择性响应，并且稳定性高。从另一个方面看，虽然 SA 膜能自然地形成，但它对基底电极(主要是金，单晶面)要求很高；同时所用试剂需自行设计合成，这是它的两个缺点。

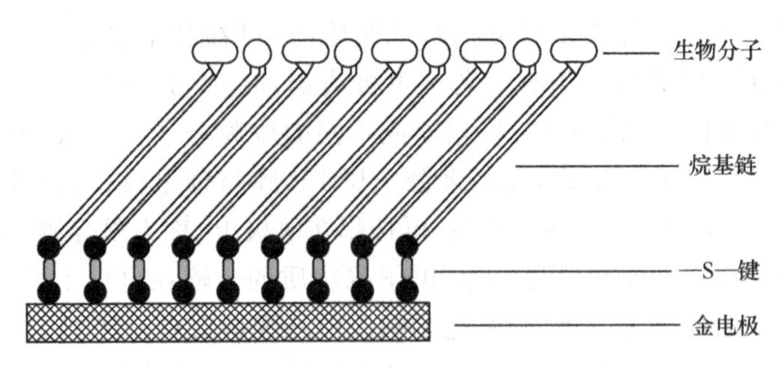

图 3-4　混合单层自组装膜固化生物组分的模型

3.2.2　共价键合法

将生物分子与固相载体表面的活性基团反应生成化学共价键而固定的方法称为共价键固定法。由于共价键的高稳定性，生物分子得以很牢固地固定在载体表面，反应一般在低温、低离子强度和生理 pH 条件下进行。由于结合得牢固而不易脱落，因此具有稳定性和重现性好的优点。对于载体的要求一般是稳定性好，有可以共价反应的活性基团，来源容易，使用方便，比表面积大，有一定的机械强度。常用的固相载体有天然高分子材料如纤维素、葡聚糖、淀粉、壳聚糖、胶原等；合成高分子如聚苯乙烯、尼龙、聚丙烯酰胺及其衍生物、聚苯胺等；无机支持物如多孔玻璃、二氧化硅、金属氧化物和金属材料（如金、铂、钛等）。

对于生物分子，也应该有易于参加反应的活性功能基团，如蛋白质分子上的氨基酸残基，酶蛋白分子 N 端的 α-氨基或赖氨酸残基的 ε-氨基；酶蛋白分子 C 端羧基、天冬氨酸的 β-羧基或谷氨酸的 γ-羧基；肽键中半胱氨酸的巯基；丝氨酸、苏氨酸和酪氨酸的羟基；苯丙氨酸和酪氨酸的苯环；组氨酸的咪唑基；色氨酸的吲哚基等。由于不同的氨基酸残基具有反应活性大小、出现频率多少和是否容易反应等差别，即氨基酸残基的反应活泼程度不同，因此要根据生物分子的类型来选择不同类型的共价反应。

生物分子与固相载体之间的共价结合反应取决于载体上的功能基团和生物分子上的反应基团，常采用三种方式结合：①与载体直接反应连接；②通过同源双功能试剂与载体连接；③通过异源双功能试剂与载体连接后再与载体反应连接。反应的设计则需考虑偶联效率、操作简便等条件因素。常用的共价反应有重氮反应、芳香烃化反应、金属偶联反应、缩合反应、叠氮反应、溴化氢法等，根据反应基团的不同可选择不同的共价键合反应类型。共价键合法的优点是结合牢固，生物分子不易脱落，载体不易被生物降解，使用寿命长；其缺点是反应步骤多，生物分子的活性有可能会因为化学反应而降低。

反应过程通常包括三个步骤：固相载体表面的活化、生物分子的偶联、剩余价键的封闭及去除键合疏松的组分。这些步骤中每一步合适的实验条件则取决于生物组分及偶联试剂的特性。膜基体材料多为金属（如铂、金、钛）、氧化物（如二氧化硅）及石墨等，所以首先必须在基底表面引入可修饰的功能团，其主要方法有单层膜共价键固定法和聚合物膜共价键固定法、交联共聚法。

1. 单层膜共价键固定法

直接化学固定法　将基体表面先经过化学处理或修饰，然后将生物功能物质以共价、离子或配位等方式结合固定于基体表面。对于石墨基体可通过表面化学氧化引入氧基，或进而引入氨基及卤基；对于氧化物基体可用硅烷化方法或溴化氰进行活化；活性生物组分（如酶、抗体）可直接结合在活化后的基体表面。

另外，对于金电极还可用蛋白 A 直接实现抗体的固定。蛋白 A 具有与抗体的 Fc 片段结合的特性，而抗原与抗体的结合点位于抗体的 Fab 片段，故蛋白 A 与抗体结合后不影响抗体与抗原的结合，且蛋白 A 与金的亲和常数达 10^8 mol/L，修饰层稳定，操作更为简单，无需引入中间物，因此有好的重现性及稳定性。研究表明，蛋白 A 在电极上成膜的好坏与蛋白质浓度（0.1 g/L 最宜）及成膜时间（30 min 最宜）等因素有关。浸入法优于涂覆法，前者自组装所形成的功能膜有序、致密，且活性损失更小，而后者固定抗体增大了蛋白 A 非特异性吸附，重现性较差。虽然蛋白 A 被公认为一种有效的固定方法，但是它只能用来固定抗体，而不能固定抗原或其他生物组分。

硅烷化-双功能基团试剂偶联法　该法一般是先用氨丙基三乙氧基硅烷或氨丙基三甲氧基硅烷等硅烷化试剂，使膜基体形成含氨基或羟基的活性表面，再使用双功能交联剂（如戊二醛等）连接生物组分。已报道的方法有：用缩水甘油丙氧基甲基硅烷（GOPS）修饰电极，固定羊抗人免疫球蛋白（IgG）；将氨基硅烷化剂[如 $(CH_3O)_3Si(CH_2)_3NH_2$]修饰在电极或其他膜基体表面上，然后用双功能试剂戊二醛或磺基琥珀酰亚胺 4-（*N*-马来酰亚胺基甲基）环乙烷-1-羧酸酯，通过 IgG 中的氨基或巯基将其固定在膜基体表面上；用 3-缩水甘油氧丙基三甲基硅烷（GPTMS）修饰铝（氧化铝）电极表面以固定 IgG 等蛋白质。采用硅烷化方法时，基体电极的预处理对酶在电极表面的共价键合具有较大的影响。Thomas 等的研究表明键合前合适的预处理可以增加电极的响应和寿命，如铂电极经阳极极化处理与经热氧化处理产生类似的响应，但电极的寿命具有明显的差别，硅烷化前经阳极极化处理过的电极只有 10 h 的寿命，而经热氧化处理的电极具有 15 h 的寿命。经阳极极化处理的铂黑电极比经阳极极化处理的铂电极具有较大的电流信号，这是由于铂黑增加的表面积提供了较大量的硅烷化中心，可以键合较多的酶。图 3-5显示的就是硅烷化-双功能基团试剂偶联法的一般过程。

2. 聚合物膜共价键固定法

与单分子层相比，聚合物膜可提供较多的活性修饰基团，具有稳定性好、简单易行、适用面广的特点。聚合物膜可直接由聚合物溶液通过滴涂法或旋转涂制法制备，也可由单体通过等离子体聚合法、辐射聚合法或电化学聚合法制备。活化载体的方法有戊二醛偶联法、重氮法、叠氮法、卤化氰法、缩合法、烷基化法等。

戊二醛偶联法　戊二醛是常用的双功能团试剂，可有效地活化含有氨基的聚合物膜。

重氮法　根据载体分为两种类型：对于含有苯氨基的不溶性载体，在亚硝酸和稀盐

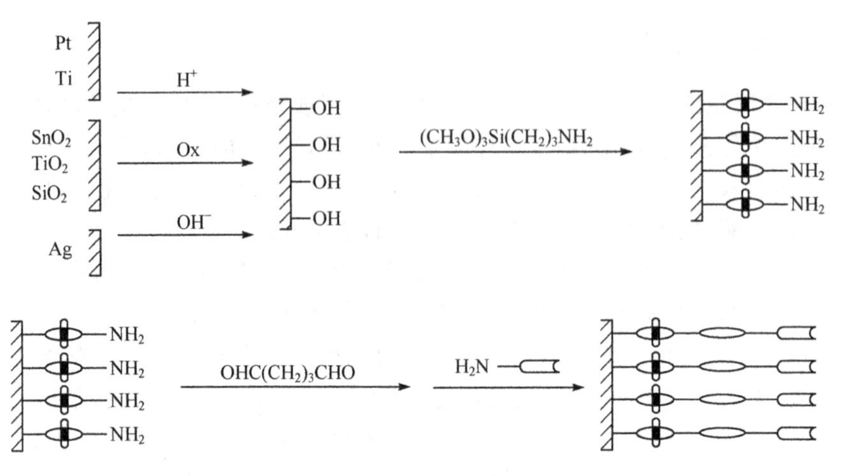

图 3-5　硅烷化-双功能基团试剂偶联法

酸的作用下生成重氮盐衍生物，重氮基再与酶分子中的—NH_2、—OH、—SH、咪唑基等发生重氮偶联反应，从而制成固定化酶；对于纤维素等多糖类不溶性载体的活化，可利用硫酸酯乙砜基苯胺(SESA)，一端先与纤维素上的羟基进行醚化，另一端上的—NH_2经 $NaNO_2$ 与 HCl 重氮化，重氮基再与酶偶联。重氮化法所用的不溶性载体有对氨基苯甲基纤维素、氨基苯甲醚纤维素、氨基纤维素等。已用此法进行固定的酶有D-葡萄糖氧化酶、木瓜蛋白酶、胃蛋白酶、青霉素酰化酶等。

叠氮法　此法是先将含羧基的不溶性载体(如羧甲基纤维素、胶原蛋白等)进行甲酯化，再形成肼和叠氮化合物，最后与酶上的—NH_2 偶联。

卤化氰法　此法是将具有—OH 的不溶性载体，如纤维素、琼脂糖、葡聚糖等，首先用 CNBr 活化，使之形成具有活性的亚胺碳酸衍生物，然后再与酶上的—NH_2 偶联。

缩合法　此法利用二环己基羧二亚胺为缩合剂，使酶分子的—NH_2 或—COOH 与载体的—COOH 或—NH_2 形成肽键，从而制得固定化酶。常用的载体有羧甲基纤维素、肠衣膜、胶原蛋白膜等。用肽键结合法制备的固定化酶有胰蛋白酶、木瓜蛋白酶、无花果蛋白酶、过氧化物歧化酶、黄嘌呤氧化酶等。

烷基化法　此法可以使酶分子中的—NH_2、—SH、—OH 与不溶性载体上的卤素或乙烯磺酰基发生反应，制成固定化酶；也可以使聚酰胺类化合物先经硫酸二甲酯烷基化，烷氧基再与酶分子中的—NH_2、—SH、—OH 等作用，制备固定化酶。

3.2.3　聚合物包埋法

包埋法是将生物组分包埋于高分子三维空间网状结构中，形成稳定的生物组分敏感膜。该技术的特点是可采用温和的实验条件及多种凝胶聚合物，大多数生物组分可以很容易地混合在聚合物膜中，一般不需要化学修饰，对生物组分的活性影响较小；膜的孔径和几何形状可任意控制，可固定高浓度的活性生物组分等。聚合物包埋法是将生物功能物质与合成高分子如氟聚酯(Nafion)或生物高分子(如壳聚糖、丝素蛋白)经溶剂混合而使酶包埋于其中，制备成具有酶活性的敏感膜，再把它覆盖到基体的表面构成生物敏感器件。与单分子层相比，聚合物膜可提供许多能利用的势场，其活性基底浓度高、信号响应大，而且具有较好的化学、机械和电化学的稳定性，无论从研究和应用方面都具有发展前景。一般来说聚合物膜的制备对基体的表面状态要求不苛刻，修饰的聚合物可以是电子导电的也可以是非导电的，往往靠某种化学、物理吸附作用或对所接触溶液呈现低溶解度而接到基体表面上。包埋方式有两种：将酶分子包埋在凝胶的细微网状结构里制成固定化酶，称为凝胶包埋法；或者将酶分子包埋在由半透膜构成的微型胶囊（夹层）中，酶分子被限制在膜内，小分子的底物和产物能自由透过薄膜，称为胶囊包埋法。常用的膜材料有聚丙烯酰胺、淀粉、明胶、聚乙烯醇、硅树脂、纤维素膜、尼龙膜、火棉胶等。

聚合物膜修饰有以下几种常用的方法：

蘸涂法　将基底电极浸入已溶于适当低沸点溶剂的聚合物溶液中，一定时间后取出，基体表面靠吸附作用自然地形成薄膜。用此法形成的膜量当电极从溶液中移出时会增加，通常要甩掉表面上多余的溶液，并使之干燥。

滴涂法　取数微升聚合物溶液滴加到基体表面上，并使其挥发成膜。该法的主要优点是聚合物膜在基体表面上的覆盖量可从原始聚合物溶液的浓度和滴加体积而计算出来。但用此法得到的聚合物膜表面粗糙，若在含有该溶剂的饱和蒸气中慢慢地干燥，会有明显改善。

旋涂法　旋涂法也称旋转浇铸法。用微量注射器取少量聚合物溶液，滴加到正在旋转的圆盘基体电极中心处，此时过多的溶液被抛出电极表面，余留部分在电极表面干燥，得到较均匀的薄膜。重复同样的操作，可得到较厚的聚合物膜，而且无针孔。虽然这个方法还不能控制修饰层的结构，但在仔细控制实验条件下，可得到重现性好的结果。

聚合物膜还可以由单体通过等离子体聚合法、辐射聚合法或电化学聚合法制备。

若聚合物本身已含有电活性基团，可方便地用上述方法制备相关修饰电极。作者用天然高分子化合物壳聚糖偶联三联吡啶合钌配合物，制备了三联吡啶合钌修饰壳聚糖[图 3-6(a)]，然后用滴涂法将三联吡啶合钌修饰壳聚糖涂于铂电极上，制备了用于电化学发光的复合膜电极。从该电极的循环伏安曲线[图 3-6(b)，虚线为三联吡啶合钌水溶液]和发光光谱[图 3-6(c)]可以看出，该电极保持了三联吡啶合钌的电化学活性和光化学活性。由于该电极表面存在静电作用和吸附能力，提高了对草酸和氨基酸的分子识别能力，已发展成一种常见的电化学发光生物传感器。

若聚合物本身不含有电活性基，可以通过聚合物修饰电极经进一步化学反应使电活性基团接在电极上，或用聚合物与电活性物质混合后滴涂在电极上成膜。氟聚酯没有电活性基，但将其通过旋涂法在电极上成膜后，再浸入含有电活性基物质（如三联吡啶合钌、二茂铁、葡萄糖氧化酶等）的溶液后，该电极表面就具有了电活性基物质的性质，进而可用来制备生物化学传感器。

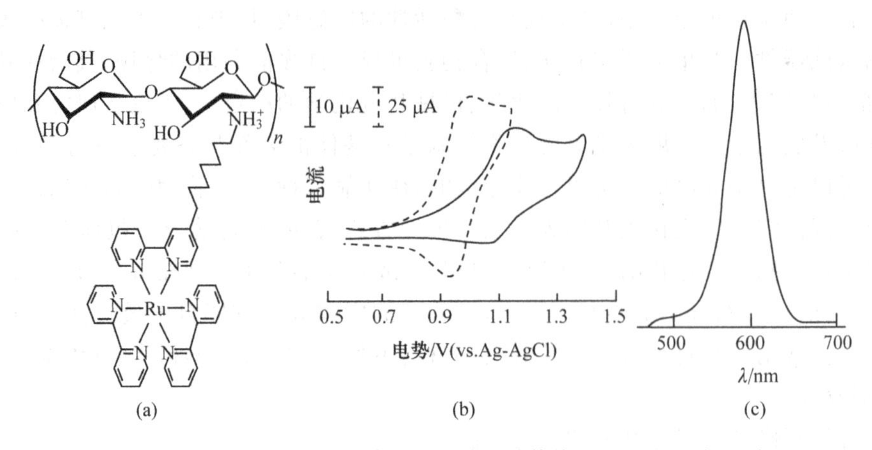

图 3-6　三联吡啶合钌修饰壳聚糖及其修饰电极的光电特性

3.2.4　交联法

交联法是利用双功能或多功能试剂将生物分子固定在固相载体表面并彼此交联形成三维网状结构。常用的交联试剂有戊二醛、双重氮联苯胺-2,2-双磺酸、1,5-二氟-2,4-二硝基苯、己二酰亚胺酸二甲酯、苯基二异硫氰酸酯、双环氧己烷、双亚胺甲酯、2,4,6-三氯-三氮杂苯等,它们具有 2 个以上的功能基团,能够与生物分子的表面活性基团如蛋白质中赖氨酸的 ε-氨基、N 端的 α-氨基、酪氨酸的酚基或半胱氨酸的巯基、DNA 中的磷酸基团等发生共价交联。最常用的交联试剂是戊二醛,它能够与蛋白质分子中的游离氨基反应形成席夫碱而使蛋白质分子发生交联,反应方程式如下:

$$\mathrm{OHC\!+\!CH_2\!\!+_3CHO + E{-}NH_2 \longrightarrow {-}\underset{H}{C}{=}N{-}\underset{\substack{|\\ N\\ \|\\ CH\\ |}}{E}{-}N{=}\underset{H}{C}\!+\!CH_2\!\!+_3CH{=}N{-}\underset{\substack{|\\ N\\ \|\\ CH\\ |}}{E}\cdots}$$

在一定条件下,将一定浓度的酶和戊二醛相混合得到不溶性固定化酶,反应条件与酶和试剂的浓度、溶液的 pH、反应温度、离子强度、反应时间都有一定的关系。该方法操作简单、结合牢固、稳定性好,其缺点在于酶会部分失活,通常戊二醛的浓度为 2.5%(体积分数)为宜,用量太多会导致蛋白质自身的中毒及活力的降低。

3.2.5　微胶囊法

微胶囊的直径一般为 1～100 μm,膜厚约 100 nm,膜上孔径约 3.6 nm,具有较大的比表面积,小分子底物能够通过微胶囊膜进入而与酶发生相应的反应,然后反应产物又能扩散出来。常用的制备微胶囊的方法有界面沉淀法、界面聚合法、液体干燥法、脂质体包埋法等。脂质体是由脂质双分子层组成的内部为水相的闭合囊泡,其分子具有两性,即一端为亲水性,一端为疏水性,最常用的为磷脂类物质。当脂质体与水相混合后会通过自发的疏水作用力而形成双分子层结构,即大小混杂的囊泡结构,其中最多的是呈同心球壳的多层脂双层，经过超声波处理后就会使囊泡结构变小且均匀化，形成仅含单个双分子层结构的小单片层囊泡，直径为25～50 nm。近年来也有报道制得直径为200～1000 nm的大单片层囊泡。生物分子可以进入囊泡中间而得到有效的固定，分子识别时底物或产物可以通过囊泡膜进入囊泡中间而发生相应的反应，膜的稳定性与样品中待测物质对膜成分的溶解度有关。作为载体判断微胶囊的主要参数是俘获容积和包裹效率。由于酶被直接包裹在胶囊内部，其反应条件温和，酶的活力损失较小，可用于酶、辅酶、细胞等多种物质的固定，应用范围广，但酶的扩散受到一定限制。

3.2.6 夹心法

夹心法是一种较为简单的方法，它将生物活性材料直接封闭在双层滤膜中间，然后固定在基体材料表面。可以根据生物材料的不同而选择各种孔径的滤膜。这种方法操作简单，固定量大，响应速度快，重现性好，不需要任何化学处理，缺点是生物材料的用量较大。

敏感元件的制备方法有其各自的特点，并且不能完全分开，各种方法可以相互结合利用。通过不同方法将敏感功能材料固定在基体材料的表面，进而可以获得相应的敏感元件，并应用于传感检测。

3.3 化学修饰电极

化学修饰电极(CME)是在由导体或半导体制作的电极表面涂敷单分子的、多分子的、离子的或聚合物的化学物薄膜，借电子转移反应而呈现出此修饰薄膜的化学、电化学以及光学性质。自1975年化学修饰电极问世以来，它就成为电化学、电分析化学和电化学传感器研究中十分活跃的领域。CME可以在电极表面进行分子设计，将具有特殊性质的分子、离子、聚合物等固定在电极表面，从而可以有目的地赋予电极表面特定的功能，进而可以在电极表面有选择性地进行所期望的反应。其研究结果不但极大地丰富了电化学和电分析化学的内容，而且具有独特的光电、催化、配合、富集、分子识别等功能，在生命科学、环境科学、能源科学、材料科学等多学科都具有良好的应用前景。我国董绍俊、金利通等的相关专著对CME进行了详细介绍。

CME是在电极表面固定了一层具有特殊性能的化合物或功能团，使电极具有某种预定的性能，电极表面的修饰使其具有更强的反应活性，可以加快电子转移速度；或者具有富集作用，有效提高测定的灵敏度；或者使界面具有选择性的光电催化功能；或者在立体有机合成上有特殊作用；其应用领域还可以扩展到药物的控制释放、电致变色显示设备、燃料电池、分子器件、腐蚀与防护等许多领域。

3.3.1 CME的分类

按照电极表面的微结构可以将CME分为单分子层、多分子层、组合型等。电极表面的修饰方法也有许多种，制备单分子层的主要方法有共价键合法、吸附法、欠电位沉积法、LB 膜法、SA 膜法。制备多分子层修饰电极的主要方法有聚合物薄膜法、气相沉积法和 LBL(layer by layer)膜法。CME 的制备和分类方法如图 3-7 所示。

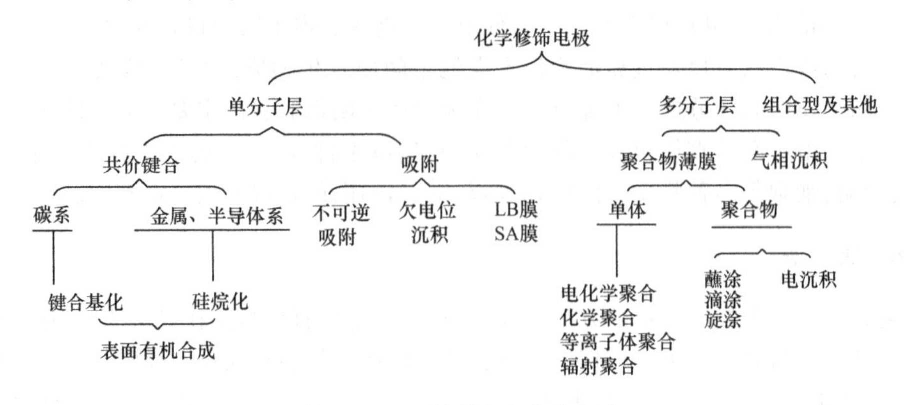

图 3-7　CME 的制备和分类方法

3.3.2　CME 中基底电极的表面处理

CME 中常用的基底电极有各种碳材料电极，如热解石墨电极、玻碳电极、碳糊电极；各种金属电极，如金电极、银电极、铂电极和半导体电极。在进行化学修饰之前需要对固体电极的表面进行清洁处理，以获得新鲜的、重现性好的表面状态，方便后续修饰过程的进行。在常规金属和碳电极的表面具有一定的表面能，因此在其晶体的棱面原子上具有未饱和的价态，这种表面能的分布是不均匀的。晶面上存在的缺陷，如台阶、纽结、螺旋错位和吸附原子等，使溶液中的许多物质很容易吸附到这些具有高能的点位上而造成污染。另一方面，金属和碳的表面都能被化学的或电化学的方法氧化。当贵金属发生氧化时，其表面上往往产生氧化物膜(如铂上的 PtO 和 PtO_2)并吸附—OH，而碳发生氧化时表面上呈现各种含氧基，如醇、酚、羧、酮、醌和酸酐等，具有催化某些反应的作用，氧化作用同时增加了表面粗糙度，也易于形成惰化层。这些使电极表面状态发生变化的因素都可能引起固体电极的重现性变差。

固体电极表面的预处理方法较多，一般来说第一步处理是进行机械研磨、抛光至镜面程度。特别当电极表面上存在惰化层和很强的吸附层时，必须用机械或加热的办法处理，加热处理一般在真空中进行。常用的电极抛光材料有金刚砂、CeO_2、ZrO_2、MgO 和 α-Al_2O_3 粉及其抛光液。抛光时按抛光剂粒度降低的顺序依次进行研磨，如对新的电极表面先经金刚砂纸粗研和细磨，再用 α-Al_2O_3 粉按 1.0 μm、0.3 μm 和 0.05 μm 粒度在平板玻璃或抛光布上分别进行抛光。每次抛光后洗去表面污物，再移入超声水浴中清洗，每次 2～3 min，重复三次，直至清洗干净。最后用乙醇、稀酸和水彻底洗涤，得到平滑、光洁、新鲜的电极表面。等离子体和激光技术也可用来进行电极表面的清洁处理。等离子体法处理电极主要与发生放电的周围气氛有关，若处在氧气和氨气中则可以分别得到含氧和含氨基的电极界面，用激光辐射的方法处理铂和碳电极时可直接在试液中进行，通过改变激光照射的强度和处理时间，可将电极表面的吸附物和惰化层除去，进而增强电极活性。用等离子体和激光辐射处理过的电极表面具有良好的重现性，有利于电极表面的进一步修饰。

固体电极表面经抛光后接着进行化学或电化学处理是最常用的清洁和活化电极表面的手段。电化学法常用强的矿物酸或中性电解质溶液或弱的有配位作用缓冲溶液在恒电势、恒电流或循环伏安扫描等条件下极化，可获得氧化的或还原的或干净的电极表面。该方法操作简单、易于控制条件，而达到较好的重现性效果。

3.3.3 CME 的制备方法

CME 的实验设计好坏、操作步骤是否合理可行会直接影响电极的活性、重现性和稳定性，因此制备方法的选择是 CME 研究的理论基础并决定其实际应用的方向。常用的修饰方法有共价键合法、吸附法、聚合物薄膜法、组合法等。

1. 共价键合法

共价键合法是最早用来对电极进行人工修饰的方法。该方法首先是将电极表面进行相应的预处理以引入可以发生共价键合的基团，然后进行表面有机合成反应，通过键合反应把预定功能团接着在电极表面。向碳电极表面引入共价键合基团的途径有引入含氧基、氨基和卤基以及活化碳表面，然后可进行表面有机合成，可以按照常规的有机合成方法进行，最后通过酰胺、酯、酮、醚、C—C 和 C—N 等键合反应将预定的活性功能团接在电极表面上。最典型的反应是使电极表面的含氧基(如—COOH)与酰氯试剂($SOCl_2$)反应获得表面的酸性氯化物基—COCl，进一步与氨基取代物反应，通过酰胺键的形成而连接预定功能团 R^* 。一般情况下，所接 R^* 的表面覆盖量是较低的，最高为单分子层，多是亚单分子层。

共价键合法从理论和步骤两个方面说明了 CME 的设计和表面微结构的形成，但是这种方法的缺点是修饰步骤繁琐、过程复杂而耗时，在电极的表面连接预定功能团覆盖量较低，这不仅取决于第一步预处理中引入可供键合基团的数目，同时受表面有机合成反应效率的制约，在这一过程中有一步发生意外的脱落，就会使整个修饰过程出现问题。

2. 吸附法

当把电极浸入溶液中时就发生了吸附作用，这是固体/溶液界面出现的一种自然现象，可利用它改变电极表面的微结构，进而成为制备单分子层修饰电极的最古老的方法。例如，铂电极表面可以吸附各类烯烃化合物，用以结合氧化还原体；对于碳电极表面，用氧等离子体处理后浸入伯胺和仲胺溶液中，就能得到强吸附的化学修饰电极，核酸、蛋白质和生物碱类在低浓度下也能强烈吸附在碳电极上。分子自组膜法也是基于分子自组作用，在固/液界面上物质自然地“自组”成高度有序单分子层的方法。目前能用 SA 膜获得单分子膜的主要有在金电极表面吸附含硫化合物，在金属氧化膜表面吸附脂肪酸,在铂表面吸附乙腈,在二氧化硅表面吸附硅烷等。

吸附法制备修饰电极具有操作简单的优点,但缺点是吸附层不重现,而且吸附的修饰剂会逐渐流失。但在严格控制实验条件下,该方法仍能获得较好的重现性。目前在生物传感器中媒介体的修饰、溶出伏安法分析等方面都广泛应用了吸附法进行电极的修饰。

3. 聚合物薄膜法

聚合物薄膜修饰电极具有三维空间结构,可提供许多能利用的势场和位点,其活性基的浓度高,电化学响应信号大,而且具有较好的化学、机械和电化学的稳定性。其制备方法根据所用的初始试剂的不同可分为聚合物制备和从单体出发制备两大类。前者可采用蘸涂、滴涂、旋涂法、电化学沉积法等,将聚合物的溶液涂布在电极表面而形成聚合物薄膜。后者可采用电化学聚合法,即利用电化学反应引发单体的聚合反应,进而在电极表面形成聚合物薄膜,能够用电化学引发的单体有含乙烯基、羟基、氨基的芳香族化合物、杂环化合物等。电聚合制备的聚合物薄膜或是导电的,或是对基质和支持电解质有渗透作用的。含氨基和羟基的芳环单体经电氧化可形成不导电的聚合物薄膜,而吡咯、噻吩、苯胺等单体聚合后会形成有良好导电性的导电聚合物薄膜。这些聚合物的电化学制备方法一般是将单体和支持电解质溶液一起加入电解池中,用恒电流、恒电势或循环伏安法进行电解,由电氧化引发聚合反应进而生成导电性聚合物薄膜。在聚合过程中还可以通过阴离子掺杂、改变聚合条件等获得不同性质、不同厚度的薄膜。影响电化学聚合的因素有单体浓度、溶剂、支持电解质、温度等。其中溶剂的选择会直接关系到聚合物薄膜的形貌、导电度和电化学活性,一般要求具有高介电常数、低黏度和合适的电势窗口。在制备常规导电聚合物薄膜电极的基础上,还可以制备功能化的导电聚合物薄膜,进一步提高膜界面的特殊性能,如采用含电活性中心的单体聚合,或者与其他材料共聚,或者在界面上修饰其他基团等。

4. 组合法

组合法是将化学修饰剂与电极材料简单地混合以制备组合修饰电极的一种方法,较典型的是化学修饰碳糊电极(CMCPE),它是在碳糊电极基础上发展起来的,一般将化学修饰剂、碳粉和黏合剂三者适量直接混合制备。具体制备方法是将导电性碳粉(直径为 0.002～0.01 mm,最小可至 0.001 mm)和黏合剂(如石蜡油、医用润滑油等)以碳粉∶黏合剂＝5 g∶2～3.5 mL 的比例混合制备碳糊电极。碳糊电极的特点是电势窗宽(－1.4～1.3 V,最高至 1.7 V vs. SCE)、残余电流低、制备方法简单、表面更新容易。CMCPE 是在碳糊电极制作时掺入化学修饰剂或在碳糊电极表面固定化学修饰剂而制成。它继承了碳糊电极的全部优点,同时由于特效性修饰剂的引入,灵敏度、选择性进一步提高,还具有了修饰电极的特征,如优先富集待测组分、表现出电催化活性等。可以认为 CMCPE 是把分离、富集和选择性测定三者合而为一的理想电化学测定体系。

修饰剂在碳糊电极中所占比例为0.5%～30%不等，合适的比例要由具体的实验决定。CMCPE迅速发展的一个重要原因是修饰剂的种类繁多，一般来说可用于修饰碳糊电极的修饰剂应满足以下条件：

(1) 不溶于水或待测溶液环境，并能强烈吸附在碳糊中，以防止从碳糊上脱落。

(2) 在所涉及的电势范围内尽量不表现出电活性，以避免产生高背景电流。

(3) 易于活化和再生，以保证良好的重现性。

(4) 易于对待测物进行有效地富集或电催化响应。

修饰碳糊电极的性能除取决于其所用的材料、制备方法、电极表面状态及使用时间外，主要取决于修饰剂。常用的修饰剂主要有以下两类：

(1) 电活性的修饰剂，如生化试剂、氨基酸、C_{60}-γ-环糊精、5-氟脲嘧啶、四氰基二甲烷等。使用这类试剂修饰的碳糊电极可测定金属离子并可用于医学、生化等方面。

(2) 非电活性的修饰剂，如有机试剂聚酰胺、无机试剂Al_2O_3、硅胶等。使用这类修饰剂制作的碳糊电极，电化学反应主要在电极表面进行，且为吸附作用，多属于物理吸附。非电活性的修饰剂起到一种桥梁作用，这种作用富集待测物分子和离子，缩短传质过程，从而提高修饰效果。

CMCPE制备的关键是如何得到均匀的碳糊，使掺入碳糊或修饰于碳糊表面的活性组分分布一致。现在多采用超声振荡来分散碳粉和实现修饰剂的均匀分布。若修饰剂能强吸附于碳粉上，可预先把修饰剂溶于挥发性溶剂(如苯、乙醇等)中，加入碳粉形成碳浆，待溶剂挥发后加入黏合剂，从而获得修饰均匀的CMCPE，黏度较大的修饰剂可直接与碳粉混合。新制备好的CMCPE的电化学活性低且响应不稳定，必须经过活化处理才能应用。

近年来有将离子液体(ionic liquid，IL)应用于碳糊电极的报道。离子液体是一种绿色溶剂，是在室温及相邻温度下完全由离子组成的有机液体物质。从结构上说，离子液体一般是由特定的体积相对较大的有机阳离子和体积相对较小的无机阴离子构成，大体可以分为$AlCl_3$型离子液体、非$AlCl_3$型离子液体和其他特殊离子液体。作为一类新型溶剂，离子液体具有传统溶剂所不具备的特点：①液态温度范围宽；②溶解能力强，且具有溶剂和催化剂的双重功能，可作为许多化学反应的溶剂或催化活性载体；③无显著的蒸气压，不易挥发，不可燃性，在使用、储藏中不会蒸发散失，可循环使用，不会造成环境污染；④热稳定性和化学稳定性高；⑤黏度大，受O_2、pH等的影响小，可简化实验条件；⑥较高的离子导电性，因此无需另外加入电解质；⑦电势窗口宽；⑧毒性低，环境影响小；⑨种类繁多，并可通过选择合适的阴阳离子对其性质进行调节；⑩具有良好的化学和热力学稳定性。由于离子液体具有电导率高、电势窗口宽等特点，在电化学和电分析化学领域中具有较明显的优点，而且其挥发性小、溶解性好、酸碱性可调，在电化学的多方面都有巨大的应用前景。在电分析化学中，离子液体不仅可以作为溶剂而且可以作为黏合剂，最常见的是部分或者全部代替石蜡作为修饰剂和黏合剂制备离子液体修饰碳糊电极(CILE)，它具有制备简单、导电性大、稳定性好、灵敏度高、电势适用范围宽、表面易于更新、价格便宜等优点。

作者将不同类型的离子液体如吡啶类离子液体1-丁基吡啶六氟磷酸盐($BPPF_6$)、正己基吡啶六氟磷酸盐($HPPF_6$)等和咪唑类离子液体1-丁基-3-甲基咪唑六氟磷酸盐([BMIM]PF_6)、1-乙基-3-甲基咪唑溴化物([EMIM]Br)、1-乙基-3-甲基咪唑四氟硼酸盐([EMIM]BF_4)等作为黏合剂和修饰剂与碳粉相混合,制备出一系列离子液体修饰碳糊电极并对其电化学性能进行了表征。实验结果表明,与传统的石蜡碳糊电极相比,这种离子液体修饰碳糊电极具有更高的导电效率,电流响应明显增加;同时由于离子液体具有较强的黏度和疏水性,制备的电极具有一定的机械强度和较好的稳定性。电极的表征结果如图3-8所示,从扫描电子显微镜的图片可以看出,传统的碳糊电极表面为不连续的石墨层(图3-8A),而1-丁基吡啶六氟磷酸盐掺杂修饰电极为连续光滑的界面(图3-8B),这是由于在80 ℃时$BPPF_6$完全熔融后与石墨粉混合均匀。以铁氰化钾为电化学探针对修饰电极进行表征,结果如图3-8C所示。曲线a和曲线b分别为传统碳糊电极和$BPPF_6$修饰碳糊电极在铁氰化钾溶液中的循环伏安曲线。从图中可以看出,与传统碳糊电极相比,$BPPF_6$修饰碳糊电极的氧化还原峰电流明显增加,响应值增加3.5倍以上,同时电化学可逆性变好,$E_{pc}=0.163$ V,$E_{pa}=0.231$ V,$\Delta E=68$ mV,与理论值59 mV非常接近。这说明$BPPF_6$的存在能够有效地提高导电效率,加快电子转移速率,因此峰电流的响应极大增加。图3-8D为不同传统碳糊电极与$BPPF_6$修饰碳糊电极在5.0×10^{-4} mol/L $[Fe(CN)_6]^{3-/4-}$ +0.5 mol/L KCl溶液中的电化学阻抗谱,从图中可以看出两种电极的电化学阻抗谱有明显的不同。谱线b是离子液体$BPPF_6$修饰电极的阻抗谱,该阻抗谱在所有频率范围内近似一条直线,表明此时电极上不存在阻挡电子转移的物质,铁氰化钾非常容易到达电极表面发生氧化还原反应,说明离子液体的存在加快了电子传递。谱线a为传统碳糊电极的阻抗谱,其高频部分出现明显的半圆,说明电极表面存在阻碍电子转移的物质,这是由于不导电石蜡的存在降低了碳糊的电导率,存在着较大的电荷转移电阻。

随着科学技术的发展,各种类型碳纳米材料也被广泛应用于碳糊电极的研究。常见的应用于电化学领域的碳材料有石墨粉、乙炔黑、无定形碳、碳纳米管、有序介孔碳(OMC)、石墨烯等。石墨粉是由石墨原料经过筛分而成的粒状结构材料,色泽为银灰或黑色,主要用于铅笔、电池、电碳焊条、石墨轴承等配料,以及铸造材料、耐火材料、燃料和润滑材料。编者主要用石墨粉及石蜡或离子液体混合研磨的糊状物填充在玻璃管中制备离子液体修饰碳糊电极。乙炔黑与其他炭黑相比具有以下特性:质量轻,密度小;比表面积大,吸附性强;化学性质稳定;表面活性好,导电性高;纯度高,灰分和挥发份低。这些优点使乙炔黑在电化学中的应用成为可能。无定形碳具有较高的机械强度、化学惰性、光学透明、耐摩擦等优点。碳纳米管(CNTs)的侧壁是由片状结构的石墨组成的,可通过共价键和非共价键两种方式与生物分子进行组装。羧基化的CNTs因其优良的导电性能可以很好地促进生物分子电活性中心的电子转移,由于CNTs还具有比表面积大、化学稳定性高、较高的横纵比和孔径大小在一定范围可控等优点,为蛋白质在修饰电极表面发生有效的电化学反应提供了可能,因此被广泛用于生物分子的固定。有序介孔碳材料拥有比表面积和孔容巨大、孔径分布狭窄、孔道结构规则排列

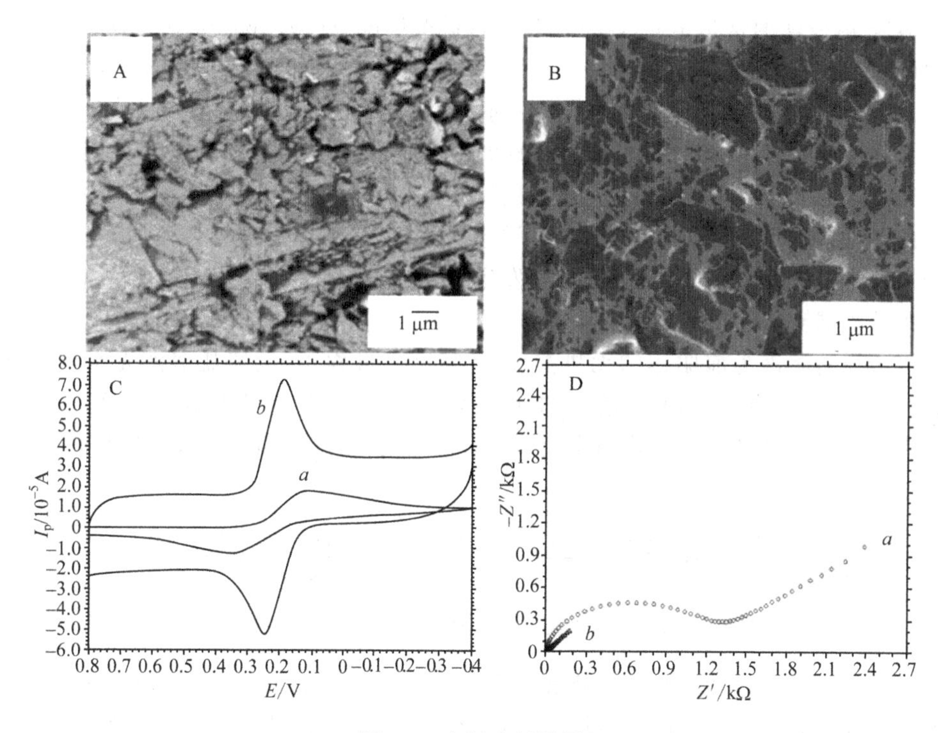

图 3-8　电极表征结果

A. CPE 的扫描电子显微图；B. CILE 的扫描电子显微图；C. 不同修饰电极[CPE(a)和 CILE(b)]的循环伏安图；D. 不同修饰电极[CPE(a)和 CILE(b)]的交流阻抗谱图(饱和甘汞电极为参比电极，铂电极为辅助电极)

和高度的有序性等优良特性，同时具有较高的机械强度、较强的吸附能力、良好的导电性能和酸碱稳定性，在催化、储氢、分离提纯、吸附及传感器等领域已经显示出了良好的应用潜力，因此在电化学和电分析化学领域也受到越来越多的关注。石墨烯是最新发现的"新型碳材料"，它是由一层密集的、包裹在蜂巢晶体点阵上的碳原子组成，是世界上最薄的二维材料，其厚度仅为 0.35 nm。由于石墨烯中碳原子呈 sp^2 杂化，贡献剩余一个 p 轨道上的电子形成了大 π 键，π 电子可以自由移动，因此石墨烯具有优良的导电性，这种特殊的物理结构使石墨烯在电化学领域得到越来越广泛的应用。

3.4　溶胶-凝胶技术

溶胶-凝胶(sol-gel)技术是最初用来生产陶瓷材料的一种方法。自 1971 年 Dislish 首次通过溶胶-凝胶技术制得多元氧化物固体材料以来，溶胶-凝胶技术发展很快，现在已成为材料科学和工艺研究的重要领域之一，被广泛应用于电子陶瓷、光学、化学、热学、生物、纤维、复合功能材料等各个方面。近 10 多年来，该技术在固定生物活性物质来制作生物和化学传感器方面取得了较好的应用效果，在分子识别研究领域受到越来越多的重视。

溶胶-凝胶法通常是金属或半金属醇盐(硅酸甲酯、硅酸乙酯、钛酸丁酯等)在水、互溶剂(一般为醇)及催化剂(酸或碱)的存在下发生水解和缩聚反应,释放出水和相应的醇,形成二维或三维金属氧化物网络,得到凝胶,凝胶经过陈化、室温干燥或加热得到固凝胶。在反应过程中,醇盐的性质、溶胶初溶液的组成、各组分的用量及比例、催化剂、干燥温度及方式等因素均对最终形成材料的性质有很大的影响。在溶胶凝聚前,控制一定的条件,就可以得到所需的薄膜、纤维或各种形状的固态玻璃体基质,并且水解和缩合过程常是同时进行的,最后胶粒间发生聚合、交联,使溶胶黏度逐渐增大,酶或其他生物组分被捕获于干凝胶内。

以金属盐溶液为前驱体的无机溶胶-凝胶反应过程中,金属盐溶液先水解形成溶胶,再进行随后的凝胶化,通过溶剂的挥发或提高溶液 pH 形成凝胶。在这个过程中,当分离的胶体重新结合成球状相连接的固态网络时,凝胶就离析出来,典型的工艺过程如图 3-9 所示。

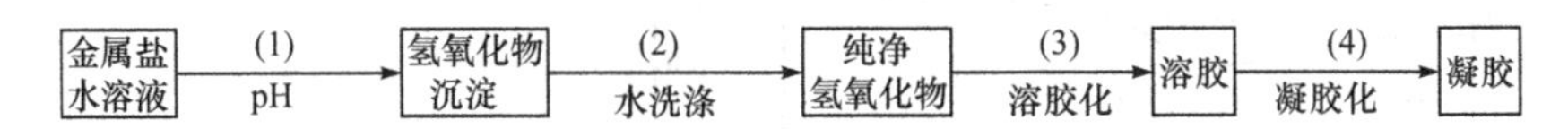

图 3-9　以金属盐溶液为前驱体的无机溶胶-凝胶反应过程

通过金属烷氧基化合物的水解和缩合来形成凝胶的合成途径中,并不存在确定的溶胶形成步骤,因为水解和缩合反应同时进行,直至最终形成凝胶,此时凝胶具有相互连接的三维网状聚合物结构,其典型的工艺流程如图 3-10 所示。

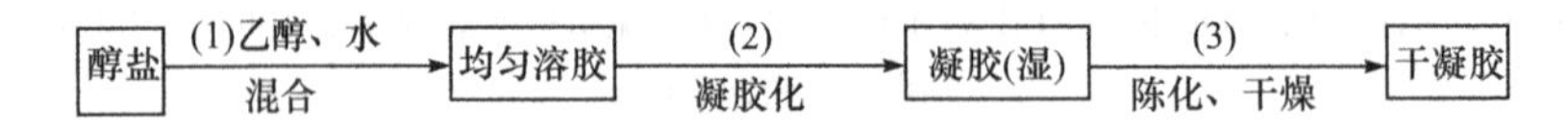

图 3-10　金属烷氧基化合物的溶胶-凝胶过程

无论采用哪一条合成途径,溶胶-凝胶过程都必须经过以下几个步骤:水解、缩合、凝胶化、陈化、干燥和致密化(或烧结)过程。由于两种溶胶-凝胶合成途径使用的起始物质不同,故其凝胶形成过程存在着一定的差别,但凝胶化作用发生后,余下的步骤都是相同的。

目前溶胶-凝胶法使用的原料主要是各种硅醇盐,下面的反应式和图 3-11 是硅溶胶-凝胶法的反应原理和硅烷聚合物凝胶的立体构造示意图。

$$
\mathrm{Si(OR)_{4-n}(OH)_n} \longrightarrow
\begin{array}{ccccccc}
| & & | & & | & & | \\
-\mathrm{Si}- & \mathrm{O} & -\mathrm{Si}- & \mathrm{O} & -\mathrm{Si}- & \mathrm{O} & -\mathrm{Si}- \\
| & & | & & | & & | \\
\mathrm{O} & & \mathrm{O} & & \mathrm{O} & & \mathrm{O} \\
| & & | & & | & & | \\
-\mathrm{Si}- & \mathrm{O} & -\mathrm{Si}- & \mathrm{O} & -\mathrm{Si}- & \mathrm{O} & -\mathrm{Si}- \\
| & & | & & | & & | \\
\mathrm{O} & & \mathrm{O} & & \mathrm{O} & & \mathrm{O} \\
| & & | & & | & & | \\
-\mathrm{Si}- & \mathrm{O} & -\mathrm{Si}- & \mathrm{O} & -\mathrm{Si}- & \mathrm{O} & -\mathrm{Si}- \\
| & & | & & | & & |
\end{array}
+ \begin{array}{c} \mathrm{H_2O} \\ \\ \mathrm{ROH} \end{array}
$$

$$\mathrm{Si(OR)_4} + n\mathrm{H_2O} \xrightarrow{\mathrm{H^+或OH^-}} \mathrm{Si(OR)_{4-n}(OH)_n} + n\mathrm{ROH}$$

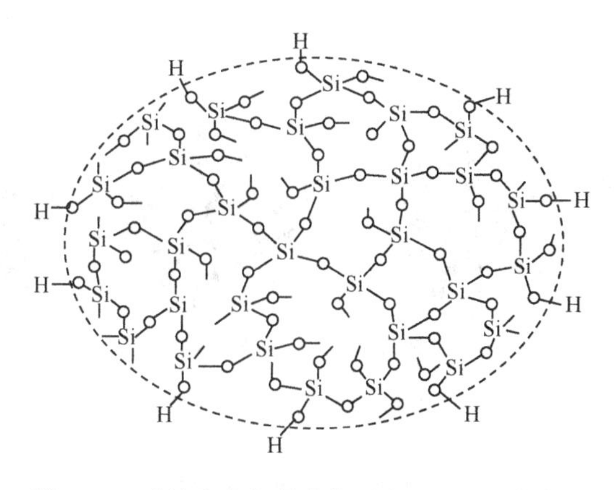

图3-11　硅烷聚合物凝胶的反应原理和立体结构

以硅醇盐由溶胶-凝胶法制得的硅烷聚合物(SiO_2)是一种凝胶玻璃,它具有以下优点:

(1) 从紫外光(250 nm)到可见光整个波段内透明,且无光降解现象,适合于作光学换能器如光度、发光、荧光等敏感器件的基体。

(2) 基质无电化学降解,具有导电性且可以控制,能直接制备电化学敏感器件和作为修饰电极的材料。

(3) 基质热稳定性好,其耐热性远远超过生物分子的热分解温度,且具有化学惰性,能携裹生物分子制备生物传感器件。

(4) 基质具有一定的刚性,且可以对其前体进行各种化学改性,便于对其进行切割、打磨和抛光等机械加工。

(5) 由于基质含有足够的水,能保持敏感分子的活性和稳定性。

(6) 基质有孔且孔径大小及分布可通过溶胶初溶液的组成和比例加以控制,或通过凝胶时的实验条件加以控制,除了相对分子质量较大的聚合物外,一般分子、离子可以自由进出,与基质中的功能分子作用。

溶胶-凝胶法也存在一些局限性,如果制得的基质较厚或为块状时,基质中的敏感分子与外部分子作用时间可能变长,响应时间长;分子较小的敏感分子可能会慢慢地从基质中洗脱,使由溶胶-凝胶法制得的敏感器件灵敏度降低。

在用溶胶-凝胶法掺杂活性分子制备敏感器件以前,一般采用物理和化学吸附法将活性分子引入基质。溶胶-凝胶法包埋活性生物分子通常只是物理结合过程,如图3-12所示。生物活性分子的微结构得以保存,而化学吸附是一个化学过程,活性分子必须以一定的取向与基质相互作用,因而活性分子的活性会受到影响。溶胶-凝胶法是在从溶胶转变成凝胶的过程中逐步把活性分子包埋在基质中的,没有分子间力,无需考虑基质孔径的大小与活性分子的匹配,故基质与活性分子互相没有特殊的要求。因此溶胶-凝胶法可在低温下操作,制备过程容易控制,有机生物分子可以掺杂其中而不失去活性;

从溶液开始,制备的材料组分在分子水平上达到高度均匀;形成具有结构可控和形状可控的产品。

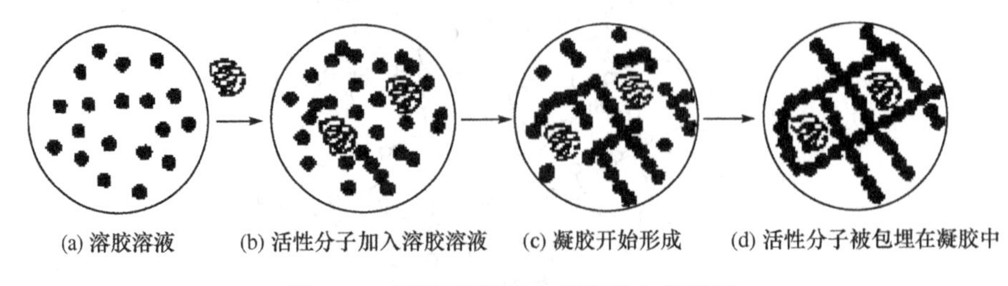

图 3-12　溶胶-凝胶法包埋活性生物分子

然而,由于传统的溶胶-凝胶过程常需在较强的酸性或碱性环境下进行,对生物组分的活性和稳定性极为不利。为了实现溶胶-凝胶技术对生物组分有效地固化,可对溶胶-凝胶过程的某些过程参数进行改良,如尽量少使用有机溶剂,尽量降低酸度或碱度,或采取在加入生物组分之前,使用缓冲液调整溶胶的 pH 在中性附近。因为网络结构中含有大量的孔隙水,使用溶胶-凝胶膜可为网络中生物分子提供一个水溶液的微环境。与其他固化方法相比,溶胶-凝胶膜包埋法的优势还表现在它可适用于任何种类生物组分,可以较好地保持蛋白质表面微观结构的整体性和方向均一性,从而对组分的活性和稳定性的损伤较小。目前,采用溶胶-凝胶膜包埋法固定的生物大分子有葡萄糖氧化酶、金属铜-锌蛋白(Cu-Zn 蛋白)、超氧化物酶、肌红蛋白、细胞色素 c 等。溶胶-凝胶过程固定生物活性物质的影响因素较多,主要为水与硅酯类量的比值 R 及 pH。另外,硅酯的种类、催化剂的种类与数量、溶剂等都影响生物活性物质的固定以及 SiO_2 网孔的大小。

(1) 水和硅酯类量的比值 R。一般来说,当 H_2O 与硅酯的比值大于 4 时,能加速硅酯键的水解,易形成相对分子质量大的网状聚合物,聚合物的孔隙度和比表面积较大。这类聚合物对生物活性物质的包埋与固定有利。当比值小于 4 时,硅酯键水解不充分,易形成相对分子质量小、链状的聚合物,此时聚合物的网孔较小,不利于酶或蛋白质的固定。一般情况下,不用 R 值小于 4 时的凝胶来固定生物活性物质。当 R 值为 6～10时,R 值越大,酶的固定越好,活性越高。

(2) pH。在酸性区域内,有利于水解反应进行,缩合反应主要为生成水的缩合反应。在这种条件下制备的聚合物具有较窄的孔和较大的 BET 比表面积。在低 pH 时,BET 比表面积为 650～700 m^2/g,当 pH 为 2 时,平均孔径为 3～4 nm。在碱性区域内,有利于缩合反应,主要为生成醇的缩合反应,由此可得到较大的孔径和较小 BET 比表面积的溶胶-凝胶基体。当 pH 大于 7 时,平均孔径为 7～10 nm,BET 比表面积为 500～550 m^2/g。

(3) 硅酯。不同类型的硅酯前体对用溶胶-凝胶技术固定的生物活性物质的活性有影响。实验证明,亲脂性的生物活性物质在疏水性强的硅酯前体中能获得较高活性。文献中以四甲氧基硅烷(TMOS)和 $RSi(OCH_3)_3$ 的混合物作为前体来固定脂肪酶,酶的活性随$RSi(OCH_3)_3$的量增加而得到较大的提高。

(4) 添加剂。主要可分为两类：一类为大分子，如聚乙二醇、聚乙烯醇(PVA)以及白明胶、白蛋白等，实验证明，这些物质可增加酶的活性，其原因可能是在硅酯水解时，它们能使生物活性物质免于聚集和变性；另一类添加剂为能防止形成 SiO_2 碎裂的物质，如甲酰胺和 Triton-X，以及表面活性剂十六烷基三甲基溴化铵(CTAB)。

图 3-13 是用聚乙烯醇和 3-氨基丙基三氧基硅烷为膜材料，以溶胶-凝胶法制备的酪氨酸酶电极在有机溶剂中对儿茶酚的电流响应。在这种酪氨酸酶电极上，由于聚乙烯醇和 3-氨基丙基三氧基硅烷均具有比较温和的亲水性，所以被包埋的酪氨酸酶能保持其活性为可溶解酶的 35%，并且制备所得的酶电极灵敏度较高，响应快速，大约18 s即可达到稳态电流。这是由于电化学还原酶产生的邻醌而生成的儿茶酚能进入下一个酶反应循环，底物浓度局部增大，从而导致电极反应的循环放大。用该法制备的传感器具有响应快、稳定性好等优点，同时彻底解决了酶泄漏的问题。

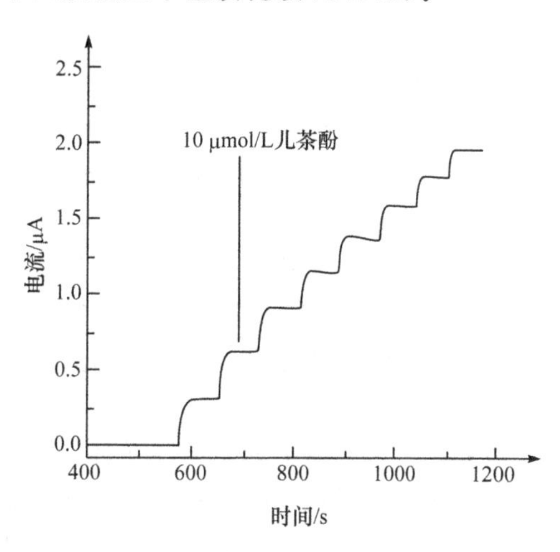

图 3-13　酪氨酸酶电极对儿茶酚的响应

溶胶-凝胶的另一个显著特点是光学透过性强，且本身的荧光度低。酶、抗体及蛋白质等一些生物分子在溶胶-凝胶中成功地固定，为光学型生物传感器的发展奠定了基础。目前溶胶-凝胶技术已应用到几乎所有类型的光学生物传感器中，包括光吸收、荧光、室温磷光及化学发光等体系。由于溶胶-凝胶制备工艺简单，溶胶-凝胶的物理化学性质如孔径、黏度、密度、成型形状、化学组成、比表面积、导电性、亲水性、机械强度等易于控制，加之其优异的光学透过性能，必将为生物组分固定化技术和生物传感器的制备提供更多的途径。

另外，还有在黏土类无机物质中掺入活性分子调制溶胶修饰电极的方法。下面就是以 V_2O_5 调制溶胶、混合葡萄糖氧化酶制备葡萄糖电极的实例。具体操作是先在 850 ℃将 3 g V_2O_5 熔解 3 h，然后放入水中急冷，形成棕黑色的胶体。取 1 g 这种胶体溶解于 3 mL 水中，再将 6000 单位/mL 的葡萄糖氧化酶 0.25 mL 混于其中，得到一种棕黑色的悬浊液。用直径为 0.25 mm 的 Pt 丝或 Pt 片蘸取悬浊液，在常温下干燥一晚即得到葡萄糖电极。在氧的存在下对修饰电极在 0.2～1.0 V(vs. SCE)扫描电压，得到如图 3-14 所示的循环伏安曲线，它显示电流在 400～700 mV(O_2/H_2O_2)随着葡萄糖浓度的增加而增加。如果使用高纯氮气排除电解池中的氧，则不会出现上述的循环伏安曲线，这表明氧参加了葡萄糖氧

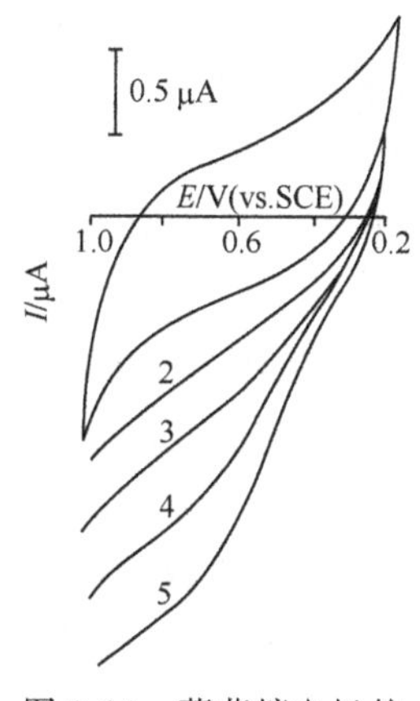

图 3-14　葡萄糖电极的循环伏安曲线

化的反应，葡萄糖在葡萄糖氧化酶的作用下被溶液中的氧气氧化，同时氧被还原为 H_2O_2，H_2O_2 又在电极上氧化成 O_2。

3.5　光器件的化学修饰

光化学传感器的感受器即探头是指安装在光器件附近、端部或融入部分光器件的试剂相装置，通常由称作分子探针的化学敏感试剂、固定相支持剂和其他辅助材料等制成。分子探针的光学性质（如光谱、光强、偏振或折射等）变化通过光路传输至检测系统。

分子探针在光化学传感器上的安装主要有两种形式：一种是分子探针直接安装在光器件上，参与化学作用的敏感层与光器件融为一体，即感受器和换能器合二为一；另一种是分子探针安装在光器件附近，光器件只起采集和传输光信号的作用，即感受器和换能器分离。

在光化学传感器中，对光器件的化学修饰是一个很重要的制备感受器方法，是光化学传感器实现分子识别的一种技术。被修饰基体——光器件主要有玻璃、光纤等导光材料和光电半导体器件。分子探针可以是染料、配体、酶、抗体等敏感物质，当其与分析物相作用时，其光学性质发生改变而达到分子识别的目的。化学修饰方法主要是溶胶-凝胶包埋（包裹）试剂法。

3.5.1　化学修饰玻璃材料

化学修饰光器件不同于修饰电极，首先无论怎样对它进行修饰，都必须保证它的光传输能力，修饰后的光器件在信息交换时还要有信号解读性，所以被修饰基体就被限定为光器件。因此早期的工作大多以平板玻璃或管状玻璃为修饰基体。1984 年以色列化学家首先将显色剂罗丹明 6G 同硅烷醇混合，涂在平板玻璃上，实验比较了罗丹明 6G 溶液和罗丹明 6G 修饰光器件在光照时的性能。结果显示罗丹明 6G 修饰光器件的光分解速率远小于罗丹明 6G 溶液的光分解速率。后来他们又用酸碱指示剂以同样的方法制备了 pH 光传感器件，其化学识别能力与酸碱指示剂溶液没有什么区别。图 3-15为以酸碱指示剂制备的 pH 传感器件及其光谱响应。光纤在化学领域的应用扩展了光器件的范围，使修饰方法丰富起来，从以前只限于光吸收和发光的信号解读方式，发展成光反射、折射、波导等多种方式。

制备化学修饰光器件的关键是在光器件基体表面固化一层含有敏感分子的膜，最简单的方法是将膜固化在玻璃上。1994 年，Dunuwlla 等利用一种羧酸钛凝胶包埋金属卟啉配合物制备了检测 CN^- 的传感光器件。第一步，首先将四（5-氟基酚）卟啉铁（Ⅲ）（PFPP）溶解在戊酸中，接着加入异丙醇钛（Ⅳ）；然后在强力搅拌数秒钟后加入水，并再一次搅拌混合液；最后加入乙醇，制备成制膜溶胶。在制膜溶胶中，PFPP 相对异丙醇钛（Ⅳ）的物质的量比为 0.008，戊酸为 9.0，水为 1.5，乙醇为 40。这种制膜溶胶在使用前至少要老化 24 h 并保持一周。第二步，在通风的条件下，在1 cm×1 cm的

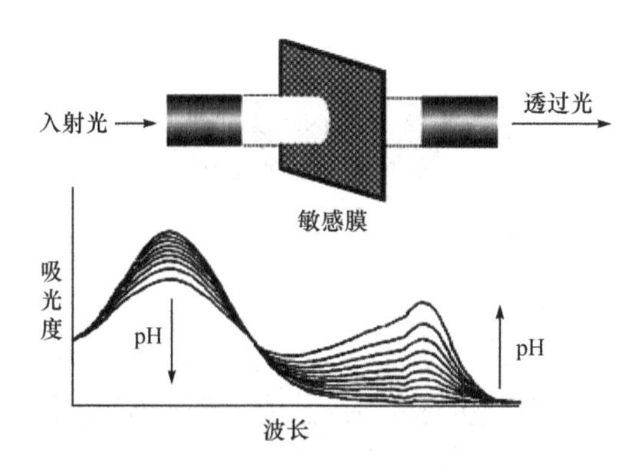

图 3-15 以酸碱指示剂制备的 pH 光传感器件及其光谱响应

显微镜载片上滴涂上制膜溶胶并保持 3 min,然后在 200 ℃干燥 1 min 即可制得这一敏感器件。当将其置于含有 CN^- 的试液中时(图 3-16),由于敏感分子与 CN^- 的相互作用,PFPP 的最大吸收波长发生红移,红移前后 A_1 与 A_2 的比值 A_1/A_2 在 40～25000 μg/mL与试液中 CN^- 的浓度具有线性响应。

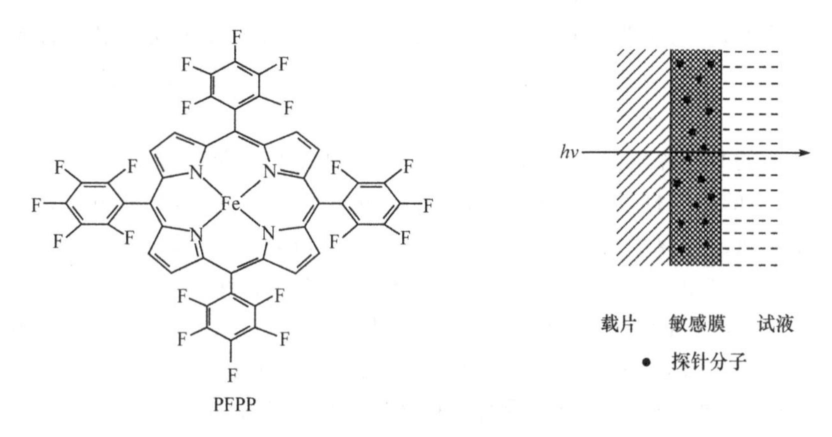

图 3-16 PFPP 和化学修饰的显微镜载片

图 3-17 是一种化学修饰波导管(IOW)示意图,下部为化学修饰波导管,上部的椭圆形为放大的波导管敏感部位。在化学修饰波导管中,最底部的部分是玻璃基体;在它的上部是由溶胶-凝胶法制成的含有二氧化钛的玻璃膜,是波导层;波导管上部是有进出口的试液流动池;波导管中部是由溶胶-凝胶法制成的含有二甲酚橙(XO)的敏感层,它是用混合甲基三乙氧基硅烷(MtES)、二甲酚橙、乙醇和少许盐酸水溶液老化 24 h 后以溶胶-凝胶法浸涂在波导层上制备的。当样品试液(Pb^{2+})经入口进入试液流动池后与敏感膜的二甲酚橙反应生成紫色的配合物,该配合物的最大吸收波长在590 nm。同时 590 nm 的激光经棱镜入射至波导层中,由于入射角度的关系,经过波导层本应全反射(ATR)的入射光被上部敏感层数次吸收后,吸收度被光电管所检测解读出光强度信号,从而完成对试样的识别。因为入射光经敏感层的数次折射吸收,波导管能满足很宽浓度范围内铅样的测定。

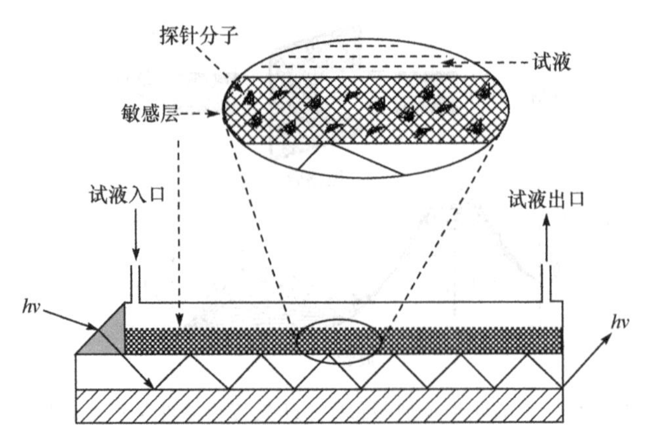

图 3-17　化学修饰波导管示意图

3.5.2　化学修饰光纤

分子探针在光纤化学传感器上的安装形式与其他光器件相同。一种是分子探针直接安装在光纤上，参与化学作用的敏感层与光纤融为一体，即感受器和换能器合二为一；另一种是分子探针安装在光纤附近，光纤只起采集和传输光信号的作用，即感受器和换能器分离。

一种典型的光纤探头如图 3-18 所示。制备方法是将石英光纤切成长 80 mm，剥去尼龙套，露出裸的光纤杆。为洗净裸光纤杆 50 mm 长的中间一段，将裸光纤杆两端的其余部分用聚氯乙烯保护后浸入 46％氢氟酸中 45 min，在 100 ℃干燥。然后在干燥的苯中于 85 ℃、氩气氛中使其与 10％ 3-环氧丙基-丙基三甲氧基硅烷反应 12 h，用甲醇洗涤后，在保持 60 ℃的条件下，将其浸入 13 mL 含有 150 mg 壳聚糖的 0.25 mol/L 乙酸盐缓冲溶液中 48 h，这样壳聚糖就被修饰在光纤杆表面上。如果将探针分子包埋在壳聚糖中，则壳聚糖膜就会成为一种对某种物质响应的敏感膜。

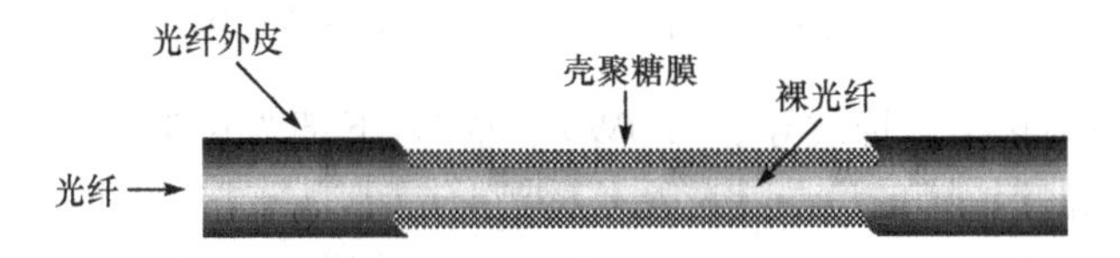

图 3-18　壳聚糖修饰在光纤杆表面的示意图

图 3-19 是一个用双股光纤制作的荧光化学传感器探头，用于检测乳酸盐(lactate，或酯)和丙酮酸盐(pyruvate，或酯)。探头由双股光纤构成，双股光纤中的一股用于激发光的射入，另一股用于检测荧光；用乳酸脱氢酶(LDH)和聚酰胺纤维(nylon)制成的敏感膜，用胶圈固定在光纤底端。当探头与含有氧化型烟酰胺腺嘌呤双核苷酸(NAD^+)的试液接触后，在敏感膜中的 LDH 作用下，乳酸盐与 NAD^+ 发生以下反应：

$$\text{乳酸盐} + NAD^+ \xrightleftharpoons{LDH} \text{丙酮酸盐} + NADH + H^+$$

通过测量 NADH 的荧光强度，可以测定乳酸盐（或酯）的浓度。其测量范围为 2～50 μmol/L，相对标准偏差为 5%～9%，响应时间为 5 min。反过来，通过测量 NADH 的荧光降低程度，可以测定丙酮酸盐（或酯）的浓度。

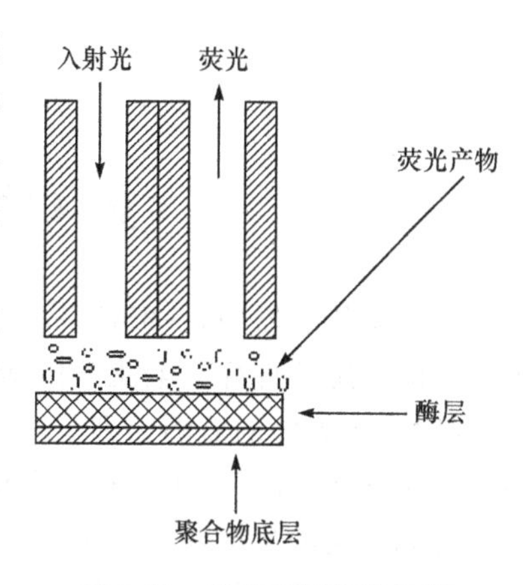

图 3-19　双股光纤荧光化学传感器探头

光导纤维的应用开辟了化学修饰光器件的新途径，使光化学传感器趋于小型、微型化，便于原位检测。如果某些生物催化反应所产生的物质不能直接给出光学信号，可在生物催化层和光测量之间引入一个起换能作用的化学反应，使其转变为能进行光检测的物质，形成复合光极。在酶的作用下，被测底物（如青霉素 G、胆固醇、L-苏氨酸、L-谷氨酸和尿酸等）的浓度是酶层微环境中 H^+、O_2、NH_3、CO_2 或 H_2O_2 浓度的函数，它们含量的变化可被光导纤维传感层中的相应 pH、O_2、NH_3、CO_2 或 H_2O_2 的光极所检测。这类传感器的设计已有 40 余种，有的已用于临床分析。

第4章 电化学传感器

在化学传感器中，一般把基于化学反应或效应引起电子的得失或变化而直接产生电信号的敏感器件称为电化学传感器。早期的电化学传感器可以追溯到20世纪50年代，当时用于氧气的监测。到了20世纪80年代中期，小型电化学传感器开始用于检测各种有害气体，接着离子选择性电极出现和发展，并由于其良好的灵敏度与选择性，逐渐应用到人类的生产和生活中。

按照本书的分类，电化学传感器主要包括半导体型、电势型和电流型传感器。

4.1 半导体气体传感器

半导体气体传感器(semiconductor gas sensors)是利用各种半导体材料的物理和化学特性制成的气体传感器。所采用的半导体材料多数是硅以及Ⅲ～Ⅴ族和Ⅱ～Ⅵ族元素化合物。半导体气体传感器灵敏度高，响应速度快、体积小、质量轻，便于集成化、智能化，能使检测与转换一体化，可用于可燃气体防爆报警器，CO、H_2S等有毒气体的监测，在防灾、环境保护、节能、工程管理、自动控制和家庭生活等方面有广泛的用途。

大部分半导体气体传感器是以还原性可燃气体作为检测对象的，少数吸附较强的非可燃性气体也能被这种化学传感器检测。煤气泄漏报警器是最先应用于实际的半导体气体化学传感器。例如，现在市场上销售的燃气报警器主要适用于城市管道煤气和罐装天然气，构造简单，价格便宜，响应时间为10 s，使用寿命可达十年以上，性能可靠。

4.1.1 半导体气体传感器的工作原理

在2.2.2节从金属氧化物的结构特征入手，讨论了氧化物半导体的电学性质，并叙述了有关表面及表面过程的基本能带模型，这是认识半导体气敏传感器的气敏机理和讨论它们工作原理的基础。下面以烧结型SnO_2半导体气敏器件和Fe_2O_3系气敏器件为例，介绍半导体气敏传感器的工作原理。

1. SnO_2半导体陶瓷气体传感器

烧结型SnO_2气敏器件就是n型Sn材料晶粒形成的多孔质烧结体，其结合模型可用图4-1表示。这种结构的半导体其晶粒接触界面存在电子势垒，其接触部电阻对器件电阻起支配作用。显然这一电阻主要取决于势垒高度和接触部形状，即主要受表面状态和晶粒直径大小等的影响。

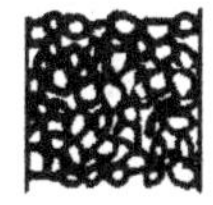
(a) 烧结体模型

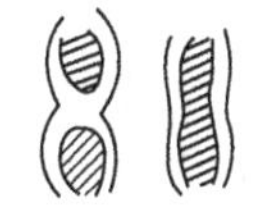
(b) 粒子结合形式

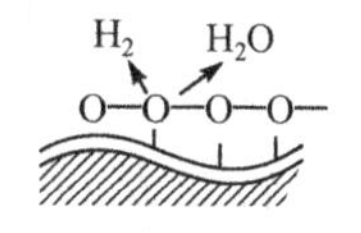

(c) 可燃性气体吸附

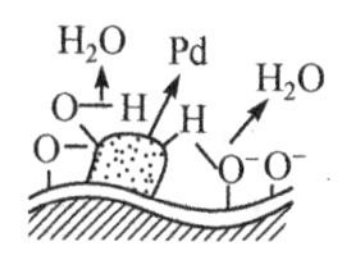

(d) 增敏剂的作用

图 4-1　SnO_2 烧结体对气体的敏感机理

当氧吸附在半导体表面时，吸附的氧分子从半导体表面获得电子，形成受体型表面能级，从而使表面带负电

$$\frac{1}{2}O_2(g)+2e^- \longrightarrow O^{2-}_{吸附}$$

由于氧吸附力很强，因此 SnO_2 气敏器件在空气中放置时，其表面上总会有吸附氧存在，其吸附状态可以是 O_2^-、O^-、O^{2-} 等，均是负电荷吸附状态。这对 n 型半导体来说，形成电子势垒，器件阻值升高。

当 SnO_2 气敏器件接触还原性气体如 H_2、CO 等时，被测气体则同吸附氧发生反应，如图 4-1(c)所示，减少了 $O^{n-}_{吸附}$ 密度，降低了势垒高度，从而降低了器件阻值(图 4-2)。

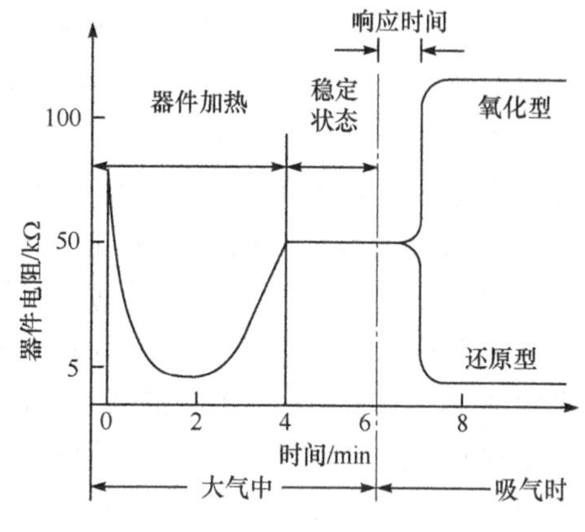

图 4-2　n 型半导体吸附气体时的阻值变化

在添加增敏剂(如 Pd)的情况下，催化作用促进了上述反应，提高了器件的灵敏度。增敏剂的作用如图 4-1(d)所示。

2. Fe_2O_3 系气敏器件的工作原理

γ-Fe_2O_3 是亚稳态，其稳定态是 α-Fe_2O_3。γ-Fe_2O_3 气敏器件最合适的工作温度是 400～420 ℃。温度过高会使 γ-Fe_2O_3 向 α-Fe_2O_3 转化，失去气敏特性，这是 γ-Fe_2O_3 气敏器件失效的原因。铁的几种氧化物之间有如下的关系：

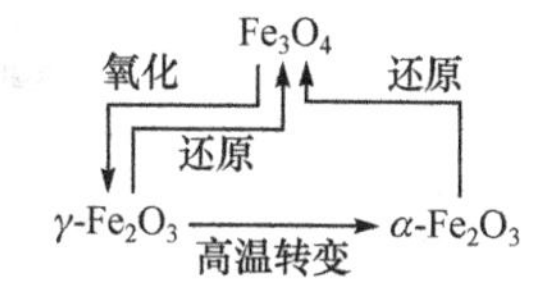

γ-Fe_2O_3 在与电子给予性气体接触时，被还原成 Fe_3O_4。而 Fe_3O_4 是一种本征半导体，其晶体亚晶格格位上存在着不同价态的离子，即全部的 Fe^{2+} 和 1/2 量的 Fe^{3+} 统计地分布在 O^{2-} 密堆积所构成的 O 位空隙中，其余 1/2 量的 Fe^{3+} 则处于 T 位空隙中，Fe^{2+}-Fe^{3+}-Fe^{2+}-Fe^{3+}…之间电子可以迅速迁移，故具有金属传导性。在 400～420 ℃的工作条件下，在检测丙烷时 Fe^{2+} 的生成正比于气体浓度，与此同时 γ-Fe_2O_3 向 Fe_3O_4 转变，电阻率随之而下降。γ-Fe_2O_3 和 Fe_3O_4 都属于尖晶石结构，故发生如上转变时，晶体结构并不发生变化。Fe^{2+} 改变所在晶格中的位置，变成结构为如下所示的 γ-Fe_2O_3 和 Fe_3O_4 的固溶体，即 $Fe^{3+}[▨_{(1-x)/3}Fe^{2+}_x Fe^{3+}_{(5-2x)/3}]O_4$，其中 x 表示还原程

度($0<x<1$),▨表示阳离子空位。这种转变是可逆的,当被测气体脱离后又恢复原态,这就是 γ-Fe_2O_3 气敏器件的工作原理。α-Fe_2O_3 本身气敏特性不显著,所以 γ-Fe_2O_3 气敏器件若使用温度过高时,因转变成 α-Fe_2O_3 而失去气敏特性。如果把 α-Fe_2O_3 的粒度微细化,做成粒度小于 0.1 μm、表面积大于 130 m^2/g 的颗粒,则会增加气孔率,提高其检测灵敏度。

4.1.2 半导体气敏传感器的结构和主要性能

金属氧化物半导体气敏器件的结构类型主要有烧结型、薄膜型、厚膜型,其中烧结型就是半导体陶瓷型。

烧结型(半导瓷) 烧结型气敏器件是目前工艺最成熟、使用最广泛的气敏器件。这种类型的器件是以多孔质陶瓷 SnO_2、ZnO 等为基本材料(其粒度在 1 μm 以下),添加不同物质,采用传统制陶方法烧结而成。器件在工作时需加热至 300 ℃左右。按其加热方式不同,又分为直热式和旁热式两种。

薄膜型 上述烧结型气敏元件在制备过程中重现性较差,机械强度也不好,若采用真空镀膜或溅射方法可实现元件薄膜化,从而保证元件一致性,并便于成批生产,而且机械强度也好。最早出现的是 ZnO 薄膜型气敏元件,其结构示意图如图 4-3(a)所示。目前除了 ZnO 薄膜型气敏元件外,还出现 SnO_2 薄膜型气敏元件,图 4-3(b)为该元件剖面结构示意图。后来发现,这类薄膜气敏元件的灵敏度同薄膜厚度的关系并不明显,因而工艺上对厚度控制的要求并不高,因此在商品化生产中就直接采用了半导体工艺技术中的丝网印刷技术。为了提高元件的选择性,发展了多层薄膜型气敏器件。这种气敏器件利用高频溅射等方法,在玻璃基板上制备出 $Fe_2O_3+TiO_2$(3000 Å)作为导电薄膜层和气敏薄膜层(SnO_2 或 WO_3),检测气体是通过气敏薄膜进行的。

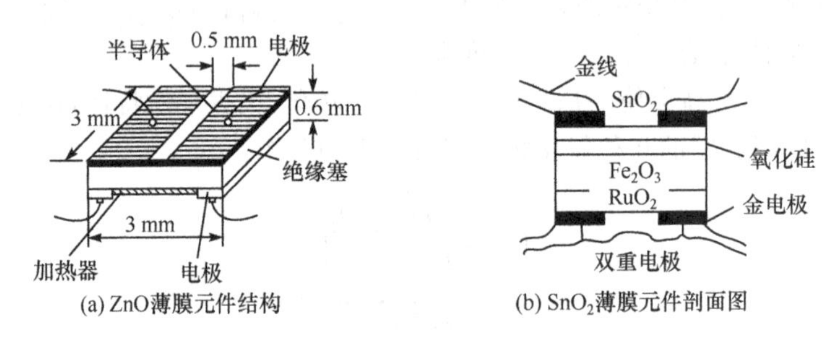

图 4-3 薄膜元件的结构示意图

厚膜型 这是 20 世纪 70 年代末发展起来的新型气敏元件,它克服了烧结型气敏元件一致性差和机械强度差的问题,同时制造方法又比薄膜型简单,一般是采用丝网印刷技术制备,特性比较均一,更便于成批生产,是一种很有发展前途的气敏元件。通常为平板式[图 4-4(a)],也有做成管状型的。

随着检测领域的需要与厚膜技术的发展,又出现了具有混合厚膜的集成化气敏器件。这种结构的气敏器件是在陶瓷基片上用印刷技术制成集成的混合型厚膜,一种典型结构如图 4-4(b)所示。这种器件具有三种金属氧化物半导体厚膜:一种是

SnO_2 厚膜，测量 CH_4；一种是印刷 WO_3 厚膜，测量 CO；再一种是印刷 $LaNiO_3$ 厚膜，测量 C_2H_5OH。

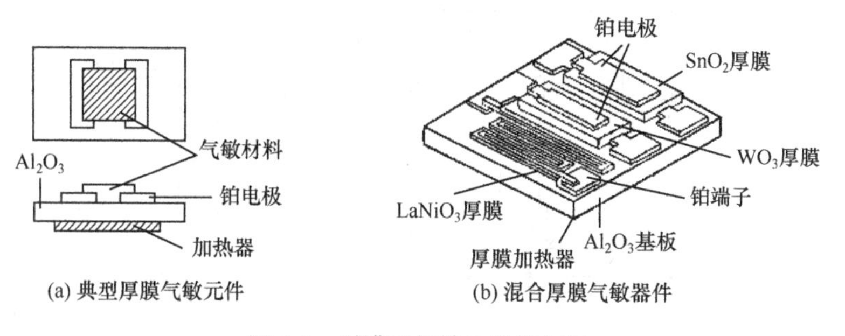

图 4-4　厚膜型气敏元件结构图

4.1.3　燃气报警器

可燃气体是石油化工等工业场合遇到最多的危险气体，它主要是烷烃等有机气体和某些无机气体如一氧化碳等。可燃气体发生爆炸必须具备一定的条件，即一定浓度的可燃气体、一定量的氧气以及足够热量点燃它们的火源，这就是爆炸三要素，缺一不可，也就是说，缺少其中任何一个条件都不会引起火灾和爆炸。当可燃气体(蒸气、粉尘)和氧气混合并达到一定浓度时，遇到具有一定温度的火源就会发生爆炸。可燃气体遇火源发生爆炸的浓度称为爆炸浓度极限，简称爆炸极限，一般用体积分数表示。实际上，这种混合物也不是在任何混合比例都会发生爆炸，而是要有一个浓度范围。当可燃气体浓度低于最低爆炸限度(lel)时(可燃气体浓度不足)和其浓度高于最高爆炸限度(uel)时(氧气不足)都不会发生爆炸。不同的可燃气体的 lel 和 uel 各不相同。为安全起见，一般应当在可燃气体浓度在 lel 的 25%或以下和 50%时发出警报，25%lel 称为低限报警，而 50%lel 称为高限报警。这也就是人们将可燃气体检测仪又称作 lel 检测仪的原因。需要说明的是，lel 检测仪上显示的 100%不是可燃气体的浓度达到气体体积的 100%，而是达到了 lel 的 100%，即相当于可燃气体的最低爆炸下限。

燃气报警器常在高温和还原性气体的条件下工作，要求其敏感物质具有很好的物理和化学稳定性。从对气体的吸附来考虑，对氢气、一氧化碳、烷烃等具有给电子性质的还原性气体来说，n 型半导体优于 p 型半导体。反过来，对于氧气那样的氧化性气体，则 p 型半导体的吸附能力强于 n 型半导体。所以燃气报警器的敏感物质使用 ZnO 和 SnO_2 等 n 型半导体。图 4-5 为一实用的家庭燃气报警器的探头的构造，敏感材料为 SnO_2 多孔烧结体，在烧结体中埋入了两个线圈形电极就构成了敏感器件，其中一个线圈供给敏感器件的工作温度，并与另一个线圈组成感应输出电极。敏感器件的电阻随还原性气体浓度的增加而减小，当泄漏的煤气浓度达到空气中爆炸下限的 1/40～1/10 时，流过与敏感器件串联回路的电流就会大到足以驱动

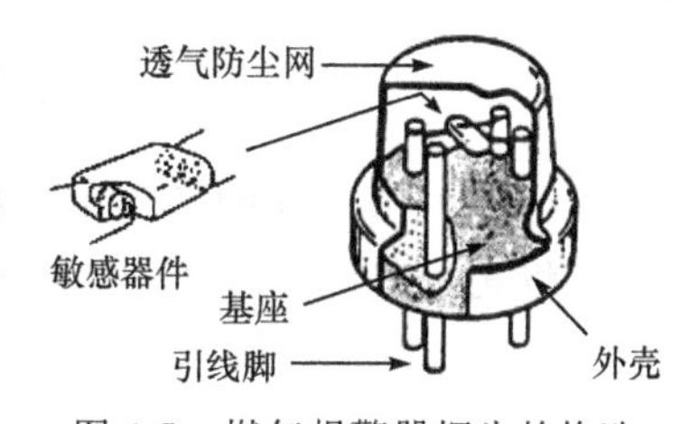

图 4-5　燃气报警器探头的构造

蜂鸣器报警。图 4-6 为家用燃气报警器的电路。

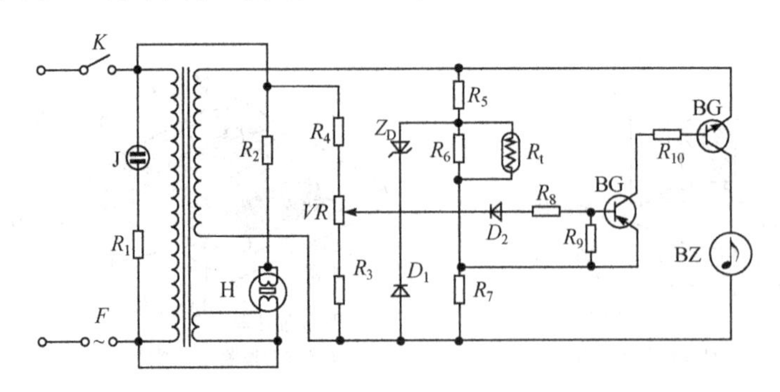

图 4-6　燃气报警器的电路

4.2　电势型化学传感器

4.2.1　离子选择性电极

离子选择性电极是在构成电池的体系中，通过测量电池的电动势，测定与电池反应相关的化学成分。离子选择性电极基本上都是膜电极，其选择性来源于敏感膜对离子的选择性响应，从分类上属于电势型化学传感器。离子选择性电极的最初报道是在 1906 年，1930 年出现商品化的 pH 计，在 1960 年后才开始有采用有机材料制备的敏感膜。从此以后离子选择性电极确立了检测离子的化学传感器地位。

离子选择性电极种类繁多，功能各异，但都是利用膜电势来实现对特定离子的测定。膜电势是敏感膜在溶液中对离子的选择性分配和离子选择性迁移的结果。不妨以离子交换树脂膜为例考察一下膜电势的产生。在阳离子交换树脂中，阴离子很难在带有正电荷的树脂中移动，而阳离子则很容易。另一方面，阳离子的迁移使膜有了离子导电性。反过来，阴、阳离子则会交换角色。如图 4-7 所示，用阳离子交换树脂膜将两种浓度不同的同种溶液分隔后，较高浓度的 KCl(a_{I})就会向浓度较低的一边(a_{II})扩散，阳离子 K^+ 从浓度较高的一边迁移到浓度较低的一边，阴离子 Cl^- 则几乎没有迁移。结果，低浓度的一边呈现高电势，高浓度的一边呈现低电势，膜的两边由于液间电势差而产生了膜电势，其由能斯特方程可得

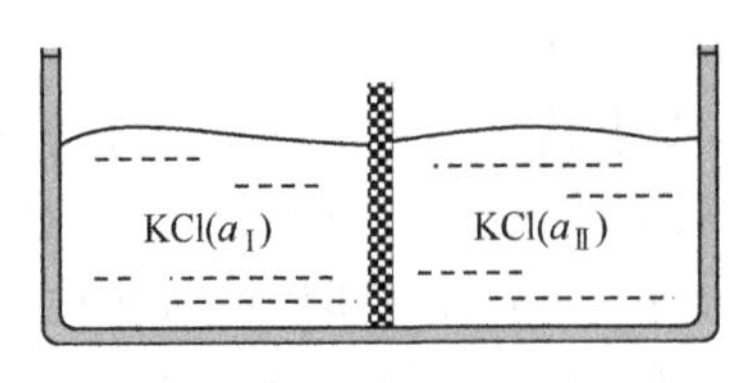

图 4-7　膜电势的产生

$$E_{\text{M}} = -\frac{RT}{F}\int_{\text{I}}^{\text{II}} \sum_i \frac{t_i}{z_i} \mathrm{d}\ln a_i \tag{4-1}$$

式中，t_i 为膜中离子 I 的迁移速率；z_i 为离子的电荷数；a_i 为离子 I 的活度；F 是法拉第常量。将式(4-1)积分并取平均值 t 代替 t_i，则有

$$E_{\text{M}} = -\frac{RT}{F}\sum_i \frac{t}{z_i}\ln\frac{a_i^{\text{II}}}{a_i^{\text{I}}} \tag{4-2}$$

如果只考虑膜两侧仅有 Z_+Z_- 型的一种电解质，则式(4-2)变为

$$E_M=-\frac{RT}{F}\left(\frac{t_+}{z_+}\ln\frac{a_+^{II}}{a_+^{I}}+\frac{t_-}{z_-}\ln\frac{a_-^{II}}{a_-^{I}}\right) \tag{4-3}$$

在图 4-7 的情况下，$t_+=1$，$t_-=0$，则

$$E_M=-\frac{RT}{F}\frac{t_+}{z_+}\ln\frac{a_+^{II}}{a_+^{I}} \tag{4-4}$$

若膜一边的溶液为待测溶液(a_{I})，另一边为标准溶液(a_{II})，并将其归入常数项中，则通过膜电势 E_M 的测量，即可测得未知溶液中某种成分的活度或浓度。

$$E_M=k+\frac{RT}{zF}\ln a_i^{I} \tag{4-5}$$

虽然各种离子选择性电极对相应离子响应的选择性是由于敏感膜的性质不同，但膜电势的能斯特响应原理是相同的。

图 4-8 给出了各种离子选择性电极的构造。其中，A 为玻璃膜电极；B、C 为晶体膜电极；D 为液体膜电极；E 为气敏电极；F 为酶电极。离子选择性电极必须与参比电极组成电池才能完成实际的测量。一般，测量电池如下所示：

(一)参比电极‖试液｜敏感膜｜内参比溶液｜内参比电极(＋)

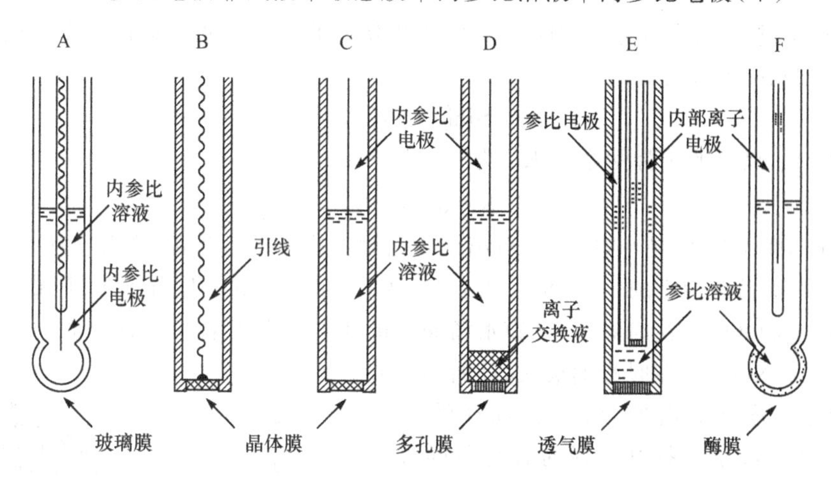

图 4-8　各种离子选择性电极的构造

实际测量装置如图 4-9 所示，离子选择性电极为指示电极，以甘汞电极或 Ag-AgCl 电极为参比电极，测量零电流下的电动势。若指示电极的电势为 E_i，参比电极的电势为 E_{ref}，两电极间的液接电势为 E_c，则测量的电动势为

$$E=E_i-E_{ref}+E_c \tag{4-6}$$

由于参比电极通常带有盐桥且电势一定，以 k 为新的常数，S 为能斯特(RT/nF)系数，则

$$E=\frac{RT}{zF}\ln a_i-E_{ref}+E_c=k+S\lg a_i \tag{4-7}$$

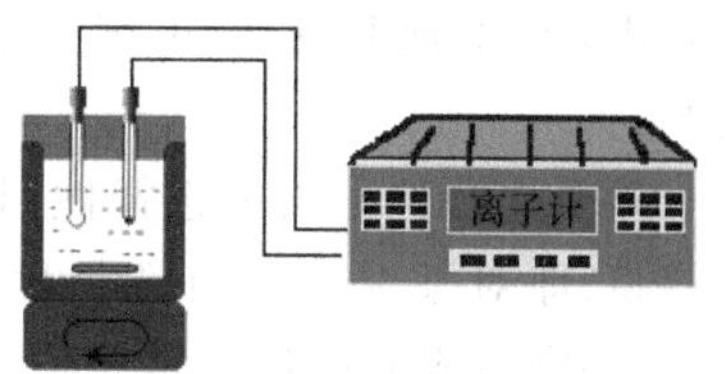

图 4-9　离子选择性电极电位分析装置

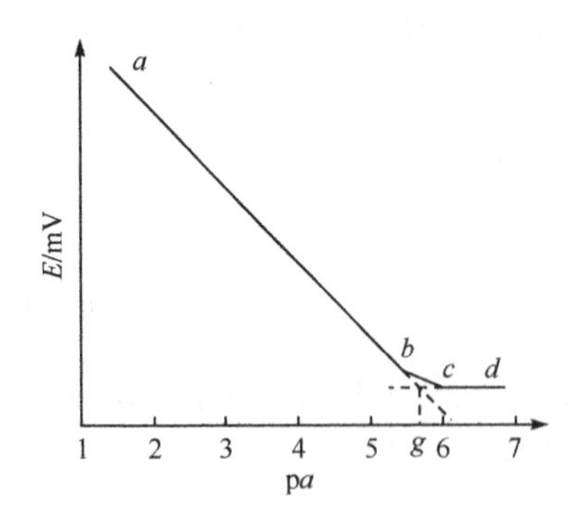

图 4-10　校正曲线和检测限的确定

以离子选择性电极的电势 E_i 对响应离子活度 a 的负对数 pa 作图，所得到的曲线称为校正曲线或工作曲线。如图 4-10 所示，在一定范围内校正曲线呈直线(ab)，这一段为电极的线性响应范围，符合能斯特方程。当活度较低时，曲线就逐渐弯曲，如图中 bc 所示。直线 ab 部分的斜率即为电极的响应斜率，当该值与能斯特方程中 $2.303\times10^3 RT/nF(mV/pa)$ 理论值基本一致时，就可认为电极具有能斯特响应。检测限是离子选择性电极灵敏度的标志，在实际应用中定义为 ab 与 cd 两外推线交点 g 处的活度。

离子选择性电极的测量范围一般为 $1\sim10^{-6}$ mol/L，其检测限受电极的敏感材料和制造工艺的限制，不同的电极检测限不同，但一般可达 $10^{-4}\sim10^{-7}$ mol/L。需要指出的是，离子选择性电极的检测限会随使用时间而下降。

任何一种离子选择性电极都不可能只对一种离子产生响应，它在不同程度上会受到共存离子的影响。电极对各种离子的选择性可用电势选择性系数 $K_{i,j}$ 来表示。当有共存离子时，电极的膜电势与响应离子 I^{z_i} 及共存离子 J^{z_j} 的活度之间的关系可由尼科尔斯基(Nicolsky)方程式表示：

$$E=k+S\ln[a_i+K_{i,j}a_j^{(z_i/z_j)}] \tag{4-8}$$

则 I 离子对 J 离子的选择性系数 $K_{i,j}$ 为

$$K=a_i/a_j^{(z_i/z_j)} \tag{4-9}$$

即电势选择性系数 K 越小，则电极对离子 I 比对 J 的选择性越高，若 $K_{i,j}$ 为 10^{-3}，表示电极对 I 的敏感性为 J 的 1000 倍。图 4-11 显示在 0.05 mol/L H_2SO_4 中无干扰离子(•)和 CH_3COO^- 存在时对 PVC 膜水杨酸电极几乎没有影响，Cl^- 存在时对低浓度的测定有影响，NO_3^- 存在时影响极大，此时 $K_{i,j}$ 值约为 0.16。需要指出的是，电势选择性系数 $K_{i,j}$ 表示某一离子选择性电极对各种不同离子的响应能力，并无严格的定量关系，其值随被测离子活度及溶液条件的不同而变化。因此，它只能用于估计电极对各种离子的响应程度和干扰大小，而不能用来校正因干扰引起的电势误差。

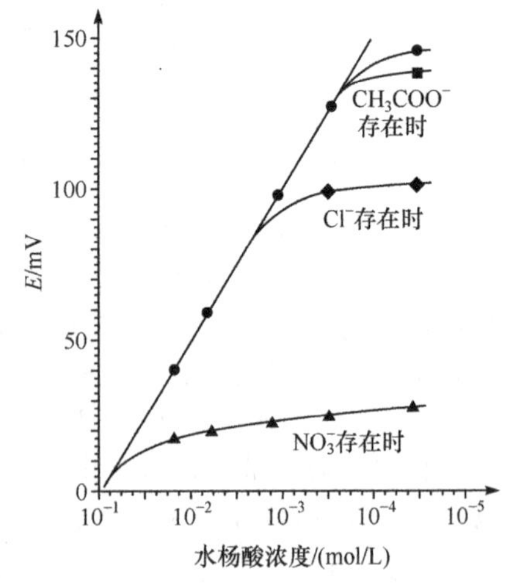

图 4-11　PVC 膜水杨酸电极的响应

离子选择性电极的选择性归根到底取决于敏感膜，即对某离子具有选择性响应的活性材料，如一定组成的硅酸盐玻璃，单晶或难溶盐压片，液态离子交换剂和中性载体等。其他玻璃膜电极如钠和钾电极，只是玻璃膜的成分配比

不同而已，其选择性机理是相似的。

化学传感器的响应时间一般是指化学传感器从其感受器或探头(探针)接触试样起，输出信号达到平衡值的 95% 所需要的时间。对于离子选择性电极来讲，这个时间是在组成某一测量电池以后测量的，它应是这个电池动力学的平衡时间，包括离子选择性电极的膜电势平衡时间，参比电极的稳定性，液接电势的稳定性，溶液的搅拌速度等。只要是影响测量电池中各个部分达到平衡的因素，均会对响应时间产生影响。

关于离子选择性电极的电势与时间的关系，从试验积累的资料来看，在多数情况下，电势值与时间具有指数关系，一般可用下式表示：

$$E_t = E_0 + P(1 - e^{-kt}) \tag{4-10}$$

式中，E_t 为在时间 t 时所测定的电势值；E_0 为 $t=0$ 时的电势值；P 为与起始及最终活度有关的常数；k 为常数。由于式(4-10)中的常数项很难确定，故此式需一些假说的支持，仅用来进行理论研究，而具体的响应时间要由实验确定。依照国际纯粹与应用化学联合会(IUPAC)的建议，离子选择性电极的实际响应时间定义为：由离子选择性电极和参比电极接触试液算起(或由试液中离子活度发生改变时算起)，至电极电势值达到与稳定值相差 1 mV 所需的时间。

离子选择性电极的响应时间可能在较大范围内波动，晶体电极的响应时间一般在几十到几百微秒，玻璃电极在几百微秒到数秒，而液膜电极的响应时间则较长。响应时间还与活度值有关，有活度值较低的试液转至活度值较高的试液时，响应时间较相反的情况时为短。随离子活度值降低，响应时间会延长。在实验中，可以通过调整搅拌速度和充分活化电极，在一定程度上改变响应时间。目前典型商品离子选择性电极的种类和性能见表 4-1。

表 4-1　典型商品离子选择性电极的种类和性能

种　类	类　型	浓度范围/(mol/L)	pH 范围	干扰离子
氢离子(H^+)，pH	G	10^{-13}～10^{-1}	1～13	高浓度 K^+，Na^+
铵离子(NH_4^+)	L	10^{-6}～10^{-1}	5～8	K^+，Na^+，Mg^{2+}
钡离子(Ba^{2+})	L	10^{-5}～10^{-1}	5～9	K^+，Na^+，Ca^{2+}
溴离子(Br^-)	S	10^{-5}～1	2～12	I^-，S^{2-}，CN^-
镉离子(Cd^{2+})	S	10^{-7}～10^{-1}	3～7	Ag^+，Hg^{2+}，Cu^{2+}，Pb^{2+}，Fe^{3+}
钙离子(Ca^{2+})	L	10^{-7}～1	4～9	Ba^{2+}，Na^+，Mg^{2+}，Pb^{2+}
氯离子(Cl^-)	S	5×10^{-5}～1	2～11	I^-，S^{2-}，CN^-，Br^-
铜离子(Cu^{2+})	S	10^{-7}～10^{-1}	1～7	Ag^+，Hg^{2+}，S^{2-}，Br^-，Cl^-
氰离子(CN^-)	S	10^{-6}～10^{-2}	10～14	S^{2-}
氟离子(F^-)	S	10^{-7}～1	5～8	OH^-
碘离子(I^-)	S	10^{-7}～1	3～12	S^{2-}
铅离子(Pb^{2+})	S	10^{-6}～10^{-1}	1～9	Ag^+，Hg^{2+}，S^{2-}，Cu^{2+}，Cd^{2+}，Fe^{3+}

续表

种　类	类　型	浓度范围/(mol/L)	pH 范围	干扰离子
硝酸根(NO_3^-)	L	$5\times10^{-6}\sim1$	3～10	Br^-,Cl^-,NO_2^-,F^-,SO_4^{2-}
亚硝酸根(NO_2^-)	L	$10^{-6}\sim1$	3～10	Br^-,Cl^-,NO_3^-,F^-,SO_4^{2-}
钾离子(K^+)	L	$10^{-6}\sim1$	4～9	Na^+,Ca^{2+},Mg^{2+}
银离子(Ag^+)	S	$10^{-7}\sim1$	2～9	Hg^{2+},S^{2-}
钠离子(Na^+)	G	10^{-6}～饱和溶液	9～12	Li^+,K^+,NH_4^+
硫离子(S^{2-})	S	$10^{-7}\sim1$	12～14	Ag^+,Hg^{2+}
水硬度(Ca^{2+},Mg^{2+})	L	$10^{-7}\sim10^{-1}$	5～10	Zn^{2+},Fe^{3+},Cu^{2+},Ni^{2+}
氟硼酸根(BF_4^-)	S	$10^{-6}\sim10^{-1}$	2.5～11	ClO_4^-,I^-,CN^-
高氯酸根(ClO_4^-)	S	$10^{-7}\sim10^{-1}$	2.5～11	

注:G 为玻璃;L 为液膜;S 为固态。温度范围:对于液膜电极为 0～50 ℃,对于固态电极为 0～80 ℃。

4.2.2 场效应管电化学传感器

利用 FET 作为换能器制备的化学传感器称为场效应管电化学传感器。使用的 FET 包括金属-绝缘体-半导体场效应晶体管和金属-氧化物-半导体场效应晶体管。随着分析化学和生物医学工程研究的发展,场效应管电化学传感器越来越为人们所关注,是因为它有着诱人的特性:①灵敏度高,响应速度快,易与外接电路匹配,使用方便;②可采用集成电路工艺制造,易微型化,成本低,适于批量生产;③在化工、食品、医疗、环境监测中有一定的应用前景;④利用 FET 的高度集成化,可研制适合于人体体内测量,在生命科学工程领域有着重要意义的生物芯片。

离子敏感场效应晶体管(ISFET)是研究开发最多的场效应管电化学传感器,它的结构与去掉金属栅极的 MOSFET 极为相似,其敏感膜绝缘栅极直接与试液接触,绝缘层-电解液界面的电势与电解液中离子浓度有关,溶液中离子浓度的变化将引起 ISFET 器件阈值的改变,经放大后驱动显示和控制电路。ISFET 传感器绝缘敏感栅的选择一般具备以下三个性质:①钝化硅表面,减少界面态和固定电荷;②具有抗水化和阻止离子通过栅材料向半导体表面迁移的特性;③对所检测离子具有选择性和一定的灵敏度。采用一种材料满足以上全部要求是不可能的,因此用双层或三层材料作为 ISFET 的栅是不可避免的,也是极为必要的。多年来对硅材料的研究表明,SiO_2 是硅表面最好的钝化材料。抗水化和离子迁移材料的选择通常依赖于微电子工艺兼容性及膜附着性,如无机绝缘材料 Si_3N_4、Al_2O_3、Ta_2O_5 等,不仅可以符合这一要求,而且对 H^+ 有较高灵敏度和选择性,目前已被广泛采用。利用离子选择性电极的制膜技术与 MOST 技术相结合,制备出的各种 ISFET 传感器,对许多样品敏感,从简单的阳离子(H^+、K^+、Na^+、Ca^{2+})和阴离子(X^-、NO_3^-)到生物分子(葡萄糖、尿素)等。

ISFET 传感器按敏感层的敏感机理基本上可以分成三类:阻挡型界面绝缘体、非阻挡型离子交换膜、固定酶膜。所有 ISFET 传感器的硅表面钝化层和防水化层是相同的，所不同的仅是离子敏感层的表面。阻挡型界面绝缘体包括不水化的无机绝缘体 Si_3N_4、Al_2O_3、Ta_2O_5 及疏水性聚合物，如聚四氟乙烯(Teflon)和聚对二甲苯(Parylene)。由于电解液-绝缘层(E-I)界面完全阻挡，因此 E-I 界面无质量和电荷传输。E-I 界面电势由绝缘层表面吸附带电离子和电解液中反号平衡电荷所决定。

非阻挡型离子交换膜包括传统 ISE 通常使用的材料，如固态膜、液膜、掺杂玻璃膜等。电解液-离子交换膜界面电势由溶液中离子浓度和膜内离子浓度之差所决定，平衡时化学势相等。由于非阻挡型离子交换膜-电解液界面有质量和电荷经表面传输至膜体内，所以其界面电势的理论完全不同于阻挡型绝缘体-电解液界面理论。

固定酶膜由聚合物基质(如 PVC)和酶(如葡萄糖氧化酶)组成，也称酶 FET 或 ENFET。溶液中被测物质与酶作用并释放某种可以被 ISFET 敏感的产物(如 H^+)，从而实现对生物分子的检测，在众多的 ISFET 中以 H^+ 敏感 ISFET 最为基本和重要。

目前在实验室或工业上大部分使用玻璃电极作为传感器件。玻璃 pH 电极有很高的内阻，一般来说，在它适应温度的上限，内阻为十几兆欧姆，而在它适应温度的下限，内阻则接近一千兆欧姆，其变化将近一百倍，这样高的内阻且变化范围这么大，必然给准确测量电极的电动势带来一定的困难。对于任何一个放大器件，在它的输入端接上电动势后，总要消耗一定的电流，也就是说，在放大器与电极之间存在一定的有限的阻抗，通常称为“输入阻抗”。对于采用玻璃 pH 电极作为传感器的 pH 计来说，输入阻抗不高必然会给测量结果带来误差。选用具有 FET 输入级的集成运算放大器作放大器件，虽然输入阻抗可达 10^{12} Ω 数量级，能直接与电极偶合，但在实际使用中常因天气或使用环境较为潮湿，造成电极信号传输电缆和插头插座受潮，从而降低 pH 计的输入阻抗，测量结果出现误差。在线使用的工业 pH 计，由于玻璃电极的内阻高，给传感器与测量仪表之间的传输带来许多不便。为防止外界干扰，传输电缆必须安装在钢管中并要求钢管良好接地以作屏蔽。测量仪表也要求安装在远离强电磁场的地方并良好接地，否则 pH 计的显示将出现跳字现象。

为解决上述问题，新一代 pH 传感器——ISFET 固态 pH 传感器应运而生。它的基体是 n 型 Si 晶片，在 Si 晶片上做成两个 p^+ 型源及漏扩散区，形成 p 沟道 MOS 场效应晶体管。然后用氢离子敏感膜代替 MOSFET 的金属栅，图 4-12 即为 ISFET 固态 pH 传感器及其工作电压偏置示意图。当敏感膜与试液接触时，由于氢离子的存在，在敏感膜与溶液界面上产生能斯特响应：

$$E=E^0+2.303RT/F\cdot \lg a_H \tag{4-11}$$

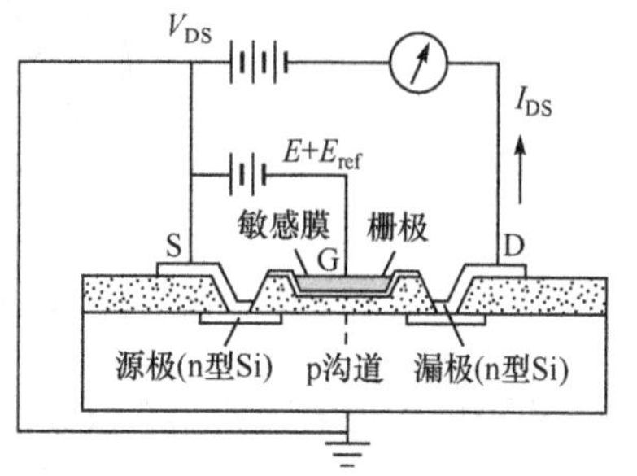

图 4-12　ISFET 固态 pH 传感器及其工作原理

这个电势控制 p 沟道的导电性，使漏源电流发生变化，从而实现对氢离子活度的检测，测出 pH。由 MOSFET 的基本原理可知，使漏源电流发生变化的重要参数之一是阈值电压，因源极接地，这里的阈值电压就是指漏源之间刚好导通时的栅源电压。对于ISFET固态pH传感器，栅源电压V_{GS}与阈值电压V_T可分别由下式表示：

$$|V_{GS}|=|E+E_{ref}| \tag{4-12}$$

$$|V_T|=|E+E_{ref}|-|\Delta E| \tag{4-13}$$

式中，E为ISFET膜电势；E_{ref}为参比电势；ΔE为源极与敏感膜间的电势增量。对于给定的ISFET和参比电极，ΔE可表示为

$$\Delta E=K\cdot \mathrm{pH} \tag{4-14}$$

式中，K为斜率，数值为$2.303RT/F$。将式(4-14)代入式(4-13)，可得

$$|V_T|=|E+E_{ref}|-|K\cdot \mathrm{pH}| \tag{4-15}$$

图4-13为ISFET固态pH传感器输出特性曲线。由图可知，在非饱和区(图中以虚线为界)，当$|E+E_{ref}|>|V_T|$和$V_{GS}=0$时，就会形成沟道，漏源电流随漏源电压$|V_{GS}|$增加而增加。当$|V_{GS}|$增大至$|V_{GS}|>|E+E_{ref}|-|V_T|$后，$|V_{GS}|$的增加并不明显地引起漏源电流的增加，这时可认为电流饱和了。实际应用时，应避开饱和区。因此，漏源电流I_{GS}的测量范围只能是一个有限的范围。这个电流与电压间的定量关系可由下式表示：

$$I_{GS}=-\mu CW/2L\cdot[2(|E+E_{ref}|-|V_T|)\cdot|V_{GS}|-|V_{GS}|^2] \tag{4-16}$$

式中，μ为表面电荷迁移率；C为单位面积栅绝缘膜电阻；W为沟道宽度；L为沟道长度。将式(4-15)代入式(4-16)并简化，可得

$$I_{GS}=-\mu CW/2L\cdot(|K\cdot \mathrm{pH}|-1/2\cdot|V_{GS}|)\cdot|V_{GS}| \tag{4-17}$$

由式(4-17)可见，漏源电流I_{GS}与溶液的pH呈线性关系。当漏源电压V_{GS}恒定时，测量I_{GS}的变化，即可以测定相应的pH。

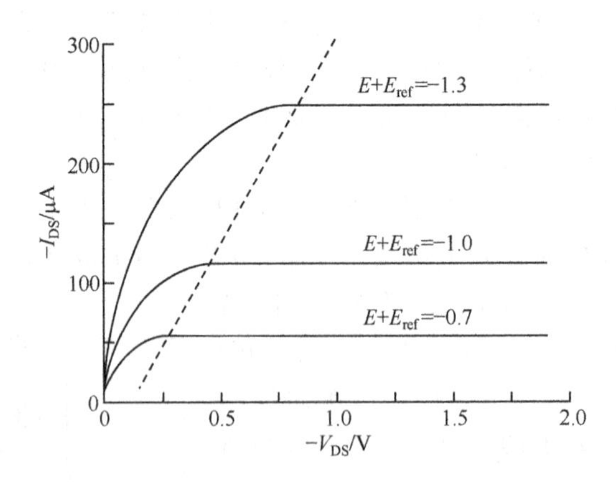

图4-13　ISFET固态pH传感器输出特性曲线

从采用各种敏感物质的ISFET固态pH传感器的特性来看，对H^+的敏感程度$Ta_2O_5>Al_2O_3>Si_3N_4>SiO_2$，选择性很好，几乎没有碱金属离子的影响。商用ISFET固态pH传感器主要技术参数为

测量范围：0～14 pH

测量精度：±0.02 pH

温度范围：0～85 ℃

这种 pH 传感器同工业 pH 计配合使用，因为抗干扰能力强，在线使用方便，效果很好。

基于 ISFET 的气体传感器是场效应管电化学传感器的一种重要类型。早期的这种传感器与传统的气体传感器一样，有隔离室的构造。例如，一个微型的 CO_2 传感器由一个 pH-ISFET 和一个薄膜 Ag-AgCl 参比电极（或 Au、Cr/Au、Ti/Ag/Au，确切地应称为辅助电极）组成。用一层含有碳酸氢盐的水溶胶覆盖 pH-ISFET 和 Ag-AgCl 电极，水溶胶将 pH-ISFET 和 Ag-AgCl 电极隔离。在水溶胶的外面用聚硅氧烷透气膜把水溶胶与试样隔开，CO_2 分子透过聚硅氧烷膜扩散进水溶胶层，通过 pH-ISFET 检测 pH 的变化而测定 CO_2。但是存在以下问题：这种 CO_2 传感器的电阻抗非常高，需要通过电沉积和把 Ag-AgCl 参考电极做在 pH-ISFET 的旁边；金属膜电极由于与电解液接触，输出信号不稳定；半导体的热敏感性会使传感器的线性响应产生偏移；另外，光还可能导致半导体的 p-n 结漏电。因此后来采用差分技术克服上述问题。这种技术是在制备敏感 ISFET 的同时，集成一只对敏感离子（被测量物质）灵敏度低的 ISFET（又称 REFET）作为参考。基于差分测量的理论，在一个芯片上两个相邻同类型半导体有同样的工作特性。当贵金属膜辅助电极电位随电解液组分变化时，对于两只 ISFET 是同相干扰信号，经差分放大后被消除，达到稳定测量信号的目的。此外，差分测量结构还可以抑制温度、噪声等共模信号的干扰。贵金属膜辅助电极和差分测量结构同样起到参考电极的作用，还适于微型化、集成化和批量生产。

然而，差分 ISFET 气体传感器在内部必须有两个参考电极，制备比较麻烦，更重要的是气体透过膜的高阻抗问题依然如故。而图 4-14 所示的低阻抗气体透过膜差分 CO_2 传感器及其测量装置能很好地解决这些问题。这种新型的差分 CO_2 传感器在结构上比较简单，主要是利用一种低阻抗的透气膜——一种含有离子配位剂的单组分硅橡胶作为透气膜。传感器的具体构造是用一个基板上的两个 pH-ISFET 分别制备 pCO_2-FET 和 REFET。在 pCO_2-FET 上以传统的方法覆盖厚度为 10～20 μm、直径为 0.4～0.6 mm 的水溶胶作为接受器。水溶胶是由含有 4% PVA、5 mmol/L $NaHCO_3$ 和 0.5 mmol/L NaCl 的水溶液制成。而 REFET 则没有这个水溶胶覆盖层，CO_2 分子的扩散不会引起 REFET 的 pH 变化。在 pCO_2-FET 覆盖的水溶胶和作为 REFET 的 pH-ISFET 上制备硅橡胶层，即透气膜。它由 0.8%的缬氨霉素、77.7%的硅橡胶和 21.5%的增塑剂溶解在体积（μL）2 倍于硅橡胶质量（mg）的 THF 中，取 15～20 μL 调制好的这种溶液展开，蒸发溶剂，硬化 24 h 后，使之形成厚度为 10～20 μm、直径为 1.0～1.2 mm 的透气膜。将膜覆盖于 pCO_2-FET 的水溶胶上和 REFET 的栅极上，由于新型的透气膜含有离子配位剂，充分降低了 ISFET 的阻抗，所以参比电极能像普通电极一样直接放在试样中。分别相对于参比电极的两路信号被测量后送入差分放大器。这样，两个 ISFET 产生的线性漂移被校正，两部分膜所产生的电势漂移也被校正，同时使其他离子的干扰降到最低。这种 pCO_2 传感器的响应斜率为 41 mV，线性范围为 0.13～13 mmol/L，检测下限为 0.03 mmol/L。

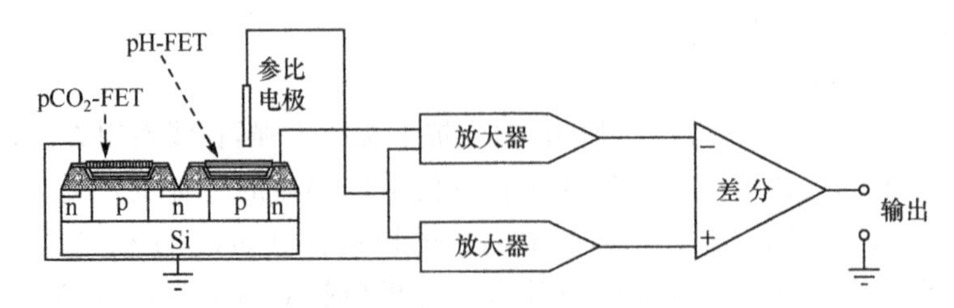

图 4-14 低阻抗气体透过膜差分 CO_2 传感器及其测量装置

4.2.3 基于化学修饰电极的电势型传感器

由于 pH 玻璃电极具有钠差、酸差、阻抗高、易碎、不易小型化和需要内部溶液等缺陷，近年来用化学修饰电极作为 pH 传感器的研究非常活跃。碳纳米管具有许多奇特的物理化学性质，常被用来修饰各种电极，一种基于碳纳米管修饰电极/鸟嘌呤电化学体系的固体电势型 pH 传感器就是利用鸟嘌呤在单壁碳纳米管修饰玻碳电极(S-SWCNT/GCE)上的电催化氧化特性而制备的电势型传感器。

该传感器的修饰电极的制备是将氧化预处理好的 1 mg 单壁碳纳米管加入到 1 mg *N*,*N*-二甲基甲酰胺(DMF)中，用水定容至 100 mL 并超声 10 min。再将玻碳电极(GCE)用 0.05 μm α-Al_2O_3 抛光成镜面，再用水、丙酮、水分别超声清洗5 min。取 15 μL S-SWCNTs 的 DMF 分散液分 5 次滴在 GCE 表面，于 80 ℃烘箱中烘干或红外灯下烤干，最后用水洗净。然后将制备好的 S-SWCNT/GCE 在 1.0×10^{-3} mol/L 鸟嘌呤中浸泡约 1 min，即成为固体电势型 pH 传感器。

图 4-15 中曲线 1 是 2.0×10^{-6} mol/L 鸟嘌呤在 GCE 上的循环伏安(CV)曲线，在 0.710 V 出现一个隆起(如图中的放大图所示)。而其在 S-SWCNT/GCE 上(曲线 2)于 0.545 V 处具有一个氧化峰，其峰电流(i_{pa})较之在 GCE 上增加了 120 倍。峰电势 E_{pa}的负移($\Delta E_{pa}=165$ mV)和 i_{pa} 的增加是由于鸟嘌呤受到修饰于 GCE 表面 S-SWCNTs 的催化。在回扫的曲线上没有还原峰出现，说明该反应是不可逆的。在 10～300 mV/s 范围内，其 i_{pa}与扫速 v 呈线性关系，回归方程为 $i_{pa}(\mu A)=0.0934\,v(mV/s)+5.385$，$r=0.9965$，表明其在 S-SWCNT/GCE 上的电极过程受吸附所控制。

图 4-16 是 2.0×10^{-6} mol/L 鸟嘌呤于 S-SWCNT/GCE 上在不同扫速时的 CV 图。对于不可逆吸附的电极氧化反应，由公式 $E_{pa}=E^0+RT/(\alpha nF)[\ln(RTK'_s)/(\alpha nF)-\ln v]$，可以求得鸟嘌呤电化学表面反应标准速率常数 K'_s。式中，α 是电子转移系数；E^0是标准电极电势。计算结果表明，E_{pa}与 $\ln v$ 具有良好的线性，通过直线的斜率可以求得相应的 αn 为 0.76。E^0可以由电极上鸟嘌呤的 E_{pa}随扫速 v 变化的关系曲线外推到 $v=0$ 与纵轴的交点得到。因此可以进一步求得鸟嘌呤在 S-SWCNT/GCE 上的标准速率常数 K'_s 为 $5.1\times10^{-3}\ s^{-1}$。

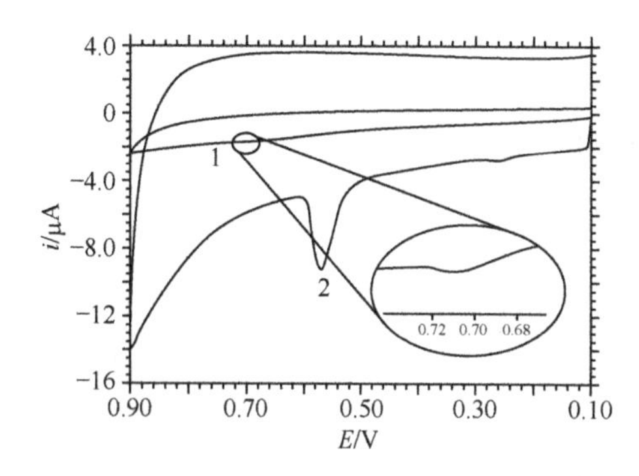

图 4-15　鸟嘌呤在 GCE(1)和 S-SWCNT/GCE(2)上的循环伏安曲线

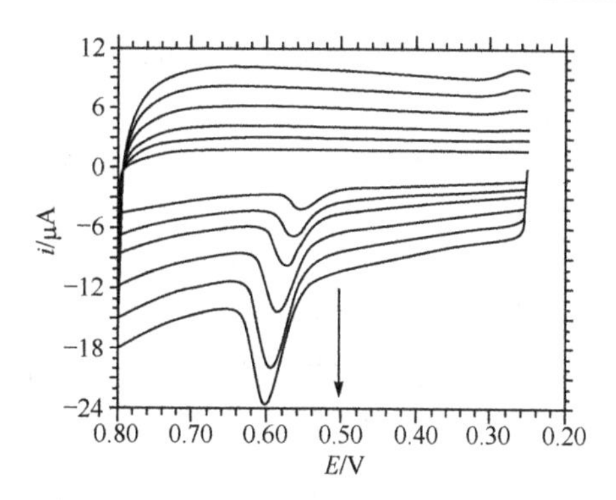

图 4-16　不同扫速(mV/s)下鸟嘌呤在 S-SWCNT/GCE 上的循环伏安曲线
从上到下：60,100,140,210,280,350

图 4-17 中曲线 1～11 分别为鸟嘌呤/S-SWCNT/GCE 在 pH 2.0、3.0、4.0、5.0、6.0、7.0、8.0、9.0、10.0、11.0、12.0 B-R 缓冲溶液(0.2 mol/L)中的 CV 信号。由图可见，E_{pa} 与 pH 呈线性关系，其线性回归方程为 $E_{pa}(V) = -0.0497pH + 0.8931$，斜率为 -0.0497 V/pH，$r=0.9991$。保持鸟嘌呤的修饰量不变，在 0.2～2.0×10^{-4} mol/L 范围内改变 B-R 缓冲溶液(pH 6.0)的浓度，CV 测试结果显示：随着支持电解质浓度的降低，鸟嘌呤的 i_{pa} 降低，但 E_{pa} 不变。

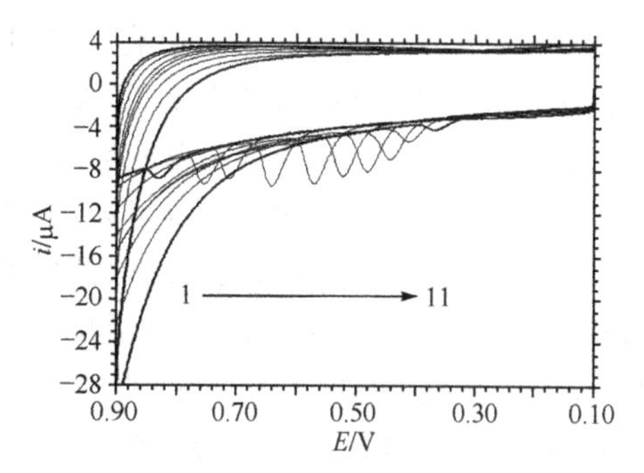

图 4-17　鸟嘌呤/S-SWCNT/GCE 在不同 pH 溶液中的循环伏安曲线
从左到右：pH 2.0,3.0,4.0,5.0,6.0,7.0,8.0,9.0,10.0,11.0,12.0

与在 B-R 缓冲溶液中相同，鸟嘌呤/S-SWCNT/GCE在 5.0×10^{-3} mol/L *N*-三(羟甲基)甲基-2-氨基乙撑磺酸(TES)、1.0×10^{-2} mol/L Tris-HCl、1.0×10^{-2} mol/L Borax-HCl、0.1 mol/L PBS 和 0.2 mol/L HAc-NaAc 系列缓冲溶液中，E_{pa} 随着 pH 的增大而有规律地负移，且不随支持电解质浓度的改变而变化。表 4-2 是 pH 6.0 时，鸟嘌呤/S-SWCNT/GCE 分别于上述缓冲溶液中的 E_{pa}。表中数据表明 pH 相同时，鸟嘌呤在 S-SWCNT/GCE 上于不同缓冲溶液中的 E_{pa} 相同，而且说明 E_{pa} 在所测定的范围内与支持电解质的浓度无关。

表 4-2　鸟嘌呤/S-SWCNT/GCE 在几种缓冲溶液(pH 6.0)中的 E_{pa}

缓冲溶液	浓度/(mol/L)	E_{pa}/V
TES[*N*-三(羟甲基)甲基-2-氨基乙撑磺酸]	5.0×10^{-3}	0.571±0.001
Tris-HCl(三羟甲基氨基甲烷-盐酸)	1.0×10^{-2}	0.571±0.001
Borax-HCl(硼砂-盐酸)	1.0×10^{-2}	0.570±0.002
HAc-NaAc(乙酸-乙酸钠)	0.2	0.572±0.002
PBS(磷酸盐)	0.1	0.570±0.002
B-R(磷酸-乙酸-硼酸)	0.2	0.571±0.002

用 1.0×10⁻³ mol/L NaOH 标准溶液滴定 1.0×10⁻³ mol/L HCl 标准溶液来考察鸟嘌呤/S-SWCNT/GCE 电势型 pH 传感器指示水溶液中酸碱滴定的性能。如图 4-18 所示，滴定终点附近有明显的电势突跃，这表明该传感器适宜于指示酸碱滴定。

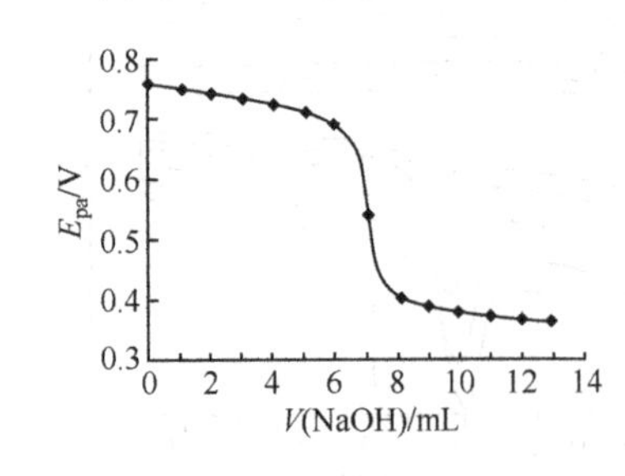

图 4-18 pH 传感器的酸碱电势滴定曲线
NaOH 和 HCl 浓度为 1.00×10^{-3} mol/L

作为电势型 pH 传感器，鸟嘌呤/S-SWCNT/GCE 于 pH 2.0～12.0 范围内响应时间小于 20 s，其中 pH 3.0～10.0 范围内响应时间小于 10 s。由于电极反应受吸附控制，通过调节指示剂的吸附量可以改变响应时间。例如，S-SWCNT/GCE 在 1.0×10^{-3} mol/L 鸟嘌呤中的浸泡时间为 5 min 时，在不含有多羟基分子的待测体系中(非强酸性和强碱性)，响应时间小于 6 s；浸泡时间为 10 min 时，响应时间小于 4 s。此外，适当增大鸟嘌呤的浓度，即可有效缩短必要浸泡时间。例如，S-SWCNT/GCE 在 5.0×10^{-3} mol/L 鸟嘌呤中的浸泡时间为 5 min 时，在待测体系中响应时间小于 3 s。

在 5～29 ℃范围内，鸟嘌呤/S-SWCNT/GCE 电势型 pH 传感器在 0.2 mol/L B-R 缓冲溶液(pH 6.0)中 E_{pa} 与检测温度呈线性关系，其回归方程为 $E_{pa}(V)=-0.0037t(℃)+0.7001$，$r=0.9948$。通过该方程可以把实际测定的 pH 修正到某一特定温度值。

采用 IUPAC 推荐的混合液法测定鸟嘌呤/S-SWCNT/GCE 电势型 pH 传感器的选择性系数。固定 H^+ 的浓度(活度)为 5.0×10^{-9} mol/L，改变干扰离子 Na^+、K^+ 和 Ca^{2+} 的浓度(活度)，将测得的电势对干扰离子的浓度(活度)作图。结果表明该传感器对 Na^+、K^+ 和 Ca^{2+} 的选择性系数 $K_{i,j}$ 分别为 1.03×10^{-3}、1.19×10^{-3} 和 9.55×10^{-4}。

一些常见的金属离子和有机物对鸟嘌呤/S-SWCNT/GCE 电势型 pH 传感器测定结果的影响：1.0×10^{-4} mol/L 的 Mg^{2+}、Fe^{2+}、Fe^{3+}、Al^{3+}、Na^+、Cu^{2+}、K^+ 和 Ca^{2+} 的 RSD 小于 3.2%；1.0×10^{-4} mol/L DMF、草酸、乙二胺、乙醚和丙酮的 RSD 小于 5.5%；1.0×10^{-4} mol/L 甲醇、乙醇、Tris、多巴胺和对苯二酚的 RSD 虽然小于 4.2%，但是对传感器的再生具有负面影响。强氧化剂如高锰酸钾、重铬酸钾、过氧化氢可能氧化鸟嘌呤，因而该传感器不适合于含有上述物质的溶液。

鸟嘌呤/S-SWCNT/GCE 电势型 pH 传感器在 0.2 mol/L B-R 缓冲溶液(pH 6.0)中每 5 min 循环伏安扫描一次，E_{pa} 的 RSD<1.5%($n=12$)，说明稳定性和重现性良好。将 S-SWCNT/GCE 浸在 1.0×10^{-3} mol/L 鸟嘌呤中约 1 min 即可使之再生，然后可以测定至少 5 个样品。S-SWCNTs 在玻碳电极上的修饰很稳定，不易脱落。每支 S-SWCNT/GCE 重复再生使用 200 次后，灵敏度没有明显降低。

直接取某品牌啤酒、酸奶、鲜奶和纯净水，分别用鸟嘌呤/S-SWCNT/GCE 电势型固体 pH 传感器测定其 pH，并与 pH 玻璃电极方法相对照，结果见表 4-3。

表 4-3　实际样品的测定结果

样品	测得值	相对标准偏差(%,$n=5$)	pH 电极法
啤酒	4.35	1.06	4.39
酸奶	5.28	0.73	5.25
鲜奶	6.65	0.88	6.72
纯净水	6.87	0.52	6.79

4.3　电流型化学传感器

电流型化学传感器主要有电解型化学传感器、燃料电池型化学传感器和伏安型化学传感器。它们均使用电流型换能器,根据要求可以使用三电极或二电极系统。电流型化学传感器在把电化学反应转变为电流信号时,通常在工作电极与参比电极之间,根据化学反应的机理加一恒定的工作电压,此时进入感受器的被测物质就会通过电化学氧化或还原,在工作电极表面产生扩散电流。在一定的极化电压下,扩散电流的大小取决于被测物质的浓度。为了避免在测量中有电流流过而引起参比电极的极化,需引入对电极以构成三电极系统。但在实际工作中,可通过限制工作电极的扩散电流或采用氧化还原型的参比电极,从而仍可使用二电极系统。

4.3.1　电流型气体传感器

电流型气体传感器主要是电解型气体传感器和燃料电池型气体传感器,传感器的感受器(传感电极)通过与被测气体发生电化学反应并产生与气体浓度成正比的电信号来工作,根据要求可以使用三电极或二电极系统。典型的电化学传感器由传感电极(或工作电极)和对电极组成,并由一个薄电解层隔开。气体首先通过微小的毛管型开孔进入传感器,然后到达憎水屏障,最终到达电极表面与传感电极发生反应。采用这种方法可以允许适量气体与传感电极发生反应,以形成充分的电信号,同时防止电解质漏出传感器。

穿过屏障扩散的气体与传感电极发生的电化学反应可以采用氧化机理或还原机理,并且这些反应可由针对被测气体而设计的电极材料进行催化。通过电极间连接的电阻器,与被测气浓度成正比的电流会在正极与负极间流动,测量该电流即可确定气体浓度。由于该过程中会产生电流,所以称为电流型气体传感器或微型燃料电池。

实际上由于电极表面连续发生电化学发应,传感电极电势并不能保持恒定,在经过一段较长时间后,传感电极的极化会导致其性能的退化。为改善传感器性能,常常引入参比电极,采用三电极系统。参比电极一般安装在电解质中,与传感电极邻近。由于参比电极可以保持传感电极电势的稳定,还可以相对提高检测的选择性,使响应电流与气体浓度直接相关。

电流型气体传感器一般包含以下主要部件:

透气膜　透气膜(也称为憎水膜)用于覆盖传感(催化)电极，在有些情况下用于控制到达电极表面的气体分子量。此类屏障通常采用低孔隙率聚四氟乙烯树脂薄膜制成，这类传感器称为镀膜传感器。或者可以用高孔隙率聚四氟乙烯树脂膜覆盖，而用毛细管控制到达电极表面的气体分子量。此类传感器称为毛管型传感器。除为传感器提供机械性保护之外，薄膜还具有滤除不需要的粒子的功能。为传送正确的气体分子量，需要选择正确的薄膜及毛管的孔径尺寸。孔径尺寸应能够允许足量的气体分子到达传感电极，还应该防止液态电解质泄漏或迅速燥结。

电极　选择电极材料很重要。电极材料应该是一种催化材料，能够在长时间内执行半电解反应。通常，电极采用贵金属制造，如铂或金，在催化后与气体分子发生有效反应。依据传感器的设计，为完成电解反应，三种电极可以采用不同材料来制作。

电解质　电解质必须足够促进电解反应，并有效地将离子电荷传送到电极。它必须与参考电极形成稳定的参考电势，并与传感器内使用的材料兼容。如果电解质蒸发过于迅速，传感器信号会减弱。

过滤器　有时候传感器前方会安装洗涤式过滤器以滤除不需要的气体。过滤器的选择范围有限，每种过滤器均有不同的效率度数，常用的滤材是活性炭。活性炭可以滤除多数化学物质，但不能滤除一氧化碳。通过选择正确的滤材，电化学传感器对其目标气体可以具有更高的选择性。

电流型气体传感器的制造方法多种多样，最终取决于要检测的气体和制造工艺。然而传感器的主要特性在本质上非常相似。以下是电流型气体传感器的一些共同特性：

(1) 在三电极传感器上，通常由一个跳线来连接工作电极和参考电极。如果在储存过程中将其移除，则传感器需要较长时间达到稳定状态或延长使用的准备时间。某些传感器要求电极之间存在偏压，在这种情况下，传感器在出厂时带有 9 V 电池供电的电子电路，并需要稳定 30 min～24 h。

(2) 多数有毒气体传感器需要少量氧气来保持功能正常，传感器背面有一个通气孔以达到该目的。

(3) 传感器内电解池的电解质是一种水溶剂，用憎水屏障予以隔离，憎水屏障具有防止水溶剂泄漏的作用。然而，和其他气体分子一样，水蒸气可以穿过憎水屏障。在湿度高条件下，长时间暴露可能导致过量水分蓄积并导致泄漏。在湿度低条件下，传感器可能潮结。设计用于监控高浓度气体的传感器具有较低孔率屏障，以限制通过的气体分子量，因此它不受湿度影响，和用于监控低浓度气体的传感器一样，这种传感器具有较高孔率屏障并允许气体分子自由流动。

(4) 电流型气体传感器受压力变化的影响极小。然而，由于传感器内的压差可能损坏传感器，因此整个传感器必须保持相同的压力。电流型气体传感器对温度非常敏感，因此一般配有内部温度补偿装置。

电流型气体传感器选择性的高低取决于传感器类型、目标气体以及传感器要检测的气体浓度。电流型气体传感器通常对其目标气体具有较高的选择性。最好的电化学传感器是检测氧气的传感器，它具有良好的选择性、可靠性和较长的预期寿命。其他电流型气体传感器容易受到干扰气体的影响。干扰数据是利用相对较低的气体浓度计算得出。在实际应用中，干扰浓度可能很高，会导致读数错误或误报警。电流型气体传感器的预期寿命取决于几个因素，包括要检测的气体和传感器的使用环境条件。一般而言，规定的预期寿命为一至三年。实际上预期寿命主要取决于传感器使用中所暴露的气体总量以及其他环境条件，如温度、压力及其暴露的湿度。

典型的电化学传感器的规格如下：

传感器类型：二或三电极，通常为三电极；

范围：可达允许暴露极限的 2～10 倍；

预期寿命：正常为 12～24 个月，取决于制造商与传感器；

温度范围：−40～45 ℃；

相对湿度：15%～95%，无凝露；

响应时间：<50 s；

长期偏移：每月下移 2%。

使用隔膜的电流型传感器一般以特定的电极如 O_2 电极、H_2O_2 电极、Pt 电极等为换能器。所以，在生态环境领域，氧电流型化学传感器具有较重要的地位。Clark 氧电极是最早的氧传感器，它利用一薄膜将铂阴极和银阳极以及电解质溶液与外界隔离开，一般情况下阴极几乎是和这层膜直接接触的。氧电极的薄膜只能透过气体，透过气体中的氧气扩散到电解液中，立即在阴极（正极）上发生还原反应：

$$O_2 + 2H_2O + 4e^- \longrightarrow 4OH^-$$

在阳极（负极），如银-氯化银电极上发生氧化反应：

$$Ag + Cl^- \longrightarrow AgCl + e^-$$

氧气以与其分压成正比的比率透过膜扩散，氧分压越大，透过膜的氧就越多。当氧不断地透过膜进入电解液，在阴极上还原而产生电流，而电流与氧气的浓度成正比，通过测定电流就可以得到氧的含量。

图 4-19 是使用隔膜的液态电解质的电流型气体传感器示意图，它的探头一般是可以更换的，主要由气体进出口、隔膜、电解池、电解液、工作电极、对极、参比电极构成。工作时，根据待测气体发生氧化还原反应的电极电势，给工作电极加一恒定的电势，通过隔膜到达工作电极表面的气体分子就会因电解而发生选择性的氧化还原反应，其在设定电势下的扩散所产生的极限电流与气体浓度有一定的比例关系，从而实现气体含量的定量检测。如在图 4-19 所示的电流型气体传感器中，用疏水性的聚四氟乙烯作隔膜，以铂为工作电极，以硫酸为电解液，在 −0.12 V 左右的电势作用下，CO 气体在工作电极上就会发生如下反应：

$$CO + H_2O \longrightarrow CO_2 + 2H^+ + 2e^-$$

在对极上，O_2 被还原：

$$1/2O_2 + 2H^+ + 2e^- \longrightarrow H_2O$$

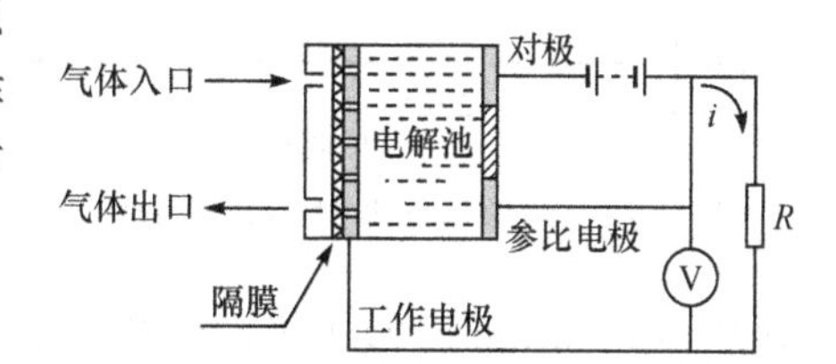

图 4-19　液态电解质的电流型气体传感器示意图

故有

$$CO+1/2O_2 \longrightarrow CO_2$$

产生的极限电流：

$$i=kC_{co} \tag{4-18}$$

所以这种电流型化学传感器也称为恒电势电解型化学传感器。

对常见的气体几乎都可以用这种类型的化学传感器测定，只需要控制下述各反应的工作电势。

$$H_2S+4H_2O \longrightarrow H_2SO_4+8H^++8e^-$$
$$SO_2+2H_2O \longrightarrow H_2SO_4+2H^++2e^-$$
$$NO+2H_2O \longrightarrow HNO_3+3H^++3e^-$$
$$PH_3+4H_2O \longrightarrow H_3PO_4+8H^++8e^-$$
$$NH_3+H_2O \longrightarrow NH_4^++e^-$$
$$HCHO+H_2O \longrightarrow CO_2+4H^++4e^-$$
$$C_2H_4O+2H_2O \longrightarrow C_2H_4O_3+4H^++4e^-$$
$$NO_2+2H^++2e^- \longrightarrow NO+H_2O$$
$$Cl_2+2H^++2e^- \longrightarrow 2HCl$$
$$O_2+4H^++4e^- \longrightarrow 2H_2O$$
$$O_3+2H^++2e^- \longrightarrow O_2+H_2O$$

但在较正的电势下，具有较负氧化还原电势的气体也会同时产生电流响应，故此种化学传感器的选择性不好，通常利用隔膜或对工作电极进行化学修饰而加以改善。

SO_2 是环境污染的重要来源，对空气中微量 SO_2 的监测关系到人类的健康和对工业发展的控制。对图 4-19 的传感器装置加以改造，可制得一种灵敏度较高、选择性好的 SO_2 传感器。这种 SO_2 传感器可使用两种不同的探头，都以汞-硫酸亚汞电极(MSE)为参比电极，以金丝为对极。一种探头的工作电极由经过沉积侵蚀的金片(SPE)覆盖上 Nafion 膜(膜厚 178 μm)构成，用 1 mol/L H_2SO_4 作为电解液；另一种探头的工作电极由经过沉积侵蚀的金片上覆盖上离子交换膜(ADP 膜，160 μm)构成，用 1 mol/L NaOH 作为电解液。当对 Au-Nafion SPE 电极施加+410 mV 电势，对 Au-ADP SPE 电极施加－65 mV电势时，两种传感器对 SO_2 的响应显示在图 4-20 中，*a* 为使用 Au-Nafion SPE 电极的传感器，*b* 为使用 Au-ADP SPE 电极的传感器。传感器的响应时间是 30 s，对 10～100 ppb SO_2 的线性响应

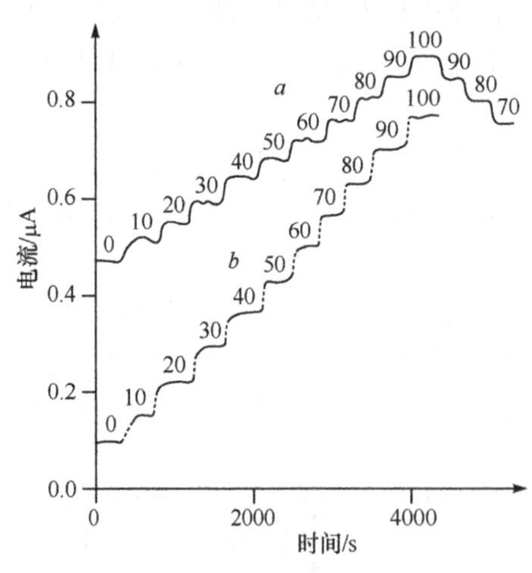

图 4-20　两种传感器对 SO_2 的响应

a 为

$$i/\mu A=3.9\times10^{-3}C/(\mu A/ppb)+0.443 \tag{4-19}$$

b为　　$i/\mu A = 8.2\times10^{-3}C/(\mu A/ppb) + 0.084$　　(4-20)

若将传感器对 SO_2 的响应定为1，它对其他气体的选择性分别为NO　5×10^{-3}、NO_2　8×10^{-3}、O_3　0.15、CO　0.032×10^{-3}。

传感器采用 H_2SO_4 电解液的电极反应为

$$SO_2(g) + 2H_2O \longrightarrow SO_4^{2-}(aq) + 4H^+ + 2e^-$$

采用NaOH电解液的电极反应为

$$SO_2(g) + H_2O \longrightarrow SO_3^{2-}(aq) + 2H^+$$

$$SO_3^{2-}(aq) + H_2O \longrightarrow SO_4^{2-}(aq) + 2H^+ + 2e^-$$

另一种提高电流型气体传感器选择性的途径是采取不施加电势的燃料电池型气体传感器，氧气传感器就是一例。在图4-19所示的传感器探头中，若采用两电极方式，以铅为阳极，铂为阴极，KOH溶液为电解液。当 O_2 存在时，铂阴极发生如下反应：

$$O_2 + 2H_2O + 2e^- \longrightarrow 4OH^-$$

铅阳极的反应为

$$2Pb^{2+} + 4OH^- \longrightarrow 2Pb(OH)_2 + 4e^-$$

自发电池通过负载 R 的电流 i 与 O_2 的浓度成正比，据此传感器可对0～100%的 O_2 产生响应。

电流型气体传感器在常温下工作，制作容易，探头可换，响应时间快，灵敏度和选择性符合一般气体检测的要求。但由于其使用液态电解质、隔膜和活性电极，不可避免地存在水分的蒸发、扩散或吸潮，电极的劣化或消耗，小型化难等问题。如能使用固体电解质可能是一条根本改善的出路。

图4-21是全固态乙醇气体传感器的结构及测试示意图。在电池的阳极一边，由于催化剂铂的作用，乙醇被氧化成乙酸，并释放出4个电子：

$$C_2H_5OH + H_2O \longrightarrow CH_3COOH + 4H^+ + 4e^-$$

在阴极一边，从阳极迁移来的 H^+ 与空气中的氧发生反应：

$$O_2 + 4H^+ + 4e^- \longrightarrow 2H_2O$$

电池的总反应为

$$C_2H_5OH + O_2 \longrightarrow CH_3COOH + H_2O$$

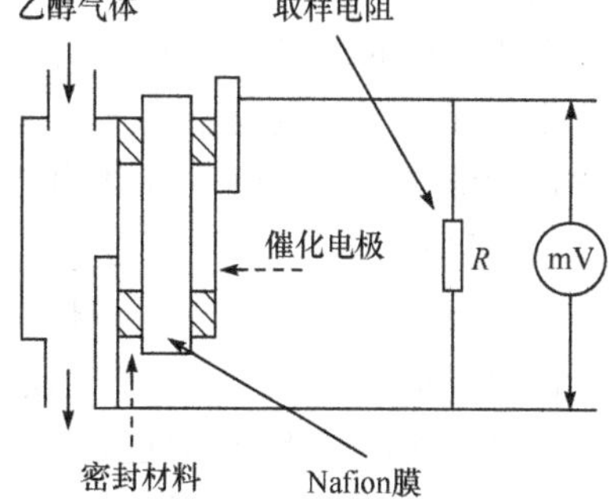

图4-21　全固态乙醇气体传感器的结构及测试示意图

这样，e^- 通过外部的导线从阳极达到阴极，H^+ 则通过质子交换膜Nafion 115迁移至阴极，从而在阳极和阴极之间产生电流，且电流的大小（H^+、e^- 的浓度）与乙醇的含量成正比关系。通过图4-21中的取样电阻，测量出传感器的输出电压值，而传感器输出电压与环境气氛中乙醇的浓度成正比，环境气氛中乙醇浓度越高，传感器的输出电压越大，从而测出乙醇的浓度。在传感器刚接触到乙醇气氛时（0～30 s），传感器的输出电压增加较快，30 s以后电压基本保持一恒定值，因此其响应特性较好。

在图 4-21 的燃料电池型乙醇传感器中发生了三方面的反应：①燃料（乙醇）和氧化剂（氧气）在电极中的扩散；②阳极和阴极的催化剂表面上的化学反应；③H^+在质子交换膜中的扩散以及与 OH^- 的反应。在固体聚合物电解质中，粒子的扩散要比在气体中扩散缓慢得多。H^+ 在 Nafion 膜中的扩散系数为$(1\sim10)\times10^{-6}$ cm^2/s，而催化剂 Pt 表面的化学反应速率应远大于 H^+ 在质子交换膜中的扩散速率，因此总反应的速度由 H^+ 在聚合物电解质膜中的扩散决定。

在燃料电池中总电流为

$$i=k(D_{H^+}+D_{OH^-})[H^+][OH^-] \tag{4-21}$$

式中，k 为系数；D_{H^+}、D_{OH^-} 分别为 H^+、OH^- 的扩散系数；$[H^+]$、$[OH^-]$分别为 H^+、OH^- 的浓度。由于$[H^+]$与$[OH^-]$近似相等，传感器的输出值与 H^+ 浓度的平方成正比：

$$i=k(D_{H^+}+D_{OH^-})[H^+]^2 \tag{4-22}$$

从而，在一定的浓度范围内，传感器的输出电流与乙醇浓度呈线性关系，用数字电压表测量取样电阻两端的电压，即可以分析乙醇气体的量。

4.3.2 过氧化氢传感器

过氧化氢（H_2O_2）虽然是非常简单的分子，但它是 O_2 还原和生物体内氧化还原蛋白和酶催化反应的中间产物，通过检测 H_2O_2 不仅可以测定酶促反应的底物、产物或是酶本身的活性，而且对于了解蛋白质在生命体内的生理作用及机制具有十分重要的意义。H_2O_2 还是合成许多无机、有机过氧化物的主要原料，在化妆品、造纸、毛皮、烟草等行业用作漂白剂，在环境、包装、食品等领域用作消毒杀菌剂。因此 H_2O_2 的监测和检测是非常重要的。

在 H_2O_2 的检测方法中，应用最多的是电化学方法，包括极谱法、电势滴定分析法、电化学发光法以及电流型化学与生物传感器方法，其中应用最广泛的是电流型 H_2O_2 传感器检测法。使用常规固体电极的 H_2O_2 传感器可以对 H_2O_2 进行直接电化学测试，电极反应如下：

阳极反应 $$H_2O_2 \longrightarrow O_2+2H^++2e^-$$

阴极反应 $$AgCl+e^- \longrightarrow Ag+Cl^-$$

这种方法虽有优点，但还是存在很大的局限性，主要是因为用常规固体电极氧化 H_2O_2 时电势较高，如在铂电极上 0.5～0.7 V、在玻碳电极上 0.9 V、在碳糊电极上 0.8 V 等。在如此高的电势下进行氧化测定，试样中共存的其他电活性物质如抗坏血酸（维生素 C）、尿酸、多巴胺等，也可以在此电势下氧化而产生氧化电流，给 H_2O_2 的测定带来干扰，所以该方法的灵敏度和选择性相对较差。因此通常将电极进行修饰，从而构建 H_2O_2 传感器，对 H_2O_2 进行检测。根据电极的修饰是否使用酶，将传感器分为酶传感器和无酶传感器。由于酶传感器属于生物传感器，将在下一节学习，下面介绍一种无酶 H_2O_2 传感器制备方法与性能。

由于 4-氨基苯硫酚(ATP)膜具有强的导电性,其氨基可与硫堇(Th)进行偶联反应,从而在电极表面实现 Th 的共价固定,制备了一种无酶 H_2O_2 传感器。传感器采用三电极系统,金电极为工作电极,铂丝为对极,银-氯化银为参比电极。将金电极浸入 1 mmol/L 的 ATP 溶液中 10 h,用乙醇和二次水清洗以除去未组装在电极表面的 ATP 分子。随后将组装有 ATP 的电极在最佳条件下进行偶氮化反应,即在 2～4 ℃下将 ATP/Au 浸入 0.1 mol/L 的 HCl 中,缓慢加入 100 mg $NaNO_2$,使得溶液中 $NaNO_2$ 的浓度大于 0.05 mol/L,以保证偶氮化反应的进行。偶氮反应 30 min 后,将电极取出并立即用冰水清洗。将偶氮反应后制备的电极 diazo-ATP/Au 浸入 2 mmol/L Th 溶液中保持 30 min,使电极表面的偶氮基与 Th 芳环上的活泼氢反应以固定 Th,最后将所得的电极 Th-ATP/Au 用二次水进行漂洗以清除表面未被共价固定的 Th。H_2O_2 传感器的制备过程如图 4-22 所示。样品测定时设定电势为－0.25 V,该传感器可在 3 s 内迅速达到 95%的稳态电流,对 H_2O_2 的线性响应范围为 1.0×10^{-6}～6.375×10^{-3} mol/L,线性相关系数为 0.9991,检测限为 6.7×10^{-7} mol/L。

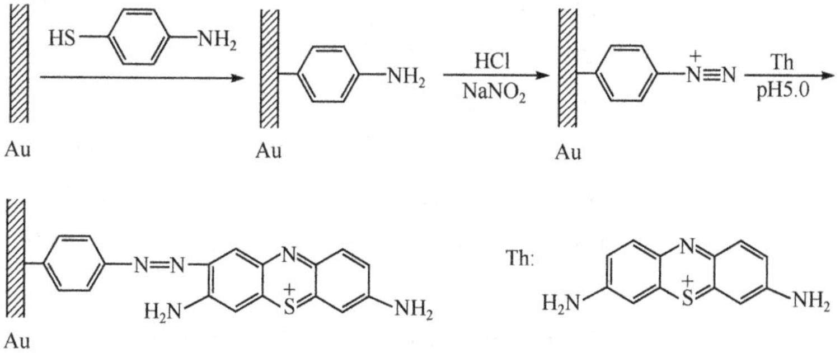

图 4-22　H_2O_2 传感器的制备过程

4.3.3　无酶葡萄糖传感器

人体血液中的各种化学成分一直是评价人体健康状况的重要信息,而血糖水平则是衡量新陈代谢能力和糖尿病临床诊断的重要指标。最常用的葡萄糖检测方法是酶分析法,具有专一性高、反应速率快的特点。利用葡萄糖氧化酶测定葡萄糖的酶催化分析法而研制的酶传感器是开展得最早也是最成功的生物化学传感器。从 1962 年美国的 Clark 教授报告的三明治夹膜式葡萄糖传感器开始,它的发展已经历了 50 年。初期的葡萄糖传感器均利用样品中的氧作为电子中介物,为克服样品中杂质的干扰和改善电子传递效率,后改用二茂铁、四硫富瓦烯、苯醌或金属配合物作为电子中介物。但无论怎样改进,葡萄糖传感器均依赖于葡萄糖氧化酶的催化作用,酶的一些弱点(如酶的活性随时间降低,温度对活性的影响等)会限制此类葡萄糖传感器的应用。利用镍电极对葡萄糖的电化学催化氧化,可以制备无酶葡萄糖传感器。

1. 传感器的制备

按图 4-23 所示，在长 5.0 cm、直径 1.0 cm 的硬质聚四氟乙烯棒的截面上，分别钻出直径为 1.0 mm、2.0 mm 和 3.0 mm 的通孔，将长 6.0 cm、直径 2.0 mm 的镍棒（纯度>99.9%）和长 6.0 cm、直径 1.0 mm 的铂丝嵌入相应直径的孔中作为工作电极和对极。再按图示制备 Ag-AgCl 参比电极：在直径 3.0 mm 孔的底部用胶封嵌入长 6.0 mm、直径 1.5 mm 的铂丝，孔中注入 4.0 mol/L 的 KCl 溶液，从孔的上部插入一个 Ag-AgCl 电极。然后用精细砂轮将装有电极的聚四氟乙烯棒底部截面磨平，最后分别用精细砂纸和纳米 Al_2O_3 抛光，即制得无酶葡萄糖传感器。

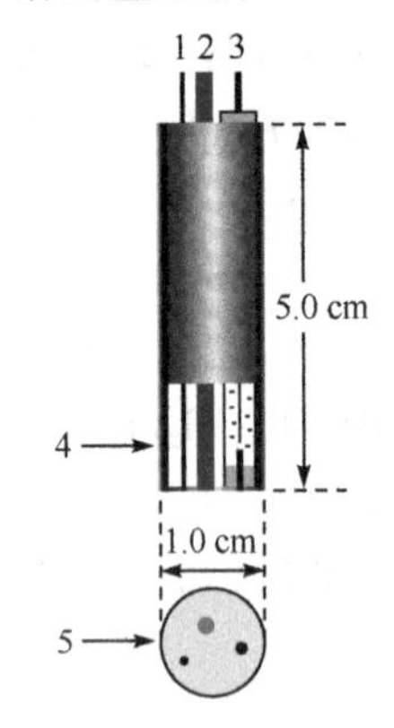

图 4-23 无酶葡萄糖传感器的构造

1. 铂对极；2. 镍工作电极；3. Ag-AgCl 电极；4. 传感器的内部；5. 传感器的底部

2. 葡萄糖在镍电极上的电化学氧化

镍电极在 0.1 mol/L NaOH 溶液中的循环伏安曲线如图 4-24 曲线 *a* 所示，其氧化峰电势在 550 mV，还原峰电势在 470 mV，电极反应为

$$Ni(OH)_2 + OH^- \longrightarrow NiO(OH) + H_2O + e^-$$

$$NiO(OH) + H_2O + e^- \longrightarrow Ni(OH)_2 + OH^-$$

式中的 $Ni(OH)_2$ 为 NaOH 溶液中镍电极表面的 Ni 在电极电势大于－600 mV 时发生氧化反应得到的。

葡萄糖是一种碳水化合物，在较高的 pH 条件下更容易被氧化。在含有葡萄糖的 0.1 mol/L NaOH 溶液中，镍电极的循环伏安曲线如图 4-24 曲线 *b* 所示，其氧化峰电势在 570 mV，还原峰电势在 480 mV。正扫描时发生的反应为

$$Ni(OH)_2 + OH^- \longrightarrow NiO(OH) + H_2O + e^-$$

$$NiO(OH) + \text{葡萄糖} \longrightarrow Ni(OH)_2 + \text{葡萄糖酸酯}$$

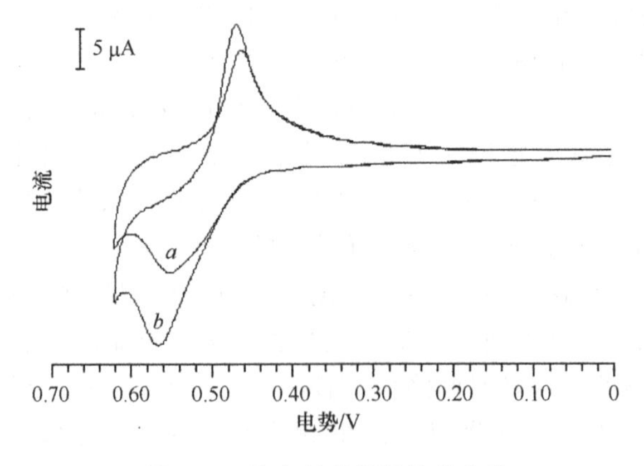

图 4-24 镍电极的循环伏安曲线

图 4-24 显示，在葡萄糖存在下，镍电极的阳极峰电势向正电势方向移动了 20 mV，阳极峰电流也明显增加。但镍电极的还原峰电流相应增加的事实表明，葡萄糖的电化学氧化不是一个类似于酶的催化反应，而是产生在镍电极表面的 Ni(Ⅲ)扮演了氧化剂的角色，使葡萄糖在镍电极上被氧化。改变电势扫描速度，阳极峰电势稍微正移，峰电流随电势扫描速度的增加而增大(图 4-25)。图 4-26 进一步表明峰电流与电势扫描速度的平方根成正比，说明葡萄糖的电化学氧化受葡萄糖的扩散控制，电流响应可以表达葡萄糖的浓度。

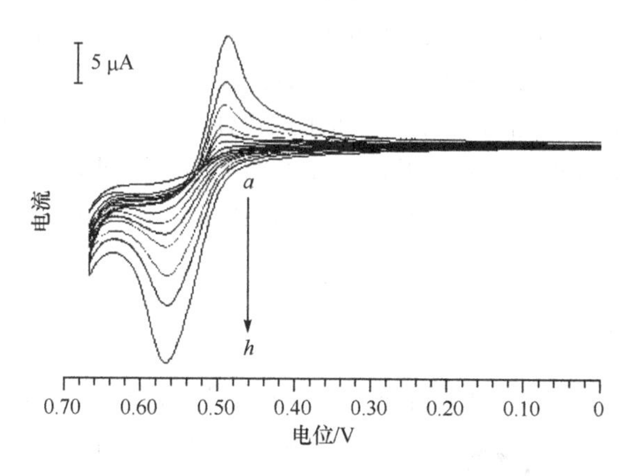

图 4-25　镍电极在不同扫描速度的循环伏安曲线

3. 传感器对葡萄糖的电流响应

在应用电势下，直接在镍电极表面产生的 Ni(Ⅲ)与 Ni(Ⅱ)有较快的电子传递效率，能迅速建立起一个动态的平衡，所以电流-时间曲线能在较短的时间内达到一个相对稳定的状态。图 4-27 记录了多次添加等量葡萄糖后的电流响应，在改变葡萄糖浓度后，电流于 60 s 后达到动态平衡，响应时间小于 1 min，3 min 后可再一次进样和测量，可连续进样 11 次。传感器对葡萄糖浓度的电流响应范围为 $1.96\times10^{-5}\sim1.80\times10^{-4}$ mol/L，检测限为 9.80×10^{-6} mol/L。

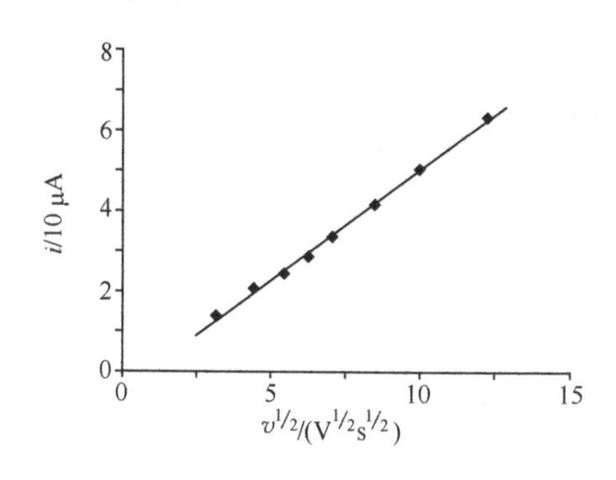

图 4-26　峰电流与扫描速度的关系

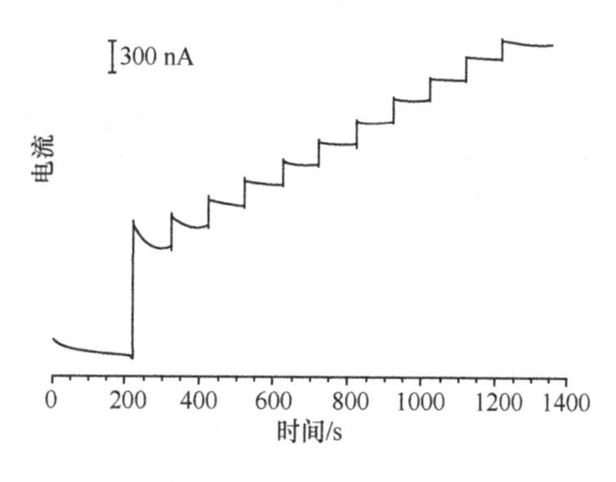

图 4-27　传感器的电流响应曲线

4. 温度影响和干扰试验

由于传感器没有使用葡萄糖氧化酶或其他生物酶，传感器受温度的影响较小，经10～40 ℃的控温实验，确定其温度系数为6.37×10^{-3} μA/℃。因为氧没有参与葡萄糖的电化学氧化反应，葡萄糖样品中的氧对测定没有影响。由于镍电极表面的Ni(Ⅲ)对葡萄糖的电化学氧化没有特异选择性，血液中存在的其他物质，如大于1.96×10^{-4} mol/L的抗坏血酸在镍电极上也有电流响应。但是，抗坏血酸在镍电极上的电流响应比同浓度的葡萄糖小15倍。在人的血液中，抗坏血酸的浓度一般不会大于葡萄糖的浓度，传感器对血液中葡萄糖的测量具有较好的选择性。实验表明，在9.09×10^{-5} mol/L的葡萄糖存在下，2倍的抗坏血酸、2倍的尿酸和5倍的多巴胺不干扰葡萄糖的测定。但需要注意的是，强氧化剂如MnO_4^-、HO_2^-干扰葡萄糖的测定。另外，其他糖类化合物会使测定结果产生正误差。传感器无需特殊保管，经对底部分别用精细砂纸和Al_2O_3抛光处理后可重复使用。

5. 传感器对血糖测定

测定实际样品时，采用类似于离子选择性电极的标准加入法，可以避免传感器重复使用时校正曲线的斜率漂移，快速准确。具体方法是在8.0 mL电解池中注入0.1 mol/L NaOH溶液5.0 mL，将无酶葡萄糖传感器悬置于电解池的溶液中，对传感器的工作电极施加570 mV的直流电势，观察电流-时间曲线。待电流-时间曲线稳定后，用微量注射器注入样品或葡萄糖标准溶液，记录电流-时间曲线，以电流值定量葡萄糖含量(图4-28)。

图4-28　传感器对人血清样品的测定
由劢强科技(上海)有限公司授权登载

采用传感器对医院提供的健康人血清样品进行血糖测定(表4-4)，重复测定5次的相对标准偏差小于4.3%。表4-4中的对照值按己糖激酶法由半自动生化分析仪测定。

表4-4　血糖样品测定值

血清样品	测得值/(mmol/L)	RSD/%(n=5)	对照值/(mmol/L)
1	5.83	4.1	5.98
2	5.02	3.9	5.16
3	6.44	3.8	6.52
4	4.68	4.3	4.77
5	6.17	3.5	6.19

第 5 章　电化学生物传感器

电化学生物传感器是将电化学传感器与生物分子特异性识别相结合的一种生物传感器装置。根据生物分子识别的不同，电化学生物传感器可以分为电化学酶传感器、电化学免疫传感器、电化学基因传感器、微生物电极、组织电极等多种类型。按照生物分子识别过程的不同，又可分为生物催化型电化学传感器和生物亲和型电化学传感器。电化学生物传感器的基本原理是将生物特异性试剂固定在传感元件如电极的界面，在发生相应的生化反应之后会产生一个与被测物质浓度有关的信号，进一步利用电化学的方法对该信号进行测量。

电化学生物传感器具有高效、专一、简便、快速、灵敏度高、选择性好、响应快、操作简便、样品用量少、易于微型化、价格低廉等特点，因此在生物医学、环境监测、食品医药等领域得到迅速发展和应用。本章主要介绍各种电流型的生物传感器。

5.1　电化学测试的基本原理

根据溶液中电化学性质及其变化来进行分析的方法称为电化学分析方法，可以测定的电化学参数有电流、电势、电导和电量等。在电化学分析中电流的测定是一种常见的分析手段，测出的电流同时包括充电电流和电解电流。在伏安分析中待测物质在电极上发生氧化还原反应进而得失电子产生相应的电解电流，在一定条件下该电流与溶液中待测物质的浓度成正比关系，是定量分析的基础。而充电电流是由于界面双电层的存在，在电势发生变化时发生充放电现象而产生的电流，其常为背景电流而不利于降低伏安分析法的测定下限。

5.1.1　电流型传感器的测量系统

电流型传感器是通过改变外加激励电压测量响应电流，利用电流与浓度的关系从而求解待测物质浓度的一类电化学传感器。在电流分析中，电流一般取有限值，电压的变化可以是线性扫描、循环扫描、脉冲、正弦或方波等复合形式，外加电压的扫描方向可正可负。与电势型传感器相比，电流型传感器的主要优点是检出下限低，并能同时测定多种成分，能够与化学修饰电极等技术相偶联，达到提高灵敏度和选择性的目的。

在电流型传感器中所使用的设备主要包括一个含有三电极系统的电解池，一个电化学工作站和一个记录仪。电解池一般为 5～50 mL 的带盖小烧杯，可以将电极系统插入溶液中，需要时还可以插入一根通氮气导管以实现无氧环境检测。电解池中的溶液一般是由溶剂和支持电解质组成，为了消除溶液中带电质点在电场作用下所产生的迁移电流，减小溶液内阻，保持相对恒定的离子浓度，必须加入一定的支持电解质，一般为无机盐、矿物酸或缓冲溶液，其浓度为 0.05～0.5 mol/L。对于受到 pH 影响的电化学反应体系，有必要控制溶液的 pH，可用不同的缓冲溶液体系如乙酸-乙酸钠、氨-氯化铵、磷酸盐缓冲溶液等，在测定时这些缓冲物质本身也能起到支持电解质的作用。

随着微电子技术的发展，电化学工作站也得到了较快的发展，各种类型的综合型电化学工作站已经商品化，并且在使用中大都由计算机及相应软件加以控制，使得操作更加简单方便。电化学工作站主要功能是控制工作电极电势，同时检测电极上发生氧化还原反应产生的电流。一般来说电化学工作站由两个电路组成：一个为极化电路，为电解池施加应用电势；另一个为测量电路，检测工作电极和辅助电极之间通过的电流。随着集成电路和计算机技术的发展，综合型电化学工作站可以提供更多的电势控制技术，并通过软件控制施加到电解池上，相应的软件也能提供不同的数据处理方法，包括自动调整电流窗口、扣除空白背景值、曲线平滑、自动微分和积分等，并以图形方式自动显示结果。图 5-1 是 Metrohm Autolab B. V. 公司生产的 Autolab 模块式电化学综合测试系统的仪器图。Autolab 是一系列计算机控制的电化学综合测试仪的通称，根据模块化的概念，每种仪器可以选购不同的模块配件，进而满足不同电化学测试的需求。对于仪器的控制，Autolab 也有相应的 GPES、FRA、NOVA 等软件可以设置实验条件和控制实验，实时观察测量结果，测量后分析数据以及输出数据及结果。

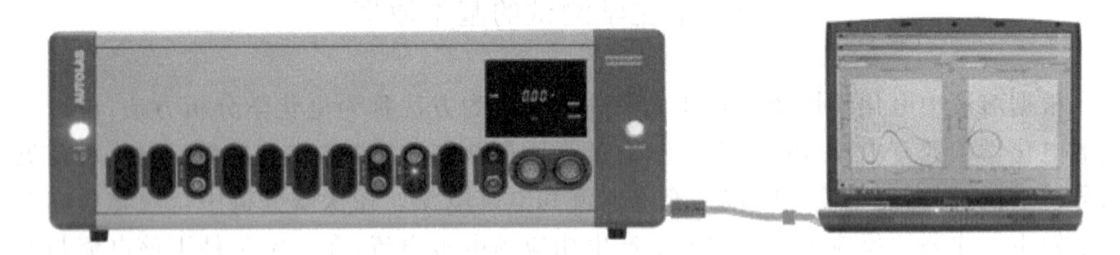

图 5-1　Autolab 模块式电化学综合测试系统

由劢强科技(上海)有限公司授权登载

目前电流型传感器使用的电化学分析仪多为三电极系统，即工作电极、参比电极和对电极。在电化学研究中一般使用汞、贵金属和碳电极等作为工作电极，待测物质在工作电极表面发生氧化还原反应产生法拉第电流，进而可以在伏安图上表现出来。参比电极一般选用饱和甘汞电极或 Ag-AgCl 电极，对电极一般为铂电极。电化学测试中常用伏安法，它是指一类根据电流-电势关系进行分析的电化学方法，向工作电极上施加不同类型的激励电势信号，测量所得到的电流，由此可以得到一条伏安曲线，其形状与电极反应过程及实验条件有关。在给定的条件下，一般一个电极反应会产生一个伏安峰，若溶液中存在多个电活性组分，伏安曲线上一般可以显示出每个组分的伏安峰。通过对伏安曲线的分析可以了解电化学反应的详细信息，如电极电势的值可以作为定性判断的依据，而法拉第电流值与反应物的浓度成正比，可作为定量分析的依据。

5.1.2　电流的产生及测量

电流型化学传感器主要用于测定化学反应过程中电活性物质浓度变化而引起的电

流变化。一定条件下在电极表面的敏感元件内电活性物质的浓度发生变化，物质在电极上发生氧化还原反应产生的电流也随时间发生相应的变化，电流的变化趋势可以与浓度变化成正比，进而可用于样品的测定。但在测定时要有效区分充电电流和电解电流。在一定的电极电势阶跃扰动的情况下，充电电流随时间呈指数衰减，其方程表达式为 $i_c=\frac{U_s}{R}e^{-\frac{t}{RC}}$；而电解电流一般随时间的平方根的倒数衰减 $i=kt^{-1/2}$。由于两种电流随时间变化的规律不同，在适当的延时后再记录电流的大小，此时充电电流已经衰减到很小的值，而电解电流还保留较大的值，这样就可以有效地抑制干扰电流，提高信噪比，达到提高测定灵敏度的目的。图 5-2 是充电电流和电解电流随时间变化的趋势图。

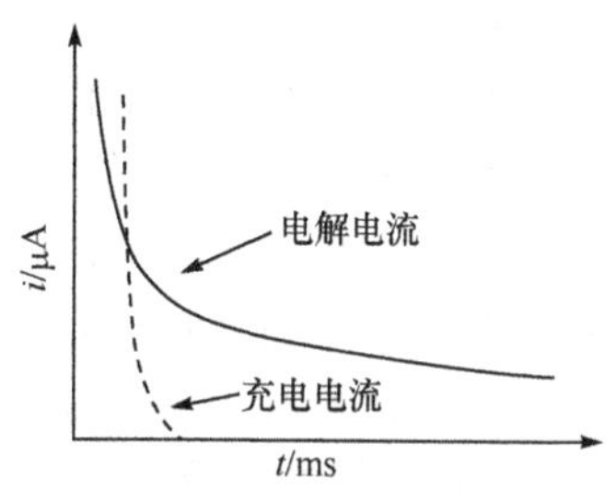

图 5-2　电解电流和充电电流与时间变化关系

1. 充电电流

双电层是两相界面的普遍现象，在电极/溶液的界面上总是存在着双电层。双电层是荷电粒子和/或定向偶极子在电极界面上的排列。在电化学试验中，双电层是由固定在电极表面上带有某种电荷的离子与电荷数量相同但符号相反且分布在附近液体中的可动离子组成的两层。在此两层之间有一定的电位差，两侧电荷积累程度的改变也会引起电流，尽管此时电荷的变化并不跨越电极/溶液界面。因此双电层类似于平板电容器，由此产生的类似于电容器充放电的电流称为充电电流或电容电流。电极双电层充放电涉及的电量 Q_c 可根据电位与电荷之间的关系求解，其方程表达式如下：

$$Q=C_{dl}A(E-E_{pzc})$$

式中，C_{dl} 为单位面积上的积分电容；A 为电极面积；E_{pzc} 为零电荷电势（此时电极表面不带电）。因此充电电流 i_c 可表示为

$$i_c=\frac{dQ}{dt}=C_{dl}A\frac{dE}{dt}+C_{dl}(E-E_{pzc})\frac{dA}{dt}+A(E-E_{pzc})\frac{dC_{dl}}{dt} \tag{5-1}$$

式(5-1)表明电势的改变（如控制电解电流、电势扫描实验和电势阶跃的瞬间）、电极表面的改变（如滴汞电极）以及单位面积电容的改变（如电极表面有吸附或相变过程）等均对充电电流产生影响。利用式(5-1)可以求解固体电极界面的双电层电容，在给定的电解质溶液中通过记录不同扫速下的线性扫描伏安曲线（扫速为 $v=\frac{dE}{dt}$），忽略电解电流及 C 和 A 的变化，则在给定的电势下记录充电电流的大小，对扫速作图可获得一条直线，其斜率为 $C_{dl}A$。因为 A 的变化很小，方程中的后两项可以忽略，可由记录到的电流(i)响应根据关系式 $C_{dl}A=\frac{i}{v}$ 进而可以求解双电层电容，这是求解电极溶液界面电容值的简单方法之一。

2. 电解电流

电解电流也称为法拉第电流，它是由电活性物质发生氧化反应或者还原反应时产

生的电流。根据法拉第定律：

$$Q=nF\frac{W}{M}$$

式中，Q 为电解电量；W 为反应物的质量；M 为反应物的摩尔质量；F 为法拉第常量。法拉第电流直接反映了电极上氧化还原反应速率的大小，而该电极反应速率随反应体系的不同而不同，并且与外加电解电压、反应物浓度、反应条件等多种因素有关。影响一个电极反应的最主要的因素有两个：①反应物从本体溶液扩散到电极表面的速率，称为物质传递速率（传质速率）；②电子在电极表面与溶液之间的转移速率，称为电子转移速率。其他的影响因素还包括：电子转移反应的前置或后续化学反应；其他的表面过程如吸附与脱附，电沉积或溶出反应等相变过程。当电极上发生电化学反应时，法拉第电流的大小由传质速率和电子转移速率中速率较慢的一个所决定。

对于一个涉及传质、偶和化学反应和电极表面吸/脱附过程的电极反应来说，其具体的电极反应过程如图 5-3 所示。若以电阻形式表示电极反应过程，在采用三电极体系的电解试验中，外加电压将加在由未补偿溶液电阻 R_u、传质电阻（或浓差极化电阻）R_{mt}、电荷传递电阻 R_{ct} 和反应极化电阻 R_{rxn} 等串联而成的回路上，分别产生欧姆电压降 iR_u、浓差极化超电势 η_{mt}、电荷传递超电势 η_{ct} 和反应极化超电势 η_{rxn}，因此影响电解电流的因素是复杂的。研究一个完整的电极反应过程，需要动力学、热力学、流体力学等多方面的综合知识。在众多步骤中速率最慢的步骤称为决速步，相应其等效电阻最大，该步的速率大小决定了整个电极反应过程的总速率。所谓电极上反应过程的可逆性和不可逆性就是这两个控制因素产生的结果，也就是说反应过程是否可逆取决于电子转移速率与平均传质速率之比。一般来讲，若反应物传质速率比电子转移速率低很多，反应物传质速率称为决定性因素，那么这个电极反应过程称为可逆过程；如果电子转移速率比传质速率慢很多，电子转移速率成为决定性因素，这时的电极反应过程称为不可逆过程；当这两个速率相当时会共同影响整个电极反应过程的速率，则称为准可逆过程，它介于可逆和不可逆过程之间。

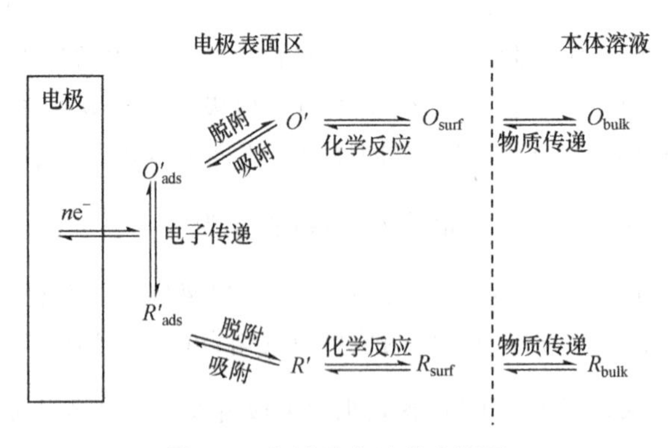

图 5-3　电极反应过程步骤图

对于一个不涉及表面吸/脱附过程、相变反应和偶和化学反应且溶液不搅拌的简单电极反应过程，其电极反应方程式可表示为

$$O+ne \underset{k_b}{\overset{k_f}{\rightleftharpoons}} R$$

在电极表面正向还原反应的速度(v_f)和逆向氧化反应的速度(v_b)可分别表示如下：

$$v_f = k_f C_O(0,t) = \frac{i_f}{nFA} \tag{5-2}$$

$$v_b = k_b C_R(0,t) = \frac{i_b}{nFA} \tag{5-3}$$

式中，$C_O(0,t)$和$C_R(0,t)$分别为氧化态和还原态在电极表面处的浓度(mol/cm^3)，即距离工作电极表面距离 $x=0$ 处在 t 时刻的浓度，简称表面浓度；k_f 和 k_b 分别为正向反应和逆向反应的异相反应速率常数(cm/s)；i_f 和 i_b 分别为正向反应和逆向反应的法拉第电流分量。因此净反应速率为

$$v_{net} = v_f - v_b = k_f C_O(0,t) - k_b C_R(0,t) = \frac{i}{nFA} \tag{5-4}$$

总的电流为正向反应和逆向反应的电流之差

$$i_{net} = i_f - i_b = nFA[k_f C_O(0,t) - k_b C_R(0,t)] \tag{5-5}$$

由式(5-5)可进一步从电极反应自由能曲线推导得到 Butler-Volmer 电极动力学公式：

$$i = nFAk^0 \left\{ C_O(0,t) \exp\left[-\frac{\alpha nF}{nF}(E-E^{0'}) \right] - C_R(0,t) \exp\left[\frac{(1-\alpha)nF}{RT}(E-E^{0'}) \right] \right\} \tag{5-6}$$

式中，E 为外加电压；$E^{0'}$ 为标准电极电势；k^0 为电极反应标准速率常数(cm/s)；α 为电子传递系数；n 为反应电子数。式(5-6)反映了由电子转移速率控制的电极反应的电流-电势关系。电子传递系数 α 是电极反应标准自由能的能垒对称性的量度，α 取值在 0 和 1 间(但不等于 0 或 1)，一般电化学体系 α 为 0.3～0.7，实际应用中 α 值常取 0.5。电极反应标准速率常数 k^0 是氧化还原对电子交换反应动力学难易程度的一个量度，k^0 值大则达到反应平衡快，k^0 值小则达到反应平衡慢。k^0 与 k_f 和 k_b 的关系式如下：

$$k_f = k^0 \exp\left[-\frac{\alpha nF}{RT}(E-E^{0'}) \right] \tag{5-7}$$

$$k_b = k^0 \exp\left[-\frac{\alpha nF}{RT}(E-E^{0'}) \right] \tag{5-8}$$

故 k^0 等于电极电势为 $E^{0'}$ 时的 k_f 和 k_b 值。需要注意的是，k^0 值小并不意味着电极反应慢，因为 k_f 和 k_b 才是描述电极反应快慢的动力学参数。对于 k^0 值很小的电极反应，根据方程可以通过恒电位仪改变电极电势(对阳极过程施加很大正电势或对阴极过程施加很大负电势)，使相关电极反应显著发生(k_f 或 k_b 很大)。

在电极动力学中也常采用交换电流来表示电极反应达到反应平衡的快慢。交换电流 i_0 定义为在电极反应处于动态平衡状态下(外电路电流 $i=i_c-i_a=0$，此时电极电势处于平衡电势 E_{eq})的单向阴极支电流分量(i_c)或单向阳极支电流分量(i_a)，在平衡状态下电极表面浓度 $C(0,t)$等于本体浓度 C^*

$$i_0 = nFAk^0 (C_O^*)^{1-\alpha} (C_R^*)^{\alpha} \tag{5-9}$$

使用交换电流 i_0 取代标准速率常数 k^0 来表示电极反应动力学方程，则可得到如下电流-超电势($\eta=\varphi-\varphi_{ep}$)方程：

$$i=i_0\left\{\frac{C_O(0,t)}{C_O^*}\exp\left(-\frac{\alpha nF}{RT}\eta\right)-\frac{C_R(0,t)}{C_R^*}\exp\left[\frac{(1-\alpha)nF}{RT}\eta\right]\right\} \tag{5-10}$$

由方程可知电极电流正比于交换电流 i_0，也与传质因素(式中两浓度比)、超电势 η 及传递系数 α 等有关。由方程可得到以电阻形式表示的电化学极化和浓差极化：

电荷传递电阻：
$$R_{ct}=\frac{RT}{nFi_0}=\frac{RT}{n^2F^2Ak^0(C_O^*)^{1-\alpha}(C_R^*)^{\alpha}} \tag{5-11}$$

传质电阻：
$$R_{mt}=R_{mt,c}+R_{mt,a}=\frac{RT}{nFi_{1,c}}-\frac{RT}{nFi_{1,a}} \tag{5-12}$$

式中，$i_{1,c}$ 和 $i_{1,a}$ 分别为阴极支和阳极支的极限扩散电流。

一般来说电化学电流的测量不是孤立的，在检测电流的同时要考察电极电势的影响，即需同时控制工作电极电势。在电位扫描实验时作出的电流对电极电势的关系图称为伏安图，相应的电极电势和电流之间的关系曲线称为伏安曲线。

5.1.3 常用的控制电势技术

控制电势技术是指在工作电池上施加一定的电势而测定相应的响应电流。根据电势的施加方式不同可以分为循环伏安法、线性扫描伏安法、脉冲伏安法、方波伏安法等，下面对常见技术进行介绍。

1. 循环伏安法

循环伏安法是一种常用的电化学研究方法，该方法控制工作电极的电极电势以不同的速率随时间以三角波形一次或多次反复扫描，从起始电压开始沿某一个方向变化，到达终止电压后又反方向回到起始电压，呈等腰三角形。电势范围内电极上能交替发生不同的还原和氧化反应，并记录电流-电势曲线。循环伏安法是一种很有用的电化学方法，根据循环伏安曲线形状可以判断电极反应的可逆程度，中间体、相界吸附或新相形成的可能性，以及偶联化学反应的性质等。常用该法求解电极反应参数，判断其控制步骤和反应机理，研究双电层吸附现象和电极反应动力学，并观察整个电势扫描范围内可发生哪些反应及其性质如何。对于一个新的电化学体系，首选的研究方法往往就是循环伏安法，可称之为“电化学的谱图”。

如图 5-4 所示，以等腰三角形的脉冲电压施加在工作电极上，得到的电流-电势曲线(图 5-5)包括两个分支，如果前半部分电势向阴极方向扫描，电活性物质在电极上还原，产生还原波，那么后半部分电势向阳极方向扫描时，还原产物又会重新在电极上氧化，产生氧化波。一次三角波扫描完成一个还原和氧化过程的循环，故该法称为循环伏安法，其电流-电势曲线称为循环伏安图。如果电活性物质可逆性差，则氧化波与还原波的高度就不同，对称性也较差。循环伏安法中电压扫描速度可从每秒数毫伏到 1 V，工作电极可用悬汞电极或铂、玻碳、石墨等固体电极。

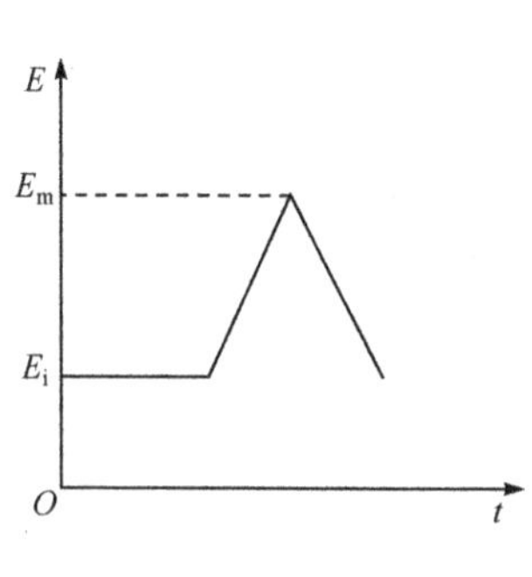

图 5-4 三角波变化图

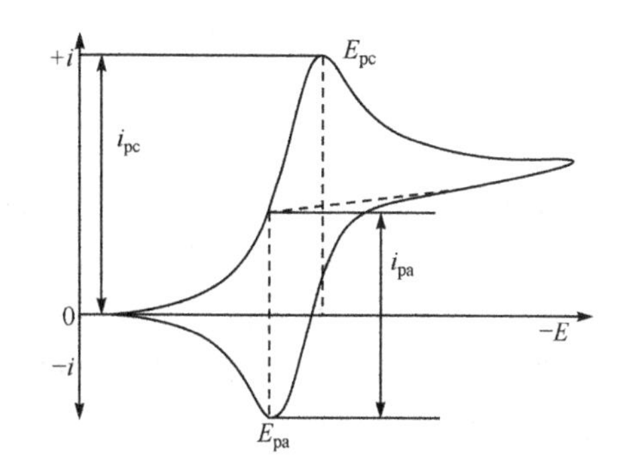

图 5-5 电流-电势曲线图

(1) 对于一个可逆电极过程，峰电流(i_p)可用下式表示：

$$i_p = 2.69 \times 10^5 n^{3/2} ACD^{1/2} v^{1/2} \tag{5-13}$$

氧化峰电流(i_{pa})等于还原峰电流(i_{pc})

$$i_{pc} = i_{pa}$$

峰电势(E_p)与半波电势($E_{1/2}$)的关系为

$$E_p = E_{1/2} \pm 1.1\frac{RT}{nF} = E_{1/2} \pm \frac{29}{n}\text{mV}(25\ ℃) \tag{5-14}$$

峰电势差 ΔE_p 可用下式求解：

$$\Delta E_p = E_{pa} - E_{pc} = 2.2\frac{RT}{nF} = \frac{59}{n}\ \text{mV}(25\ ℃)$$

它可以用于估算电极反应的电子转移数。

(2) 对于一个不可逆电极过程，峰电流(i_p)可以表示为

$$i_p = 2.99 \times 10^5 n(\alpha n_\alpha)^{1/2} ACD^{1/2} v^{1/2} \tag{5-15}$$

氧化峰电流与还原峰电流值一般不同

$$i_{pa}/i_{pc} < 1$$

峰电势与扫速(v)有关，对于一定的 k^0，当扫速较慢时，E_p 与 v 无关；当 v 越来越大时，E_p 不再恒定，而随 v 增大负移。由于 $\Delta E_p > \frac{59}{n}$mV，则

$$E_p = E^0 - \frac{RT}{\alpha n_\alpha F}\left[0.78 - \ln\frac{k^0}{D^{1/2}} + \ln\left(\frac{\alpha n_\alpha F v}{RT}\right)^{1/2}\right] \tag{5-16}$$

从式(5-16)可计算反应速率常数 k^0。

2. 线性扫描伏安法

将线性电压扫描(电压与时间为线性关系)施加于电解池的工作电极和辅助电极之间，称为线性扫描伏安法。工作电极是可极化的微电极，如滴汞电极、静汞电极或其他固体电极；而辅助电极和参比电极则具有相对大的表面积，是不可极化的。常用的电势扫描速率为 0.001～0.1 V/s，可单次扫描或多次扫描。根据电流-电势曲线测得的峰电

流与被测物的浓度呈线性关系，可作定量分析，更适合于有吸附性物质的测定。

3. 脉冲伏安法

脉冲形式是在线性增加的电压上施加振幅恒定的脉冲电压，在每个脉冲之前和结束时，测量两次电流，记录两次电流之差，从而有效地消除背景电流的影响。以电流差值对电势作图，得到脉冲伏安图，其形状不同于普通伏安图，而是呈现峰形。根据所施加脉冲电势方式的不同，一般可分为常规脉冲伏安法和示差脉冲伏安法，其电势与时间的变化曲线如图 5-6 和图 5-7 所示。

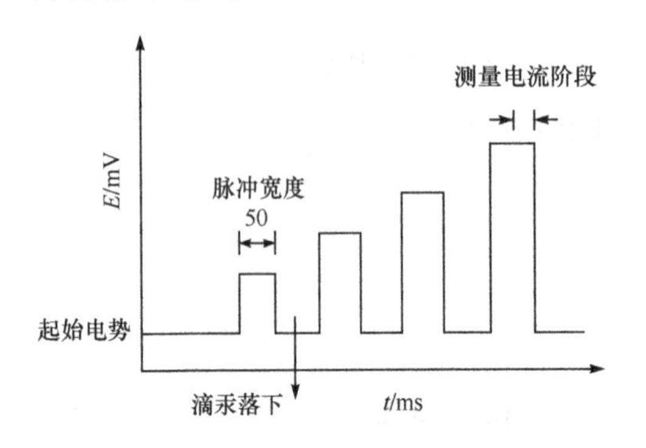

图 5-6　常规脉冲伏安法电势随时间的变化关系

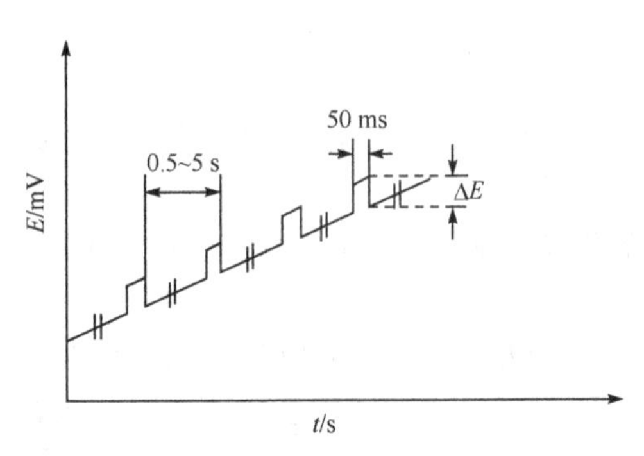

图 5-7　示差脉冲伏安法电势随时间的变化关系

4. 方波伏安法

方波伏安法是一种多功能、快速、高灵敏度和高效能的电分析方法，是一种大幅度的微分技术，施加在工作电极上的电势波形是由对称方波叠加在一个基础阶梯电势上，在每一方波循环中电流采样两次，分别在正向脉冲结束前和负向脉冲结束前。由于方波电势调制的幅度较大，反向脉冲产生了产物的逆向反应，以两点的电流之差对阶梯电势作图。

5. 溶出伏安法

溶出分析是一种非常灵敏的常用于测量痕量金属离子的分析方法，它将富集与溶出过程有效地结合，提高了信噪比，降低了检测限，在合适条件下可以同时测定四种以上浓度低至 10^{-10} mol/L 的痕量元素。溶出伏安法是使被测的物质在待测离子极谱分析产生极限电流的电势下电解一定的时间，然后改变电极的电势，使富集在该电极上的物质重新溶出，根据溶出过程中所得到的伏安曲线来进行定量分析。根据溶出机理的不同又分为阳极溶出伏安法、阴极溶出伏安法、吸附溶出伏安法和溶出电势法。

阳极溶出伏安法中被测金属离子通过恒电势电解，以汞齐形式被还原富集在工作电极上，工作电极可以是悬汞电极、汞膜电极、铂电极或玻碳电极等，然后改变工作电极的电势方向，由负向正方向进行线性扫描，到达一定电势时，富集在电极上的金属重新被氧化溶出，便产生很大的氧化电流，在溶出伏安曲线上出现一个溶出峰，根据溶出峰电流(峰高或面积)与被测金属离子的浓度成正比关系来进行定量分析,而溶出电势则是具有定性意义。图 5-8 是一个典型的阳极溶出伏安法的电势与时间的关系曲线与相应的电流-电势关系曲线图。

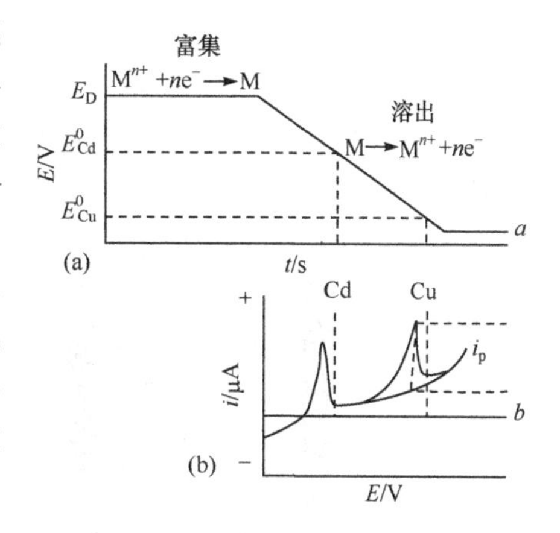

图 5-8　阳极溶出伏安法的电势-时间曲线(a)和电流-电势曲线(b)

阴极溶出伏安法与阳极溶出伏安法的电沉积过程相反,阴极溶出法的富集过程是氧化,溶出过程是还原。先将被测物质置于电解池中,在较正的电势下工作,电极材料本身发生氧化反应,产生的金属阳离子与被测物的阴离子发生化学反应,形成难溶膜状物富集在电极表面上。经过一段时间后,电极电势向较负的方向扫描,达到一定的还原电势时,富集在电极上的难溶膜状物电解溶出,得到伏安曲线,根据溶出峰电流的大小与被测离子浓度关系而进行定量分析。

6. 计时安培法

在静止的电极和静止的溶液体系中,当溶液中存在一种电化学活性物质,将工作电极电势从不发生电化学反应的电势跃迁至能够在电极上发生反应的电势,并保持该电势,测量电流和时间的关系的方法称为计时安培法。若测量电量与时间的关系则称为计时库仑法或计时电量法。计时安培法(或计时库仑法)在研究电化学反应机理、吸附现象和测定扩散系数等方面,以及流动体系电化学检测方面是十分重要和有用的方法。由于在此条件下传质过程只是扩散,电流-时间曲线反映了在靠近电极表面附近浓度梯度的变化。电流(在平板电极上)随时间衰减,其变化规律由 Cottrell 方程描述:

$$i=\frac{nFACD^{1/2}}{\pi^{1/2}t^{1/2}}=kt^{-1/2} \tag{5-17}$$

式中,n、F、A、C、D 和 t 分别为电子数、法拉第常量、表面积、浓度、扩散系数和时间。计时安培法常用来测定电活性组分的扩散系数或测定工作电极的表面积。

5.2　电流型酶传感器

5.2.1　电化学酶传感器的原理

电化学酶传感器是由生物酶膜与各种电极如离子选择电极、气敏电极、氧化还原电极等电化学电极组合而成,或将酶膜直接固定在基体电极上制成的生物传感器。酶具有分子识别和催化底物发生特异性反应的功能,选择性高,能够有效地放大信号;同时电化学测定具有响应速度快、操作简单的优点,因此酶电极能够快速测定样品中某一特定分析目标的浓度，并且需要很少量的样品。根据输出信号的不同，酶电极可分为电流型和电势型两种类型；电化学信号可分为电流和电势等电学参数，其变化与电活性物质的浓度的变化成比例，进而可用于各种物质的检测。电化学酶传感器的基本原理示意图如图 5-9 所示。

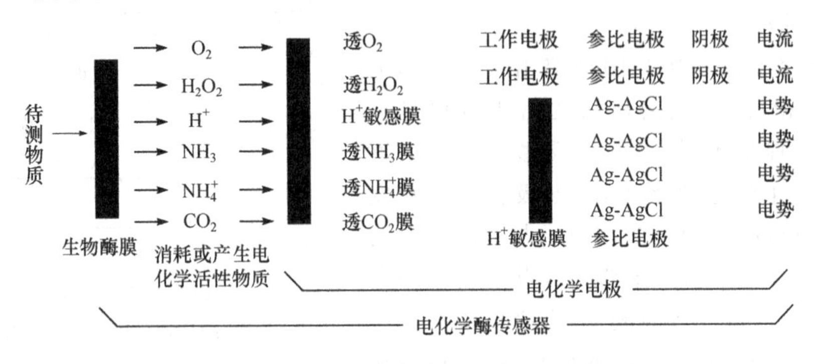

图 5-9　电化学酶传感器的基本原理示意图

酶电极制备过程的关键在于酶的固定化，固定化的目的在于保持酶稳定性的同时，尽可能使酶膜与敏感元件紧密接触，这样酶催化反应的产物可以很快地被酶敏感元件所感知并产生相应的信号。各种物理的及化学的方法都可用于酶在电极表面上的固定化。最简单的方法是将酶溶液夹在电极和渗透膜之间，其他的方法如物理吸附、共价键和、自组装等都可以用于酶在电极表面的固定化。

5.2.2　酶电极传感器的发展

1962 年 Clark 和 Lyons 首先提出把葡萄糖氧化酶和氧电极结合在一起，通过检测酶催化反应消耗的氧气来进行测定。Updike 和 Hicks 于 1967 年报道了测定生物溶液和组织中葡萄糖的第一支酶电极。此后人们又设计了一系列的酶电极应用于生化分析，这些电极有的是使用的材料不同，有的是固定酶的方法不同。20 世纪 80 年代之后，酶电极成为研究的热点。在电流型酶传感器中酶催化反应的速率是通过直接记录在电极界面上出现的电流的大小(电子转移速率)来进行监测的，辅酶(或酶的辅助因子)在电极表面的催化氧化或还原行为也可以直接通过电极进行检测。一般来说酶的电活性中心往往被深埋于其结构内部而难以直接传递电子，吸附在电极表面特别是金属电极表面的蛋白质易于发生变性，同时由于蛋白质在电极界面的固定可能会有不利的取向，这样就减慢了酶活性中心与裸电极界面之间的电子转移速率。根据电极在酶催化反应过程中所检测的中间物质的不同，可将电流型酶电极分为三代不同的类型，其基本原理如图 5-10 所示。

1. 第一代电化学酶传感器

第一代葡萄糖电极是用工作电极检测酶催化反应过程中氧气的消耗和过氧化氢的产生，其反应方程式如下所示：

$$\beta\text{-D-葡萄糖} + O_2 \xrightarrow{GOD} \text{D-葡萄糖酸内酯} + H_2O_2$$

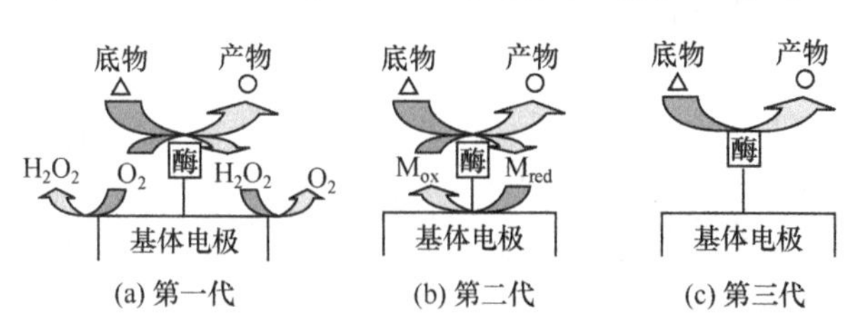

图 5-10 三代电流型酶传感器基本原理示意图

葡萄糖经过葡萄糖氧化酶的催化氧化生成过氧化氢和葡萄糖酸内酯，进而可以用氧电极或过氧化氢电极来测定。Updike 等将葡萄糖氧化酶固定在极谱氧电极表面上一层聚丙烯酰胺凝胶中，电极测定的是氧在铂电极上的还原电流。但在应用过程中氧的干扰和酶的渗漏使得测定结果有所偏差。因此研究第一代葡萄糖电极时，许多研究者设计检测酶催化反应的产物过氧化氢，其测定电流值与葡萄糖的浓度成正比，而且不受样品中氧浓度变化的影响。具体做法是将检测电势调节到一个最佳位置，在选定的电势下(如 600 mV vs. Ag-AgCl)记录 H_2O_2 的氧化电流，该条件下背景反应电流较小，从而提高了测定的选择性和灵敏度。目前已有许多商品化的葡萄糖酶电极应用于各种实际样品的测定。

2. 第二代电化学酶传感器

由于第一代电化学酶传感器会受到外界氧分压的影响而造成测定误差，如果利用一种媒介体代替 O_2/H_2O_2 来进行电子传递，就可以减少或避免误差的产生。第二代葡萄糖电极就是采用了以氧化还原中间体作为电子受体的结构形式。1984 年美国 *Analytical Chemistry* 上发表了 Hill 等关于介体酶电极的第一篇文章，此后利用各种天然媒介体或人工媒介体来促进电子转移的研究得到了较快的发展。这些媒介体能够有效地在酶的活性中心与电极界面进行电子传递，其传递反应方程式如下所示：

$$\text{葡萄糖} + \text{GOD-FAD} \rightleftharpoons \text{葡萄糖酸} + \text{GOD-FADH}_2$$

酶层中： $$\text{GOD-FADH}_2 + 2M_{ox} \rightleftharpoons \text{GOD-FAD} + 2M_{red} + 2H^+$$

电极上： $$2M_{red} \rightleftharpoons 2M_{ox} + 2e^-$$

式中，M_{ox} 和 M_{red} 为媒介体的氧化态和还原态；FAD 是黄素腺嘌呤二核苷酸，为 GOD 的氧化还原活性中心。这一循环过程中产生的电流与葡萄糖的浓度有关，采用电流法检测还原态中间体(M_{red})的生成速率。在这个催化反应中，中间体首先与还原态酶发生反应，然后扩散出酶层，在电极表面进行快速电子转移反应。对媒介体的要求是具有较好的电化学性质，化学稳定性好，对生物无毒性，易于和酶固定在一起，一般采用循环伏安法来考查媒介体的电化学性质。常用的媒介体有细胞色素类(氧化型/还原型)、辅酶 NAD(P)/NAD(P)H、二茂铁及其衍生物、苯醌、铁氰化物、导电有机盐(特别是四硫富瓦烯-四氰基醌二甲烷，TTF-TCNQ)、吩噻嗪、吩嗯嗪化合物或醌类化合物。这些媒介体的存在可以降低氧化还原反应的电势,减少氧气的干扰,提高电化学反应的速率。常见的媒介体的化学结构式如图 5-11 所示。

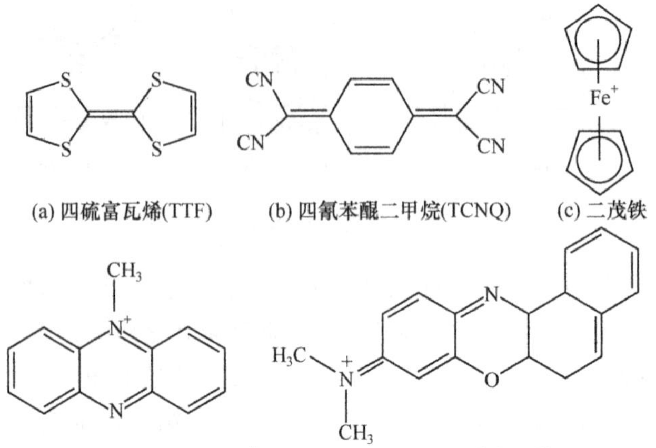

(a) 四硫富瓦烯(TTF)　(b) 四氰苯醌二甲烷(TCNQ)　(c) 二茂铁

(d) *N*-甲基苯基吡唑酮鎓(NMP^+)　(e) 麦多那蓝

图 5-11　一些常见的媒介体的化学结构

3. 第三代电化学酶传感器

第三代电化学酶传感器是指酶的氧化还原中心和工作电极表面能够直接进行电子转移,它是一种无中间体的酶传感器。一般来说酶与电极之间的直接电子传递速率不快有以下几种原因:许多蛋白质的电活性中心包埋在蛋白质分子结构内部,距离电极表面较远,由于多肽键的阻碍,电子传递速率降低;蛋白质吸附在电极特别是金属电极表面以后分子部分变性;蛋白质分子在电极界面上存在着不合适的空间取向等。第二代介体酶电极的出现克服了电极工作电势过高的问题,媒介体在酶的活性中心与电极之间可以传递电子,但这种传递并非特异性,介体可能会介导一些非特异性电子传递,也可能发生在干扰反应中。基于直接电化学的酶电极既不需要氧分子,也不需要化学介体分子作为电子传递体,通常还不需要固定化载体,而是将生物酶分子直接固定到工作电极表面,使酶的氧化还原活性中心与电极界面直接接触,能够更快地进行电子传递,从而使酶电极的响应速度增快、灵敏度更高,实现无试剂化的直接分析,从而减少了干扰反应,降低了系统的非特异性反应。第三代电化学酶传感器还可以通过对蛋白质进行结构修饰或者构建新型化学修饰电极界面来加快直接电子传递速率,为设计制备新型电化学传感器和研究电子传递机理与结构之间的关系提供了新的思路。

5.2.3　电流型酶传感器的研究

目前酶传感器已广泛应用于测定含有糖类、醇类、有机酸、氨基酸、激素、碱基(如三磷酸腺苷)等不同成分的样品,在各种类型生物酶的催化作用下,酶催化底物的反应能够产生或者消耗电活性物质,进而可以用不同的电化学方法检测。如果反应是耗氧或者生成 H_2O_2 的反应,那么可使用 O_2 电极或者 H_2O_2 电极为传感元件,通过检测电流的变化达到监控催化反应进行的目的。根据电化学的测量信号不同，酶传感器主要分为电流型酶传感器和电势型酶传感器，本节主要介绍电流型酶电极。

电流型酶传感器将酶催化反应产生的物质发生电极反应所产生的电流响应作为测量信号，在一定条件下利用测得的电流信号与被测物活度或浓度的函数关系，来测定样品中某一生物组分的活度或浓度。其基体电极可采用氧、过氧化氢等电极，也可采用碳、铂、钯和金等固体电极或各种化学修饰电极。表 5-1 为常见的电流型酶电极。

表 5-1　常见的电流型酶电极

检测对象	敏感物质(酶)	换能器(电极)
葡萄糖	葡萄糖氧化酶	O_2，H_2O_2，Pt
麦芽糖	淀粉酶	Pt
蔗糖	转化酶＋变旋光酶＋葡萄糖酶	O_2
半乳糖	半乳糖酶	Pt
乳酸	乳酸氧化酶	O_2
尿酸	尿酸酶	O_2
尿素氮	尿酶	H_2O_2，O_2
胆固醇	胆固醇氧化酶	O_2，H_2O_2
磷脂质	磷脂酶	Pt
氨基酸	氨基酸酶	O_2，H_2O_2
丙酮酸	丙酮酸脱氢酶	O_2
乙醇	乙醇氧化酶	O_2

1. 电流型葡萄糖传感器

葡萄糖酶电流型传感器是研究最早、开发最成熟并已市场化的生物传感器(如图 5-12)。1962 年 Clark 等在常规氧电极上涂布一层含葡萄糖氧化酶的凝胶，再加一层可透析的半透膜，使葡萄糖能扩散进入感受器，而葡萄糖氧化酶不能扩散出，利用葡萄糖被还原所消耗的氧来间接检测葡萄糖的含量。从那时起 50 多年来发表了几百篇关于葡萄糖电化学传感器的文章，人们对感受器和换能器做了种种改进。例如，用二茂铁及其衍生物作中间介体，采用多酶体系、聚合膜、双层脂质膜制备敏感膜；采用场效应晶体管或微电极作换能器，以缩小传感器的体积；利用电子技术改善信号放大和显示方法，使其易于商品化；改进采样方法，使患者使用方便或更易于临床应用。其中最重要的改进是使用化学电子传递中间媒介体代替作为自然电子受体的氧，使酶催化反应不再受到溶解氧含量的制约。

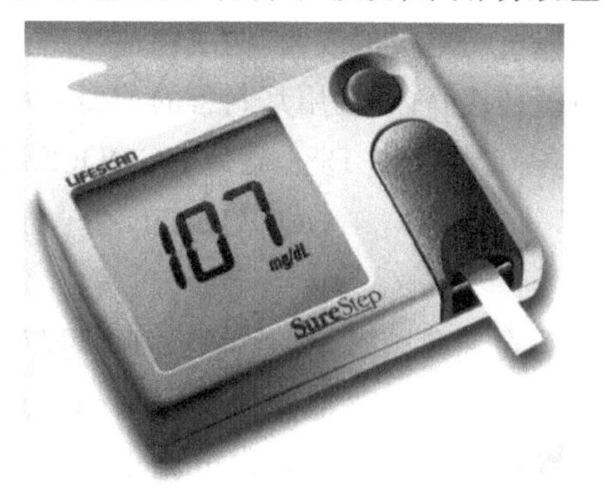

图 5-12　血糖测试仪

葡萄糖酶电流型传感器的敏感器件是葡萄糖氧化酶膜修饰电极。当葡萄糖溶液与电极表面的酶膜接触后会发生酶催化反应，依据反应中消耗的氧、生成的葡萄糖酸及 H_2O_2 的量，可用氧电极、pH 电极及 H_2O_2 电极来测定葡萄糖的含量。pH 电极主要用于测定酶催化反应所产生葡萄糖酸的量，以计算样品中葡萄糖的含量，最低检测限为 10^{-3} mol/L，灵敏度较低。Clark 氧电极用于测定酶催化反应中氧的消耗量(氧电流降低的量)，以计算样品中葡萄糖的含量，最低检测限为 10^{-4} mol/L。通过测量氧消耗量检测葡萄糖的一种微传感器见图 5-13。

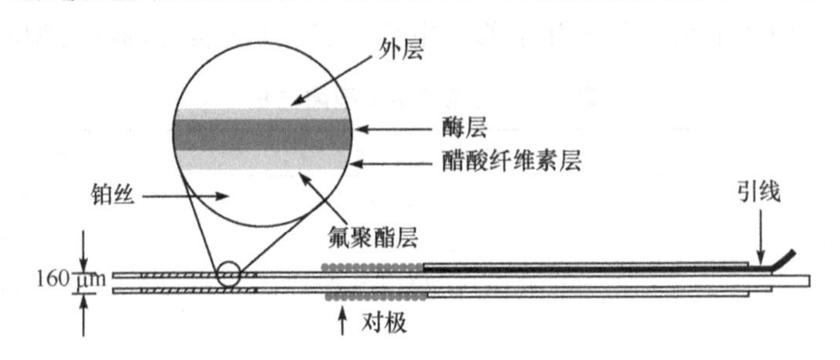

图 5-13　基于葡萄糖氧化酶膜的电流型葡萄糖传感器

当葡萄糖氧化酶电极插入样品(如血管)后，酶催化反应产物 H_2O_2 扩散到工作电极铂(或碳)电极上时，在一定外加电压下被氧化，放出电子产生电流，反应方程式如下所示：

$$H_2O_2 \longrightarrow O_2 + 2H^+ + 2e^-$$

此时铂(或碳)电极为阳极，铂电极的电势相对于 Ag-AgCl 电极为 0.6 V，碳电极的电势相对于饱和甘汞电极为 1.2 V；H_2O_2 产生的分解电流与葡萄糖浓度成正比，该方法的本底电流小，灵敏度高，其最低检测限为 10^{-8} mol/L。但它的工作电势较高，样品中可能同时存在的其他还原性物质如抗坏血酸、尿酸等在此电势下也可能在电极上氧化，对测定产生干扰。为了消除环境中的氧对测定的干扰，用四硫富瓦烯、二茂铁等容易在电极上发生氧化还原的电子介体来代替氧的电子传递作用，电子介体是酶氧化还原活性中心与电极表面之间的电子传递中介物。对于相对分子质量较大的酶，由于其氧化还原活性中心被一层很厚的绝缘蛋白质包围，所以酶活性中心与电极表面间的直接电子传递难以发生。各种电子传递介体的使用，使得电流型酶传感器的响应速度、检测灵敏度和选择性都得到了很大的提高。制备方法是将葡萄糖氧化酶和电子介体同时包埋于聚合物膜中或直接修饰于电极的表面，构成葡萄糖酶传感器。二茂铁及其衍生物是广泛采用的一类化学电子传递介体，利用其制备的葡萄糖传感器的响应机理可由下述反应式表示：

$$\text{D-葡萄糖} + \text{GOD(FAD)} \longrightarrow \text{葡萄糖酸} + \text{GOD(FADH}_2\text{)}$$

$$\text{GOD(FADH}_2\text{)} + 2Fc^+ \longrightarrow \text{GOD(FAD)} + 2Fc + 2H^+$$

$$2Fc \longrightarrow 2Fc^+ + 2e^-$$

在葡萄糖氧化酶的作用下，葡萄糖被氧化为葡萄糖酸，再由 Fc^+ 将还原型葡萄糖氧化酶氧化为氧化型葡萄糖氧化酶，然后二茂铁在电极上氧化成二茂铁离子，通过二茂铁在电极上产生的氧化电流来检测葡萄糖含量。血糖仪测试片(探头)的一般构造如图 5-14 所示。

在树脂基板上用印刷法或溅射法制成银条触点及引线，在引线上覆盖绝缘层，工作电极和对电极为碳、铂、钯等片状电极，工作电极面积为 1.0 mm^2，将酶感液和固化剂制成溶液，滴在电极表面，干燥后形成酶敏感层，然后用高分子材料封装起来，露出银条触点和血样滴加孔。测量时将血样滴加在测试片的血样滴加孔内，然后将测试片插入主机的测试孔内，接通电源，仪器进入工作状态。滴加试液至试液滴加孔后，由于毛细作用试液进入酶感层，发生生物酶催化反应，经规定时间后在电极间加上规定的电压，就能得到响应电流。根据响应电流可以计算出葡萄糖浓度，最后由液晶显示器显示出来。目前许多生产厂家改进了采样方法，缩小了仪器体积，使血糖仪的使用更方便。图 5-15 显示的是一种与手表一体化的葡萄糖传感器。

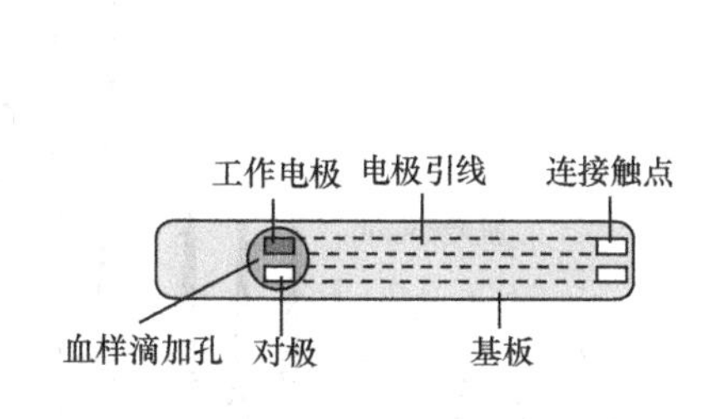

图 5-14　血糖仪测试片(探头)的一般构造

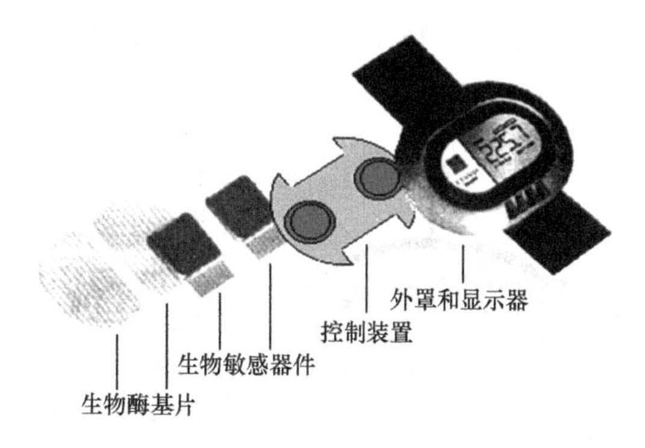

图 5-15　与手表一体化的葡萄糖传感器

2. 肌酸和肌酸酐电化学传感器

利用酶电极检测肌酸和肌酸酐是基于相关酶的催化机理，即

$$\text{肌酸酐} + H_2O \xrightarrow{\text{肌酸酐水解酶}} \text{肌酸}$$

$$\text{肌酸} + H_2O \xrightarrow{\text{脒基肌酸水解酶}} \text{肌氨酸} + \text{脲}$$

$$\text{肌氨酸} + H_2O + O_2 \xrightarrow{\text{肌氨酸氧化酶}} \text{甘氨酸} + HCHO + H_2O_2$$

已有研究证实提高肌酸的利用率可延缓疲劳的发生，并可降低运动后乳酸的堆积，进而减少疲劳及缩短恢复的时间。肌酐清除试验是测定肾小球的最灵敏试验之一，正常值为 0.9～1.5 mg/dL，当血清中肌酸酐浓度偏高时，可能意味着实质性的肾功能损伤。因此研究肌酸的测定具有重要的实际意义。

利用微加工技术是目前实现生物传感器微型化的有效途径。图 5-16 为一种测定人血清中肌酸酐的微传感器结构示意图。这种采用集成电路技术制备的多层的含有活性酶膜的生物微传感器的制作过程具体如下：先在聚酰亚胺树脂上喷镀厚度为 2000 Å 的 Au 层作为工作电极的基体，再以 0.5 mA/cm^2 的电流密度清洁电极表面 30 s 后，以 12.7 mA/cm^2 的恒电流密度沉积 6.5 min 的 Pt。接着为了减轻血清中抗坏血酸盐、尿酸盐、乙酰氨基苯等电活性分子的干扰，在含有 1,3-苯二胺和间苯二酚的 pH 7.0 磷酸盐缓冲溶液中，以 0.2～0.8 V(vs. Ag-AgCl)的循环伏安法或 0.8 V (vs. Ag-AgCl)的计时电流法电聚合形成共聚物内膜。在内膜之上是酶层,它是在牛血清蛋白存在下混合 5 min 后平分成两份:一份用来制备肌酸传感电极,另一份中加入 0.29 mg 脒基肌酸水解酶,以制备肌酸酐传感电极。向两种溶液中分别加入适量的 1%戊二醛水溶液,键合过程即开始,分别取这两种溶液 2 μL 用微量注射器迅速沉积在两个工作电极上,在通常状况下 1 h 键合过程完毕即制得酶层。最后是在酶层上覆盖外膜,用 5%的异丁烯酸酯(*p*-HEMA)甲醇溶液和 Nafion 调制成 2.5% *p*-HEMA/2.5% Nafion 的混合液,然后依工作电极面积的大小用微量注射器将 1～3 μL 混合液涂布在工作电极的酶层上,待溶剂在室温下蒸发后,酶层上就形成了致密透明的外膜。如图 5-16 所示,制备好的工作电极的直径仅为 1.5 mm,在其旁边再用电沉积和阳极氧化方法制备 Ag-AgCl 参比电极并安装上 Pt 对电极,分别连接至引线接头,就完成了一个微传感器的制作。

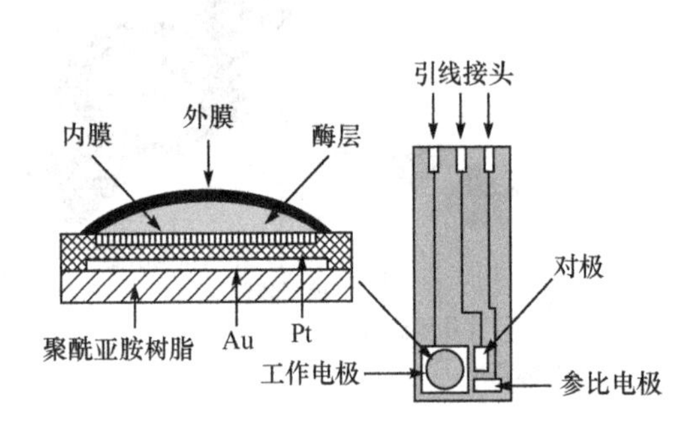

图 5-16 肌酸和肌酸酐电化学微传感器

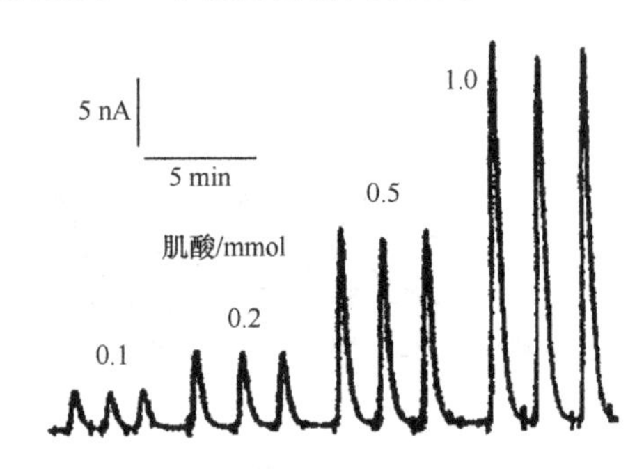

图 5-17 肌酸微传感器对肌酸的响应

肌酸微传感器对肌酸的响应时间小于 60 s,用于电解池中肌酸的测定范围为 0.16～1.4 mmol/L,最低检测限为 20 μmol/L。在流动注射分析中对肌酸的响应如图 5-17 所示,测定范围为 0.10～1.4 mmol/L,最低检测限为 10 μmol/L,每小时可以测定 30～35 个样品。0.3 mmol/L 的尿酸、0.16 mmol/L 的抗坏血酸、1,3-苯二胺和肌酸酐等均不干扰肌酸的测定。肌酸酐微传感器也有几乎同样的结果,并且在对人造血清的实际检测中,测量值仅比设计值高 4%,定期测试表明储藏于 4 ℃磷酸生理盐水缓冲溶液中的微传感器经过 30 天后,其性能没有变化。

3. 胆固醇电化学传感器

胆固醇电极是一种能够应用于临床测定血清胆固醇含量的电流型酶传感器。血液中胆固醇约有 2/3 以酯型存在,1/3 以游离型存在。在胆固醇酯酶(ChE)和胆固醇氧化酶(ChOx)作用下产生下列酶催化反应:

$$\text{胆固醇酯} + H_2O \xrightarrow{\text{胆固醇酯酶}} \text{游离胆固醇} + RCOOH$$

$$\text{游离胆固醇} + O_2 \xrightarrow{\text{胆固醇氧化酶}} \text{胆甾烯酮} + H_2O_2$$

根据反应过程中氧的消耗或者 H_2O_2 的生成,将胆固醇氧化酶膜和胆固醇酯酶/胆固醇氧化酶复合膜修饰的氧电极或过氧化氢电极分别置于反应池中,测定氧电流的下降值或者过氧化氢的生成,在一定条件下电流变化量与胆固醇浓度呈线性相关,进而可以测定人体胆汁或血清样品中胆固醇的含量。

在电流型胆固醇传感器中，一般是通过检测胆固醇氧化酶催化氧化胆固醇生成的 H_2O_2 来测定胆固醇。为了在较低电位下选择性地测定 H_2O_2，人们采用了加入氧化还原媒介体、偶联过氧化歧化酶或利用酶的直接电化学等方法。血红蛋白(Hb)具有过氧化物酶的活性，对于 H_2O_2 的还原具有高灵敏度和高选择性，图 5-18 所示的胆固醇传感器是基于血红蛋白的直接电子转移原理，以壳聚糖为包埋材料，分别把胆固醇酯酶和胆固醇氧化酶固定在玻碳电极上，成功制备了三酶修饰的全胆固醇传感器。壳聚糖具有天然高分子网状结构和良好的生物相容性，能有效地保持酶的生物活性而不泄漏，提高了测定的灵敏度、重现性和稳定性。由于采用较低的测定电位(－0.325 V，vs. Ag-AgCl)，能很好地避免抗坏血酸、尿酸等还原性物质的影响。制备的全胆固醇传感器已成功地应用于对血清样品中胆固醇含量的测定。

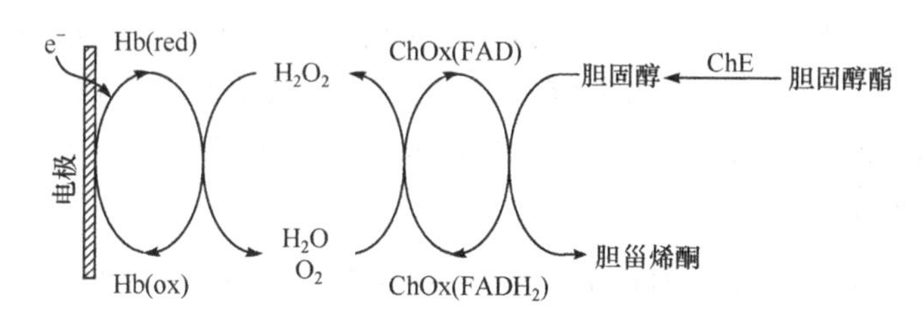

图 5-18　胆固醇传感器对胆固醇和胆固醇酯的响应原理

4. 乳酸电化学传感器

乳酸是肌肉连续活动的代谢产物，血液中乳酸的浓度是反映人体体力消耗程度的重要指标。在体育运动中乳酸的检验是极为必要的，其测定有利于对基础代谢和运动生理的研究，国际上已经有成熟的乳酸传感器商品仪器。有多种酶如乳酸氧化酶(LOD)、乳酸单氧化酶(LMOD)、LDH 和细胞色素 b_2($Cytb_2$)都可以用于电流法测定乳酸，它们和乳酸发生以下不同类型的酶催化反应。

$$\text{乳酸} + O_2 \xrightarrow{\text{乳酸单氧化酶}} \text{乙酸} + CO_2 + H_2O$$

$$\text{乳酸} + O_2 \xrightleftharpoons{\text{乳酸氧化酶}} \text{丙酮酸} + H_2O_2$$

$$\text{乳酸} + NAD^+ \xrightleftharpoons{\text{乳酸脱氢酶}} \text{丙酮酸} + NADH + H^+$$

$$NAD^+ + CH_3-CH(OH)-COOH \xrightarrow{LDH} CH_3-CO-COOH + NADH + H^+$$

$$2[Fe(CN)_4]^{3-} + CH_3-CH(OH)-COOH \xrightarrow{Cytb_2} CH_3-CO-COOH + 2H^+ + 2[Fe(CN)_6]_4$$

$$O_2^+ + CH_3-CH(OH)-COOH \xrightarrow{LOD} CH_3-CO-COOH + H_2O_2$$

$$O_2^+ + CH_3-CH(OH)-COOH \xrightarrow{LMOD} CH_3-COOH + CO_2 + H_2O$$

乳酸氧化酶的固定方法和葡萄糖氧化酶基本相同，但是最初依靠氧气来传递电子的方法已经淘汰，均采用电子介体修饰的方法，所用介体有四硫富瓦烯、二茂铁等。

乳酸传感器的具体制备方法如下，先在玻碳电极上滴加一滴用氟聚酯调制的介体四硫富瓦烯浆液，晾干后再用牛血清白蛋白和戊二醛将乳酸氧化酶固定在该电极表面修饰层上面，即构成乳酸传感器。其反应如下：

$$\text{L-乳酸} + \text{LOD(FAD)} \longrightarrow \text{丙酮酸} + \text{LOD(FADH}_2\text{)}$$

$$\text{LOD(FADH}_2\text{)} + 2\text{TTF}^+ \longrightarrow \text{LOD(FAD)} + 2\text{TTF} + 2\text{H}^+$$

$$2\text{TTF} - 2e^- \longrightarrow 2\text{TTF}^+$$

5. 尿酸电化学传感器

尿酸是核酸中嘌呤分解代谢的产物，人体中的正常值为 2～7 mg/dL，尿酸测定对于诊断痛风十分有帮助。通过检测尿酸酶催化反应的反应物和生成物，进而可以测定尿酸的含量。在分子氧的存在下，尿酸经尿酸氧化酶氧化成尿囊素、过氧化氢和二氧化碳，反应式如下所示：

$$\text{尿酸} + O_2 + 2H_2O \xrightarrow{\text{尿酸氧化酶}} \text{尿囊素} + CO_2 + H_2O_2$$

第一支尿酸酶电极是用戊二醛交联牛血清白蛋白和尿酸氧化酶，然后与氧电极组成的，通过测定 O_2 的浓度变化达到对尿酸测定的目的。如果采用铂电极为工作电极，需要将电位设在 0.6 V(vs. SCE)才能氧化过氧化氢，然而在这一电位下尿酸本身也会在电极表面发生氧化反应而产生干扰。为了改进电极的选择性，已有报道采用氧化还原中间体(如铁氰化物)的双酶电极，其方法是把两种酶如尿酸酶和过氧化物酶固定在一起，在 0 V 检测铁氰化钾(Ⅲ)。另一种方法是采用二氧化碳选择性电极，检测酶反应中释放的二氧化碳。

6. 嘌呤电化学传感器

各种生物嘌呤如黄嘌呤、次黄嘌呤、肌苷都可以利用电流型酶电极进行检测。例如，当鱼死后其组织中的腺嘌呤核苷三磷酸(ATP)迅速降解为肌苷单磷酸(IMP)，IMP进一步经酶分解，导致次黄嘌呤(Hx)积累，因此次黄嘌呤浓度可以作为鱼类新鲜程度的指示剂。采用电流型传感器检测各种生物嘌呤的酶反应中消耗的氧或产生的过氧化氢，其酶催化反应式如下所示：

$$\text{肌苷磷酸} \xrightarrow{\text{核苷磷酸酶(NP)}} \text{核糖-1-磷酸} + \text{次黄嘌呤}$$

$$\text{次黄嘌呤} + H_2O + 1/2O_2 \xrightarrow{\text{黄嘌呤氧化酶(XOD)}} \text{黄嘌呤} + H_2O_2$$

$$\text{黄嘌呤} + H_2O + 1/2O_2 \xrightarrow{\text{黄嘌呤氧化酶(XOD)}} \text{尿酸} + H_2O_2$$

测定肌苷必须采用双酶电极(NP 和 XOD 共同使用)，而单酶电极(XOD)可以用来检测黄嘌呤和次黄嘌呤。已经报道了一种使用方便的采用微氧电极测定次黄嘌呤的生物传感器，其浓度响应范围为(6.7～180)×10^{-6} mol/L，但黄嘌呤和嘌呤对测定有干扰。采用过氧化氢电极作为基础电极，并将黄嘌呤氧化酶固定在预先活化的商用膜上，所制的生物传感器已成功地用于鱼类样品中黄嘌呤分析。林丽等通过将多壁碳纳米管、黄嘌呤氧化酶和Nafion依次修饰在玻碳电极表面制备了一种新型的次黄嘌呤生物传感器，结果表明该生物传感器对Hx有显著的电催化作用。

7. 第三代辣根过氧化物酶电极传感器

蛋白质的直接电化学行为研究为第三代无媒介体的酶电极的发展提供了理论基础。通过对电极界面的构建可以实现蛋白质在电极界面上的直接电子转移，为研究生命体内酶的电子传递过程提供了模型，对认识和理解它们的电子传递机理、探索生命体内的生理作用机制、开发新型第三代生物传感器和生物燃料电池等具有十分重要的意义。在直接电化学酶电极中常用的酶是氧化还原酶类，如过氧化物酶或过氧化氢酶、需氧脱氢酶、厌氧脱氢酶、加氧酶类等，它们的氧化还原中心大都具有亚铁血红素、铁硫族和铜等三种辅基团，能够直接发生电子转移。辣根过氧化物酶(HRP)是研究最为广泛的分析用酶之一，它是由无色的酶蛋白和棕色的铁卟啉结合而成的糖蛋白，糖含量为18%。由于在植物辣根菜中的含量很高，故命名为辣根过氧化物酶。HRP由多个同功酶组成，相对分子质量约为40 000，等电点为3～9。它在生物界分布极广，在细胞代谢的氧化还原过程中起重要的作用。在过氧化氢存在时能催化苯酚、苯胺及其取代物聚合，通常用作光学和电子显微镜的组织化学示踪物。

利用HRP的直接电化学行为，人们构建了多种纳米复合界面来加快HRP的直接电子转移过程。例如，将离子液体1-丁基-3-甲基咪唑四氟硼酸盐([BMIM]BF_4)、辣根过氧化物酶、透明质酸(HA)、硫化镉(CdS)纳米带组装到离子液体1-乙基-3-甲基咪唑硫酸乙酯盐([EMIM]$EtOSO_3$)修饰的碳糊电极表面，实现了HRP的有效固定，详细研究了HRP在该修饰电极界面上的直接电化学和电催化行为。图5-19为不同修饰电极的电化学性能表征结果。图中A对应的是不同电极如HA-HRP/CILE(曲线*a*)、HA-HRP-IL/CILE(曲线*b*)、HA-HRP-CdS/CILE(曲线*c*)、CILE(曲线*d*)和HA-HRP-CdS-IL/CILE(曲线*e*)的电化学交流阻抗谱。电化学交流阻抗谱可以用于反映修饰电极表面阻抗信息的变化以及电子转换机理，在阻抗谱图中半圆的直径与电极表面氧化还原探针[$Fe(CN)_6$]$^{3-/4-}$上电子转移情况有关。在裸CILE上电子传递电阻R_{et}为79.0 Ω(曲线*d*)，这是由于在碳糊电极中存在高导电性的离子液体；在HA-HRP/CILE(曲线*a*)上电子传递电阻R_{et}增大为115.0 Ω，表明电极表面存在的HRP和HA会阻碍电子的传递；而当在HA-HRP复合膜中分别加入IL或纳米CdS后，HA-HRP-IL/CILE(曲线*b*)和HA-HRP-CdS/CILE(曲线*c*)上的电子传递电阻分别减小到99.1 Ω和83.4 Ω，这是由于导电性的IL和CdS的存在能够减小电子传递电阻；在HA-HRP-CdS-IL/CILE(曲线*e*)上电子传递电阻进一步减小到60.2 Ω，原因是复合膜中纳米CdS和IL的协同效应进一步改善了复合膜的电导率。图5-19

中 B 是不同修饰电极在 10.0 mmol/L[$Fe(CN_6)]^{3-/4-}$溶液中的循环伏安曲线。在裸 CILE 上出现一对峰形良好的氧化还原峰(曲线 a),峰电势差(ΔE_p)为 0.135 V;在 HA-HRP/CILE(曲线 b)上峰电流值减小且峰电势差增大,表明 HA-HRP 复合膜阻碍了电子的传递速率;HA-HRP-IL/CILE(曲线 c)和 HA-HRP-CdS/CILE(曲线 d)在 $[Fe(CN_6)]^{3-/4-}$溶液中扫描电化学信号增强,说明 IL 和 CdS 的存在能够促进电子转移;在 HA-HRP-CdS-IL/CILE(曲线 e)上的氧化还原峰电流最大,电势差最小,原因是复合膜中纳米 CdS 和 IL 产生协同效应,这与电化学交流阻抗谱图得到的结果一致。

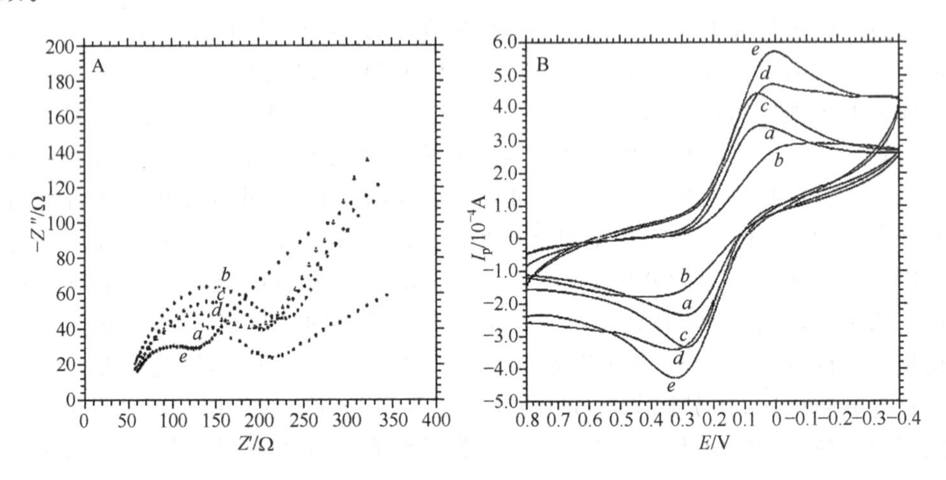

图 5-19　不同修饰电极的电化学性能表征结果

A. (a)HA-HRP/CILE,(b)HA-HRP-IL/CILE,(c)HA-HRP-CdS/CILE,(d)CILE 和(e)HA-HRP-CdS-IL/CILE 在 10.0 mmol/L $[Fe(CN)_6]^{3-/4-}$ +0.1 mol/L KCl 中的交流阻抗谱,频率范围 1.0×10^4~0.1 Hz;
B. (a)CILE,(b)HA-HRP/CILE,(c)HA-HRP-IL/CILE,(d)HA-HRP-CdS/CILE 和(e)HA-HRP-CdS-IL/CILE 在 10.0 mmol/L $[Fe(CN)_6]^{3-/4-}$ +0.1 mol/L KCl 中的循环伏安曲线,扫速:100 mV/s

基于所用材料的协同作用,HRP 与电极之间的电子转移速率明显提高,在 pH 3.0 的 PBS 缓冲溶液中循环伏安实验表明,HRP 在修饰电极上出现一对峰形良好的准可逆的氧化还原峰,其氧化还原峰电位分别是−0.249 V 和−0.148 V,利用各种电化学方法求解了 HRP 电极反应的电化学参数。图 5-20 是不同扫速(从 a 到 i 分别为:50,100,150,200,250,300,350,400,450,500,550,600 mV/s)下 HRP 在 HA-CdS-IL/CILE 的循环伏安曲线,在 50~600 mV/s 的扫描范围内,HRP 在不同扫速下均得到了准可逆的循环伏安响应信号,且峰电流随扫速的增加而线性增加,表明电极反应表现为表面控制的薄层电化学行为,随着扫速的增大,氧化还原峰电势逐渐负移,根据准可逆薄层电化学过程的 Laviron 理论,可以求解出相应的电化学参数如电子传递系数(α)为 0.405,电极反应速率常数(k_s)为 0.655 s^{-1},电活性物质的表面覆盖度(Γ^*)为 1.74×10^{-9} mol/cm^2。结果表明 HRP 在复合膜中的直接电化学得以实现,这是由于复合材料的协同作用加快了 HRP 的直接电子转移。HA-HRP-CdS-IL/CILE 电极对三氯乙酸(TCA)有极好的电催化行为,将 TCA 加入到 pH 3.0 的 PBS 缓冲溶液中,可观察到在

−0.341 V 左右出现一个新的还原峰，随着 TCA 加入量的增大，还原峰电流显著增大且伴随着氧化峰的消失，这是典型的 TCA 电催化还原过程。催化还原电流与 TCA 浓度（从 a 到 i 分别为：0，1.6，2.0，6.0，8.0，10.0，12.0，14.0，18.0 mmol/L）在 1.6～18.0 mmol/L 范围内呈线性关系，检测限为 0.53 mmol/L(3σ)，表观米氏常数(K_M^{app})为 0.345 mmol/L。

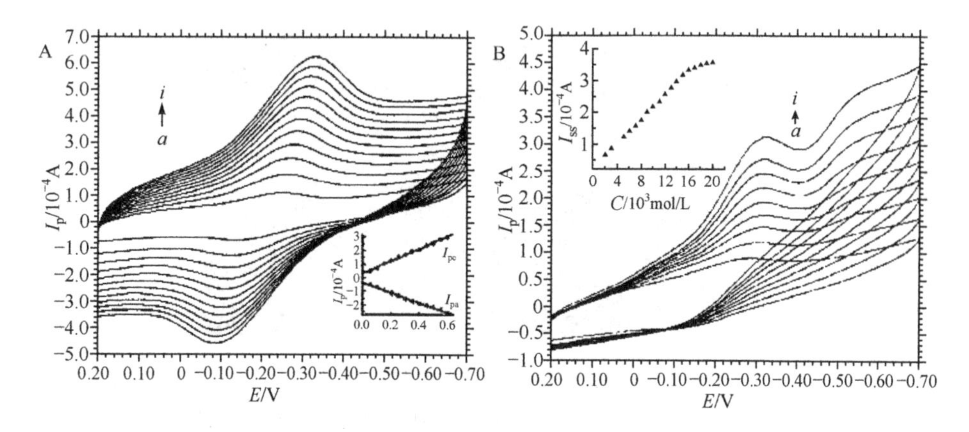

图 5-20　HRP 修饰电极的电化学性能表征

A. 不同扫速下 HRP 在 HA-CdS-IL/CILE 的循环伏安图（从 a 到 i 扫速分别为：50，100，150，200，250，300，350，400，450，500，550，600 mV/s），插图：扫速与电流的关系；

B. HRP 修饰电极在不同浓度 TCA 存在下的循环伏安图（从 a 到 i 分别为：0，1.6，2.0，6.0，8.0，10.0，12.0，14.0，18.0 mmol/L），插图：还原峰电流与 TCA 浓度的关系

对 HRP 在 V_2O_5 纳米带离子液体复合材料修饰电极上的直接电化学行为也进行了研究，将 HRP、葡聚糖(De)、五氧化二钒(V_2O_5)纳米带、离子液体 1-乙基-3-甲基咪唑硫酸乙酯盐([EMIM]$EtOSO_3$)复合材料涂布到基底电极表面，实现了 HRP 的有效固定，各电极的表面形貌如图 5-21 所示，图 A 为传统的碳糊电极，表面为孤立的不连续的石墨片层。而[EMIM]$EtOSO_3$ 修饰电极为连续光滑的界面（图 B），这是由于离子液体本身为黏度较大的有机液体，且具有较好的溶解分散性，可以有效地将碳粉黏合在一起形成均一的界面。图 C 为 V_2O_5 纳米带在 CILE 上的形貌，表现为树枝状分布，右上图为 V_2O_5 的扫描电镜图，左下图为 V_2O_5 的透射电镜图，可以测量出它的长度为 10 μm，宽度 100～300 nm，厚度 30～40 nm。当 De-HRP-V_2O_5-IL 复合膜修饰到 CILE 时则表现为不规则的粗糙表面（图 D）。

对修饰电极的电化学行为及直接电化学进行了研究，结果如图 5-22 所示。A 图为不同修饰电极在 1.0 mmol/L$[Fe(CN)_6]^{3-/4-}$ +0.1 mol/L KCl 混合溶液中的循环伏安曲线。由于离子液体的存在，CILE 上得到一对完好的氧化还原峰（曲线 a），峰电势差(ΔE_p)为 0.125 V(vs. SCE)，表明 CILE 有较好的可逆性；De-HRP/CILE 上的氧化还原峰电流减少，表明复合膜中 HRP 的存在阻碍了电子转移速率（曲线 b）；在 De-HRP-V_2O_5/CILE 上峰形变差，ΔE_p 增加，主要是由于半导体 V_2O_5 纳米带的存在阻碍了电子转移（曲线 c）；在De-HRP-IL/CILE上峰电流显著增加，这是由于高导电性的 IL 在

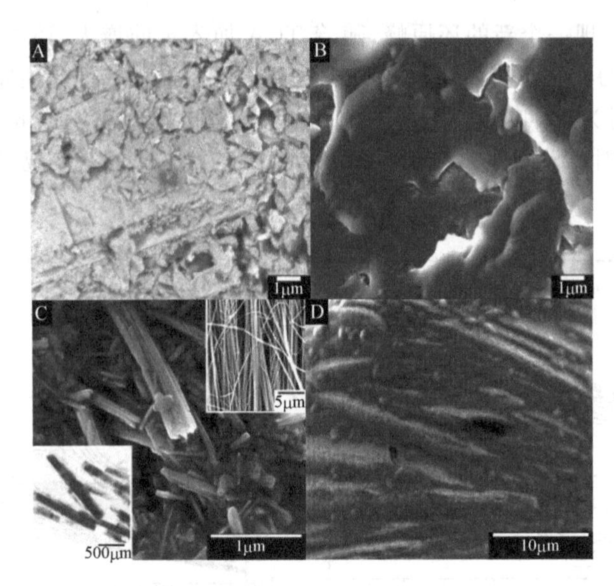

图 5-21　不同电极的扫描电镜图

A. CPE；B. CILE；C. V_2O_5 纳米带/CILE；D. De-HRP-V_2O_5-IL/CILE；C 中的插图为 V_2O_5 纳米带的 TEM 和 SEM

复合膜中起了增加复合膜整体导电性的作用(曲线 *d*)；而在 De-HRP-V_2O_5-IL/CILE 上氧化还原峰电流明显增大(曲线 *e*)，这是由于 V_2O_5 和 IL 的协同作用促进了氧化还原探针的电子转移速率。B 图为不同修饰电极[(a)De-HRP/CILE，(b)De-HRP-IL/CILE 和(c)De-HRP-V_2O_5-IL/CILE]在 pH 3.0 PBS 缓冲溶液中的循环伏安曲线。从曲线中可以看出在 De-HRP/CILE 上出现一对峰形较小的氧化还原峰(曲线 *a*)，说明 HRP 在 De 膜修饰的 CILE 上能够发生较慢的电子转移；与之对比在 De-HRP-IL/CILE 上电流响应明显增加(曲线 *b*)，可观察到一对峰形良好的且准可逆的氧化还原峰，表明 HRP 在电极表面发生了较快的电子转移，由于复合膜中的 IL 具有导电性好、生物相容性好等优点，从而加快了电极表面 HRP 的电子转移速率；当复合膜中加入 V_2O_5 纳米带后，峰电流进一步增大，ΔE_p 变小(曲线 *c*)，表明电子转移速率进一步加快。V_2O_5 纳米带是一种新颖的纳米材料，展现出良好的机械和电化学性能，De 的良好的生物相容性和 CILE 的优点均为 HRP 的电子转移提供了良好的微环境。从曲线 *c* 中可以看出，阴极峰电势(E_{pc})和阳极峰电势(E_{pa})分别为－0.257 V 和－0.168 V(vs. SCE)，其式电势[$E^{0'}$，$(E_{pa}+E_{pc})/2$]为－0.213 V，这是 HRP 辅基血红素 Fe(Ⅲ)/Fe(Ⅱ)电对的氧化还原特征峰，且氧化还原峰电流基本相等，表明电极反应是一个准可逆的电化学过程。对 HRP 的电化学参数进行了研究，求出电子转移数 n 为 1；电子传递系数 α 为 0.526，反应速率常数 k_s 为 1.48 s^{-1}。该De-HRP-V_2O_5-IL复合膜修饰电极对三氯乙酸表现出较好的电催化行为。

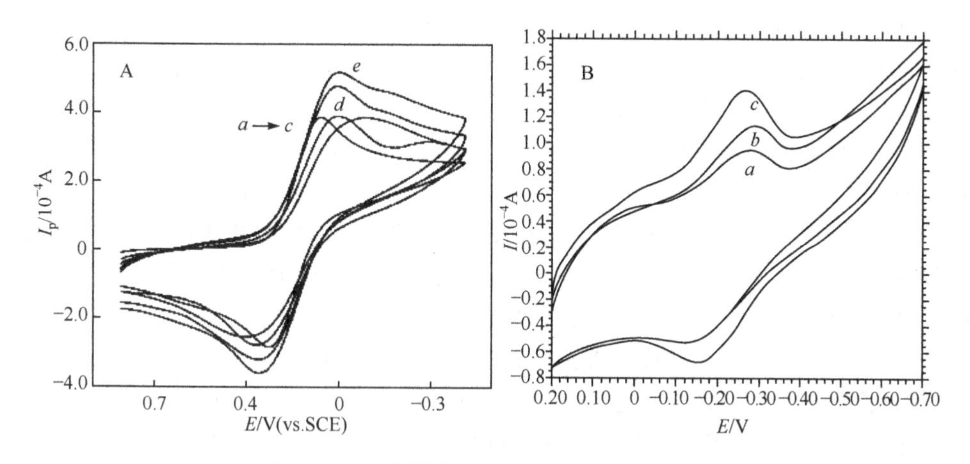

图 5-22　不同修饰电极的电化学性能表征

A. 不同修饰电极(a)CILE,(b)De-HRP/CILE,(c)De-HRP-V_2O_5/CILE,(d)De-HRP-IL/CILE,(e)De-HRP-V_2O_5-IL/CILE 在 1.0 mmol/L $[Fe(CN)_6]^{3-/4-}$ 和 0.1 mol/L KCl 混合溶液中的循环伏安图；B. 不同修饰电极(a)De-HRP/CILE,(b)De-HRP-IL/CILE,(c)De-HRP-V_2O_5-IL/CILE 在 pH 3.0 PBS 缓冲溶液中的循环伏安图,扫速 100 mV/s

5.3　电流型免疫传感器

自从 1990 年 Henry 等提出免疫传感器的概念以来,电化学免疫传感器得到了较快的发展。电化学免疫传感器是一种以免疫物质如抗原或抗体为敏感元件的电化学生物传感器,它集成了电化学分析方法与免疫学技术,将各种抗原抗体等免疫组分固定在电极表面后,通过抗原-抗体之间的特异性结合以及分析物与标记物之间的免疫反应,把抗原抗体的结合反应通过电化学传感元件转化成可以检测的电化学信号,进而进行特异性的定量或半定量分析。由于电化学分析具有仪器设备简单、测试速度快、体积小、易于实现在线检测,不受样品颜色、浓度的影响等特点,因此基于电化学分析的免疫传感器具有灵敏度高、分析速度快、操作简便、可实现在线活体分析等优点,在临床检测、工业生产、环境科学、食品分析、畜牧业和军事领域都有着广泛的应用前景。

根据在免疫分析过程中是否使用标记物可以分为非标记型和标记型免疫传感器;根据所采用的电化学测量方法的不同可分为电流型、电势型、电导型、电容型、阻抗型免疫传感器,其中应用最广、研究最多的是电流型免疫传感器。根据免疫分析的反应模式也可分为竞争法和夹心法两种。在竞争法中标记抗原(Ag^*)和非标记抗原共同竞争与抗体的反应:

$$\text{Ag(样品)} + \text{Ab} = \text{Ag-Ab}$$

$$\text{Ag}^*\text{(定量加入)} + \text{Ab} = \text{Ag}^*\text{-Ab}$$

即当抗体固定在电极表面后,在加入待测样品和一定量的带有标记物的抗原后,未标记的抗原和有标记物的抗原之间竞争结合抗体提供的活性位点,然后检测电极表面上的标记物所产生的信号。由于加入的有标记物的抗原浓度是固定的，当样品中抗原含量越高时，能够竞争结合到电极表面上的标记抗原越少，所以最终检测出的标记物产生的信号大小与样品中抗原含量成反比关系。

夹心法则是将捕获抗体、抗原和检测抗体三者组合在一起，形成一种捕获抗体/抗原/检测抗体的夹心式复合物，也称"三明治"式结合物。其分析过程如下：捕获抗体 Ab 往往预先固定在基底电极表面，当加入待测样品（抗原）后，抗原和捕获抗体反应而被捕获到电极表面上。然后洗去游离抗原，加入带有标记物的检测抗体（Ab^*），使之与抗原继续反应，进而在电极表面形成夹心式复合物：

$$Ab+Ag+Ab^* = Ab\text{-}Ag\text{-}Ab^*$$

通过检测夹心复合物上标记物所产生的信号大小，计算样品中抗原含量。由于抗原/抗体本身的电活性很弱，因此在实际检测过程中能够直接检测的抗原和抗体并不是很多，往往需要采用一些具有电活性的外源性标记物来对抗原或者抗体进行标记，通过检测这些外源性标记物产生的电信号来提高对目标分析物的检测灵敏度。标记物产生的电信号采用不同的电分析检测技术来检测时，可得到如电流、电势、电容等不同的电信号。

5.3.1 电流型免疫传感器的基本原理

1979 年 Aizawa 首次报道了电流型免疫传感器用于检测人绒毛膜促性腺激素（HCG），在该体系中 HCG 单克隆抗体被固定在氧电极膜上，过氧化氢酶标记的 HCG 和样品中的 HCG 竞争并与之结合，前者与固定抗体结合后可催化氧化还原反应，产生电活性物质，从而引起电流值的变化。

电流型免疫传感器测量的是恒定电压下通过电化学池的电流，待测物通过氧化还原反应在传感电极上产生的电流与电极表面的待测物浓度成正比。此类系统有高度的敏感性，以及与浓度线性相关等优点（比电势测量式系统中的对数相关更易换算），很适于免疫化学传感器。该类传感器的原理主要有竞争法和夹心法两种。前者是用酶标记抗原，与样品中的抗原竞争结合在基底电极上的抗体，催化氧化还原反应，产生电活性物质，从而引起电流变化，测此变化值便可知样品中抗原浓度；后者则是在样品中的抗原与基底电极上的抗体结合后，再加酶标抗体与样品中的抗原结合，形成夹心结构，从而催化氧化还原反应，产生电流值变化。

由于抗原和抗体分子本身不具备化学活性，电流型免疫传感器一般需要使用标记物标记抗原或抗体，将抗原和抗体免疫反应的信息转化成可以测定的电流信息，根据标记物的不同，可分为以下三大类：

（1）电化学活性物质作为标记物。常用作标记物的电化学活性物质有二茂铁、$[Fe(CN)_6]^{3-/4-}$、硝基雌三醇、金属离子 Pb^{2+} 或 Zn^{2+}、聚苯胺，这些电化学物质首先被标记于抗原或抗体之上，再通过竞争法或夹心法将标记物结合于传感电极表面，利用电化学分析的方法来检测电活性标记物。

（2）酶作为标记物。常用的标记酶有碱性磷酸酶、辣根过氧化物酶、乳酸脱氧酶、葡萄糖氧化酶、脲酶等。由于酶具有催化底物反应使信号放大的功能，将酶作为标记物标记在抗原或抗体上之后，标记了酶的抗原或抗体与待测样品中的抗体或抗原发生免疫反应后生成带有标记酶的免疫复合物，加入酶的底物进行酶催化反应，通过测量酶催化反应生成的电化学活性产物的电化学信号的变化来实现抗原或抗体的测定。

(3) 纳米材料作为标记物。近年来各种纳米材料如纳米金、银、CdS、ZnS 等也可以作为免疫分子的标记物，它们在形成免疫复合物之后可以用溶出分析法进行测定。一般是用强酸将它们溶解后在溶液中形成相应的金属离子，再用高灵敏的阳极溶出伏安分析法测定金属离子，达到测定抗原抗体的目的。

5.3.2　免疫分子的固定化技术

在电化学免疫传感器的制备过程中，将抗原或抗体固定在电极表面是一个重要的步骤，它直接影响到免疫传感器的灵敏度、选择性、稳定性等指标。然而传感器表面构造不一，有金属(如金、银、铜、铂、铅、钛、镍或铬)、碳、玻璃、石英等，它们与抗原或抗体的结合特性都不同。例如，金表面易于吸附蛋白 A 和硫醇分子。这就需要根据基底材料的不同采用不同的固定方法，使得固定后的抗原或抗体不会在反应过程中脱落。不论采用何种方法固定免疫分子，都必须考虑到生物分子的活性与制备稳定性。通常免疫组分的固定化应满足以下条件：固定后的免疫分子仍能维持良好的生物活性；生物膜与转换器需紧密接触，且能适应多种测试环境；固定化层要有良好的稳定性和耐用性；减少生物膜中生物组分的相互作用，以保持其原有的高度选择性。

应用于免疫传感器的固定方法根据步骤可分为直接法和间接法。直接法是用含抗体或抗原的溶液涂覆或浸泡电极，通过物理或化学吸附作用使其表面生成具有识别功能的生物膜，该法简单、快速，但易阻碍特异性反应的发生，导致非特异性吸附和脱落。间接法则利用双功能团试剂的桥梁作用，采用中间连接层(如戊二醛)来连接传感器表面和抗体或抗原，最常用的是聚乙烯亚胺(PEI)法、硅烷化(APTE)法、牛血清白蛋白(BSA)和葡萄球菌 A 蛋白(SPA)法，其中 SPA 法效果最好，因为 SPA 具有与抗体的 Fc 片断结合的特性，而不影响抗原抗体在 Fab 片断上的结合，且 SPA 与金的结合常数为 1.0×10^{6} mol/L，具有稳定性好的优点，省去了其他方法中所需的戊二醛交联及封闭醛基的步骤，操作更为简单，也减少了固定膜内中间物的引入，提高了操作重现性，但它只限于固定抗体。间接法可以有效地提高固定效率、固定化层的适应性和反应灵敏度。

根据作用原理也可以分为非共价作用和共价作用两种固定方法。在非共价作用的固定方法中，该类型免疫活性实体的固定方法是基于抗体或抗原分子与换能器基底之间的非共价作用，通常指疏水作用、静电作用、范德华力和氢键。除了纯粹的物理吸附，还常常涉及一些弱的化学键作用力。非共价作用随着换能器基底的不同而不同。对于非极性的敏化基底，抗体或抗原分子可通过疏水作用和范德华力被吸附。对于带电荷的基底，非共价作用主要指静电作用，最典型的层层自组装技术已引起相当的关注。另外，抗体或抗原还可以被物理包埋在有机高分子膜或无机材料(如溶胶-凝胶、石墨粉)

的立体网状结构中。而利用共价作用的固定方法中通常用交联法，这是制备免疫传感器中最常用的固定方法。由于一些换能器基底上缺少相应的共价键结合位点(如金属、半导体或光纤材料)，因此需要在换能器上预涂一层薄膜，然后使用一些功能试剂(如戊二醛、碳二酰亚胺琥珀酰亚胺酯、*N*-羟基丁二酰酯和高碘酸盐)进行活化，以有效地共价结合抗体或抗原。

理想的固定方法需要具备以下特点：在传感器表面具有足够多的活性抗原或抗体；被固定的抗原或抗体在测量过程中仍然保持活性；固定过程对传感器的敏感性没有影响；传感器具有较好的再生能力。

具体来说免疫分子的固定化方法可以分为吸附法、包埋法、共价键合法、交联法、聚合膜连接法、生物素-亲和素体系、自组装技术和LB膜技术等。

1. 吸附法

吸附法是一种简单的固定方法。它是通过抗体或抗原分子的极性键、氢键、疏水键、π电子的相互作用以及静电等作用将抗原或抗体吸附于不溶性载体上。该方法不需要化学试剂，具有活化和清洗步骤少，对免疫分子的活性影响小，生物组分不易降解，成本低等特点。常用的载体有多孔玻璃、活性炭、纤维素膜、氧化铝、聚氯乙烯膜、纳米材料、聚电解质等。但是吸附法的稳定性较差，生物组分与载体之间的作用力弱，免疫分子易脱落，对溶液的pH变化、温度、离子强度和电极基底性质较为敏感。

2. 包埋法

包埋法是将抗原或抗体分子直接包埋在具有三维空间网状结构的高分子膜中或者复合电极内，进而固定在电极表面的方法。常用的高分子材料有聚氯乙烯、聚碳酸酯、醋酸纤维、Nafion等合成高分子材料，以及海藻酸、明胶、壳聚糖等天然高分子材料，混合后得到包覆了免疫分子的复合膜。电聚合也可用于固定免疫分子，将聚合物单体和生物分子同时混合于电解液内，使单体在电极表面聚合成聚合物薄膜，如聚吡咯(PPy)、聚噻吩、聚苯胺等可将免疫分子直接固定在电极表面；也可以通过低温溶胶-凝胶生物包埋法，利用金属醇盐等原料经水解得到三维网状结构，能牢固地固定免疫分子，该方法试验条件温和，操作较简单，固定的生物分子较牢固，聚合物膜的孔径和厚度具有任意控制性，对生物分子活性影响较小，但是对被测免疫蛋白与包埋蛋白之间的免疫结合增加了空间位阻，同时不利于底物与产物的扩散。

3. 共价键合法

共价键合法是利用抗体(或抗原)表面具有的特定功能基团与电极表面修饰的化学基团之间发生共价反应直接形成共价键，或通过修饰生物吸附剂(如生物素或亲和素)间接进行化学键合，实现免疫物质固定化的一种方法。共价键合法首先要将电极表面进行化学处理和修饰，引入活性反应基团如—NH_2、—OH、—COOH等，然后用偶联剂将生物材料与换能器表面的活性基团共价连接，从而将生物材料固定于电极表面，此法通常可在低温、低离子强度和生理 pH 条件下进行。由于共价键合法通过特殊键的形成而将生物分子固化于固体表面，因而不容易发生分子的泄露，并且改善了分子在表面的定向和分布状况，使生物分子与载体结合牢固。但该固定化方法程序复杂、耗时长，会引起免疫分子的结构变化，破坏部分活性中心，从而影响生物敏感膜的结合性能。

4. 交联法

交联法借助双功能试剂使免疫分子结合到惰性载体或免疫分子之间彼此交联成网状结构。常用的双功能试剂有戊二醛、环己烷二异氰酸酯、N,N'-双顺丁烯二酰亚胺己烷、双环氧己烷、双亚胺甲酯等，这些交联试剂都具有两个功能基团，能与蛋白质中赖氨酸的 ε-氨基、N 端的 α-氨基、酪氨酸的酚基或半胱氨酸的巯基发生共价交联。该法具有操作简单、结合牢固的优点，存在的问题是在进行固定化时需严格控制 pH，一般在蛋白质的等电点附近进行操作，交联剂浓度也要适当优化，否则会使蛋白质中毒失活。

5. 定向固定法(蛋白 A 法)

蛋白 A(蛋白 G)能和 IgG 的 Fc 段特异性结合，这种结合能使抗体上与抗原决定簇发生键合的活动中心所在的 Fab 段远离载体而伸向溶液，避免了用普通固定方法固定生物组分时表面取向的杂乱无章，因而所固定的生物材料具有整齐的方向性和较高的生物活性，有利于提高分析检测的灵敏性，而且蛋白 A(蛋白 G)在金电极表面可强烈吸附，形成的膜较稳定。

6. 自组装法

自组装法将基底电极放入含有活性物质的溶液或活性物质的蒸气中，活性物质在基片表面发生自发的化学吸附或化学反应，形成化学键连接的二维有序单层膜。如果单层膜表面也是具有某种反应活性的活性基因，则又可与别的物质反应，如此反复进行，构筑同质或异质多层膜。采用此技术制备的超薄层体系通常有两类：一类是巯基化合物在金、银、铜、铂表面吸附形成的单层；另一类是在硅、玻璃、金属氧化物表面通过硅烷化反应形成的单层。其中硫醇类分子自组装单层是研究得最为广泛和深入的体系。例如，在单晶金电极表面先修饰一层硫醇类化合物，这是通过分子间引力进行自组装构成的单分子层。自组装单分子膜制作简便，具有良好的稳定性和有序性。

7. 层层自组装法

层层自组装方法是利用静电作用固定带有相反电荷化合物的一种固定化方法，现已应用于多种生物分子如酶、DNA、蛋白质、病毒的固定中。以酶的层层自组装为例，根据酶分子的等电点选择适当的 pH，使酶分子带有键合作用，在传感器界面形成二维有序单层膜。层层自组装方法操作简便，具有良好的稳定性、有序性，但对自组装分子结构有限制，且容易受到杂质吸附、分子聚合、溶剂选择、基片表面物理性质的影响。

8. 固定化中所使用的材料

生物分子的固定化材料主要包括纳米材料、有机导电聚合物、溶胶-凝胶、生物材料及生物表面活性剂等。

纳米材料是指微观结构至少在一维方向上受纳米尺度调制的各种固体超细材料，包括零维的原子团簇和纳米微粒，一维调制的纳米多层膜，二维调制的纳米微粒膜，以及三维调制的纳米相材料。这种特殊类型的结构导致它们具有表面效应、体积效应、量子尺寸效应、宏观量子隧道效应、介电限域效应和小尺寸效应。纳米颗粒具有比表面积大、表面反应活性高、表面活性中心多、生物相容性好、催化效率高、吸附能力强等特性。常见的纳米材料如纳米单质(纳米金、纳米银、纳米铂)、纳米氧化物(纳米 TiO_2、纳米 ZrO_2、纳米 Co_3O_4、纳米 NiO)、半导体量子点(CdTe、CdS、ZnS)、石墨烯、碳纳米管等，它们都已成为良好的固定化生物分子的载体。

有机导电聚合物材料是指通过掺杂等手段，使得电导率在半导体和导体范围内的聚合物。有机导电聚合物具有电化学活性，采用电化学聚合技术可将生物分子包埋在聚合物膜内，生成的膜厚度均一、重现性好并与电极表面的结合力强，同时聚合物膜的厚度和聚合物上修饰的生物分子的量可以通过控制实验参数来加以调控，从而可以制备重现性好的传感器。另外，聚合物膜严格地在电极的有限表面上形成，有利于在微电极和阵列电极上生物分子的固定，因此有机导电聚合物现已广泛运用于各种生物分子的固定。

溶胶-凝胶材料是指用溶胶-凝胶法制备的材料，是用含高化学活性组分的化合物作前驱体，在液相下将这些原料均匀混合，并进行水解、缩合化学反应，在溶液中形成稳定的透明溶胶体系，溶胶经陈化，胶粒间缓慢聚合，形成三维空间网络结构的凝胶，凝胶网络间充满了失去流动性的溶剂，形成凝胶。凝胶经过干燥、烧结、固化制备出分子乃至纳米亚结构的材料。溶胶-凝胶制备条件十分温和，通过溶胶-凝胶制备条件的优化，可控制基质的孔径大小和分布，使生物分子有足够的自由活动空间而又不至于从基质中流失，因而能够良好保持负载生物分子活性并提高传感器的使用寿命。溶胶-凝胶材料现已成为一种应用很广泛的固定化载体材料。

生物材料特有的生物结构为生物的存活提供了很好的微生物环境，使生物分子活力保持率高，寿命长。例如，丝素蛋白是一种自然存在的纤维状聚合物，是应用较为广泛的固定化生物分子的载体材料。双链 DNA 是一种生物大分子，它的三维网状结构可以有效地扩大电极的表面积，增加抗体的固定量，从而提高传感器的灵敏度，并且 DNA 分子具有良好的生物相容性，能为生物分子活性的保持提供良好的微环境，提高传感器的寿命，因此是一种理想的生物分子固载材料。用生物材料为载体制备的免疫传感器表现出较好的灵敏度与稳定性。

生物表面活性剂是生物(主要是微生物)合成的低相对分子质量、有表面活性的物质，包括糖脂、多糖脂、脂肽、脂蛋白以及中性类脂衍生物等。它们的分子结构主要由两部分组成：一部分是疏油亲水的极性基团，如单糖、聚糖、磷酸基等；另一部分是由疏水亲油的碳氢链组成的非极性基团，如饱和或非饱和的脂肪醇及脂肪酸等。生物表面活性剂具有与生物体磷脂十分相似的结构，为生物分子的固定提供了良好的微环境，是构造生物传感器的新型材料。

5.3.3　电流型免疫传感器的分类

电流型免疫传感器中以酶为标记物的研究最为广泛。电流型酶免疫传感器是检测酶催化反应产物在电极上发生氧化还原反应所产生的电流值的大小。根据免疫分析模式的不同又可分为均相和异相电流型酶免疫传感器，具体来说又分为以下几种类型。

1. 均相电流型酶免疫传感器

这类传感器通常用酶作为标记物，在溶液中含有酶反应的底物，它的产物是电活性的，在电极上可产生电化学信号。当标记的抗原与抗体反应形成免疫结合物时，酶的活性点被屏蔽，底物部分或完全不能接近这些活性点，从而导致酶催化速率及检测信号的变化。在免疫竞争平衡过程中，随着待测样品抗原浓度的增加，更多的标记抗原游离出来，响应电流增加，酶的放大作用提高了检测灵敏度。例如，用葡萄糖-6-磷酸脱氢酶标记苯妥因(phenytoin)，溶液中含有一定量的抗苯妥因抗体和底物 NAD^+，酶催化底物反应生成 NADH，安培法测定生成的 NADH 浓度可检测血样中苯妥因的浓度。也可采用电活性物质直接标记抗原，免疫反应使电活性点受到屏蔽或标记物的扩散系数发生变化，导致标记电流信号的降低。这类传感器利用竞争免疫反应进行测定，无需分离，简化了测试手续，缩短了分析时间。

2. 异相直接电流型酶免疫传感器

将酶标记的抗体(或抗原)直接固定在一个工作电极表面，酶催化反应的产物可在电极上用伏安法进行检测。固定化的抗体(或抗原)与溶液中抗原(或抗体)发生免疫反应，导致检测信号发生变化。这种变化与待测样本中的抗原(或抗体)浓度成正比关系。酶标记的抗体(或抗原)的固定化常用包埋法、吸附法，或者是在金或铂基底电极上自组装单层进行共价连接。这类传感器不需分离和免疫竞争过程，因而具有更快的检测速度。Suleiman 将辣根过氧化物酶标记皮质醇抗体固定在亲和膜(IAV 膜)上，然后将该膜安装在氧电极上，在 10 min 内测定了血浆中皮质醇的含量。然而，这一方法易受样品中电活性小分子的干扰，而且灵敏度尚需进一步的改善。

3. 异相间接电流型酶免疫传感器

异相免疫传感器的间接测定是近年来发展较为迅速的研究方向，由于其分析过程中涉及洗涤步骤，因而耗时较其他方法稍长，但它具有更好的抗干扰能力，通过洗涤步骤可将干扰组分成功地分离，通过酶的生物放大或电子传递中间体的电催化可进一步提高检测灵敏度。这类传感器通常采用夹心法和竞争法进行测定。首先，将抗体(抗原)固定到电极表面制得免疫电极。竞争型方法是将免疫电极浸入含有待测抗原(抗体)及酶标记抗原(抗体)的溶液进行孵育,洗涤后再在含标记酶反应的底物中进行反应,测定反应产物在电极上产生的电流响应,电流的大小与待测抗原(抗体)的浓度成反比。夹心法是将免疫电极浸入仅含待测抗原(抗体)的溶液中进行孵育,洗涤后再插入含酶标记抗体(抗原)的溶液中,反应后进一步洗涤并插入含酶反应底物的溶液中,测定酶反应产物在电极上产生的电流信号,电流的大小与待测抗原(抗体)的浓度成正比。

抗体(抗原)在电极上的固定既可用包埋法、吸附法、共价键合法等方法直接在电极上进行,也可先将它固定在某一膜上,然后将膜包在电极(如氧电极)表面。Nakanishi 等将固定有蛋白质 A(抗人血清白蛋白)的活化聚丙烯膜附着在 Pt 电极上,通过竞争法测定了人血清白蛋白。Cooper 提出了一种可同时测定血样中促卵泡激素(FSH)和促黄体发生激素(LH)的多功能免疫传感器,中间体二茂铁的电催化使其检测限达到 2.1 U/L FSH 和 1.8 U/L LH。Smyth 将抗生物素共价键合在作为电子传递中间体的 $OS\text{-}PVP_{10}$ 膜上,利用 HRP 标记生物素和未标记生物素间的竞争提出了生物素的免疫测定方法。

4. 准均相无分离间接电流型酶免疫传感器

无需分离和洗涤的免疫传感模式大大简化了免疫传感器的实际应用,将两种酶同时固定在电极上可方便地实现这一目标。其中一种酶与抗体一起固定在电极表面,另一种酶键合在第二抗体上。在电极上第一种酶的反应产物直接作为标记酶的底物,因而第二种酶的底物不需从溶液中扩散过来,从而大大增加了反应速率,提高了灵敏度。Ivnitski 等用该方法应用于促甲状腺激素的测定,先用聚乙撑亚胺将葡萄糖氧化酶固定在石墨电极上,它与葡萄糖反应的产物 H_2O_2 立即在电极上与夹心免疫复合物上的标记酶 HRP 一起氧化 I^-,生成的 I_2 立即在 −0.07 V 下还原而产生电流信号,这一零扩散、无障碍过程比在溶液中速率更快,从而可将电极表面的酶标抗体与溶液中未结合的酶标抗体区分开来,利用这一原理已用于促甲状腺激素的测定。

5.3.4 电流型免疫传感器的应用

电化学免疫传感器因以上所述各种优点现已广泛地用于医学临床诊断、环境监测和食品工业等领域,且获得了良好的可检测性。电化学免疫传感器已用于多种物质的测定,如除草剂、苯酚、人尿中的刺激性药物、IgG、IgM、Vm 因子相关抗原、血清载脂蛋白、HCG、牛血蛋白(如牛血红蛋白、牛血清蛋白)、人细胞(如红细胞、粒细胞和 T 淋巴细胞)、病毒(如肝炎病毒)、血清 HIV 特异性抗体,以及血管内皮生长因子(VEGF)、C1 型葡萄球菌肠毒素、CZ 型葡萄球菌肠毒素、胰岛素、人体纤维蛋白、甲胎蛋白和日本血吸虫抗体等不同领域的研究对象。

电流型免疫传感器中结构最简单的是以 Clark 氧电极为基础而建立起来的酶免疫传感器。将抗体膜或抗原膜固定到氧电极的聚四氟乙烯膜上便可构成这类传感器。以过氧化氢酶作为标记酶来说明其工作原理(图 5-23)。

第一步,在测定溶液中加入标记过氧化氢酶的抗原,然后将抗体膜免疫传感器插入

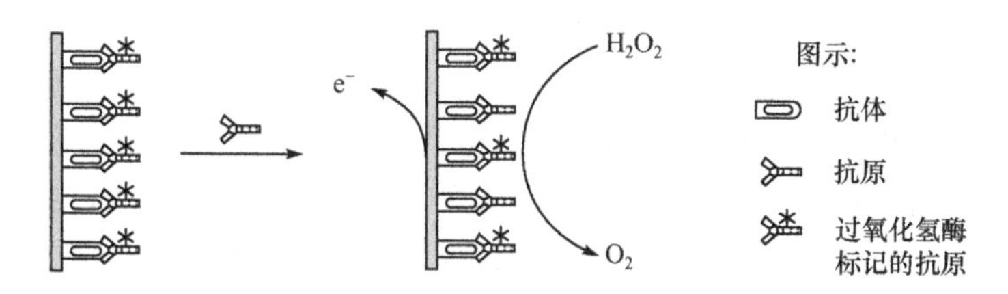

图 5-23　竞争型电流型酶标记免疫传感器的工作原理

上述溶液中，未标记抗原(被测物)和标记抗原对膜上的抗体发生竞争结合；第二步，洗去未反应的抗原；第三步，将传感器插入测定酶活性的溶液中，这时传感器显示的电流值是由测定液中溶存氧量决定的；最后，向溶液中加入定量的 H_2O_2，结合在膜上的过氧化氢酶使 H_2O_2 分解产生 O_2，随之传感器的电流值增大，据此可测定 IgG、HCG、甲胎蛋白、茶碱和胰岛素等。

α-甲胎蛋白(AFP)是诊断肝癌的重要蛋白质，利用酶的放大作用，可获得极高的灵敏度。将 AFP 的抗体固定于氧电极的表面，测定时在样品中加入已知浓度的标记了过氧化氢酶的 AFP 抗原溶液，一旦遇到 AFP 的抗体，待测的 AFP 抗原和标记过的 AFP 抗原就在电极上产生与抗体结合的竞争反应，最后达到一定的比例，然后将电极取出洗净，再放入含有过氧化氢的溶液中，由于标记的酶能催化过氧化氢分解而产生氧，从而使传感器电流值增大。从电流的增加速度或最大变化量可以求出标记酶的量，即结合于膜的标记 AFP 抗原的量，另外再求得 AFP 抗体膜的最大抗原结合量，便可推算出被测的非标记 AFP 抗原的量。

一种由辣根过氧化物酶标记的 7-羟基香豆素抗体制成的电流型免疫传感器也被用于测定 7-羟基香豆素(伞形酮)。具体过程如下：将与甲状腺球蛋白结合的 7-羟基香豆素抗原用氟聚酯固定于玻碳电极表面后，将电极浸入含有 7-羟基香豆素抗体和游离 7-羟基香豆素抗原的溶液中，通过测定 7-羟基香豆素抗体在两种形态的 7-羟基香豆素抗原之间的竞争分配，就可定量分析游离的 7-羟基香豆素抗原。在溶液中加入足量过氧化氢，随抗体附着在电极上的辣根过氧化物酶就会氧化过氧化氢，产生与其数量成正比的阴极电流。

Rennberg 等用氧电极组成酶免疫传感器，通过检测氧的消耗测定凝血第八因子(FⅧ)。他们采用了两种抗体，第一抗体是兔抗 FⅧ抗体，第二抗体是羊抗兔 IgG 抗体，后者用碱性磷酸酶(AP)标记。由葡萄糖氧化酶电极测定由抗体上标记的 AP 酶作用于底物而产生的葡萄糖，被测的 FⅧ浓度与电极测定的标记酶活性成反比，其反应方程式为

$$\text{磷酸葡萄糖} + H_2O \xrightarrow{AP} \text{葡萄糖} + H_3PO_4$$

$$\text{葡萄糖} + O_2 \xrightarrow{GOX} \text{葡萄糖酸内酯} + H_2O_2$$

Eggers 等在用商品药盒检测苯妥英时使用脱氢酶作为标记物，以电流型电极测定形成的烟酰胺腺嘌呤双核苷酸(NADH)，采用此法只要注意保护电极不被血清蛋白污

染，即可得到与临床检验常规方法一致的结果。

作者等用循环伏安法在玻碳电极上电聚合一层稳定的中性红(NR)聚合物膜，再通过共价键合作用将戊二醛和甲胎蛋白抗体自组装到电极表面，最后用辣根过氧化物酶封闭电极上的非特异性吸附位点，同时起到放大响应电流信号的作用，制得高灵敏伏安型甲胎蛋白抗原免疫传感器。实验结果表明，该传感器对甲胎蛋白抗原具有良好的电流响应，检测线性范围为1.00～200.0 ng/mL，检测限(3σ)为0.40 ng/mL。该方法电极制备简单，操作简便，有较高的灵敏度，实现了对甲胎蛋白的电化学免疫分析，修饰电极组装示意过程如图5-24所示。

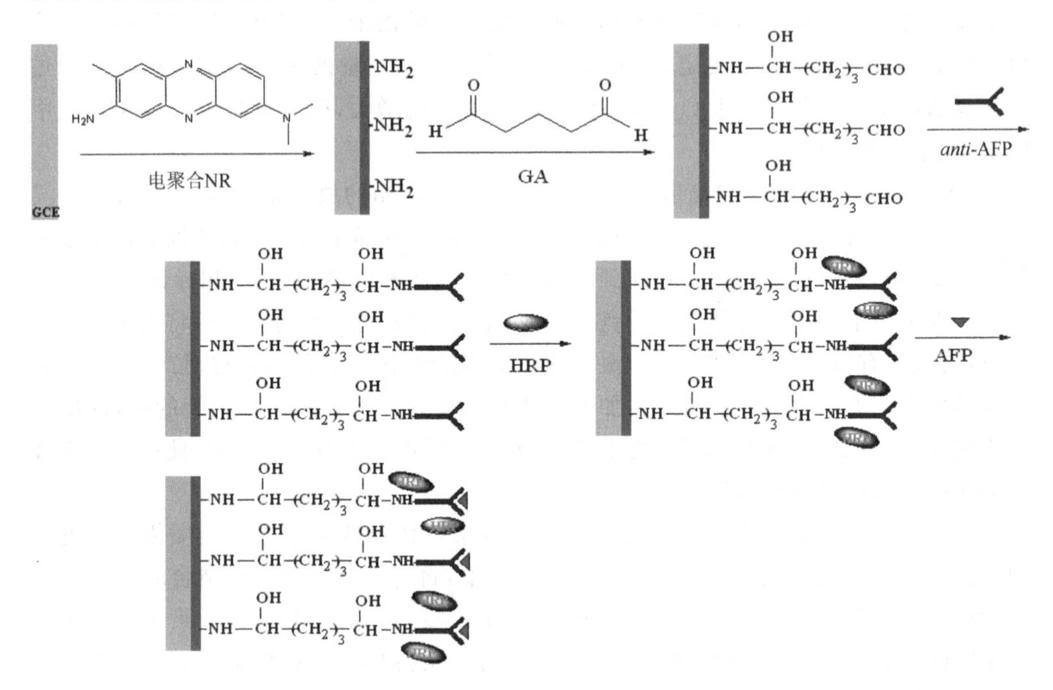

图5-24　基于聚中性红膜修饰电极共价键组装过程示意图

5.3.5　电流型免疫传感器的发展

1. 信号增大技术

对于痕量抗原抗体，需要具有高灵敏的信号增强技术来提高电化学免疫传感器的灵敏度。以下介绍几种常用的电化学响应信号增强技术。

(1) 底物循环放大的信号增强技术。通过测试体系中多种物质的氧化还原作用，能产生电化学信号的物质在检测过程中能够循环发生电极反应以提高检测的灵敏度，底物循环放大通常与酶的催化放大相结合。

(2) 酶联合多重催化信号增强技术。通常的夹心或竞争免疫反应都是通过在抗原或者抗体分子上标记生物酶(最常用的是辣根过氧化物酶和碱性磷酸酶)，通过酶的生物催化放大作用在底物存在的条件下增加反应物以增强响应信号。有时一种酶的催化物正好是另一种酶的底物。例如，葡萄糖氧化酶在催化氧化底物葡萄糖时会产生 H_2O_2，而 H_2O_2 正好是辣根过氧化物酶的底物，因此葡萄糖氧化酶和辣根过氧化物酶便可以形成双酶的联合催化。这时将两种不同的酶通过免疫复合物结合到电极上便能实现酶的联合多重催化，其信号的放大效率将显著优于一种生物酶标记的体系。

(3) 生物素-亲和素信号增强技术。亲和素(avidin)是一种糖蛋白，分子质量为 60 kD，每分子由 4 个亚基组成，可以和 4 个生物素分子亲密结合。现在使用更多的是从链霉菌中提取的链霉和素(strepavidin，又称链亲和素)、生物素(biotin，称维生素 H，相对分子质量为 244.31)。亲和素与生物素的结合反应特异性强，亲和力大，两者一经结合就极为稳定，其亲和力是抗体抗原反应的 10～100 万倍。由于 1 个亲和素分子通常和 4 个生物素分子的位点结合，可以连接更多的生物素分子，形成一种类似晶格的复合体。通常以生物素和亲和素的结合反应与抗体-抗原反应相偶联，可以显著提高电化学酶免疫分析方法的灵敏度。

(4) 脂质体标记物信号增强技术。脂质体是最早在 1965 年被英国学者 Bangham 等作为研究生物膜的模型提出的，它由磷脂双分子层组成，内部为水相的密闭双分子单层或多层的囊泡。人工合成脂质体的大小可以从几十纳米到几十微米，利用脂质体的水相和膜内可以包裹多种物质的特性，可以在脂质体内包埋或吸附大量信号物质或其他生物识别分子。当带有信号分子的脂质体与传感器结合后，通过检测脂质体在结构或性质发生改变后产生的电化学信号，可以间接测定被测物质的浓度。将脂质体引入免疫传感器的构建中，可以放大免疫反应信号，提高免疫分析灵敏度，并且避免非特异性吸附的干扰，增强了免疫反应的选择性。

(5) 与其他技术联用的信号增强技术。由于电流信号的受一些固有因素的影响，限制了超灵敏电流型免疫传感器的发展。近年来发展了一些联用技术来提高检测灵敏度，如采用灵敏度高的聚合酶链反应(polymerase chain reaction，PCR)扩增技术作为免疫反应终端信号的检测，它以一段特定的双链或单链 DNA 来标记抗体，用 PCR 扩增抗体所连接的 DNA，PCR 扩增产物的量可以用电化学方法进行检测，由 PCR 产物的量来反映抗原分子的量，利用 PCR 技术的高扩增能力，只需数百个抗原分子即可检测，甚至在理论上可检测到一至数个抗原分子。此外还可以将免疫反应与量子点标记、化学修饰电极等技术相结合，通过增加电极表面免疫分子的负载量、放大检测信号等方法，利用标记物与被测免疫分子之间的相关性，显著提高检测灵敏度，实现对痕量蛋白的定量检测。

2. 未来的发展方向

电化学免疫传感器作为一种多学科交叉的高新检测技术，具有灵敏、快速、简便、经济、所用仪器设备相对简单等优点，已逐渐成为医学、临床医学、环境与食品安全等领域快速检测技术的研究前沿，未来的发展有以下几个方向。

(1) 向微型化和阵列化发展。随着微加工技术和纳米技术的进步，生物传感器将不断微型化，各种便携式免疫传感器将不断出现在人们面前，能够满足野外或现场采样测定的需要，便于在体监测和降低成本。对于电极的更新，可以选择合适的解离剂将参与结合反应的抗体抗原或整个复合物从电极上解离，或是考虑制作固体化免疫电极。

(2) 与计算机联用，向智能化、操作自动化方向发展。免疫传感器与计算机的紧密结合以及芯片技术的应用，必然使免疫检测更加方便、科学和准确，能够自动采集数据、处理数据，可以更科学、更准确地提供结果，实现采样、进样、最终形成检测的自动化系统。芯片技术将越来越多地进入传感器领域，实现检测系统的集成化和一体化。

(3) 向商品化和实用化发展。将来的免疫传感器将具有足够的敏感性和准确性，操作简单、价格便宜，容易进行批量生产而被市场所接受，廉价的一次性传感器有较大发展潜力。酶免疫传感器、压电免疫传感器和光电免疫传感器发展最为迅速，尤其是光电免疫传感器品种繁多，目前已有几种达到了商品化，它们代表了免疫传感器向固态电子器件发展的趋势。随着分子生物学、材料学、微电子技术和光纤化学等高科技的迅速发展，免疫传感器会逐步由小规模制作转变为大规模批量生产，并且日益广泛应用。

(4) 新型电化学标记物、标记方法和固定方法不断涌现。标记物种类不断增多，从酶发展成乳胶颗粒、胶体金、磁性颗粒和金属离子等。纳米粒子和生物分子的高度亲和性使得纳米粒子成为一种新型电化学标记物出现在免疫分析领域，极大地促进了免疫分析的发展，使得免疫传感器的灵敏度大大提高。随着科学技术的发展，纳米线、纳米管、纳米纤维、纳米复合材料等将会越来越多地用于免疫传感器的界面设计。设计新颖免疫分子固定界面，以提高传感器灵敏度、使用寿命、稳定性和再生性。

(5) 适于非极性物质的检测。在环境监测中，很多杀虫剂、除草剂为非极性物质，样品含量低，如何对这类物质进行高灵敏的检测成为近年来的研究热点。

(6) 多系统优化组合。免疫分析法与其他技术如液相色谱、流动注射分析(FIA)等联用，可以弥补电化学免疫分析本身的一些局限，同时可提高灵敏度，减少样品和试剂用量，降低共有物质的干扰，从而使之有更好的灵敏度和快速测定的特点。

(7) 多组分的同时分析。目前大多数生物传感器只能测定一种物质，使其推广应用受到了局限，因此使用复合生物膜支持多功能的生物传感器已势在必行。随着生物分子固载技术的提高，新型固载材料以及不同标记物的使用，未来生物传感器将可以用于多种组分的同时分析。

(8) 应用领域日渐扩大，不仅可以用于环境监测、食品卫生、临床诊断等领域，还可以应用于大气监测、地质勘探、通讯、军事、交通管理和汽车工业等更广泛的领域。

5.4 电流型基因传感器

DNA 电化学的研究工作始于 20 世纪 60 年代，早期的工作主要集中在 DNA 基本电化学行为的研究。70 年代出现了利用各种极谱分析方法研究 DNA 变性和 DNA 双螺旋结构的报道。当 DNA 吸附在电极表面上后，核酸与电极之间发生电子转移，得到可用于核酸定性和定量分析的电化学信号。Palecek 课题组系统地研究了 DNA 在汞和汞齐电极上的电化学行为。汞电极对 DNA 结构变化有非常灵敏的电化学响应，并且为 DNA 的预熔化和双螺旋的多晶型现象的早期研究提供了有力证据。悬汞电极和碳电极的引入扩展了电化学方法在 DNA 研究中的应用。在 DNA 的组分中只有碱基可以在汞电极和碳电极上发生直接电化学氧化还原，而核苷和核苷酸中的核糖、脱氧核糖键、磷酸基团在这两种电极上都不能直接发生电化学反应。在中性电解质溶液中，变性 DNA 的氧化峰电势在 0.9 V(G 峰)和 1.2 V(A、C 峰)附近；天然 DNA 的刚性使其在电极表面不易发生形变，从而导致其氧化或还原位点不易接近电极，所以较之于变性的 DNA，其氧化还原峰峰电势正移，峰电流下降。在 DNA 的碱基中只有 G、A、C 可在电极上发生电还原，其还原位点主要是 G 的 N-7 位，A 的 N-1 位，C 的 N-3 位。G 和 A 又可在电极上发生电氧化反应，其氧化位点主要是 G 的 C-8 位，A 的 C-2 位。DNA 中 G、A 的氧化不涉及氢键，而 A、C 的还原则需要破坏碱基间的氢键。鸟嘌呤、腺嘌呤可以在碳电极上发生电化学氧化，腺嘌呤的氧化峰约在 1.2 V，鸟嘌呤的氧化峰约在 1.0 V。而鸟嘌呤、胞嘧啶和腺嘌呤的电还原则需要很负的电势，只能在汞电极上得到还原峰。由于鸟嘌呤可以在比较负的电势下被还原，所以在使用汞电极进行循环扫描时，鸟嘌呤在－1.6 V 下的还原产物可在－0.3 V 左右产生一个氧化峰。中性 pH 条件下单链 DNA 和 RNA 中的胞嘧啶和腺嘌呤可以在汞电极上还原，还原峰在－1.4 V 左右。胸腺嘧啶和尿嘧啶仅能在非水介质中而且在很负的电势下发生还原。使用直接电化学测定 DNA 容易受介质条件的限制，同时会受高浓度蛋白质和多糖的干扰，而且不能对 DNA 的特定碱基序列进行识别测定。后来人们发现 DNA 的存在与否对乙锭鎓在碳糊修饰电极的伏安和光谱电化学响应有很大影响，并且 DNA 与乙锭鎓在电极上的相互作用可通过电化学控制来调节，该研究是现代电化学 DNA 传感器的早期雏形。

5.4.1　电化学 DNA 传感器的基本原理与结构

电化学 DNA 传感器的基本结构包括一个能固定 DNA 探针的电极和一个换能器。DNA 探针是此类传感器的生物敏感元件，它是单链 DNA(ssDNA)的片段或整链，长度可以从十几到上千个核苷酸不等，一般是使用已被公认的可识别出靶序列所需的最短序列，其碱基序列与待测 DNA 片段的碱基序列互补。在选择 DNA 探针时应遵循以下原则：①探针长度一般为 18～50 个碱基，过长的 DNA 探针会导致较长的杂交时间、较低的杂交效率，而过短的探针将缺少杂交的特异性；②G、C 碱基的组成在 40%～60% 之间最好，若 G、C 碱基比率在此范围之外，非特异性杂交比例将增加；③在探针分子内不存在互补区，存在互补区可导致“发卡”结构，抑制探针杂交；④避免在探针序列中连续出现一个碱基多次重复(其长度＞4)如 GGGGG 等。在适当的温度、离子强度、pH 缓冲溶液等杂交条件下，电极表面的探针 ssDNA 会和样品中的靶基因发生特异性的选择性杂交，形成双链 DNA(dsDNA)，从而导致电极表面结构的变化，而这种结构变化可以通过多种途径表现出来。换能器即是杂交指示体系，它的功能是将 DNA 杂交信息转化为电势、电流、电导、电阻等可以测定的电化学信号，并且对固定化的 ssDNA 和 dsDNA 具有选择性响应，杂交前后的差异可用具有电活性的指示剂来识别，从而达到检测靶序列或特定基因的目的。因此电化学 DNA 传感器进行检测主要包括以下四个步骤:①ssDNA 的固定,制成 ssDNA 探针;②分子杂交反应的完成,在最佳条件下形成 dsDNA 杂交分子;③选择合适的电化学指示剂完成 dsDNA 的表达;④杂交信号的电化学测量方法优化,根据所选择电化学指示剂的不同产生相应的电化学信号,可将电流、电势或电导作为测定信号。电化学 DNA 传感器的基本原理如图 5-25 所示。

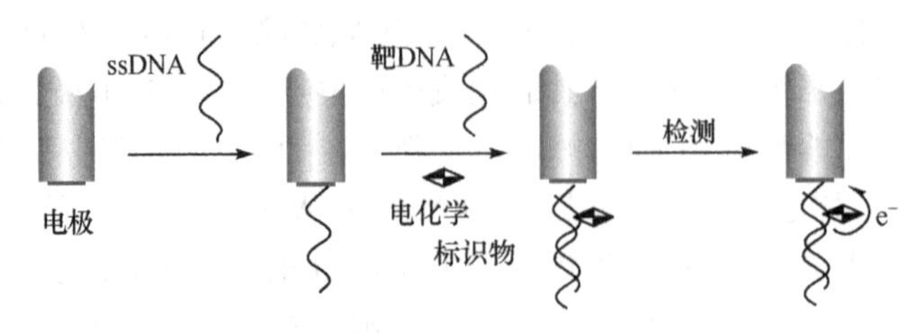

图 5-25 电化学 DNA 传感器的响应原理

电化学 DNA 传感器的特征一般可以归纳为以下几个方面:①特异性好,DNA 分子双链之间具有非常高的特异性识别能力;②稳定性好,DNA 比多数蛋白质(酶)分子的热稳定性更好,所制成的传感器储存时间比一般酶电极长;③制备简单,DNA 的获得比酶或抗体等蛋白质要容易得多;④操作方法具有通用性,容易标准化;⑤灵敏度高,可以达到 10^{-11} mol/L 以上;⑥用途及其广泛。电化学 DNA 传感器可用于对特定序列 DNA 的分析以及对 DNA 链中碱基突变的检测,在抗癌药物的研制和药理分析、环境的检测和控制、法学鉴定以及流行病、传染病、肿瘤、遗传疾病等的早期诊断和治疗方面都具有十分深远的意义。

5.4.2 DNA 在电极表面的固定化方法

探针分子在电极表面的固定量及其杂交活性直接影响电化学 DNA 传感器的灵敏度。在电极表面有效地固定探针 DNA,并保持其与目标序列结合的活性和特异性,就需要选择适当的基底电极,并借助合适的物理或化学方法,使固定的 DNA 有较高的密度和有序性,而又不丧失杂交活性。早期主要采用 DNA 修饰汞电极,汞电极易于得到新鲜和重现的电极表面,能方便地修饰 DNA,但汞呈液态且有毒性,不宜作为传感器或检测器的电极材料。电化学 DNA 传感器常用的基底电极为固体电极,如金电极、玻碳电极、碳糊电极、裂解石墨电极、热解石墨电极等。目前 DNA 在固体电极上的固定方法主要有吸附法、自组装膜法、共价键合法、生物素-亲和素法等。

1. 吸附法

吸附法是通过非共价作用将 DNA 直接或恒电势吸附固定在电极表面,或由 DNA 结构上的磷酸根负离子与电极表面带正电荷的修饰层通过静电作用而固定。直接吸附法是把电极直接浸入 DNA 溶液中吸附一定时间,或把少量 DNA 溶液滴加在电极表面,在空气中自然晾干,DNA 通过与电极表面的吸附作用而被固定在电极上,电极冲洗后就可用于基因分析。直接吸附法固定 DNA 简单、方便,而且通过静电作用吸附固定的 DNA 对非特异性吸附有抑制作用,并可提高固定探针的稳定性。另外,电极表面修饰纳米颗粒后可以提高 DNA 的固定量。但是由于 DNA 探针在电极表面是多位点吸附,会减小 DNA 的固定化密度,同时使 DNA 片段运动自由度减小,影响杂交效率,甚至使正确杂交变得困难。电化学吸附法是把电极浸入 DNA 溶液中,并施加一个正电位,使电极表面带正电荷,通过正、负电荷之间的静电吸引将带负电荷的 DNA 吸附到电极表面,最后用磷酸缓冲溶液淋洗后便可使用。此方法的优点是简单,但固定的 DNA 在杂交过程中可能脱附,且该方法易扭曲探针 DNA 的结构,造成目标 DNA 的无法接近和不正确杂交。

Hashimoto 等采用吸附法在平面热解石墨电极上固定了 DNA 片段,将抛光的平面热解石墨电极浸在浓度为 10.0 μg/mL DNA 的 NaCl 溶液中,在 100 ℃下放置 30 min,然后用 100 ℃热蒸馏水冲洗电极,以除去表面吸附的未修饰上的 DNA。Erdem 等利用控制电位吸附法将合成的单链寡核苷酸探针固定在碳糊电极上,这个 DNA 探针序列能和乙肝病毒相关的 DNA 序列产生杂交,具体方法是首先在 0.05 mol/L 的磷酸盐缓冲液(pH 7.5)中在+1.7 V 电势和无搅拌条件下活化电极 1 min,通过将电极放入含有DNA 探针的 20 mmol/L 的 NaCl 溶液中进行探针的固定化,在搅拌状态下提供+0.5 V 电势 5 min,然后再用灭菌水清洗 10 s。

吸附法固定 DNA 的最大优点是操作简单方便,不需要特殊的试剂,也不需要对 DNA 分子进行任何衍生修饰。但缺点是 DNA 的固定不牢固,在高浓度盐溶液中容易脱落。另外 DNA 分子是以多位点作用于电极表面,甚至平铺在电极表面上,固定化密度小,杂交效率低。

2. 自组装膜法

自组装膜法是基于分子自组装作用在固体表面自然形成高度有序的单分子层的方法。在 DNA 技术中一般是利用带巯基(—SH)的化合物,或者在 DNA 探针分子上接上硫醇基团,利用—SH 基团自组装在金电极表面形成自组装单分子膜来固定 DNA。这种方法制得的 DNA 修饰电极表面结构高度有序,稳定性好,有利于杂交,但对巯基化合物修饰的 DNA 的纯度要求较高,分离提纯操作较繁琐。例如,首先要利用 DNA 的 5′末端的磷酸基与 2-羟乙基二硫化合物的羟基反应生成膦酸酯键,将反应混合物通过凝胶柱分离,得到纯的 5′末端修饰的 DNA,再通过巯基将修饰 DNA 固定于金电极表面,得到 DNA 修饰电极。但由于—SH 修饰的 DNA 不容易合成,且需要分离提纯,操作繁琐,同时巯基化合物再结合 DNA 后体积大幅度增加,在金电极表面自组装比较困难。为了解决这一问题,可在金电极表面先进行—SH 化合物自组装,得到自组装单分子层(SAM),再在 SAM 上共价键合或吸附固定 DNA,实现 DNA 在金电极表面的修饰。自组装法制备的 DNA 修饰电极表面结构高度有序,稳定性好,有利于杂交。

Wirtz 等考察了巯基位置对巯基衍生 DNA 在金电极上固定效果的影响,结果发现只含有一个硫原子的硫代磷酸酯衍生 DNA 与金的作用力较弱,与 DNA 在金电极的非特异性吸附类似。含有 3 个碳链的巯基衍生 DNA 对于 DNA 的固定、杂交及电子转移最有利,巯基通过碳链连接在 DNA 的 3′时效果最好。庞代文等先把二硫二乙醇

(DTDE)自组装到金电极表面上，再通过 DTDE 上的羟基与 DNA 上的磷酸基共价键合，将小牛胸腺 DNA 固定在金电极上。鞠熀先等使用碳二亚胺活化巯基乙酸自组装膜，然后将 ssDNA 固定在自组装膜上，并用 X 射线光电子能谱(XPS)表征 DNA 修饰电极。金电极表面 X 射线光电子能谱谱图出现 P、N、S 等元素的特征吸收峰，说明 DNA 被成功固定在金电极上。

3. 共价键合法

共价键合法是通过固体表面的活性基团与 DNA 分子之间形成共价键，如酰胺键、酯键、醚键等将 DNA 固定在固体表面上。这种方法一般分两步进行：第一步是对固体表面进行活化预处理，以引入活性键合基团；第二步是表面的有机合成，通过固体表面的活性基团(羧基、氨基、羟基等)与 DNA 分子上的氨基、磷酸基等的共价键合把 DNA 分子固定在固体表面。共价键合法制备的 DNA 修饰电极修饰层稳定有序，运动灵活度较高，易于分子杂交，而且固定的探针可通过热解再生。但电极表面活性位点较少，表面共价反应是异相反应，所以固定的 DNA 量较少，而且电极表面的更新处理步骤繁琐。Liu 等采用共价键合法在石墨电极上固定了 DNA 探针，先将石墨电极抛光，经过 HNO_3(V/V=1∶1)和丙酮洗涤后，再用蒸馏水在超声振荡下清洗，然后将石墨电极置于 $K_2Cr_2O_7$ 与 HNO_3 的溶液中，在 20 mA 电流下氧化 10 s，然后把电极放入氢化锂铝的乙醚溶液中 1 h，以使电极表面产生羟基，用乙醚冲洗电极后，将电极浸入 3%的 3-氨基丙基三氧基硅烷的甲苯溶液中 24 h，最后用甲苯冲洗电极。经以上步骤处理后，石墨电极表面导入氨基，在修饰了氨基的电极表面上滴加 50 μL 含有 0.1 mol/L 1-乙基-3-(3-二甲基氨丙基)-碳二亚胺(EDC)和 0.1 g/L ssDNA 的 0.1 mol/L 咪唑缓冲液(pH 6.0)，在 35 ℃下恒温 3 h，ssDNA 便修饰到电极表面上，清洗电极以除去未共价固定化的 ssDNA 后，用红外灯烘干后即可使用。Millan 等把玻碳电极放在酸溶液中氧化处理，然后与水溶性碳二亚胺和 *N*-羟基琥珀酰亚胺作用，使电极表面活化，引入活性基团，再与变性的小牛胸腺 DNA 作用，通过酰胺键的形成把 ssDNA 固定到电极表面。研究表明 DNA 的固定是通过脱氧鸟苷(dG)选择性地与电极表面的活性基团共价结合而固定到电极上，这种方法只能用于固定富含 dG 的 ssDNA，而 dsDNA 和不含有 dG 的 ssDNA 则不能用这种方法固定。方禹之课题组用硅烷化试剂活化石墨电极，在电极表面导入活性基团氨基，在 EDC 的存在下通过氨基与 DNA 链上的磷酸基形成磷酸氨基酯键，将 DNA 固定在石墨电极上。Moser 等研究了一种在 Pt 电极上共价固定 DNA 的方法，这种方法是先把 Pt 电极放在连二亚硫酸钠溶液中还原，然后在 $K_2Cr_2O_7$-HNO_3 溶液中氧化，使电极表面产生活性含氧基团，然后用末端含巯基的硅烷试剂活化电极，在电极表面上导入巯基，再用碘乙酸处理，使末端的巯基转化为羧基，通过羧基与氨基的作用将 NH_2-ssDNA 固定在 Pt 电极上；也可在导入羧基后再用己二胺处理，将末端的羧基转化为氨基，通过氨基与磷酸基的作用将磷酸基修饰 ssDNA 固定在 Pt 电极上。虽然这种方法比较繁琐，但可以降低杂交过程中的非特异性吸附。

共价键合法固定DNA的优点是DNA的固定比较牢固,DNA分子链一端固定,活动自由,有利于杂交,但缺点是固定化程序繁琐,电极表面反应活性位点少,DNA固定量少。

4. 其他方法

生物素-亲和素法 生物素与亲和素之间有极强的专一亲和力,在生物分子的固定中有重要的意义。生物素是一种羧化酶的辅酶,一端的羧基可通过单一温和的生化反应与酶、蛋白质、抗体、DNA等连接,但不影响其与亲和素的特异性结合。亲和素又称抗生物素蛋白,能与生物素及其衍生物形成高度稳定的化合物,亲和常数约为10^{15} L/mol。用这种方法固定DNA时,先把亲和素偶联于支持物上,再将生物素活化的DNA通过生物素和亲和素之间专一的亲和力固定在支持物上。亲和素与支持物的连接可通过共价键合法,也可通过静电吸附法。DNA的生物素化则是在碱性条件下用5′-氨基衍生的DNA和*N*-羟基二亚胺长链生物素反应生成。

组合法 组合法是把修饰试剂和要固定的DNA与电极材料一起混合,制成混合有DNA的电极。例如Wang等将表面涂有TiO_2的硅胶微粒与DNA作用,将DNA结合在硅钛微粒上,然后把这种硅钛微粒与石墨粉混合制成混合有DNA的碳糊电极。这种电极在使用后只需将电极表面抛光,就可进行下一次实验,不需要每次都固定DNA,而且电极表面始终保持新鲜状态,保证了实验结果的重复性。

功能化纳米界面固定法 随着纳米材料的迅速发展,很多功能化的纳米材料成功地应用于电化学DNA传感器中探针序列的固定。该法主要基于纳米材料表面以及边缘的一些特殊基团,以这些特殊基团键合某些新的物质使其功能化,从而对探针序列达到更好的固定效果;或者以这些特殊基团和DNA骨架上的磷酸基团或碱基直接反应,从而将DNA固定在经纳米材料修饰的电极表面。Berry等利用功能化的石墨烯固定单链DNA,并使其与互补序列杂交,固定密度达到5.61×10^{12} mol/cm^2。

DNA的固定化是DNA传感器和DNA芯片研究中一个非常关键的因素。为了能得到质量好的DNA传感器和DNA芯片,要求DNA的固定化应满足以下几个条件:①固定化效率高,固定化密度大,即使DNA浓度很低的情况下,也可保证DNA在支持物上有最大的载量,以保障检测的灵敏度;②DNA的固定要稳定,在杂交、洗涤和分析过程中不发生解脱;③不产生非特异性吸附;④固定化过程不影响DNA的杂交活性;⑤DNA膜有一个充分的流体环境,使目的DNA容易接近,保证杂交反应快速有效地进行;⑥偶联反应条件温和、容易控制,反应速率快。虽然对DNA的固定化方面已经做了大量的研究工作,但到目前为止还没有一种方法能够满足以上所有条件,因此DNA的固定化仍是一个研究热点。

5.4.3 杂交反应的电化学指示

电化学DNA生物传感器是20世纪90年代发展起来的一种全新的基因检测技术,属于功能性生物传感器的一种。其通常由一个支持ssDNA片段(探针)电极和检测用的电化学活性杂交指示剂构成。由于 ssDNA 与其互补靶序列杂交具有高度的特异选择性，这种 ssDNA 修饰电极呈现极强的分子识别功能。在适当的温度、酸碱度和离子强度条件下，电极表面的 DNA 探针序列与靶序列发生杂交反应形成 dsDNA，从而导致电极表面结构的变化。因为杂交后形成的 dsDNA 在电极表面上的电化学信号较差，因此选择一种能够区分 dsDNA 和 ssDNA 结构差异的电活性指示方法能够大大提高检测杂交过程的灵敏度。

根据不同的原则可对电化学 DNA 杂交指示方法进行分类。根据电化学信号的来源可分为内源型和外源型两类。内源型指示主要是指 DNA 分子中可被电化学氧化还原的碱基，而外源型杂交指示又可根据与固定 DNA 之间的关系分为标记型和非标记型两类。标记型指示剂主要是指通过吸附、化学修饰或生物亲和等方法固定在基因片段上的一些具有电化学活性或催化活性的无机或生物物质，如纳米 Au、纳米 CdS、二茂铁、辣根过氧化物酶等，然后通过检测修饰物质本身或其催化底物反应产生的电信号来指示杂交过程，虽然这种方法能得到较高的灵敏度，但检测过程涉及合成、标记、分离纯化等过程，步骤较为繁琐且在操作过程中容易造成样品损失，因而目前在电化学 DNA 传感器领域占主导地位的仍然是与非标记型指示剂有关的研究。非标记型电化学杂交指示剂是一类能与 ssDNA 和 dsDNA 以不同方式相互作用的电活性化合物，且其还原电势处于 DNA 的电势窗口之中(1.2～－0.9 V，vs. SCE)，基于杂交指示剂与 ssDNA 和 dsDNA 选择性结合能力的差异来识别 DNA 的杂交是否发生。当它与 DNA 结合后，发生可逆的氧化还原反应时可与 DNA 发生电子交换，而 DNA 通过远程电子传递使指示剂与电极发生电子交换，完成电化学反应过程。根据分子组成和结构特征，目前应用的指示剂主要有三类：①有机染料或荧光素，如 Hoechst 33258、耐尔蓝(NB)、亚甲基蓝、麦尔多拉蓝、吖啶及其衍生物，磺酸基蒽醌和溴化乙锭(EB)；②药物小分子，如道诺霉素和阿霉素；③金属配合物，如联吡啶(bpy)或邻菲咯啉(phen)等平面配体的钴、锇、钌等金属配合物，螺纹型嵌入剂。

1. 杂交指示剂

电化学标识物即杂交指示剂是一类能与 ssDNA 或 dsDNA 以不同方式相互作用的电活性化合物，其电活性能指示 DNA 的杂交或结构变化，可使检测时的测量电流增大，提高检测的灵敏度。杂交指示剂可选择性地与 dsDNA 结合，且仍然保持电活性，能在电极上产生某种可被测定的电信号从而反映 DNA 的杂交信息。电化学 DNA 传感器的灵敏度直接依赖于杂交指示剂对 dsDNA 的选择性。就目前所采用的杂交指示剂与 DNA 的作用方式而言基本上可分为以下几类。

(1) 嵌入剂(intercalator)，通常是具有电活性的小分子物质，它们能选择性地与电极表面的 dsDNA 结合。通常是将杂交反应后的电极浸入含有嵌入剂的溶液中反应一定时间，或在杂交反应之前先加入一种电活性分子再进行杂交，然后进行电化学检测，所得信号的大小或变化值可以反映电极表面 dsDNA 的多少，从而测定被测溶液中目标 DNA 片段的含量。嵌入剂与 DNA 分子的作用一是通过分子嵌入 dsDNA 双螺旋的碱基之间，二是通过分子与 dsDNA 骨架上的磷酸基团之间的静电作用。常用嵌入剂之一是过渡金属配合物，如钴、钌、锇的三联吡啶和邻菲咯啉配合物。Wang 等采用 $Co(phen)_2^{3+}$ 作为杂交指示剂，将杂交后的电极先在 0.02 mol/L 的 Tris-HCl 溶液(pH 7.0)中清洗 10 s，然后插入含有 0.2 mol/L $Co(phen)_2^{3+}$ 的 Tris-HCl 溶液中，在 0.5 V 反应 1 min，$Co(phen)_2^{3+}$ 即与电极表面的 dsDNA 结合，采用计时电势法检测杂交前后 $Co(phen)_2^{3+}$ 的峰面积变化，从而测得特定序列 DNA 的含量。另一类是带刚性大平面的芳香环化合物，如吖啶橙等染料、柔毛霉素、道诺霉素、盐酸阿霉素等药物分子。但由于这些嵌入剂一般都可以同时与 ssDNA 和 dsDNA 相结合，只是结合力大小不同，因此传感器的选择性就与杂交指示剂对 dsDNA 和 ssDNA 的选择性结合能力的差异有关。所以嵌入剂作为杂交指示剂其选择性并不十分理想。嵌入剂的另一个不足是它们通常很容易且很快地从 DNA 分子上分开，不利于电化学信号的检测，使灵敏度受到一定影响。选用新型的嵌入剂可望改善传感器的灵敏度和选择性。图 5-26 是一种螺纹型的嵌入剂，萘二酰亚胺的两端分别接上了两个电活性的二茂铁基团，利用萘二酰亚胺可与 dsDNA 分子形成稳定的化合物，所带的二茂铁基团可在电极上发生氧化还原反应而产生可被检测的电化学信号。由于这种分子两端带两个体积庞大的二茂铁基团，其从 DNA 分子上脱离的速度大大减慢，有利于电化学信号的测定，能获得更高的灵敏度。

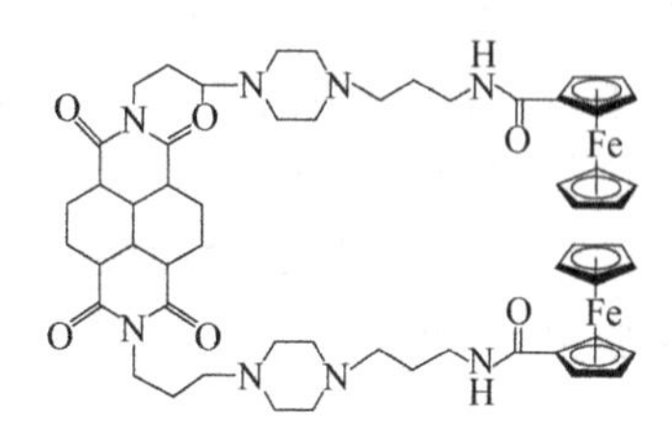

图 5-26 螺纹型嵌入剂

(2) DNA 分子小沟结合剂(DNA minor groove binder)，这类物质的作用与嵌入剂相类似，但是它们与 DNA 分子结合的方式与上述嵌入剂有所差别，它们并不嵌入 dsDNA 分子的碱基中间，而是与 DNA 分子扭曲区的小沟相结合。这种小沟只存在于 dsDNA 分子中，而且 ssDNA 并不具备，因此这种结合剂对 dsDNA 的选择性一般优于嵌入剂。这类物质大多是一类平面结构的药物分子，如纺锤素、偏端霉素等，或是二苯并酰亚胺类染料。各种小分子与 DNA 分子相互作用的电化学研究是上述嵌入剂和小沟结合剂的选择基础，这类研究在国内外已有不少文献报道。

2. 电活性标记物

直接在 DNA 链上引入导电性分子作为标识物。Garnier 等将一个含 13 个碱基的低聚核苷酸连接到聚吡咯上，这样不仅可以增加电导，还使其在水溶液中具有更高的电活性。实验发现当杂交反应发生时，电流强度会降低，这可能是由于聚合物骨架形态的改变引起的，目前这种方法的灵敏度约为 10^{-13} mol/L。Takenka 等成功地在寡聚核苷酸的 5′端磷酸基上标记具有电化学活性的羧酸二茂铁，制成二茂铁标记寡聚核苷酸，合成的二茂铁寡聚核苷酸选择性地与互补单链 DNA 形成复合物，采用电流检测时，信号与复合物的量呈线性关系，检测范围为 20～100 fmol/L。方禹之等研制了醛基二茂铁标记的 DNA 探针，对小牛胸腺 DNA 有良好的响应。

3. 酶标记物

将标记了酶的目标序列与电极表面的互补探针序列进行杂交，相当于在电极表面增加了一层具有催化功能的酶，通过测定酶催化反应生成物的变化量可以间接测定DNA的杂交情况。Lin等通过生物素-亲和素的特异性结合，将羧基荧光分子(FAM)标记的发卡型探针序列固定在基底上，与目标序列杂交后，使用带有HRP的FAM亲和物与探针结合，利用HRP的催化作用，成功检测了导致急性早幼粒细胞白血病的特征基因序列。Azek等采用印刷电极制备了检测巨细胞病毒的基因传感器，其检测原理如图5-27所示，印刷电极由40%的碳粉与60%的聚苯乙烯组成的"墨水"打印而成，电极的面积为9.6 mm^2。电极首先浸入扩增后的含有巨细胞病毒的样品溶液中，巨细胞病毒DNA被固定在电极表面上，然后将电极放入含有商品DNA探针AC3的溶液中杂交，洗去未杂交的AC3后，将电极放入含有抗生蛋白链菌素与过氧化物酶共轭的溶液中，最后将电极避光放入邻苯二胺的溶液中，通过差分脉冲伏安法检测在杂交后标记物过氧化物酶催化邻苯二胺生成的2,2′-二氨基偶氮苯的还原电流，进而测定巨细胞病毒的量，该传感器的检测极限为0.6 amol/L，比凝胶电泳法灵敏23000倍，较比色杂交试验灵敏83倍。

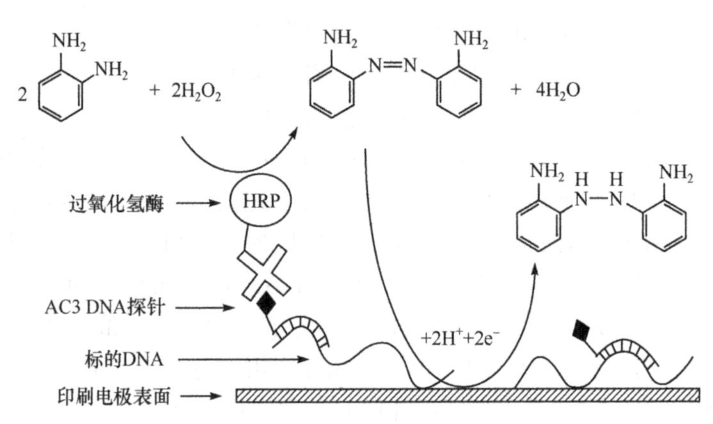

图5-27　巨细胞病毒基因传感器的电化学杂交检测

4. 纳米标记物

目前已报道的文献常利用纳米粒子标记的单链DNA作为探针与目标序列杂交，在一定条件下检测金属粒子或溶出金属离子的电化学信号，达到间接测定DNA的目的。常用的纳米粒子有纳米金属(如金、银、铁、铜等)和纳米化合物(如硫化镉等)。作者利用纳米硫化镉和纳米硫化铅标记DNA探针的方法，成功检测了转基因农产品中常见的胭脂碱合成酶基因终止子(NOS)和花椰菜花叶病毒35S启动子(CaMV 35S)的转基因序列。例如，以水相合成的PbS量子点作为寡聚核苷酸探针的标记物，用于CaMV 35S序列片段的检测，其电化学检测示意图如图5-28所示。在活化剂作用下纳米PbS表面的羧基可以与探针DNA一端修饰的氨基反应，完成纳米PbS对探针序列的标记。利用自组装法制备了巯基乙酸修饰金电极，再利用共价键合法将目标 ssDNA 序列固定在金电极表面，利用特定序列的分子杂交反应与探针序列在电极表面形成双链 DNA 结构。用硝酸溶解固定在杂交双链上的纳米 PbS，通过灵敏的阳极溶出伏安法检测溶液中 Pb^{2+} 的含量，间接完成对目标序列的检测。此方法用于 CaMV 35S 序列片段的检测，线性范围为 $1.2\times10^{-11}\sim4.8\times10^{-8}$ mol/L，检测限可达 4.38×10^{-12} mol/L(3σ)。

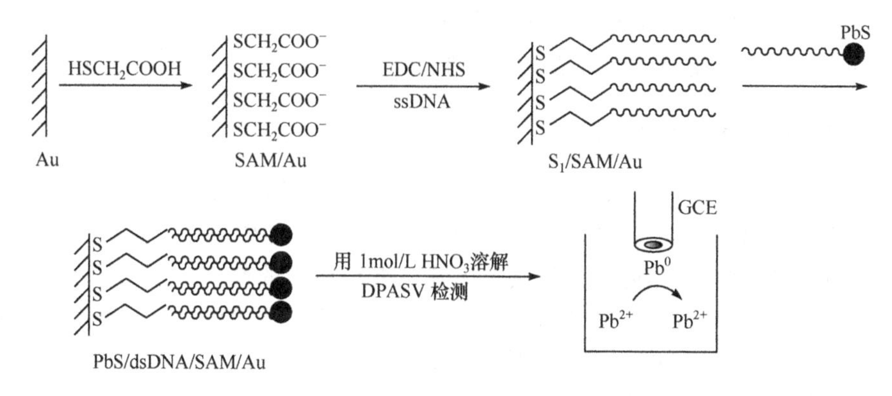

图 5-28　纳米 PbS 标记 DNA 电化学检测的原理示意图

或者利用巯基乙醇的修饰作用在水相中合成稳定分散的纳米 CdS，在活化剂的作用下，纳米 CdS 表面的羟基可以与探针 DNA 5′端的氨基发生偶联，实现纳米 CdS 对探针序列的标记。以金电极为固定介质在其表面修饰自组装膜，通过目标序列与自组装膜之间的共价键合作用将目标序列固定在自组装膜修饰的金电极上。在一定条件下使纳米 CdS 标记的探针序列与目标序列杂交，强酸溶解杂交产物中的纳米 CdS，以玻碳电极为工作电极，以同位镀汞阳极溶出伏安法检测镉离子的溶出信号，间接完成对目标序列的电化学定性定量检测，其原理如图 5-29 所示。此方法用于 NOS 序列片段的检测，检测线性范围为 $8.0\times10^{-12}\sim4.0\times10^{-9}$ mol/L，检测限为 2.75×10^{-12} mol/L(3σ)。

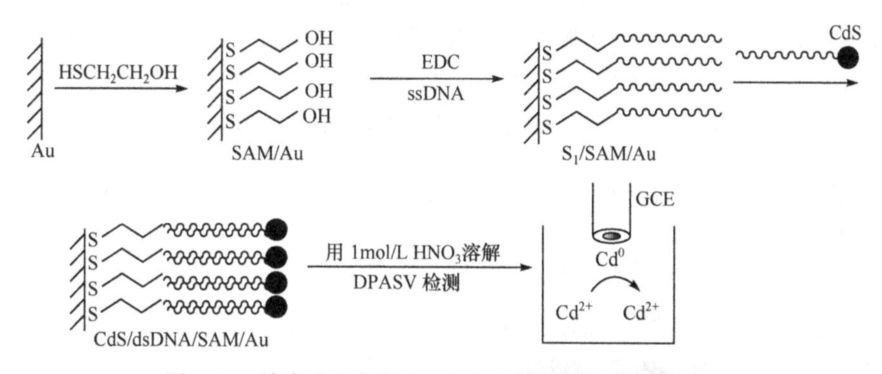

图 5-29　纳米 CdS 标记 DNA 电化学检测的原理示意图

5. 直接电化学法

DNA 分子中碱基的电活性可直接用于 DNA 杂交的检测。虽然 DNA 链的脱氧核糖和磷酸骨架均是电化学非活性，但是鸟嘌呤和腺嘌呤的氧化电位在碳电极的电势窗口之内。根据此特点可设计出无标记电化学 DNA 传感器，但是这种方法的灵敏度较低。Wang 等用肌苷代替 DNA 探针中的鸟嘌呤来消除探针中鸟嘌呤的氧化峰，然后利用探针与靶序列杂后出现的鸟嘌呤的氧化峰进行检测。另外一种直接电化学检测 DNA 杂交是通过检测电极界面上电导率的变化实现的，例如，Zhao 等利用石墨烯量子点与单双链 DNA 不同的结合能力，根据杂交前后修饰电极表面 DNA 的吸附情况不同导致的电极电化学性能的区别对杂交反应进行检测。

5.4.4　电流型 DNA 传感器的应用

随着对基因组中携带的大量遗传信息的研究，对更加简单、快速、高通量、易于小型化和量产化的基因分析仪器的需求越来越大，而且基因的分离及分析检测在临床诊断、药物开发、环境监测及卫生防疫等领域发挥着越来越重要的作用。生物技术的发展提供了更多高灵敏度、高特异性的基因检测方法，其中利用单链 DNA 间的特异性互补配对规律发展起来的各种 DNA 生物传感技术，引起了生物分析工作者的广泛关注。电化学 DNA 传感器为 DNA 检测技术提供了一种全新途径，它具有简单、可靠、价廉、灵敏和选择性好等优点，在分子生物学领域具有很大的应用价值。与其他 DNA 生物传感器相比，电化学 DNA 传感器不仅具有分子识别功能，而且有分离纯化基因的功能，在疾病基因诊断、环境监测、法医鉴定及食品卫生检验等方面显示了广阔的应用前景，已成为当今生物学、医学领域的前沿性课题。

图 5-30 显示的是一种电流型 DNA 传感器的结构及其对 DNA 的电流响应。它将 12 个(5′-GTTCCGGTGGCT-3′)或 20 个(5′-TGCAGTTCCGGTGGCTGATC-3′)碱基的单链 DNA 固定在十八胺的多孔碳电极上作为传感器的响应电极，采用毫摩尔量级的水合二氯化锇作为杂交指示剂，超过 12 个碱基的互补靶序列才能与电极表面的寡聚核苷酸杂交形成杂交分子。为了避免杂交指示剂的非特性吸附的影响，在其与 DNA 作用后从电极表面洗去非特性吸附的杂交指示剂。循环伏安法的检测表明传感器对未杂交的 ssDNA 探针没有电流响应(图 5-30 的右图中曲线 A)，而对杂交后的 ssDNA 探针有较好的电流响应(图 5-30 的右图中曲线 B)，从而可以识别特定的 DNA 分子。

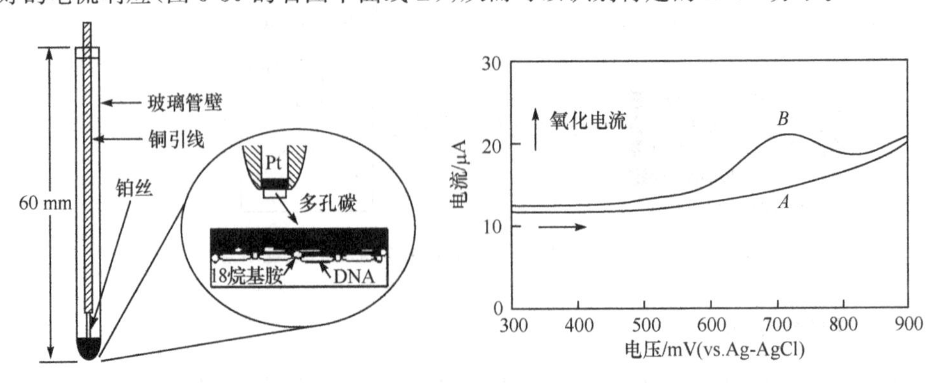

图 5-30　十八胺固定 DNA 的传感器构造及其对 DNA 的电流响应

使用自组装法可以构建一种基于纳米金修饰离子液体碳糊电极的电化学 DNA 传感器，其原理如图 5-31 所示。使用恒电位沉积法将纳米金粒子电沉积在 CILE 表面，然后在纳米金上自组装一层巯基乙酸膜，再通过 ssDNA 末端的氨基固定探针序列，与目标序列杂交后以亚甲基蓝(MB)为指示剂来检测杂交反应的发生。实验结果表明电沉积的纳米金增加了电极表面的电子传递速率，增加了探针的负载量，结合自组装膜的高度有序，有效提高了传感器的灵敏度和选择性。在最优的试验条件下以微分脉冲伏安法检测 MB 的电化学信号，进一步达到对花生 Arabinose operon D 基因片段的高灵敏检测，线性范围为 $1.0\times10^{-11}\sim1.0\times10^{-6}$ mol/L，检测限为 1.5×10^{-12} mol/L(3σ)。这种传感器对单碱基和三碱基错配序列具有良好的识别能力，使用这种 DNA 生物传感器对花生中 Arabinose operon D 基因序列的聚合酶链式反应产物进行了成功检测。

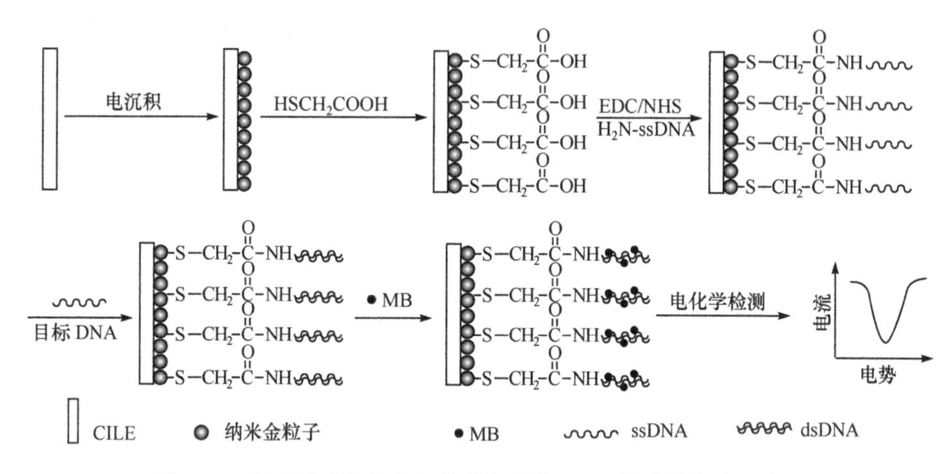

图 5-31　基于纳米金修饰电极的电化学 DNA 传感器构建示意图

在此基础上，进一步构建了一种树枝状纳米金和电化学还原石墨烯共同修饰的离子液体碳糊电极，并以此为基底制备了一种新型电化学 DNA 传感器，其原理如图 5-32 所示。使用 1-丁基吡啶六氟磷酸盐作为黏合剂制备了离子液体碳糊电极，并在其表面利用电化学还原氧化石墨烯的方法修饰了一层石墨烯(GR)。通过恒电位沉积法将树枝状的纳米金沉积在 GR/CILE 表面，构建了 Au/GR/CILE，进一步在其表面自组装一层甲基丙烯酸(MAA)膜，将氨基修饰的探针 DNA 通过酰胺键固定在 MAA 修饰膜表面，构成 ssDNA/MAA/Au/GR/CILE。与目标序列杂交后，以亚甲基蓝为指示剂来检测杂交反应的发生。在最优的实验条件下，以微分脉冲伏安法检测 MB 的电还原信号，达到对单核增生李斯特氏菌的特征基因片段的高灵敏检测，线性范围为 $1.0\times10^{-12}\sim1.0\times10^{-6}$ mol/L，检测限为 2.9×10^{-13} mol/L(3σ)。该电化学 DNA 传感器对单碱基和三碱基错配序列具有良好的识别能力，使用这种 DNA 传感器对从变质的鱼肉中提取的单核增生李斯特氏菌 *hly* 基因序列的聚合酶链式反应产物进行了成功检测，结果表明所构建的电化学 DNA 传感器对实际生物样品中特定的基因序列有良好的检测能力。

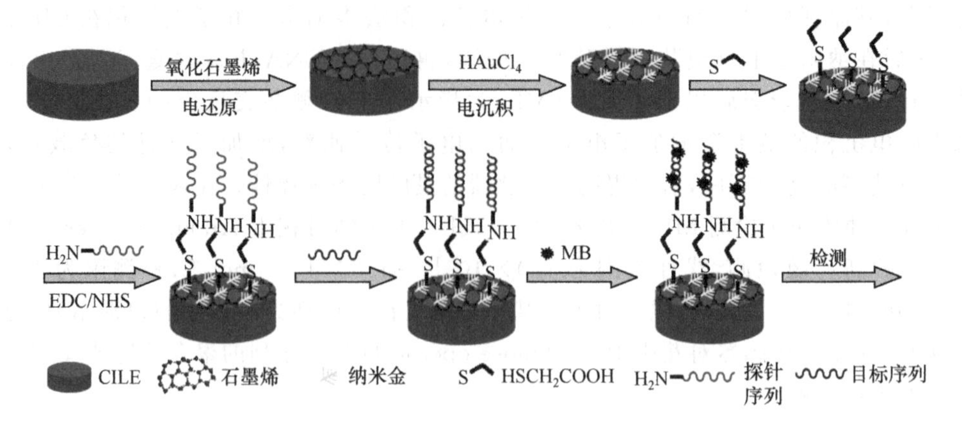

图 5-32　基于电化学还原纳米金和石墨烯修饰电极的电化学 DNA 传感器示意图

第 6 章　光化学与生物传感器

光化学传感器是利用感受器的敏感膜与被测物质相互作用前后物理、化学性质的改变而引起的光谱传播特性的变化来检测物质的一类传感器。光化学传感器与其他原理的传感器相比，它的非接触和非破坏性测量具有安全性好、可远距离检测、分辨力高、工作温度低、耗用功率低、可连续实时监控、易转换成电信号等优点。随着光纤技术及光集成技术的迅猛发展，光化学传感器引起了人们的极大关注，并且已经广泛地应用于工业、环境、生物医学的检测中。光化学传感器主要分成两种形式：一种是将分子探针安装在光器件上，需要对光器件进行化学修饰，使光器件成为敏感器件；另一种是直接利用光器件的波谱选择性对样品进行分子识别，感受器和换能器就是光器件本身。光生物传感器只是分子探针采用的是生物材料，利用生化作用进行分子识别，其他的与光化学传感器没有区别。

6.1　光学式气体传感器

测量气体的理论和技术不断出现，其中包括各种类型的化学传感器。每种传感器适用于一定的应用领域，且需要经常校准，一般只能在清洁的环境中工作。如传统的电化学气体传感器对于像 CO_2 这样的非还原性不可燃气体的测量尤其困难，使用寿命也很短。对于其他的各种间接测量方法，由于它们通常不仅对一种气体敏感，所以其精度很低且漂移量较大。与电化学传感器相比，光学式气体传感器有许多优点，虽然比较昂贵的价格降低了它的市场竞争力。但随着产品集成化程度的提高，其生产成本也正在逐渐降低。由于不同气体分子对特定波长红外光有选择性吸收(表 6-1)，所以光学式气体传感器主要以红外吸收型为主。

表 6-1　常见气体分子对红外光的吸收波长

气体	分子式	吸收波长/μm	测量波长/μm
水蒸气	H_2O	1.45、1.94、2.6、6.3	1.5
一氧化碳	CO	4.5～4.7	4.66
二氧化碳	CO_2	2.75、4.27、14.3	4.27
二氧化硫	SO_2	4.00～4.17、7.25～7.50	7.33
二氧化氮	NO_2	6.2	6.2
臭氧	O_3	9.6	9.6
烃化物	C_nH_{2n+2}	3.2～3.6、7.4～7.9	3.33

光学式气体传感器是发展较早和较成熟地应用于化学监测的物理传感器，能直接

利用光器件的波谱选择性对样品进行分子识别。光学式气体传感器的传感原理是基于气体对光谱的吸收、光的传导和光电效应,以红外吸收型为主。光学式气体传感器的光学测量方法主要有三种:单光束单波长测量、双光束双波长测量和单光束双波长测量。单光束单波长测量传感器,顾名思义,这种传感器的测量仪器只能提供单一波长的光线。在上述三种测量方法中它的性能最差,其稳定性极易受到如光源老化、灰尘污染及光线发射特性变化等因素的影响。此外,温度的变化也会影响其稳定性。但这种传感器的优点是构造简单、机械性能可靠且价格低廉。对于双光束双波长测量传感器,测量仪器备有两个光通道、一个检测器及两个滤光镜,与前一种仪器比较,其精度和稳定性都有所提高,但相应的价格也较高。此外为提高其工作温度范围,两个检测器必须完全匹配。在实际应用中,两个光波通道受到的灰尘污染程度同样也会给这类测量仪器带来因非对称污染而精度失准的问题。而对于单光束双波长测量传感器(图 6-1),其独特之处在于它的滤光镜是一种袖珍电子调谐干扰仪。这种滤光镜保证了它所透过的光波波长的精确性和稳定性,避免了由于滤光镜与探测器不匹配而发生的问题,以及传统的旋转式滤光镜所产生的磨损。

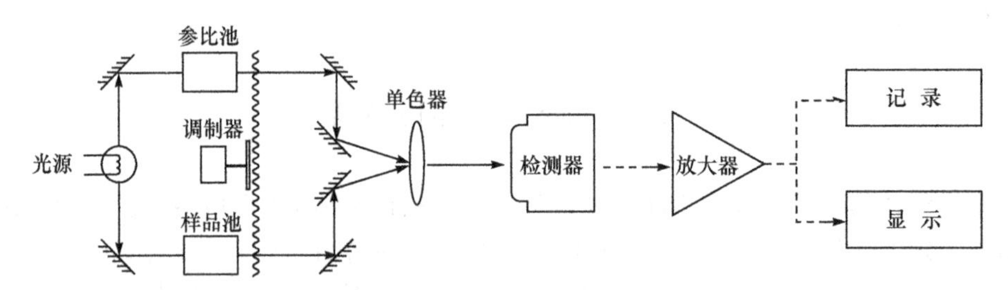

图 6-1 单光束双波长测量装置示意图

6.1.1 非发散性红外线 CO_2 传感器

各种气体都会吸收光,不同的气体吸收不同波长的光,如 CO_2 就对波长为 4.27 μm 的红外光最敏感。光学气体检测通常是把被测气体吸入一个测量室,测量室的一端安装有光源,另一端装有滤光镜和检测器。滤光镜的作用是只容许某一特定波长的光线通过。检测器测量通过测量室的光通量,检测器所接收到的光通量取决于环境中被测气体的浓度。

非发散性红外线(non-dispersive infrared,NDIR)传感是运用气体对红外线特殊波长的吸收和气体浓度与吸收量成正比的特性,来检测特定气体的浓度。相对于通常的红外光谱分析,NDIR 仅记录某一特定且较窄范围的光谱,加以强度分析,光谱的波长和频率可依不同气体性质而调整。非发散性则指光波长的选择方式,运用吸收光或干涉光过滤装置过滤后的穿透频带(bandpass)与光谱仪中的棱镜或光栅上光的发散进行比较。

非发散性红外线 CO_2 气体传感器就是基于气体的吸收光谱随物质的不同而存在差异的原理制成的。不同气体分子化学结构不同,对不同波长的红外辐射的吸收程度就不同。因此，不同波长的红外辐射依次照射到样品物质时，某些波长的辐射能被样品物质选择吸收而变弱，产生红外吸收光谱，当知道某种物质的红外吸收光谱时，便能从中获得该物质的特征吸收峰。同一种物质不同浓度时，在同一特征吸收峰有不同的吸收强度，吸收强度与浓度成正比。即不同气体分子化学结构不同，对应于不同的吸收光谱，而每种气体在其光谱中对特定波长的光有较强的吸收。通过检测气体对光的波长和强度的响应，便可以确定气体的浓度。如果光源光谱覆盖一个或多个气体吸收线，光通过气体时就会发生衰减，根据朗伯-比尔定律，输出光强度 I、输入光强度 I_0 和气体浓度 C 之间的关系为

$$I=I_0\exp(-\alpha LC) \tag{6-1}$$

式中，α 为分子吸收系数；L 为光和气体的作用长度（光程）。对式(6-1)进行重排，可得

$$C=\frac{1}{\alpha L}\ln\frac{I_0}{I} \tag{6-2}$$

如果 L、α、I_0 已知，那么通过测量 I 就可以得到气体浓度 C。

实际上，在这种 CO_2 传感器的结构设计中，为了避免外界干扰因素（如温度、压力、其他气体、光源波动、灰尘污染等）的影响，通常情况下要将传感器设计为双光源单波长双气室的结构。同时，在参比气室中封入氮气，被测气体能自由出入测量气室，这样的结构虽然提高了传感器的选择性，但加大了传感器的体积，也带来了由光源、滤光镜和光探测器的非对称污染而引起的误差。另外，光源、滤光镜和光检测器本身的不完全一致也会导致传感器的系统误差。基于此种考虑，可以将传感器的结构设计为单光源单波长双气室（图 6-2），这种设计减小了传感器的体积，消除了光源、滤光镜的非对称污染引起的误差。

红外线二氧化碳传感器检测气室结构如图 6-2 所示，是由红外光源、测量气室、可调干涉滤光镜、传感器探头、光调制电路、放大系统等组成。红外光源发出 3～10 μm 的红外线，其中在 4.27 μm 处 CO_2 气体有强吸收。气室中具有两个检测通道，分析检测通道和参比检测通道。光电二氧化碳传感器探头（图 6-3）具有较高的灵敏度，能检测位于可检测波长范围的红外线，如锑化铟探头的检测波长范围为 2～7 μm。当气室通入 N_2 时，红外线在气室内不被吸收，分析检测通道输出信号最大。当气室通以待测组分时，红外线在气室内被吸收，分析检测通道输出信号减小。分析检测通道输出信号由于气室中待测组分的吸收而发生变化，产生一个与待测组分浓度成比例的输出信

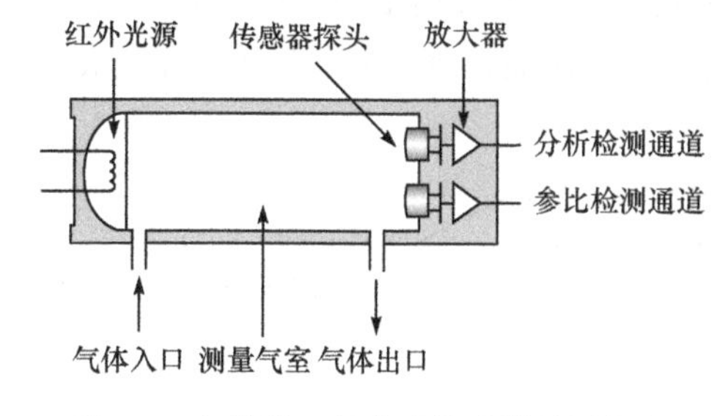

图 6-2　红外线二氧化碳传感器检测气室

图 6-3　光电二氧化碳传感器探头

号。参比检测通道的输出信号不受被测气体及其浓度影响，用于反映光源光强的变化，以补偿分析检测通道的输出信号。

6.1.2 烟尘浊度监测仪

防止工业烟尘污染是环保的重要任务之一。为了消除工业烟尘污染，首先要知道烟尘排放量，因此必须对烟尘源进行监测、自动显示和超标报警。烟道里的烟尘浊度是通过光在烟道里传输过程中的变化大小来检测的。如果烟道浊度增加，光源发出的光被烟尘颗粒的吸收和折射增加，到达光检测器的光减少，因而光学传感器输出信号的强弱便可反映烟道浊度的变化。

介质对光的吸收程度与介质的浓度、介质的厚度及入射光的波长有关，当固定入射光的波长时，光吸收的程度就只与介质的浊度及介质的厚度有关。如果当入射光的波长、介质的浊度及介质温度一定时，介质的吸光度与介质厚度成正比的关系称为朗伯定律；而当入射光的波长、介质厚度和温度固定时，介质的吸光度与介质的浊度成正比的关系称为比耳定律。如果同时考虑介质的浓度及厚度对光吸收的影响，便是朗伯-比耳定律[式(6-1)]，改写式(6-1)为

$$A=\lg\frac{I_0}{I}=\lg\frac{1}{T}=\alpha CL \tag{6-3}$$

式中，A 为吸光度；I_0 为入射光强度；I 为透过光强度；T 为透光度；α 为吸收系数；C 为介质的浊度；L 为吸收介质的厚度(测量光程)。介质的浊度 C 就是烟尘的浊度。当介质的厚度 L 一定时，则介质对光的吸收程度仅与介质的浊度 C 成正比。式中 α 与介质的物质特性、入射光的波长及介质的温度等因素有关，也与 L、C 的选用单位有关，从式(6-3)可知，介质的吸光度 A 与浊度 C 成正比，因此与 C 应成直线关系，此时直线的斜率等于 αL。

图 6-4 是光吸收式烟尘浊度监测传感器系统的组成框图，为了检测出烟尘中对人体危害性最大的亚微米颗粒的浊度和避免水蒸气与二氧化碳对光源衰减的影响，选取可见光作光源(400～700 nm 波长的白炽光)，光检测器为光谱响应范围在 400～600 nm 的光电管，获取随浊度变化的相应电信号。为了提高检测灵敏度，采用具有高增闪、高输入阻抗、低零漂、高共模抑制比的运算放大器，对信号进行放大。刻度校正用于进行调零与调满刻度，以保证测试准确性。显示器可显示浊度瞬时值，报警电路由多谐振荡器组成，当运算放大器输出浊度信号超过规定时，多谐振荡器工作，输出信号经放大后推动扬声器发出报警信号。

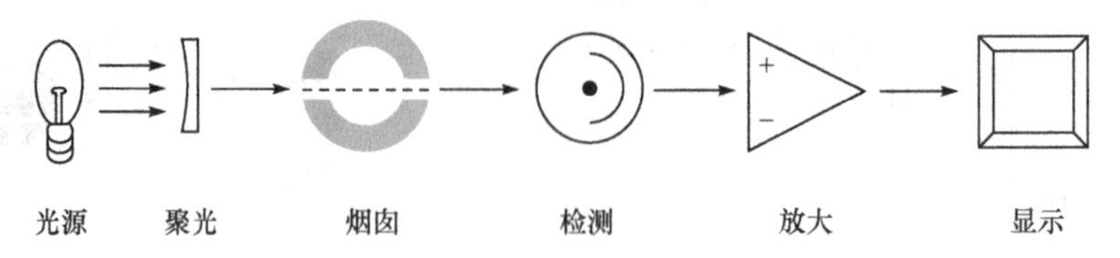

图 6-4　光吸收式烟尘浊度监测传感器系统

6.2　光化学传感器

6.2.1　光纤化学传感器

光纤化学传感器是从20世纪80年代随着通信技术、计算机技术的发展，与光谱技术相结合而形成的。1980年美国国家健康实验室Peterson博士报道了世界上第一例用于监测生物体液pH的光纤化学传感器(fiber optic chemical sensor，FOCS)，引起学术界广泛的关注。人们认为发展这一新技术将推动相关学科的发展，是跨世纪的重大研究方向之一。光纤化学传感器能够实现连续、在线、实时和远距离监测，可应用于化工、医药、卫生、环境监测等各个方面，特别是在过程分析中具有很大的应用潜力，能广泛应用于环境监测领域中pH测量、溶解氧测定、CO_2测定、水中有机物浓度及离子测定等分析，近20年来得到了迅速的发展。

光纤化学传感器系统(图6-5)一般由光源(或没有)、光纤、探头、检测器以及数据处理装置组成，是根据光纤探头所固定的化学敏感试剂与分析物作用时产生光学性质变化，通过光纤传输光信号、光电器件将光信号转化为电信号，测定待测物含量的装置。利用物质对光的吸收、化学发光、荧光的原理以及光敏感器件与光导纤维技术制作传感器，使光纤化学传感器操作简便、快速、便携，具有响应快、灵敏度高、抗电磁干扰能力强、体积小、功耗小、一般不需要参比、耐高温与腐蚀等特点。在恶劣环境下进行非接触式、非破坏性以及远距离测量方面，与电化学传感器相比，光纤化学传感器具有明显的优点。光纤探头是指安装在光纤端部或一段光纤芯部的试剂相装置，通常由化学敏感试剂、固定相支持剂和其他辅助材料等制成。化学敏感试剂在光纤化学传感器上的安装主要有两种形式：一种是分子探针直接安装在光纤上，参与化学作用的敏感层与光纤融为一体，即感受器和换能器合二为一；另一种是分子探针安装在光纤附近，光纤只起采集和传输光信号的作用，即感受器和换能器分离。

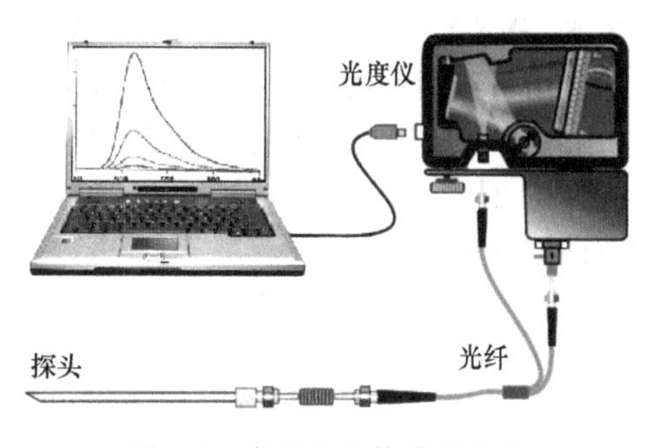

图6-5　光纤化学传感器系统

根据被分析物与化学敏感试剂作用后的光学特性，光纤化学传感器可采用不同的检测方法，依此而分类主要有光吸收型传感器、化学发光型传感器、荧光传感器、消逝波传感器等。

化学发光H_2O_2光纤传感器就是用光纤和安装在光纤前的敏感膜组成的传感器，它采用聚丙烯酰胺包埋敏感物质形成凝胶的方法来制备敏感膜。膜的具体制法是：在50 mL 0.1 mol/L $KOH\text{-}H_3BO_3$或0.1 mol/L磷酸缓冲溶液(pH=9)中加入过氧化物酶和鲁米诺(Luminol)，使它们的浓度分别为0.5～3.0 mg/mL和10^{-3} mol/L；再加入0.12 g *N*,*N*-二甲基丙烯酰胺和2.38 g丙烯酰胺，混合溶液后过滤以除去不溶物；然后在这种光活性溶液中加入最终浓度为 1 mg/mL 的核黄素和过硫酸钾。聚合反应在被水饱和了的氮气氛中进行，用汞灯照射置于玻璃槽中的混合液直至形成固体凝胶，干燥后的敏感膜厚度为 1 mm。传感器的构造如图 6-6 所示，将包埋过氧化物酶的聚丙烯酰胺敏感膜包上尼龙网以形成栅栏，然后用两个 0.5 cm 厚的圆塑料环夹住并固定在光纤的端部，测量时将探头放入覆盖着遮光罩的已装有底液的烧杯中，由试液注入孔加入样品，通过用光电倍增管检测发光强度即可测定样品中 H_2O_2 的含量。该装置可测 10^{-3}～10^{-5} mol/L 的 H_2O_2，检测下限为 10^{-6} mol/L，响应时间是 30 s。

光纤化学传感器按光纤传感方式也可以分为两种基本类型，即单独型和分路型：单独型是以对置的检测识别模式把光从发射器送到独立的接收器；分路型以分散模式用一半光纤传送光，另一半接收光。图 6-6 所示化学发光 H_2O_2 光纤传感器就属于单独型光纤化学传感器。

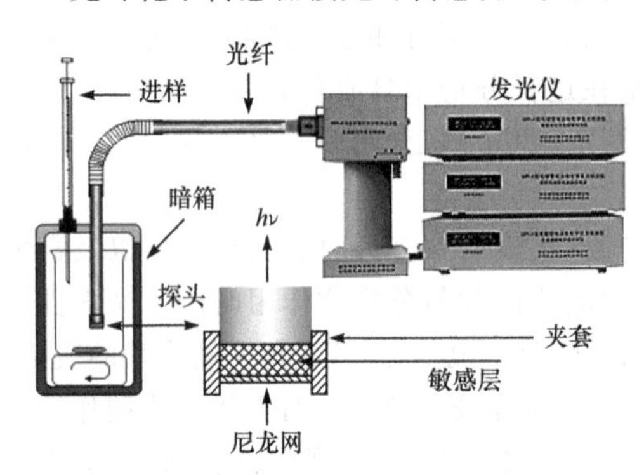

图 6-6　化学发光 H_2O_2 光纤传感器
（发光分析仪由西安瑞迈分析仪器有限公司授权登载）

图 6-7 是一个简单的分路型光纤化学传感器。它由一个分叉的三股光纤构成，一端是双股光纤，一股用蓝色的发光二极管(LED)射入峰值为 450 nm 的激发光，另一股用光敏晶体管(PTS)通过一个滤光镜接收探头反馈回来的峰值为 683 nm 的荧光；分叉的另一端是由绿藻组织固化膜置于光纤端部构成的探头。探头上覆盖的敏感膜由过滤后的绿藻组织经 0.1 mol/L 的 $CaCl_2$ 凝结硬化，切成直径为 12 mm 的圆片，用一个 O 形环固定在中间，穿入光纤的电极杆端部。该传感器用来检测环境中长效除草剂 2-氯-4-乙胺基-6-异丙胺基-均三氮苯(atra-zine)的残留量，传感器对除草剂的响应曲线如图 6-8 所示。

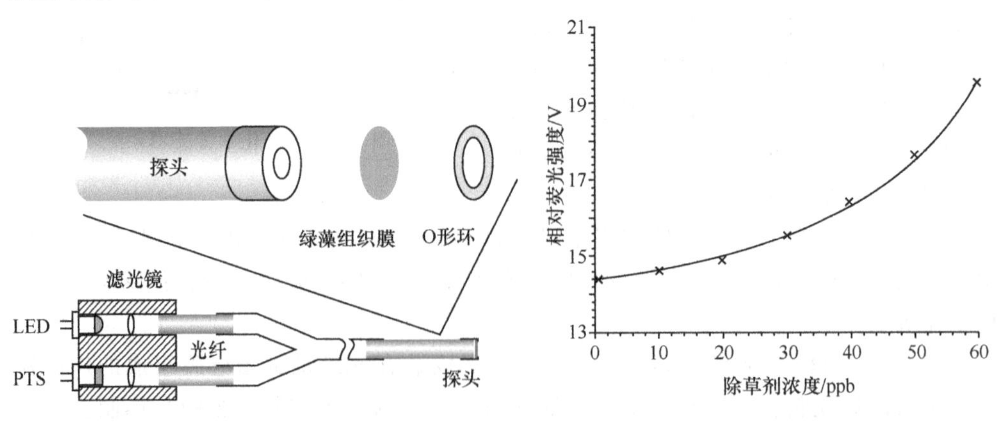

图 6-7　分路型光纤化学传感器　　图 6-8　传感器对除草剂的响应曲线

利用光纤荧光技术还可以制作用于气体和原位测定的集成传感器，它由光源、光传输系统、传感器探针、检测器组成，图 6-9 为该传感器的示意图。它的关键部件由三个探针构成，即 pH、pCO_2、pO_2 传感探针。pH 探针是利用醋酸纤维素作敏感膜载体，羟基芘三磺酸(HPTS)作荧光敏感物质，选择 460 nm 作为激发波长，520 nm 作为检测波长，在 pH 4～8 范围内，HPTS 的荧光强度与 pH 呈线性关系。pCO_2 探针是在硅橡胶载体膜上固定荧光试剂 HPTS，并利用硅橡胶透气膜封装一定浓度的 $NaHCO_3$ 缓冲液构成。因为 CO_2 是酸性气体，通过透气膜可以改变内充液的 pH，从而达到测量 pCO_2 的目的。在 10～100 mm Hg 范围内，其灵敏度及分辨率均符合要求。pO_2 探针是将氧敏荧光试剂固化在硅橡胶膜中制成，利用荧光淬灭原理测定 pO_2。氧敏荧光试剂的荧光激发波长为 460 nm，检测波长为 520 nm。光纤血气传感器的 pH、pCO_2、pO_2 探针分别由 12.7 mm 的光纤制成，三个探针被封装在高分子材料外套中，并镶有控温的热敏电阻，整个探针外径尺寸仅为 0.6 mm，完全可以置于微小体积内进行实时测量。这种光纤传感器的响应时间在 1 min 以内，所以还能应用于在线连续监测。

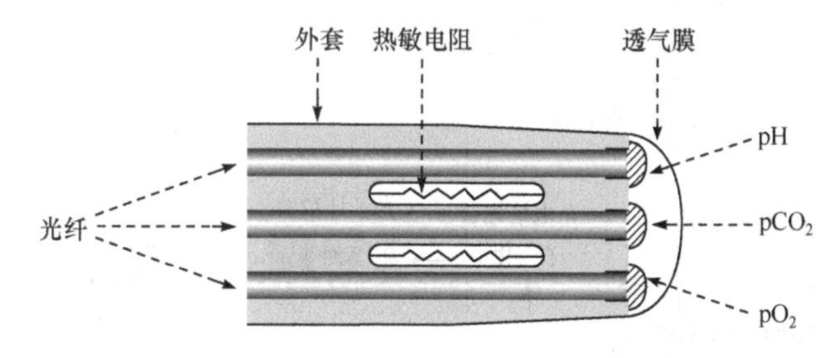

图 6-9　集成光纤传感器示意图

按照目前的光纤生产和加工技术，单根光纤的直径可以从微米到厘米，甚至可以做到纳米级，这无疑给研制各种尺寸的光纤化学传感器创造了有利条件。人们将极细光纤制成的探头称为光极，可在分子水平上检测氧，无论对环境、生物、医疗或工业生产都非常重要，特别是在生物系统和电化学腐蚀的研究上，在亚微米区域对氧进行实体测量尤为重要。但是以往的传感技术难以做到，因为其探头的尺寸均大于 100 μm。现在利用光极可以实现这一目标，但有两个困难：一是商业上所能提供的光纤其直径不能小于 50 μm；二是要把承担分子探头任务的试剂固定在光极上，由于光极尖端的表面积极小，不能用通常制膜的方法。克服第一个困难可以采用拉长光纤尖端的方法，具体作法是将 100 μm 的光纤端部浸在二氯甲烷中 10 s，接着用镊子除去 3～5 cm 的光纤外皮，然后用 10 mW 的激光聚光脱去外皮的光纤端部(长度为 1 mm)，一边加热一边用拔具以 4 N 的力将光纤拉成针状，形成端部直径约为 0.1 μm 的光极。解决第二个困难是采用光聚合的方法，具体作法是将光极浸在 20 mL 含有 2%异丁烯氧丙基三甲氧基硅烷的水溶液中硅烷化 1 h。硅烷化后，光极被放入含有 35%丙烯酰胺、2%二丙烯酰胺基甲烷、0.1 mol/L 三乙胺、2×10^{-4} mol/L 三菲咯啉合钌的磷酸缓冲溶液中(pH 6.5)，将 100 mW 的激光从光纤的另一端射入，使溶液中的化合物在光极尖端部进行光聚合 1～3 min。然后将光聚合完毕的光极浸泡于水中 48 h，除去没有被光聚合包埋的试剂，一个亚微米的氧光纤传感探针就制备成了。这种氧光纤传感器是为了检测微小试样中的氧而制备的，它的整个测试系统如图 6-10 所示。氩离子激光器发射 488 nm 的激光作为光源，激光经过耦合器和角度调节器传给与试样接触的光极，光极上的敏感试剂被单色光激发，峰值在 610 nm 的荧光信号分两路被收集，一路输入至高分辨率的摄像机用于解析光谱数据，另一路输入至光电倍增管和光子计数器以便进行更灵敏的光强度测量。最后用一台计算机对所有的数据进行分析和记录。这种用三菲咯啉合钌配合物作为敏感物质的光极，测定氧的原理是基于荧光淬灭的 Stern-Volmer 公式：

$$I_0/I_c=1-K_{sv}[O_2] \tag{2-29}$$

式中，I_0 为光极插入用氮气饱和的试样中的荧光强度；I_c 为光极插入溶有 O_2 的试样中的荧光强度；K_{sv} 为 Stern-Volmer 淬灭常数；$[O_2]$为样品中氧的浓度。

氧光极的线性范围是 1～12 ppm，检测下限为 0.3 ppm，对 4 ppm O_2 的 10 次连续测定的标准偏差约为 0.2%，响应时间小于 1 s。

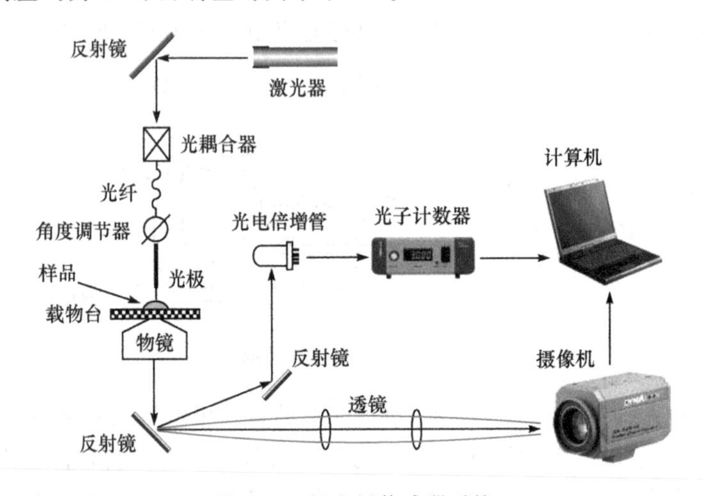

图 6-10　氧光纤传感器系统

6.2.2　流控式光纤化学传感器

1. 流动型乙醇光纤传感器

对环境监测和工业生产的在线检测常常需要流动测量系统，如在酒类和含有酒精的饮料生产以及废水的达标排放中，必须对乙醇的含量进行自动测定和监控。常规的比重法或滴定法不能承担这项任务，而利用乙醇氧化酶制备的电化学传感器则由于测量浓度范围低和使用寿命短也不适用于这项工作。根据光消失波的原理，采用光纤制作的乙醇传感器则可以解决这一问题。图 6-11 为这种乙醇光纤传感器的构造。将石英光纤切成 80 mm 长，剥去尼龙套，露出裸的光纤杆。为洗净裸光纤杆 50 mm 长的中间一段，将裸光纤杆两端的其余部分用聚氯乙烯保护后浸入 46%氢氟酸中 45 min，在 100 ℃干燥。然后，在干燥的苯中于 85 ℃、氩气氛中使其与 10% 3-环氧丙基-丙基三甲氧基硅烷反应 12 h，用甲醇洗涤后，在保持 60 ℃的条件下，将其浸入 13 cm^3 含有 150 mg 壳聚糖的 0.25 mol/L 乙酸盐缓冲溶液中 48 h，壳聚糖就被修饰在光纤杆表面上。接下来，依次用 2%乙酸水溶液、0.37 mol/L NH_3 水溶液、去离子水洗涤壳聚糖修饰光纤杆，然后将其放入 20 mL 含有 200 mg 壳聚糖和 PVA 的 1% 乙酸水溶液中，在空气中干燥一晚后，光纤杆表面就形成了 1.0 μm 厚的壳聚糖/PVA 膜。最后，壳聚糖/PVA 膜经戊二醛键合后与聚四氟乙烯作用，在壳聚糖/PVA 膜外形成一层 0.1 μm 厚的保护膜。将制备的壳聚糖/PVA 膜光纤杆按图 6-11 所示安装在有夹套的流动池中间，光纤杆的两端要抛光。流动池的容积为 0.41 cm^3，样品在流动池中的保留时间是8 s。工作时，流动池被放入分光光度计的光路中，以 500 nm 的单色光作为入射光源，用一个六通阀控制样品的流量，以水为参比，测量吸光度的变化。该传感器的响应时间为 2 min，恢复时间为 5 min，在 6 个月内进行了 100 次测定，传感器的性能没有变化。

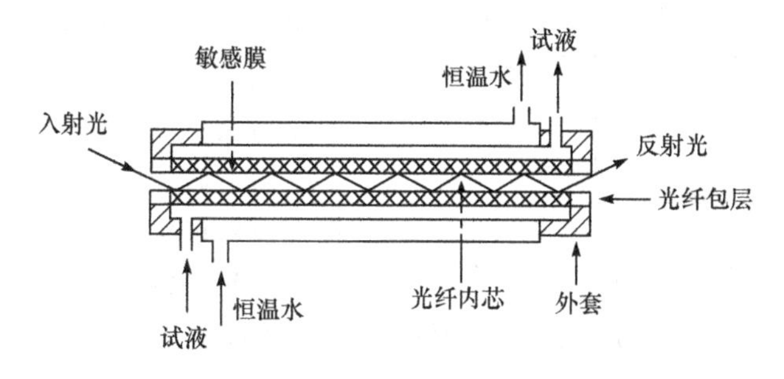

图 6-11　流动型乙醇光纤传感器的构造

2. 微流控光纤芯片

微流控光纤芯片是一种把光纤植入到芯片中以方便检测的新型分析系统，属于微流控芯片的一部分，是微流控技术与光纤传感器相结合的产物。它具有体积小、试剂消耗少、处理速度快、灵敏度高、可实现高度集成等优点，是微全分析系统(μTAS)的一个分支。目前光纤芯片的制作材料主要有两种：一种用聚二甲基硅氧烷(polydimethyl-siloxane，PDMS)制作微流体沟道；另一种则是用玻璃或者硅材料制作。其中用 PDMS 材料制作芯片沟道的较多。PDMS 是一种具有弹性的高分子聚合物，是由 PDMS 基质和相应的固化剂按一定的比例热聚合而成，通常作为构建微流控芯片的基底材料。PDMS 具有以下特性：良好的绝缘性，能承受高电压，已广泛应用于各种毛细管电泳微芯片的制作；热稳定性高，适合加工各种生化反应芯片；优良的光学特性，可应用于多种光学检测系统。此外与传统的硅、玻璃等材料相比，PDMS 还具有以下优点：原材料价格便宜、芯片加工成本低、制作周期短、耐用性好、可重复使用、封装方法灵活，可以和硅、氮化硅、氧化硅、玻璃等许多材料形成很好的密封。微流控光纤芯片迅速发展起来的主要原因是芯片的检测系统省去了体积庞大的荧光显微镜系统，并且激发光斑进一步减小，此外该芯片具有灵敏度高、制作成本低以及制作方法简单等特点。目前光纤芯片大致有以下两种：单边植入光纤和双边植入光纤。单边植入光纤制作比较简单，但检测比较困难，要把芯片放在暗盒中且与光电倍增管紧靠在一起，有时给操作带来一定的不方便；在制作双边植入光纤时，把两根光纤准确对准并且与沟道垂直比较困难，但它在检测时只需把通过光纤传送的光信号经滤光片滤光后与光电倍增管相接，这给实验带来了极大的方便。目前也有人在芯片沟道的两边用折射率不同的材料制作波导监测器,从而减小光纤对准的难度。

1）双边植入光纤

双边植入光纤有以下几种制作方法：

(1) 在微流控芯片沟道的两侧制作光纤沟道。这种方法是在与微流控芯片沟道垂直的两侧制作光纤沟道,微流体沟道与光纤沟道之间有适当的距离以保证微流体沟道的密封性。日本的技术人员制作的微流控芯片如图 6-12 所示。先在玻璃基板上制作微流控芯片沟道和光纤沟道的模具,然后在模具上浇注 PDMS,当 PDMS 固化后去掉模具,这时在固化的 PDMS 上就留下微流控芯片沟道和光纤沟道,把去掉外包层且端面经过处理的两根光纤埋入光纤沟道中,最后把它与另一块玻璃黏合。这种方法存在的问题是,微流控芯片沟道的深度一般在 20～50 μm 时可以达到最佳分离效果,但目前大部分光纤的直径(去掉外保护层后的直径)为 125 μm,纤芯的直径(多模光纤)为 62.5 μm,因此采用这种方法制作的芯片其微流控芯片沟道的中心与光纤的中心不易对准,当激发光通过光纤激发微流控芯片沟道中的荧光物质时,仅有一部分光照射到微流控芯片沟道上,当被检测物质的浓度较低或者光电倍增管的电压恒定时,检测灵敏度就会降低。

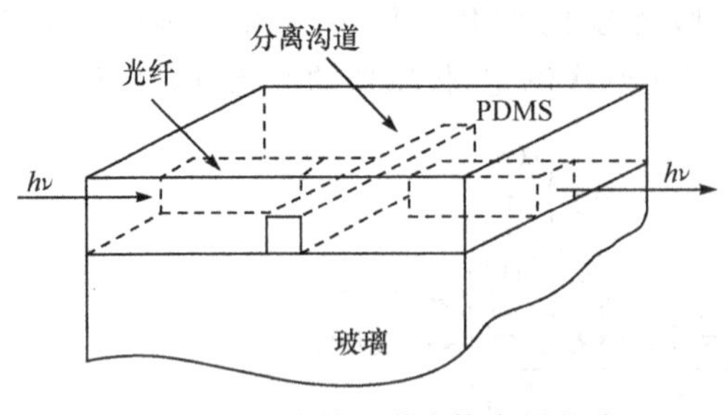

图 6-12　双边植入微流控光纤芯片

另一种方法是在抛光的玻璃基板上制作微流控芯片沟道和光纤沟道,采用以下两种方法来实现光纤中心与沟道中心的对准。一是把光纤的外涂敷层去掉,再把包层刻饰掉一部分,使光纤直径减小;二是把两个抛光的玻璃上都刻饰出光纤沟道,具有微流控沟道玻璃上的光纤沟道较深,另一块玻璃上的光纤沟道则较浅,再把光纤准确地放到两块玻璃的光纤沟道中,然后用 UV 胶进行黏合,这样就能使光纤与芯片沟道垂直对准。用这种方法制作微流控芯片沟道的工艺复杂,需要的周期较长。

(2) 在微流控芯片沟道的两侧制作波导。美国的科技人员在玻璃基板上刻蚀出微流控芯片沟道,同时也在基板上制作波导,波导与微流控芯片沟道垂直,基板上的波导用两种折射率不同的材料制成,内层是折射率为 1.8 的 SU-8,外层是折射率为 1.36 的 SOG(spin on glass)。由于内层折射率大,外层折射率小,所以当微流控芯片沟道中的荧光物质被激发后所发出的荧光信号有一部分满足全反射条件而在波导中传播,波导的另一端与光纤相连,检测原理与图 2-18 所示相同。这种制作方法能够实现微流控芯片沟道与波导的对准,但是在基板上用两种材料制作波导必然带来一定的不方便。另外基板上的波导与光纤进行黏合时也存在对准的问题,同时光在经过两种介质端面时会发生反射,必然会使激发光和信号光有一定的损失,从而使灵敏度降低。丹麦的科学家在垂直微流控芯片通道的上方植入光纤,然后再在与沟道垂直的两侧边制作波导,波导的端面与光纤相接,即可以从波导的任意一端收集荧光信号。这种制作方法的好处是激发光与接收光成 90°，这样就减小了激发光中杂散光的影响。它的不足之处就是光纤从芯片上端垂直植入会使芯片的使用不方便，同时也存在波导与光纤的对准及光损耗问题。

2）单边植入光纤

单边植入光纤的制作也有类似双边植入光纤的几种方法，单边植入的关键之处是检测装置及激发光源的不同，具体有以下几种方法：

（1）用有机发光二极管作为激发光源。该方法是在玻璃基片上用 PDMS 制作微流控芯片沟道，并在微流控芯片沟道的附近集成有机发光二极管，然后在芯片上单边植入光纤，用来接收有机发光二极管激发的荧光信号，光纤的另一端与光电倍增管相连。有机发光二极管的发光颜色与材料有关，它的发光强度高，整个部件的厚度不超过 200 nm。由于有机发光二极管的体积比较小，所以在埋入有机发光二极管时比较困难，另外有机发光二极管的电极制作也需要一定的工艺条件，制作比较复杂。当然若制作工艺成熟，这将是一个很好的发展方向。光纤芯片俯视图如图 6-13 所示。

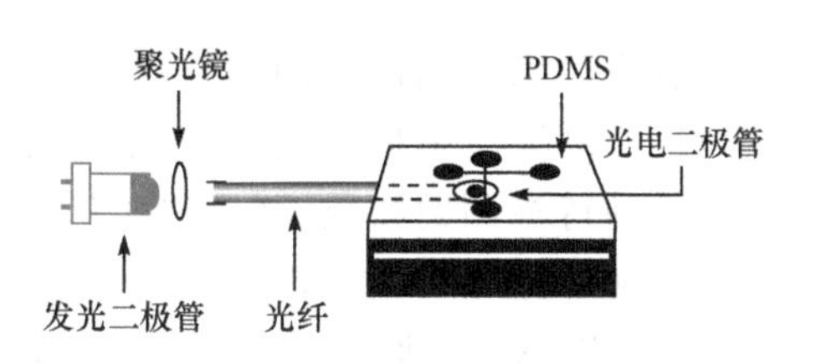

图 6-13　单边植入发光二极管光纤芯片

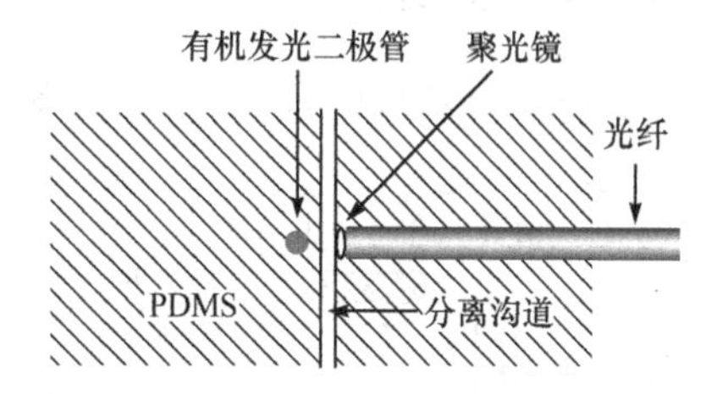

图 6-14　单边植入光敏二极管光纤芯片

（2）用微型雪崩光敏二极管收集荧光信号。美国哈佛大学的科学家用在模具上浇注 PDMS 的办法把光纤单边植入 PDMS 中，固化后去掉模具，再和另一块表面平整的 PDMS 进行黏合，微流控芯片沟道就密封在两块 PDMS 中间。它的关键之处是在微流体沟道下端的 PDMS 中埋入了微型雪崩光敏二极管，用来检测荧光信号。这种制作方法的优点是省去了光电倍增管，从而使仪器的体积大大减小，但是把雪崩光敏二极管准确地埋入微流控芯片沟道下端相对比较困难。若技术成熟，必然是一个发展趋势。其检测原理如图 6-14 所示。

（3）用光电倍增管直接收集荧光信号。我国的科技人员成功研制了一种夹心式微流控光纤芯片。这种芯片是在两玻璃片中央夹入两块 PDMS，其中一块 PDMS 上有微流体沟道并植入光纤，另一块 PDMS 平整，起到密封微流控沟道的作用。在进行实验时，把该芯片放在一个特制的暗盒中，芯片上的沟道与光纤交叉处刚好对准光电倍增管，用蓝色发光二极管作为激发光源，通过光学透镜把蓝光引入到光纤中，光纤照射到微流控沟道后激发沟道中的荧光物质使其发出荧光，荧光信号经过滤光片滤光后由光电倍增管进行收集和放大。实验中发现，若用蓝色发光二极管对准芯片上的微流控沟道与光纤交叉处，用光纤收集荧光信号，经滤光片滤光后送往光电倍增管，也能得到相同的实验结果，但省去了光学透镜，操作比较简单。

6.3　光纤生物传感器

光纤生物传感器一般由光源(或无光源)、光纤、探头、检测器以及数据处理装置组成。它的心脏部分为探头,是指安装在光纤端部或一段光纤芯部的试剂相装置,通常由称作分子探针的敏感试剂、固定相支持剂和其他辅助材料等制成。分子探针的光学性质(如光谱、光强、偏振或折射等)变化通过光纤传输至检测系统。光纤生物传感器的信号不受电磁干扰,一般不需要参比,其直径可以小于 1 nm,可直接放入血管、活体组织和细胞等非整直窄小的空间,并不影响生物体的电生物化学性质。所以光纤生物传感器的应用研究在医药卫生领域取得了很大收获,最成功的例子就是由计算机控制、自动定时监测血糖并有自动补给胰岛素功能的 FOCS 的问世,该装置具有相当于人工胰脏的功能。

6.3.1　光纤型酶传感器

光纤型酶传感器的传感原理如图 6-15 所示,这类传感器利用酶的高选择性,使待测物质(底物)从样品溶液中扩散到酶催化层,在酶的催化下生成一种待检测的物质;当底物扩散速率与催化产物生成速率达成平衡时,即可得到一个稳定的光信号(如发光、荧光、吸光度等),依据相应的光物理化学原理,根据信号的大小与底物浓度的函数关系,底物的浓度能被测定。例如,利用固化的酯酶或脂肪酶形成的酶催化层对底物进行分子识别,再通过产物的光吸收对底物的浓度进行生物传感,就是根据下述反应:

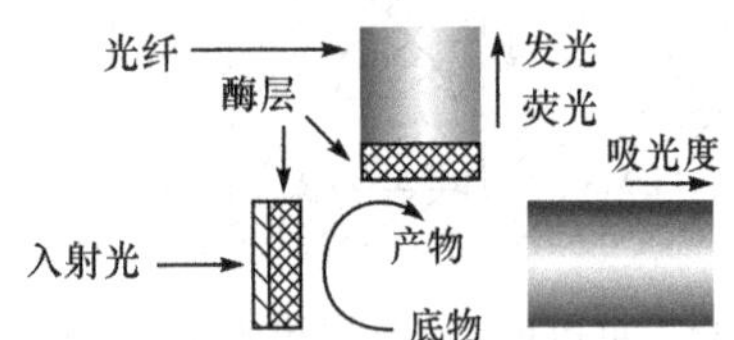

图 6-15　光纤型酶传感器传感原理

$$\text{对硝基苯膦酸酯} + H_2O \xrightarrow{\text{碱性磷酸酶}} \text{对硝基苯酚} + H_3PO_4$$

测量在 404 nm 波长下光吸收的变化,即可确定对硝基苯膦酸酯的含量,线性范围为 0～400 μmol/L。生物体内许多酯类和脂肪类物质都可用类似的传感原理进行测定。

目前,研究和应用最多的当属检测 NADH 的光纤光学型酶传感器。这类传感器的探头基于脱氢酶进行分子识别。图 6-16 的左图是一个用双股光纤制作的荧光生物传感器的探头,用于检测乳酸盐(lactate)和丙酮酸盐(pyruvate)或酯。左侧是探头的整体构造,双股光纤中的一股用于激发光的射入,另一股用于检测荧光;下部是用 LDH 和聚酰胺纤维(Nylon)制成的敏感膜,固定在探头底端。图 6-16 的右图为敏感膜的细微构造及原理示意图。在含有乳酸的试液中加入氧化型烟酰胺腺嘌呤双核苷酸(NAD^+),当 pH 为 8.6 时,在探头中固定化乳酸脱氢酶的催化作用下,乳酸盐与 NAD^+ 接触后,发生如下反应:

$$\text{乳酸} + NAD^+ \xrightarrow{\text{乳酸脱氢酶}} \text{丙酮酸} + NADH + H^+$$

生成的 NADH 可用荧光法进行检测。激发波长为 350 nm,荧光发射波长为 450 nm,

荧光强度与乳酸含量成比例,测定范围为 2～50 μmol/L,检测下限为 2 μmol/L,相对标准偏差为 5%,响应时间 5 min。此反应是可逆的,提高溶液 pH 有利于 NADH 的生成。当溶液 pH 为 7.4 时,上述反应逆向进行,在含有丙酮酸的试液中加入少量 NADH,则可根据生物催化层中荧光信号的降低测定丙酮酸的含量,测定范围为 0～1.1 mmol/L,检测下限为 1 μmol/L。

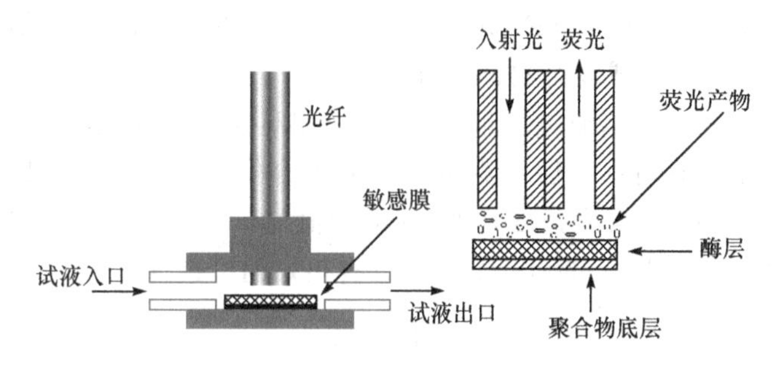

图 6-16　光纤 NADH 荧光传感器

在生物催化层中生成的 NADH 也可利用偶合的黄素单核苷酸(FMN)产生生物发光反应,通过光导纤维进行传感测定。在该传感器中,生物催化层由固定化谷氨酸脱氢酶、NADH、FMN 氧化还原酶和海生细菌荧光素酶混合制成。

6.3.2　光纤免疫传感器

在光纤免疫传感器中,光学信号的获得既可用标记法也可以不用。不需要标记的光纤传感器占目前使用的光纤免疫传感器中相当大一部分,包括光的吸收、发射、反射、光纤波导等。

酶可用来标记抗原并催化光活性物质产生荧光或磷光,应用这一原理的光纤免疫传感器灵敏度很高,不需要光源,大大简化了设计。但因为光强度较弱,需要光电倍增管或灵敏的半导体光电器件。借助于光导纤维,可以使这类光纤免疫传感器的体积更小,以利于在体检测。图 6-17 是一个单光纤化学发光免疫传感器的构造和传感原理示意图,抗体被固化在光纤的顶端,然后让定量的过氧化氢酶标记的抗原与抗体结合;当传感探头接触样品后,样品中的抗原会部分置换标记的抗原而与抗体结合;最后传感探头放入含有鲁米诺的溶液中,过氧化氢酶催化鲁米诺发生发光反应,光信号强度与样品中的抗原浓度成反比。借助于化学发光的光纤免疫传感器已用于抗原和抗体的测定,如雌二醇、α-干扰素、IgG 和抗流感病毒抗体。

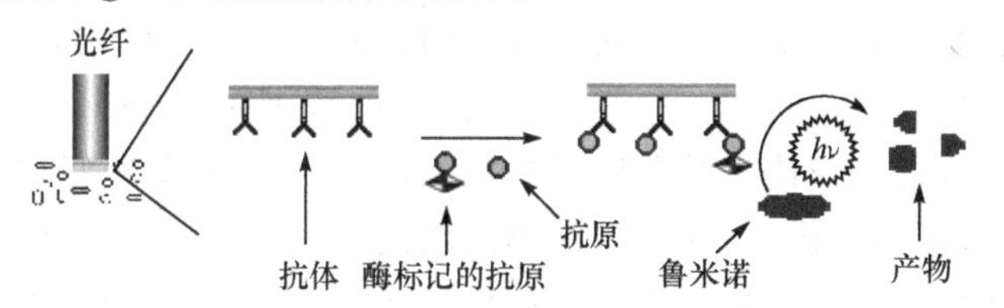

图 6-17　单光纤化学发光免疫传感器的构造和传感原理示意图

在进行抗原和抗体分析时多采用“三明治”的夹层方法：如将 IgG 抗体固定在光纤末端，在与 IgG 反应 15 min 后，再与荧光蛋白标记的 IgG 抗体反应，由荧光蛋白荧光性质的变化来检测 IgG 的浓度。

图 6-18 是基于荧光能量转移的茶碱光纤免疫传感器原理图。将一段 5 mm 长、一端用氰基丙烯酸胶黏剂密封的渗析管套在双股光导纤维的公共端，内装用得克萨斯红(TR)标记的茶碱单克隆抗体(TR-Ab)和 B-藻红朊(BPE)标记的茶碱(THEO-BPE)，两者又通过免疫反应结合成复合物。在此复合物中，THEO-BPE 在 514 nm 波长的光激发下产生的 577 nm 荧光，通过能量转移给 TR-Ab 并造成荧光淬灭。试样中的茶碱透过渗析膜进入分子识别系统后将竞争抗体的键合位置，使一部分 THEO-BPE 被释放出来，达到反应平衡后，荧光强度增加，其增加值与试样中茶叶碱的浓度成正比。传感器对茶碱的测定范围为 0～300 pmol/L，且有很好的可逆性。

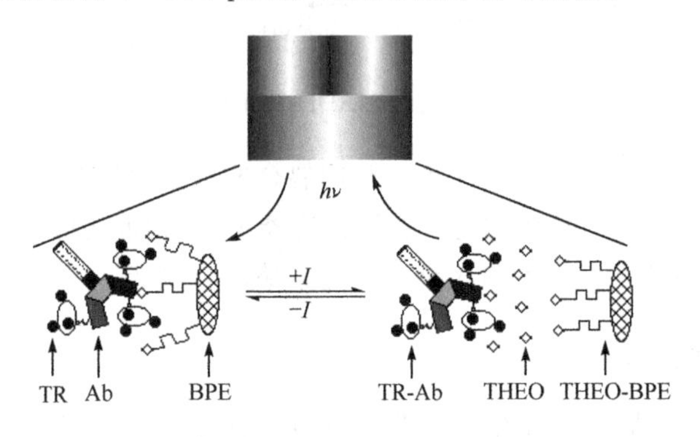

图 6-18　茶碱光纤免疫传感器原理图

非标记光学传感技术即利用光学技术直接检测感受器表面的光线吸收、荧光、光散射或折射率 n 的微小变化，特别是将化学修饰波导管应用在免疫传感器技术中，具有很好的发展前景。它的原理(图 6-19)是基于内反射光谱学。它由两种不同折射率的介质组成，高折射率的介质通常为玻璃棱镜，低折射率的介质表面固定有抗原或抗体，低折射率的介质与高折射率的介质紧密相接。当一条入射光束穿过低折射率的介质射向两介质界面时，会折射入高折射率介质。如果入射光角度超过一定角度(临界角度)，光线就会在两介质界面处全部内反射回来，同时在低折射率的介质中产生一高频电磁场，称消失波(或损耗波)。该波沿垂直于两介质界面的方向行进很短的距离(小于或等于单波长)，其场强以指数形式衰减。样品中存在的抗体或抗原若能与低折射率介质上的固定抗原或抗体结合，便会改变介质表面的原有结构，而与消失波相互作用使反射光强度减小，因此光强度的减小反映了界面上出现的任何折射率的变化，且与样品中抗体或抗原的质量成正相关。在图 6-19 中消失波层 d_p 的范围是 50～1200 nm，该距离大于抗体修饰层的厚度，抗原与抗体结合后消失波的吸收与散射发生变化。这种光学传感器相对于间接技术有一个优点，即光线检测所需的测试仪器更为简单，但灵敏度较低。因此在一些情况中，人们把两种技术的最佳特性结合起来提高灵敏度，如使用荧光标记的表面等离子共振(SPR)传感器。

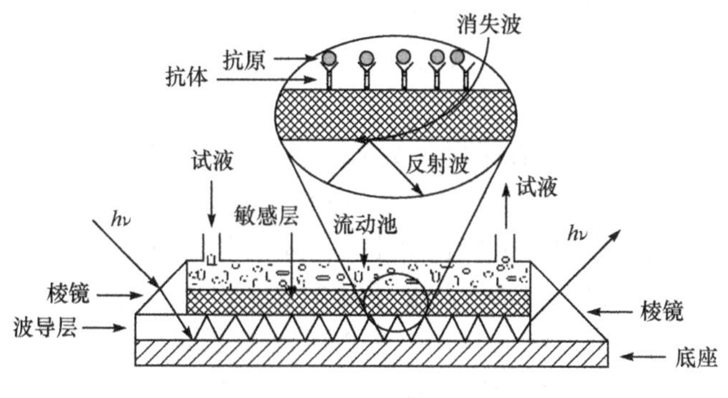

图 6-19　化学修饰波导管免疫传感器

6.3.3　光纤 DNA 传感器

光纤 DNA 传感器是 DNA 生物传感器中发展较晚、技术较新的一类光纤生物传感器，是一种对特殊基因快速检测的新技术。光纤 DNA 传感器具有特异性很强的分子识别能力，操作简便、分析速度快、无污染、检测灵敏度高。光纤 DNA 传感器一般由支持 DNA 探针的光纤或光纤束和将光信号转变为电信号的检测装置组成，它采用石英光纤作为 DNA 探针的基体，DNA 探针经修饰技术被固化在光纤上，杂交反应前后引起靶序列标记物的特征光学信号（荧光、发光、颜色等）变化，通过光纤探头传递至光检测器，从而测定出被杂交 DNA 分子（含目的基因）的量。

DNA 探针是一段 ssDNA 片断，其长度从十几 bp 到几个 kb 不等，它与靶序列是互补的。在实际应用中，一般采用人工合成的寡核苷酸作为 DNA 探针。通常将光纤表面进行修饰，然后把 ssDNA 共价键合在光纤表面构成光纤 DNA 探头。由于 ssDNA 与其互补链杂交的特异选择性，这种光纤 DNA 探头具有很强的分子识别功能。在适当的温度、时间和离子强度下，光纤表面的 DNA 探针能与标记的靶序列选择性杂交，形成表面的 dsDNA。由于形成的 dsDNA 本身表现的物理信号（如光、电等信号）的改变是较弱的，因此在大多数情况下还必须在 DNA 分子中加入一定的杂交指示剂（标记物）进行信号转换与放大，把杂交后的 DNA 含量通过换能器表达出来。

光纤 DNA 生物传感器的构建与检测过程一般步骤是：

(1) 光纤表面的功能化，通过化学反应使光纤表面适合于连接上敏感膜材料。

(2) 载体膜与 DNA 探针的固定，DNA 探针的活化。

(3) 样品 DNA 分子的变性（使 DNA 分子解旋成单链 DNA，靶序列）和标记。

(4) 杂交与检测。

(5) 敏感膜的再生，即利用化学试剂或升高温度，使光纤表面已杂交的双链 DNA 分子变性解旋，恢复为单链，以便重新使用。

根据所选光学和检测材料的不同，光纤 DNA 传感器也可分成许多种类。目前的光纤 DNA 传感器主要有光纤式、光波导式、表面等离子共振式等类型。这类传感器的关键和通常所遇到的问题是 DNA 的固定化方法和杂交指示剂的选择。

DNA 在光纤表面的固定化方法基本上可分为两大类：一类是原位合成，另一类是共价交联。原位合成适用于寡核苷酸，共价交联多用于大片断 DNA，有时也用于寡核苷酸。

原位合成法　首先在光纤表面用 3-氨基丙基三乙氧基硅烷延伸，表面生成氨基和 1，10-丁二酸葵二脂，与 *N*-羟基琥珀酰亚胺、5′-邻-二甲氧基三苯基-2′-脱氧胸腺嘧啶核苷反应的产物交联，从而得到一个核苷功能化的脂肪长链分子。然后在光纤表面用固相磷酸胺合成法逐步合成出 ssDNA。也可用 3-缩水甘油丙基三甲氧基硅烷在光纤表面硅烷化，再把人工合成的二甲氧基三苯基-6-(1，2-亚乙基二醇)偶联上去，光纤表面及延伸的长链羟基用氯代三甲氧基硅烷封闭，最后同样用固相磷酸胺合成法在光纤表面逐步合成出 ssDNA。

共价交联法　共价交联是将合成好的探针、基因组 DNA 通过在光纤表面进行化学修饰，以便装上一个合适于固定化的功能团，再通过具有双功能团的物质把 DNA 共价键合在光纤表面。最常见的方法是首先在光纤表面用 3-氨基丙基三乙氧基甲硅烷修饰，产生游离的氨基。然后，用双功能试剂戊二醛把 DNA 共价交联在光纤表面。如用 3-氨基丙基三乙氧基硅烷或巯基甲基二甲基乙氧基硅烷使光纤硅烷化，氨基硅烷化的光纤表面用磺基琥珀酰亚胺-6-(生物素酰胺基)乙酸(NHS-LC-生物素)交联，而巯基硅烷化的光纤表面则用生物素化的牛血清蛋白结合。用两种不同的硅烷化方法在光纤表面生物素化后，把亲和素或抗生素蛋白链菌素结合上去，最后再把生物素修饰的探针固定。也可采用两种不同的方法在光纤表面固定 DNA。第一种方法为生物素-亲和素交联法，将亲和素吸附在光纤表面，附有亲和素的光纤表面再用戊二醛把生物素标记的寡核苷酸交联在光纤表面。第二种方法是光纤表面用碳二亚胺吡咯活化，活化后的光纤表面再放入 EDC/DNA 的溶液中，通过 EDC 把 DNA 共价固定在光纤表面。

杂交指示剂主要有三种类型。第一类是金属配合物类杂交指示剂，较常用的此类金属离子有 Co、Os、Fe、Ru、Pt 等的配离子形式，常用的配合物为 2，2-联吡啶、邻菲咯啉、咪唑并邻菲咯啉、4，4-二甲基-2，2-联吡啶、二氮杂芴酮缩聚苯二胺、吡啶并邻菲咯啉等。第二类是染料类杂交指示剂，常用的染料类指示剂有双苯并咪唑类、亚甲基蓝、红四氮唑、乙锭类、中性红等。第三类是药物小分子类杂交指示剂，常用药物小分子有道诺霉素、阿霉素、色霉素、芥子霉素等，它们与 DNA 的相互作用，既可解释药物的药理学作用，又可作为杂交指示剂。

首次设计的 DNA 光学传感器就选择了石英光纤作为光学元件，光纤头经过活化后，首先在光纤表面共价连接上长链脂肪酸分子，其末端再连接上 5-*O*-二对甲氧基三苯基-2-脱胸腺嘧啶核苷。该亲脂“手臂”与光纤表面的硅烷共价结合，形成合成寡核苷酸链的固相支持物(图 6-20)。随后将光纤置入固相 DNA 合成仪中，在光纤表面脂肪酸分子末端的胸腺嘧啶基础上，合成含有 20 个胸腺嘧啶的寡核苷酸(dT20)，这样探针可直接固定在光纤表面。随后将光纤置于杂交液中，与其互补序列(含有 20 个腺嘌呤的寡核苷酸 dA20)进行杂交。完毕后注入溴化乙锭(EB)染色，再用 Ar 激光器照射，激光荧光用摄像器材和计算机进行分析。光纤的另一端通过一个特制的耦合装置耦合到荧光显微镜中。测量时将固定有 ssDNA 探针的光纤一端浸入荧光标记的目标 DNA 溶液中与目标 DNA 杂交。通过光纤传导，来自荧光显微镜的激光激发荧光标记物产生荧光，所产生的荧光信号仍经光纤返回到荧光显微镜中，由 CCD 相机接收，获得 DNA 杂交的图谱。此法能够检测出 86 μg/L 的核酸，杂交过程大约需要 46 min，储存一年后光纤仍可使用。整个传感器装置见图 6-21。

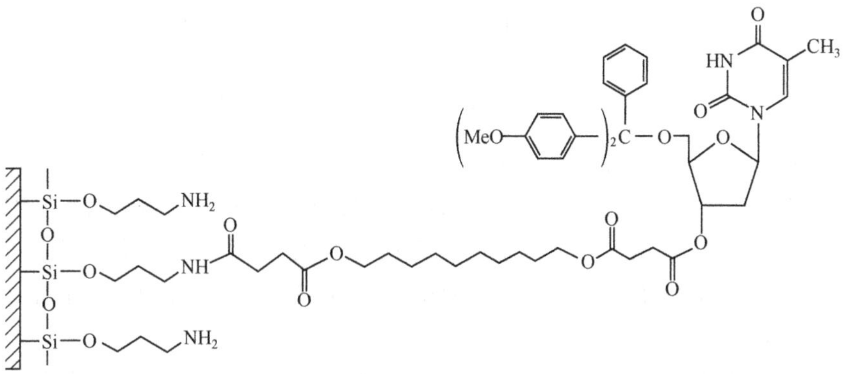

图 6-20　光纤表面的含有胸腺嘧啶的脂肪酸长链分子

20 世纪 90 年代初，英国的 Graham 等建立了消失波型光纤 DNA 传感器的一般构建方法和检测方法，研究了外界条件如溶液的 pH、温度、敏感膜在光纤上的位置等对分析结果的影响，同时对固定在光纤上的寡核苷酸的长度及在光纤上杂交的机理进行了探讨。消失波型光纤 DNA 传感器也是近年来发展很快的一种光纤 DNA 生物传感器。消失波光纤 DNA 传感器利用消失波型换能器的性质，在消失波的波导表面上加上生物敏感膜(ssDNA 探针)，当消失波穿过生物敏感膜时，或产生光信号，或导致消失波与光纤内传播光线的强度、相位或频率的改变，测量这些变化即可获得生物敏感膜上变化的信息。光源一般为激光器，检测系统有多种形式。消失波型光纤 DNA 生物传感器如图 6-22 所示。

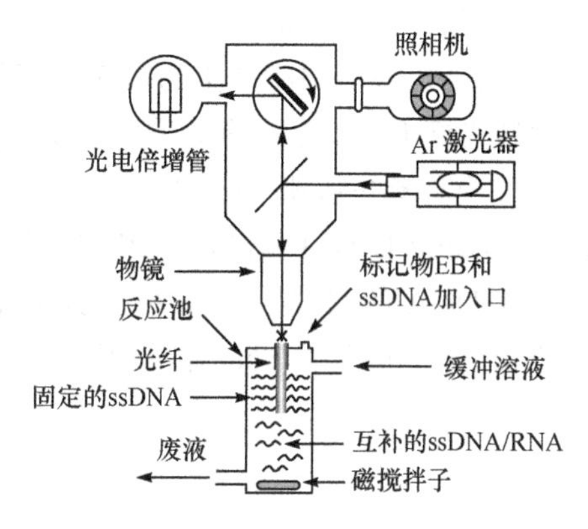

图 6-21　光反射型光纤 DNA 传感器装置

消失波型光纤 DNA 生物传感器检测范围一般在 1～10 nmol/L，也有资料报道为飞摩尔每升量级检测限。利用聚合酶链反应与消失波型光纤 DNA 传感器的偶联，纳摩尔每升量级的检测限适用于大多数的体外样品的分析，而响应时间基本上由 DNA 杂交时间来决定。

一种利用化学发光检测原理的光纤 DNA 传感器是将 ssDNA 探针通过 3-氨基丙三乙氧基硅烷和双功能试剂戊二醛固定在直径为 1000 μm 的光纤束一端的表面上，将该端面浸入含有 HRP 酶标记的互补 DNA 链的杂交液中杂交，待杂交完成后，把光纤

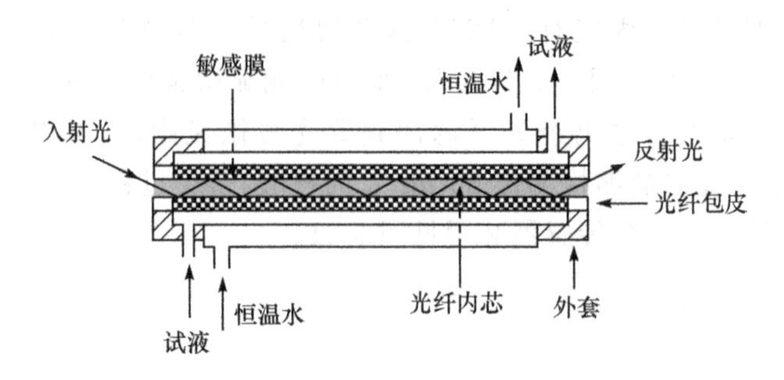

图 6-22　消失波型光纤 DNA 生物传感器

端面放在能增强发光的发光液中，另一端插入光谱仪中，根据发光强度的不同检测 DNA 的杂交。该方法可检出靶序列的最低浓度为 10^{-10} mol/L。这种光纤 DNA 传感器与光纤免疫传感器很相似，检测原理都为化学发光，采用鲁米诺作为发光试剂，以 HRP 酶标记靶序列，底液中加入 H_2O_2，HRP 酶催化 H_2O_2 氧化鲁米诺，通过发光强度测定靶序列的量。

荧光光纤 DNA 传感器常用杂交嵌合剂作为标记物，它是一类能与 DNA 双链优势结合的物质，如吖啶染料、溴化乙锭及其衍生物等。特别是溴化乙锭，它与 DNA 结合后，荧光强度显著增加，并且它与 DNA 的双链区结合是专一的，利用它和各种构象的 DNA 结合比率不同所产生的荧光强度的变化，可以区分各种构象的 DNA。图 6-21 光反射型光纤 DNA 传感器就采用了溴化乙锭作为杂交嵌合剂。

对羟基苯并咪唑并[f]邻菲咯啉铁{p-hydroxyphenylimidazo [f] 1,10-phenanthroline Ferrum(Ⅲ),$[Fe(phen)_2PHPIP]^{3+}$}是一种人工合成的杂交嵌合剂(图 6-23)，当它嵌入 DNA 的双螺旋结构中时，其荧光强度会显著增加(图 6-24)，可利用其这一荧光特性，制备荧光光纤 DNA 传感器。

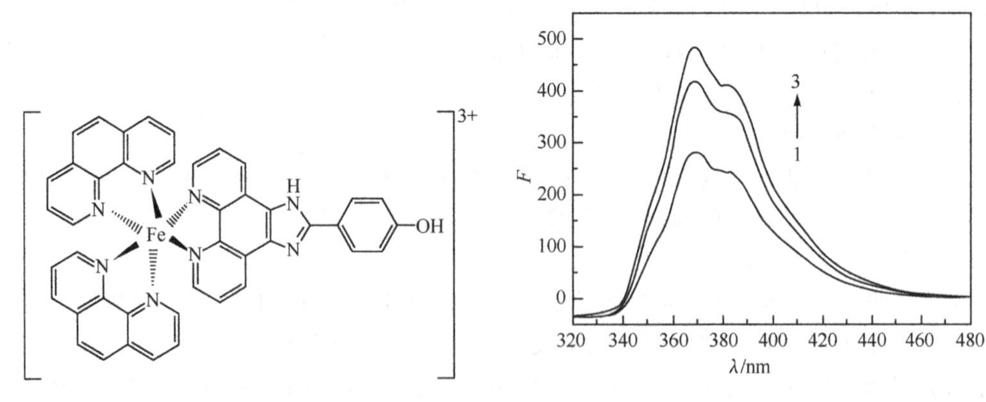

图 6-23　对羟基苯并咪唑并[f]邻菲咯啉铁

图 6-24　DNA 与$[Fe(phen)_2PHPIP]^{3+}$的相互作用

DNA 浓度(mol/L)：1,0；2,4.7；3,9.4

石英光导纤维的前期处理　①用金相砂纸抛光光纤端面；②先把抛光的光纤放在 65%的 HNO_3 溶液中超声清洗 30 min，再用二次蒸馏水将光纤清洗至中性；③把干净的光纤插到搅拌着的含有 600 μL 甲苯、60 μL 吐温 20、600 μL 二次蒸馏水和600 μL 3-氨基丙基三乙氧基甲硅烷(APTS)的溶液中反应 15 min 后，再将其浸到二次蒸馏水中，完成氨基硅烷化；④ 在室温条件下，将硅烷化的光导纤维插到含 0.1 mg/mL 生物素(HS-LC-biotin)，pH 为 8.5 的 0.1 mol/L 碳酸盐缓冲溶液中反应 3 h，进行生物素化；⑤在4 ℃的条件下，把光纤再插到含 2.5 mg/mL 亲和素、40 mg/mL 吐温 20 和 pH 为 7.0 的 0.07 mol/L 磷酸盐缓冲溶液中孵化 12 h，完成亲和素化。

探针 DNA 的固定　在 4 ℃的条件下，把经过以上五步处理的光纤插入含 100 μg/mL 探针 DNA(biotin-5′-CAC AAT TCC ACA CAA C-3′，16-mer sequence，S_1)的 0.07 mol/L 的碳酸盐缓冲溶液(pH 为 7.0)中孵化 12 h，最后将固定着寡聚核糖核苷酸的光导纤维浸泡到二次蒸馏水中保存备用。图 6-25 即为荧光光纤 DNA 敏感器件的示意图。

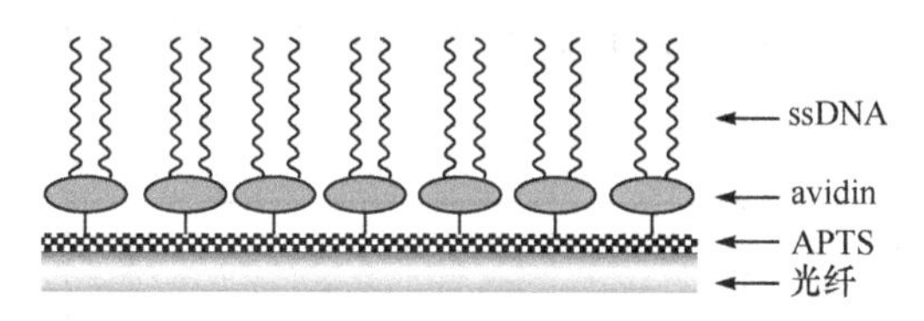

图 6-25　荧光光纤 DNA 敏感器件示意图

DNA 的杂交实验　将端面固定了探针 DNA(S_1)的 Y 型光纤探头用氮气吹干，然后按图 6-26 所示将其固定于避光反应池中，让其与靶序列 DNA(5′-GTT GTG TGG AAT TGT G-3′，16-met sequence，S_2)在 27 ℃恒温条件下，在磷酸盐缓冲溶液(0.2 mol/L，pH 6.0)中杂交 1 h。同样条件下，又选择与探针 DNA 碱基错配的 DNA(5′-CTG CAA CAC CTG ACAAAC CT-3′，20-mer sequence，S_3)与探针 DNA 进行杂交。

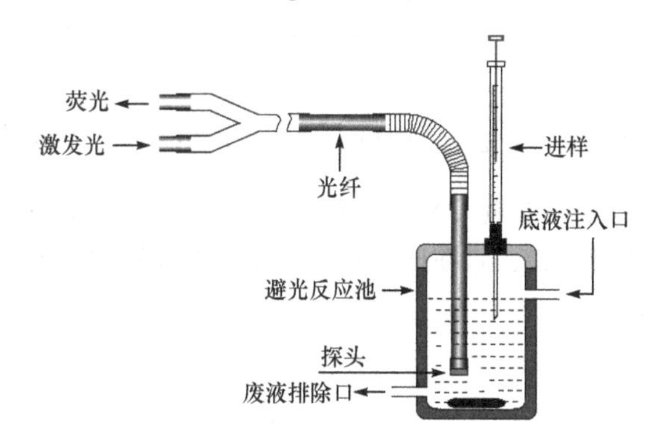

图 6-26　荧光光纤 DNA 传感器测量装置

荧光光纤 DNA 传感器对 DNA 杂交的响应　以对羟基苯并咪唑并[f]邻菲咯啉铁配合物作为杂交指示剂制备荧光光纤 DNA 传感器。同上所述，由图 6-27 中 *a* 线可以看出 S_1 修饰的光纤几乎没有荧光信号，而与 S_2 杂交后在 368 nm 左右出现了荧光峰，如图 6-27 中 *c*～*g* 线所示，与 S_1 修饰的光纤在磷酸盐缓冲溶液中的荧光信号相比，互补的 ssDNA 杂交后，经$[Fe(phen)_2PHPIP]^{3+}$嵌插后，光纤 DNA 传感器的信号比明显增强，这是由于$[Fe(phen)_2PHPIP]^{3+}$分子六配位的八面体结构嵌插到双链DNA碱基对之间所致。如果使S_1光纤DNA探头与非互补的S_3杂交，按同样方法测定，如图6-27中b线所示，几乎没有荧光信号。由此可知该光纤DNA传感器能识别互补的ssDNA，可用于互补DNA片断的测定。在0.2 mol/L的磷酸盐缓冲溶液(pH 6.0)中加入不同量的互补DNA(S_2)，与光纤DNA探头进行杂交，并进行荧光测定，考察通过靶序列DNA(S_2)的浓度对杂交过程的影响后发现，随着S_2浓度的增加[图6-27中c～g]，荧光强度逐渐增大。荧光测定结果表明，荧光强度与S_2(浓度在4.98×10^{-7}～4.88×10^{-6} mol/L范围内)呈良好的线性关系，在此浓度范围内的靶序列DNA可定量测定。光纤DNA传感器对互补DNA的响应的线性方程为$y=1.002+2.953x$(其中y为荧光强度，x为靶序列DNA的浓度)，相关系数为0.9835。对样品连续进行11次的重复测定，计算所得的相对标准偏差为4.2%，最低检测限为1.08×10^{-7} mol/L。

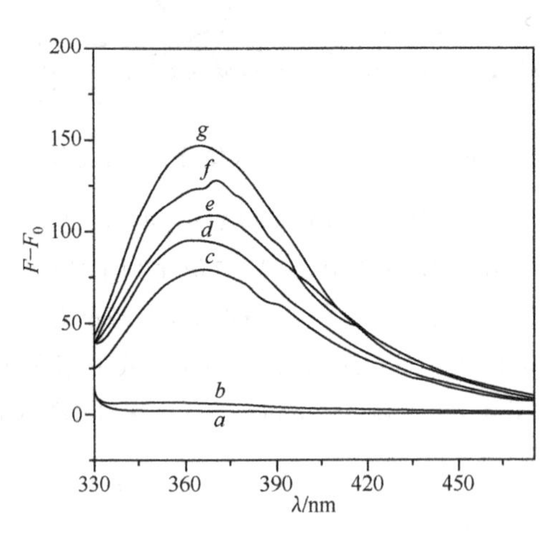

图6-27　荧光光纤DNA传感器对DNA杂交的响应

传感器的再生　将杂交双链DNA修饰的光纤于70 ℃水浴中加热约20 min，然后迅速转移至冰水浴中冷却至室温，在此条件处理下dsDNA解链变性为ssDNA，通过重复杂交而实现再利用。

第7章　其他化学与生物传感器

7.1　电化学发光传感器

7.1.1　电化学发光原理

电化学发光也称为电致化学发光(electrochemiluminescence 或 electrogenerated chemiluminescence, ECL),它是某些化学物质经过电极反应,完成较高能量的电子转移而生成的不稳定的激发态粒子在回到基态时以光辐射形式释放能量的过程。在电化学发光中,激发态粒子是某些化学物质经过电子转移反应产生的,但并不是所有的化学物质都具有这种电化学活性,只有一些特定结构的化合物具有这种性质,如鲁米诺和三联吡啶合钌配离子 $Ru(bpy)_3^{2+}$(图 7-1)。

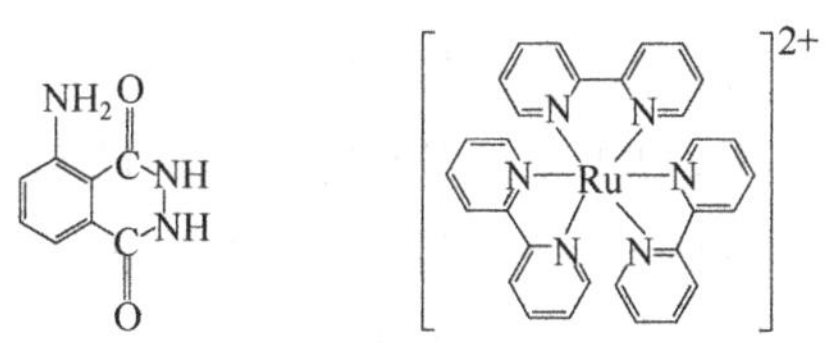

图 7-1　鲁米诺和 $Ru(bpy)_3^{2+}$ 的分子结构

鲁米诺属于酰肼类的典型电化学发光活性物质。对鲁米诺的电化学发光,前人已进行了大量的研究工作,提出了鲁米诺氧化发光和还原发光的机理。例如,在鲁米诺-过氧化氢电化学发光体系中,在碱性介质中的鲁米诺阴离子在电极上氧化后生成重氮盐,继而被过氧化氢氧化成 3-氨基邻苯二甲酸激发态离子,不稳定的激发态离子发射出 425 nm 的光(图 7-2)。

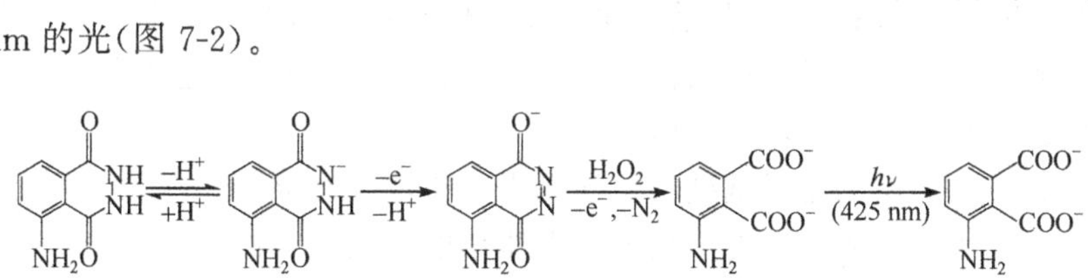

图 7-2　鲁米诺的电化学发光机理

H_2O_2 虽然是非常简单的分子,但它是 O_2 还原和生物体内许多蛋白质催化反应的中间产物,通过测定 H_2O_2 可以测定酶促反应的底物、产物或酶本身的活性。诸多具有催化功能的蛋白质,如葡萄糖、胆固醇、尿酸氧化酶等,在催化相应底物发生氧化反应时会释放出 H_2O_2。所以应用鲁米诺-过氧化氢电化学发光体系,可制备许多关联 H_2O_2 的电化学发光传感器。

三联吡啶合钌配离子 $Ru(bpy)_3^{2+}$ 及其衍生物也是常用的电化学发光试剂。当激发电势采用双阶跃正负脉冲，$Ru(bpy)_3^{2+}$ 在正电势阶跃时被氧化为 $Ru(bpy)_3^{3+}$，在负电势阶跃时被还原成 $Ru(bpy)_3^{+}$，$Ru(bpy)_3^{3+}$ 与 $Ru(bpy)_3^{+}$ 反应生成激发态的 $Ru(bpy)_3^{2+*}$，$Ru(bpy)_3^{2+*}$ 回到基态时放出光子。其机理如下：

$$Ru(bpy)_3^{2+} \longrightarrow Ru(bpy)_3^{3+} + e^-$$

$$Ru(bpy)_3^{2+} + e^- \longrightarrow Ru(bpy)_3^{+}$$

$$Ru(bpy)_3^{3+} + Ru(bpy)_3^{+} \longrightarrow Ru(bpy)_3^{2+} + Ru(bpy)_3^{2+*}$$

$$Ru(bpy)_3^{2+*} \longrightarrow Ru(bpy)_3^{2+} + h\nu$$

因为 $Ru(bpy)_3^{2+}$ 和 $Ru(bpy)_3^{+}$ 同时在电极上生成，$Ru(bpy)_3^{2+}$ 自己形成循环的电化学发光反应，所以对实际的化学分析没有意义。

如果对电极施加直流电势，$Ru(bpy)_3^{2+}$ 在阳极上被氧化为 $Ru(bpy)_3^{3+}$，在阴极上被还原成 $Ru(bpy)_3^{+}$，由于它们不是生成在同一个电极表面上，故不产生电化学发光反应。在这种情况下，若体系中存在其他氧化还原物质(如氨基酸)，则会发生如下的电化学发光反应：

$$H_3N^+CHRCOO^- + OH^- \longrightarrow H_2NCHRCOO^- + H_2O$$

$$Ru(bpy)_3^{2+} \longrightarrow Ru(bpy)_3^{3+} + e^-$$

$$Ru(bpy)_3^{3+} + H_2NCHRCOO^- \longrightarrow Ru(bpy)_3^{2+} + H_2N^{+\cdot}CHRCOO^- + 2H^+$$

$$H_2N^{+\cdot}CHRCOO^- + Ru(bpy)_3^{3+} \longrightarrow HN{=}CRCOO^- + Ru(bpy)_3^{2+*} + 2H^+$$

$$Ru(bpy)_3^{2+*} \longrightarrow Ru(bpy)_3^{2+} + h\nu$$

$$HN{=}CRCOO^- + H_2O \longrightarrow RCOCOO^- + NH_3$$

在这里，$Ru(bpy)_3^{2+*}$ 是氨基酸还原 $Ru(bpy)_3^{3+}$ 的结果，因此，电化学发光强度正比于氨基酸的浓度，成为定量氨基酸的依据。从反应机理中看到，$Ru(bpy)_3^{2+}$ 可以循环利用，是一种非常经济的电化学发光试剂。

三联吡啶合钌和鲁米诺是最具代表性的电化学发光试剂，它们水溶性好，试剂的化学性质稳定，发光效率高。所以目前电化学发光传感器采用的电化学发光试剂主要是三联吡啶合钌或鲁米诺以及它们的衍生物。凡是能够参与或催化它们电化学发光反应的物质，都能用电化学发光分析法测定。

电化学发光分析法的定量基础与化学发光分析法是相同的。在化学发光体系中，化学发光反应所发出的光的强度依赖于发光体系电子激发态的形成，或者说依赖于反应动力学，而一切影响反应速率的因素都可以作为建立测定方法的依据。若某种分析物与过量试剂作用而发光，则此时的发光强度与分析物浓度有如下关系：

$$I_{CL}(t) = \Phi_{CL} \times dc/dt \tag{7-1}$$

式中，$I_{CL}(t)$为 t 时刻的化学发光强度(光子/秒)；dc/dt 是 t 时刻发光反应的速率(分子数/秒)；Φ_{CL}为与分析物相关的发光效率，发光效率可以定义为发射光子的数目(或速率)与参加反应的分子数(或速率)之比。对于特定的发光反应，Φ_{CL}在恒定的反应条件下为一常数，化学发光和电化学发光的 Φ_{CL}一般都小于 1%。在发光试剂过量的情况下，其浓度值可以视为常数，因此一般的发光反应可以视为准一级动力学反应，t 时刻的化学发光强度与该时刻的分析物的浓度成正比。在发光分析中通常以峰高表示发光强度，利用峰高与分析物浓度成正比的关系即可进行定量分析。当然根据类似的推理也可以对发光物质进行定量测定。为了取得发光强度与浓度之间直接联系的更为有效的方法，可以对强度-时间曲线在一个固定时间间隔内进行积分，积分强度正比于浓度：

$$\int I_{\mathrm{CL}}\,\mathrm{d}t = \Phi_{\mathrm{CL}}\int \mathrm{d}c/\mathrm{d}t \times \mathrm{d}t \tag{7-2}$$

随着材料科学和电极修饰技术的进步，近十年来电化学发光传感器从简单的检测装置发展到独立的传感器，成为分子识别的一个颇具应用前景的敏感器件。随着电化学发光基础研究（如标记技术、复合电极、微电极的研究）的深入发展和光检测方式（如 CCD 检测器的应用）的进一步改进，电化学发光传感器会得到越来越广泛的应用。

7.1.2　直接浸入式电化学发光传感器

从仪器分析的角度来讲，电化学发光是电化学技术和化学发光相结合的产物，既保留了化学发光分析法所具有的灵敏度高、线性范围宽和仪器简单等特点，又具有化学发光分析法无法比拟的优点，如重现性好、连续可测、易于控制和可用于原位检测。目前，电化学发光的研究日益深入，已应用在药物分析、免疫分析和 DNA 分析等方面，特别是与液相色谱、流动注射的联用和作为独立的生物化学传感器，日益受到人们的重视。

电化学发光传感器的测试系统由传感器、光纤、恒电位仪、光-电转换测量装置、记录及数据处理装置组成(图 7-3)。恒电位仪给传感器的工作电极提供一个稳定的工作电压，将化学变化转变成光信号并通过光纤将其输入光-电转换测量装置，光信号在光-电转换测量装置中被转变成电信号，最后电信号被记录或处理成可读的数据。在测试系统中，电化学发光活性试剂和较复杂的流动系统被传感器取代，避免了使用大量的电化学发光活性试剂，并且用光纤传输光信号，实现了仪器的小型化，增加了方法的实用性。如果将 CCD 测光技术应用于检测光信号，会进一步减小仪器的体积和提高灵敏度。电化学发光传感器能像图 7-3 所示那样独立使用，也可以作为高效液相色谱、毛细管电泳、流动注射分析的检测器使用。

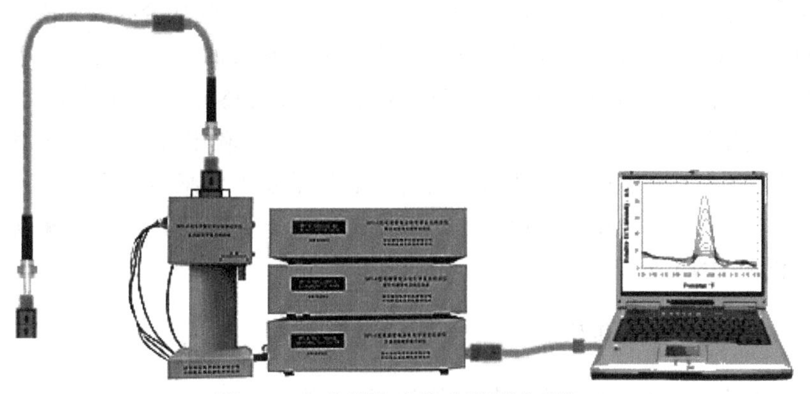

图 7-3　电化学发光传感器测试系统

（由西安瑞迈分析仪器有限公司授权登载）

电化学发光传感器的探头一般由三电极系统、光纤、电解池构成，可根据用途制成不同式样。图 7-4 是一种类似于离子选择性电极的直接浸入式传感器的截面图和俯视图。它的探头由工作电极、对极、参比电极和光窗等组成。在探头中，工作电极是最重要的，它决定传感器的用途和性能。工作电极一般由铂、ITO 镀膜玻璃、石墨、金等作为基体材料。将各种电化学发光活性试剂固化在这些材料制成的不同形状的电极上，以制备不同用途和性能的工作电极。对极和参比电极只要符合电化学反应体系的要求即可。光窗由光导纤维的一端加工制成。

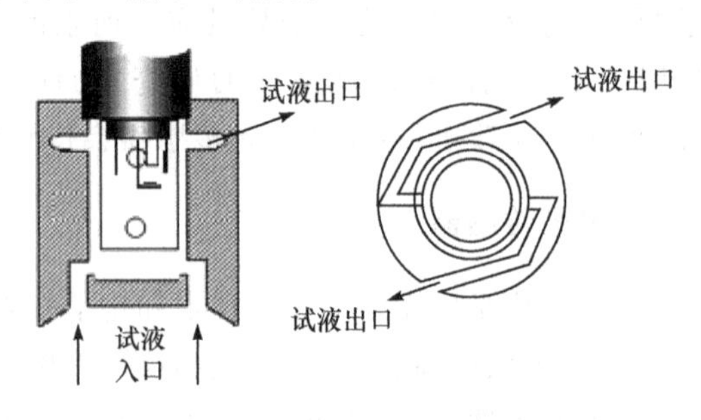

图 7-4　直接浸入式电化学发光传感器

电化学发光活性试剂的固化方法有包埋、碳糊混合、单分子层修饰和高分子涂膜等方法。无论用哪种方法，固化后的电化学发光活性膜必须保持其电化学和光化学活性，且制备的工作电极要有一定的使用寿命。图 7-4 所示工作电极是用三联吡啶合钌偶联高分子化合物壳聚糖，然后将这一含有电化学发光活性试剂的高分子化合物涂在铂和玻碳电极上，最后再以溶胶-凝胶法覆硅胶膜于电化学发光高分子活性膜上制备的。利用溶胶-凝胶法覆膜不仅能保护电化学发光试剂的活性，还会延长工作电极的使用寿命，如果在溶胶-凝胶法制备硅胶膜的过程中根据需要加入各种功能性分子，还能改变和提高传感器的分子识别能力。

电化学发光传感器通过将各种电化学发光活性分子固化在工作电极上，并用各种方法加以修饰，使它们的选择性和实用性提高。例如，将鲁米诺固化在工作电极上制备的电化学发光传感器可以测定微量过氧化物。钌的三联吡啶配合物被吸附或掺进高分子聚合膜覆盖在工作电极上，可以制备测定草酸和烷基胺的电发光化学传感器。用三联吡啶合钌-壳聚糖/SiO_2 复合电极制备的电化学发光传感器的研究结果表明，可以不经分离，直接测定草酸、抗坏血酸、脯氨酸和有机胺，如果利用溶胶-凝胶法对硅胶膜进行改性，还可以改变测定的选择性和灵敏度。电化学发光传感器还可以通过对胺的检测，监测鱼虾类水产品的质量。通过电化学发光活性分子标记蛋白质、核酸等物质来进行免疫分析和 DNA 分析。

7.1.3　电化学发光甲醛传感器

甲醛（HCHO）是非常重要的化工原料，广泛用于高分子材料、纺织印染、木材加工、造纸印刷等行业，也作为消毒剂和防腐剂，大量应用在医疗卫生领域。然而，甲醛的大量使用不可避免地带来了水和空气的污染。由于甲醛有致癌可能性，世界卫生组织在1989年就将其列为危害人类健康的主要污染物。所以，准确判断甲醛的污染程度已成为一个的重要任务。

人们已经提出和研究了一些测定水中甲醛的方法，代表性的技术是分光光度法和高效液相色谱法，它们的检测限分别为50 μg/L和10^{-7} mol/L，这对于水中微量甲醛的测定并不令人满意。另外，这两种方法都采用会造成新污染的有毒试剂和需要相对复杂的操作。电化学传感器检测甲醛是一种方便、快速的方法，有的灵敏度可达30 ng/mL，但一般要利用生物酶的催化反应，传感器的长期使用和制备有一定的困难。基于甲醛在镍电极上的电催化氧化能增强鲁米诺电化学发光的机理，可以制备一种检测甲醛的电化学发光传感器。

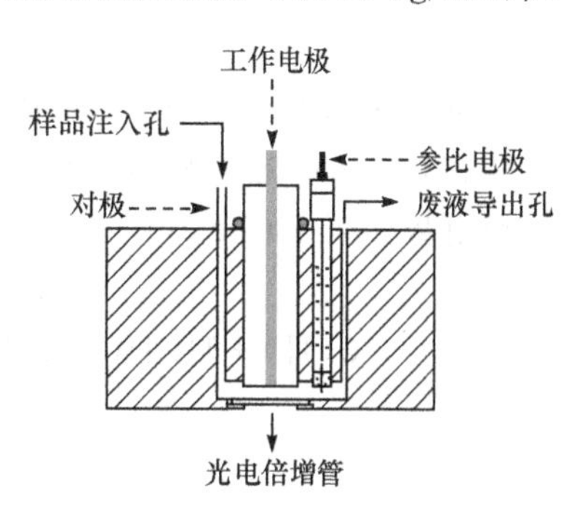

图7-5　电化学发光甲醛传感器的构造

电化学发光甲醛传感器的纵向截面如图7-5所示。可拆卸的工作电极由长8.0 mm、直径1.0 mm的镍棒(纯度99.9%)制备，使用前电极表面要依次用精细砂纸和纳米Al_2O_3抛光。参比电极为Ag-AgCl，对极为2.0 mm的不锈钢管。样品注入和排气孔均为不锈钢管，样品室容积为250 μL。光窗正对于发光检测仪的光电倍增管。

镍电极广泛应用在电池研究中，其电化学性质已有报道。镍电极在0.1 mol · L^{-1} NaOH溶液中的线性扫描伏安曲线如图7-6 (a)所示，其氧化峰电势在500 mV，电极反应为

$$NiO + OH^- - e^- \longrightarrow NiO(OH)$$

$$Ni(OH)_2 + OH^- - 2e^- \longrightarrow NiO(OH) + H^+$$

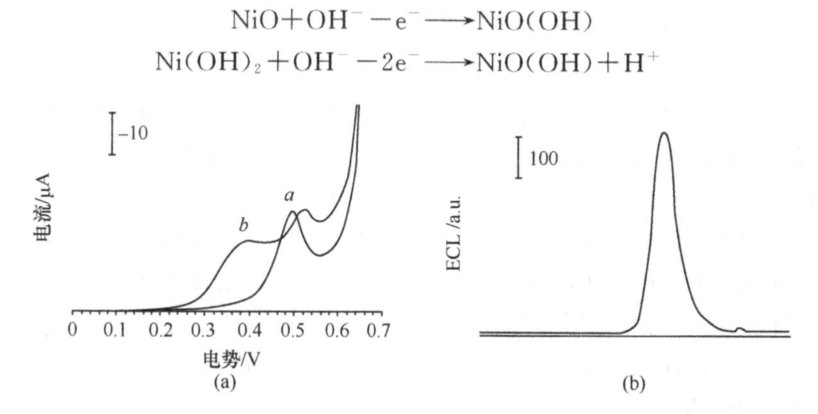

图7-6　镍电极在NaOH溶液中的伏安曲线(a)*a*、鲁米诺在镍电极上的伏安曲线(a)*b*与ECL(b)

上两式可简写为

$$Ni(\text{II}) - 2e^- \longrightarrow Ni(\text{III})$$

式中，Ni(Ⅱ)是由于镍电极在NaOH溶液中，当电极电势大于−600 mV时，发生氧化反应

$$Ni + 2OH^- - 2e^- \longrightarrow NiO + H_2O$$

或

$$Ni + 2OH^- - 2e^- \longrightarrow Ni(OH)_2$$

如果此时 NaOH 溶液中含有 5.80×10^{-4} mol/L 的鲁米诺，镍电极的线性扫描伏安曲线图 7-6(a)中 b 线显示出鲁米诺(LH_2)在 390 mV 的氧化峰电势，同时观察到 ECL，其电极反应为

$$LH_2 \longrightarrow LH^- - e^- \longrightarrow L^{\cdot -} + H^+$$

$$L^{\cdot -} + Ni(\text{II}) \longrightarrow Ni + AP^{2-\cdot}$$

$$AP^{2-\cdot} \longrightarrow AP^{2-} + h\nu(425\ \text{nm})$$

镍电极在 0.1 mol · L^{-1}NaOH 溶液中的循环伏安曲线如图 7-7 a 线所示，其氧化峰电势在 500 mV，还原峰电势在420 mV。在甲醛存在时，其氧化峰电势移至 540 mV，还原峰电势移至 430 mV(图 7-7 b 线)。正扫描时发生的反应为

$$Ni(\text{II}) \longrightarrow Ni(\text{III}) + e^-$$

$$Ni(\text{III}) + HCHO + 2OH^- \longrightarrow Ni(\text{II}) + CH_2(O)O^- + H_2O$$

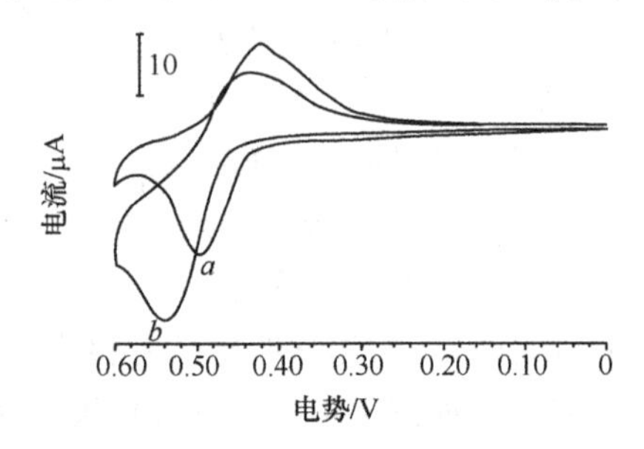

图 7-7 镍电极在 NaOH 溶液中的循环伏安曲线

a. 甲醛不存在；b. 甲醛存在

由于镍电极表面的 Ni(Ⅲ)/Ni(Ⅱ)扮演了催化剂的角色，Ni(Ⅲ)使甲醛在镍电极上发生电催化氧化反应，因此镍电极的阳极峰电势向正电势方向移动了 40 mV，阴极峰电流降低，而阳极峰电流明显增加。进一步的实验显示，改变电势扫描速度，阳极峰电势稍微正移，峰电流随电势扫描速度的增加而增大且与电势扫描速度的平方根成正比，说明甲醛的电催化氧化受扩散控制，与甲醛的浓度有关。甲醛在镍电极上的电催化氧化，使得镍电极上 Ni(Ⅱ)的数量增加，Ni(Ⅱ)进一步氧化鲁米诺的激发态($L^{\cdot -}$)粒子，产生增强的 ECL 信号(图 7-8)。对含有不同浓度甲醛试液的实验(图 7-9)表明，在一定范围内，甲醛在镍电极上的电催化氧化所引起的 ECL 响应与甲醛的浓度成正比，可以定量测定甲醛的浓度。

将适当浓度的甲醛标准溶液或含有甲醛的样品溶液与适量的鲁米诺标准溶液混合均匀，用注射器注入传感器的样品室，对传感器的工作电极施加 550 mV、延时 5 s 的脉冲直流电势，观察和记录 ECL 强度，以扣除空白的光强度定量甲醛含量。在选定的实验条件下，甲醛浓度在 $7.82\times10^{-8}\sim2.35\times10^{-6}$ mol/L(2.35～70.4 μg/L)范围内与 ECL 响应呈良好的线性关系，检测限为 4.70×10^{-8} mol/L(1.41 μg/L)。对 1.07×10^{-6} mol/L 的甲醛平行测定 5 次，相对标准偏差为 6.9%。

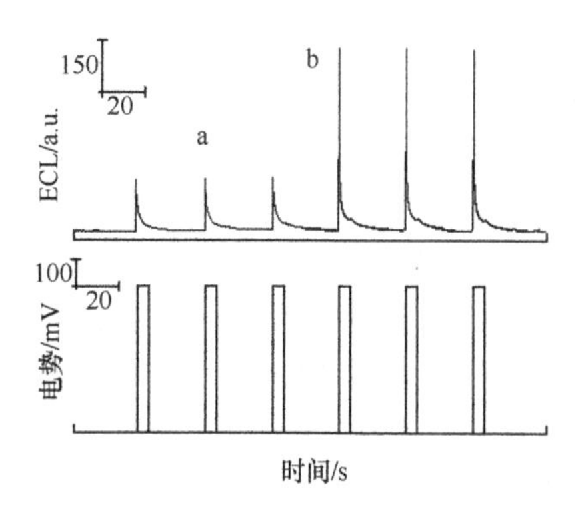

图 7-8　传感器对空白试剂(a)和甲醛存在(b)时的 ECL 响应
脉冲电势为 550 mV/5 s

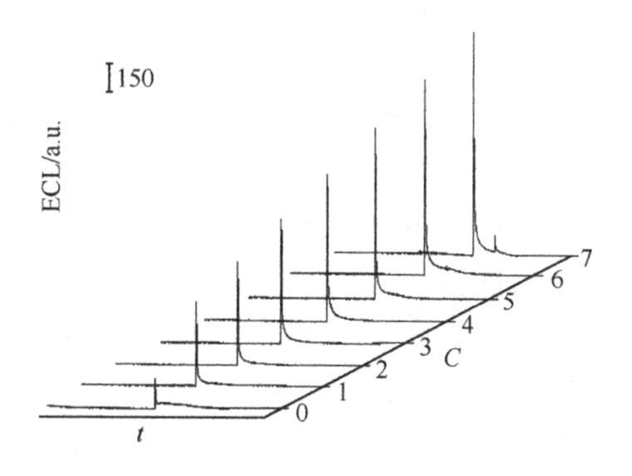

图 7-9　传感器对不同浓度甲醛的 ECL 响应

7.1.4　电化学发光免疫传感器

电化学发光是利用电解技术在电极表面产生某些电活性物质，通过氧化还原反应而导致化学发光。应用光学手段测量发光光谱和强度即能对物质进行痕量检测。与其他检测方法相比，它具有一些明显的优势：标记物的检测限低(200 fmol/mL)；标记物比大多数化学发光标记物稳定；由于是电促发光，只有靠近电极表面的带有标记物的部分才能被检测到，所以分离或非分离体系均可应用此方法。电化学发光常用的标记试剂是三联吡啶合钌及其衍生物(图 7-10 中联吡啶合钌衍生物的化学结构式)。在免疫电化学发光(IECL)传感器中所采用的 TBR-三丙胺(TPA)体系的电化学发光原理如图 7-10所示。$Ru(bpy)_3^{2+}$ 和 TPA 分别在电极表面氧化成 $Ru(bpy)_3^{3+}$ 和三丙胺阳离子的自由基($TPA^{+\cdot}$)，$TPA^{+\cdot}$ 迅速脱去一个质子形成三丙胺自由基($TPA^{\cdot}$)，$TPA^{\cdot}$ 具有强还原性，从而把 $Ru(bpy)_3^{3+}$ 还原为激发态的 $Ru(bpy)_3^{2+*}$，后者发射一个620 nm的光子回到基态，再参与下一次电化学发光。只需 0.01 ms 就可发出稳定的光，每毫秒几十万次的循环电化学发光大大提高了检测的灵敏度。另外，通过电极反应在线制备了不稳定的发光剂 $Ru(bpy)_3^{2+*}$ 和 $TPA^{\cdot}$，避免了直接使用 $Ru(bpy)_3^{3+}$ 对分析测试的影响。

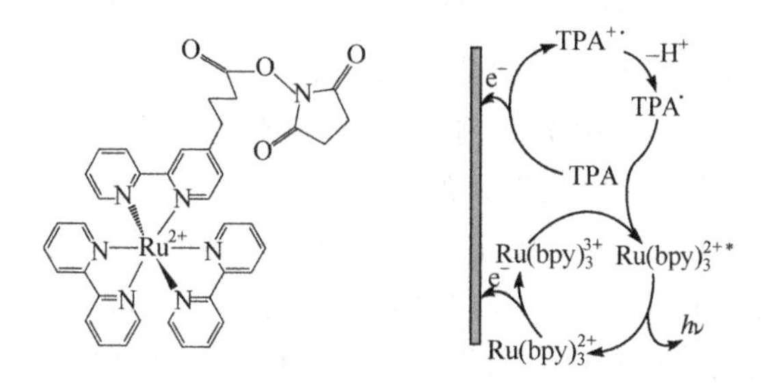

图 7-10　免疫电化学发光所使用的标记试剂和响应机理

在免疫分析中，不得不提及磁微球分离技术。由于抗原-抗体复合物的分离往往比较繁琐费时，常是分析误差的主要来源，并难于实现自动化。使用塑料管、球及尼龙等固相载体只能使操作有限简化，且包被条件不易控制，有时结果又不够稳定。磁微球分离技术采用磁性微球偶联作为配体的生物分子，去分离体系中与之特异性结合的物质，从而使抗原-抗体复合物分离大大简化。将磁流体用有机聚合物包裹起来可制成磁性高分子微球，方法主要有以下四种：机械分散法、聚合法、大分子稳定铁氧化物溶胶法和渗磁法。经有机聚合物包被的磁微球表面具有氨基(或羟基、羧基、醛基)活性基团，可以和各种有机生物分子有效而稳定地键合连接，大大拓宽了其应用范围。免疫磁性微球是以直径几个微米左右的磁性微球作为载体偶联抗原或抗体的带有配基的微球。目前磁微球的生产已经商品化，并且已有免疫磁微球产品。这种磁性微球颗粒很小，因此可以稳定地悬浮，便于偶联的生物分子进行反应；又因其具有顺磁性，加上外磁场后，可迅速从溶液中分离出来。一般认为优化磁微球的大小、均匀程度和所加外磁场强度是磁微球技术的关键，将影响 IECL 测定过程能否把磁微球-生物素-抗生物素(BAS)-抗原-抗体-钌标记复合物定量可控地沉降到电极表面。利用磁微球技术电化学发光免疫检测的模式见图 7-11。

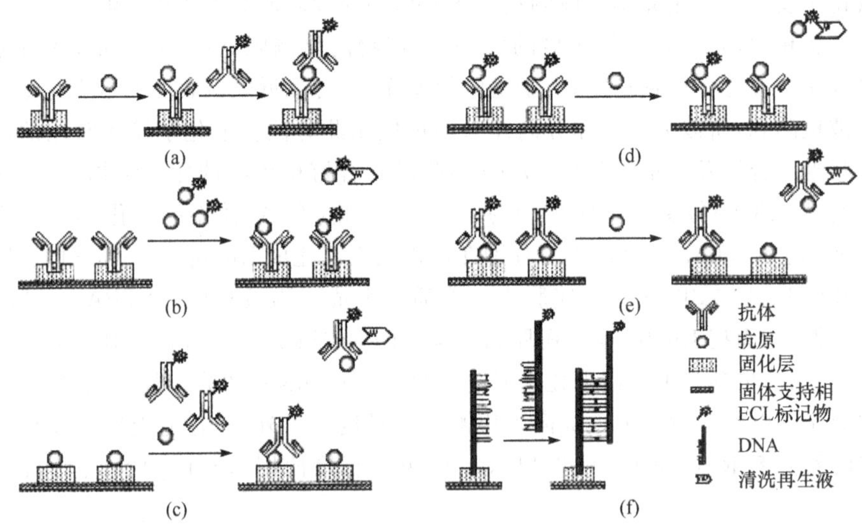

图 7-11　利用磁微球技术电化学发光免疫检测的模式

利用电化学发光免疫分析法可测定游离甲状腺素(FT_4)、人绒毛膜促性腺素和促甲状腺素(TSH)，并证明血清中溶血、脂血和黄疸对检测不产生干扰。血清中的血红蛋白、胆红素和甘油三酯对促甲状腺素的 IECL 电化学发光测定没有干扰。应用电化学发光分析法，用夹心 IECL 方法测定未稀释血清样品中的重组干扰素(IENa-2b)，其准确度优于酶联免疫分析法。现在利用这种方法还测定了前列腺特异性抗原(PSA)，并把该方法应用与前列腺切除病人的临床分期诊断。采用 IECL 技术还能对脑神经因子、巨细胞病毒糖蛋白 B 的抗体、血清中的甲状腺素等进行检测。例如，以鲁米诺为发光试剂，利用 IECL 技术还可测定除草剂 Atrzine。

7.1.5　电化学发光 DNA 传感器

21 世纪是生命科学蓬勃发展的时代，特别是生物技术与微电子技术的结合更促进了生命科学的迅速发展。事实上，从 20 世纪 90 年代初，随着人类基因组计划的实施，这一进程就开始了。研究生命现象离不开获取和解析生物学的信息，所以信息科学在生命科学发展中的地位不言而喻。传感技术是信息科学的三大技术之一，是获取信息的手段。利用传感技术获取生物的信息是生命科学发展的要求和必然。因此随着生命科学的发展，获取基因信息的基因传感器与基因芯片应运而生。所谓基因传感器，就是通过固定在感受器表面上的已知核苷酸序列的单链 DNA 分子(也称为 ssDNA 探针)，使其和另一条互补的目标 DNA 分子(也称为 ssDNA)杂交，换能器将杂交过程或结果所产生的变化转换成电、光、声等物理信号，通过解析这些响应信号，给出相关基因的信息。基因芯片则是将十个至上千个 DNA 探针借助微电子技术集成在一块数平方毫米或平方厘米的载体片上进行生化反应，并将响应数据进行分析处理来实现样品检测的一种新技术。所以，基因芯片也可以看做基因传感器阵列。

1. 基因与基因诊断

自 1953 年 Watson 和 Crick 根据 Franklin 和 Wilkins 拍摄的 DNA X 射线照片发现生物遗传分子 DNA 的双螺旋结构(图 7-12)，建立生物遗传基因的分子机理以来，有关 DNA 分子的识别、测序一直为人们所关注。基因控制着人类生命的生老病死过程，随着对基因与癌症以及基因与其他有关病症的了解，在分子水平上检测易感物种及基因突变，对于疾病的治疗及预测有着重要的意义，并可望实现对疾病的早期诊断乃至超前诊断。基因诊断是通过直接探查基因的存在状态或缺陷对疾病作出诊断的方法。基因诊断的探测目的物是 DNA 或 RNA (核糖核酸)。前者反映基因的存在形态，而后者反映基因的表达状态。探查的基因又分为内源基因(机体自身的基因)和外源基因(如病毒、细菌等)两种。前者用于诊断基因有无病变，而后者用于诊断有无病原体感染。

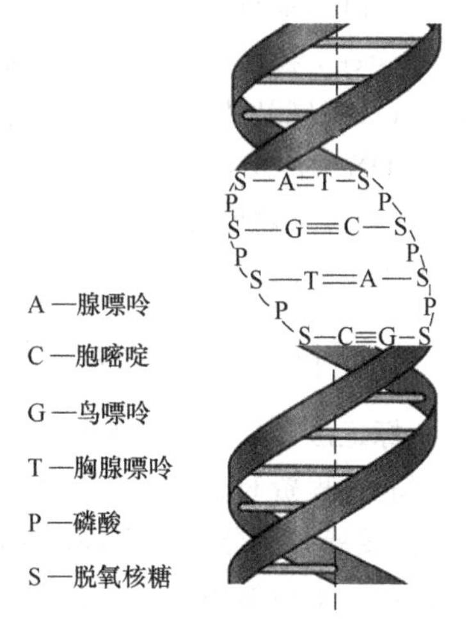

图 7-12　DNA 的双螺旋结构

目前基因诊断的方法学研究取得了很大进展，先后建立了限制性内切酶酶谱分析、核酸分子杂交、限制性片段长度多态性连锁分析、聚合酶链反应，以及近年发展起来的 DNA 传感器及 DNA 芯片(DNA chip)技术等。

具有一定互补序列的核苷酸单链在液相或固相中按碱基互补配对原则缔合成异质双链的过程称为核酸分子杂交。常用的技术有印迹杂交、点杂交、夹心杂交(三明治杂交)、原位杂交和寡核苷酸探针技术等。核酸分子杂交主要涉及两个方面，即待测的

DNA 或 RNA，以及用于检测的 DNA 或 RNA 探针。探针标记的好坏决定检测的敏感性。基因探针是一段与待测的 DNA 或 RNA 互补的核苷酸序列，可以是 DNA 或 RNA，其长度不一，可为完整基因，也可为一部分基因。按其性质，可为编码序列，也可为非编码序列；可为单拷贝序列，也可为高度重复序列（或其核心序列）；可为天然序列，也可为人工合成序列。不论采用哪一种探针，根据核酸杂交原理，必须满足两个条件：

(1) 应是单链，若为双链必须先行变性处理。

(2) 应带有可被追踪和检测的标记物，有了合适的探针，就有可能检测出目的基因，观察有无突变，也可根据探针结合的量进行定量检测。

传统的诊断方法是先发现疾病的表型，再把基因产物即蛋白质或其抗体氨基酸序列弄清楚，运用分子生物学技术分离该基因，并通过测序确定突变部位，这适用于已知突变与疾病的关系。对于生物特征不明的疾病用此方法显然不行。基因诊断又称逆向遗传学，先找出基因变异，再分析基因产物，最终探明生理作用的临床机制，因此基因诊断往往在疾病出现之前就可以完成，在诊断时间上存在显著的优越性，有利于及时治疗。自 20 世纪 90 年代初世界各国相继启动人类基因组计划以来，这一领域的发展日新月异，目前已取得相当大的进展。生物科学、计算机科学、材料、微电子等学科中的理论和技术在该领域得到广泛应用。DNA 传感器及 DNA 芯片就是这一领域的佼佼者，可应用于 DNA 测序、突变检测、基因筛选、基因诊断以及几乎所有应用核酸杂交领域。

用于特定 DNA 序列及其变异识别的机理有两种：一种是 DNA 杂交严格遵守的 Watson-Crick 碱基对原则，即 C 与 G、A 与 T 形成碱基对（图 7-12）；另一种则是通过 Hoogsteen 氢键形成三链体寡聚核苷酸，即双螺旋 DNA 的 A-T 碱基对可与 T 形成 T · A-T三碱基体，G-C 碱基对可与质子化的碱基 C 形成 C · G-C 三碱基体。目前，大多数 DNA 传感器都是建立在 DNA 杂交基础上的。设计 DNA 传感器涉及两个关键技术：一是有效地将 DNA 探针固定在固体基质表面的技术；二是在传感器-液相界面对于靶基因的测定技术。

2. 基因传感器的基本结构和类型

标记法核酸杂交检测技术现已广泛应用于生物学、医学和环境科学等有关领域，但其实验过程费时、费力，并且传统的放射性同位素标记法安全性差，难以满足各方面的需要，发展新型分子杂交快速检测技术已迫在眉睫。基因传感器为核酸杂交快速检测提供了一个新途径，它是以杂交过程高特异性为基础的快速传感检测技术。每个种属生物体内都含有其独特的核酸序列，核酸检测关键是设计一段寡核苷酸探针。基因传感器一般有 10～30 个核苷酸的单链核酸分子，能够专一地与特定靶序列进行杂交从而检测出特定的目标核酸分子。基因传感器中信号转换器通常具备这样的特点：杂交反应在其表面上直接完成，并且转换器能将杂交过程所产生的变化转变成电信号。根据杂交前后电信号变化量，从而推断出被检 DNA 的量。由于感受器和信号转换器种类不同，构成基因传感器的类型也不同。根据检测对象的不同可分为 DNA 生物传感器（包括核内 DNA、核外 DNA、cDNA、外源 DNA 等）和 RNA 传感器（包括 mRNA、 tRNA、rRNA、外源 RNA 等)两大类。目前研究的基因传感器主要为 DNA 传感器。根据转换器种类可分为电化学型、光学型和质量型 DNA 传感器等。

3. 电化学发光 DNA 传感器

电化学发光是通过对电极施加一定的电压而促使反应产物之间或体系中某种组分进行的化学发光反应,通过测量发光光谱和强度来测定物质的含量。ECL 常用的标记试剂是 $Ru(bpy)_3^{2+}$ 及其衍生物。Bard 小组通过 Al^{3+}-PO_2^- 静电吸引自组装法将 DNA 固定,以 $Ru(phen)_3^{2+}$ 为嵌入剂,在三丙胺存在下,通过检测其电化学氧化所产生的发光信号进行 DNA 的识别(参见 7.1.4,图 7-10)。

磁微球技术不仅成功地应用于免疫传感器,对电化学发光 DNA 传感器的应用也是非常重要的技术。图 7-13 显示的电化学发光 DNA 传感器主要由安装在一个 PIN 光电二极管下部的微电化学发光池构成。池的下部是面对光电二极管的电化学发光电极,面积为 1 mm^2,池的两侧分别是试液的进出口。当磁微球携带杂交后的 DNA 和标记物 $Ru(bpy)_3^{2+}$ 进入微电化学发光池落在工作电极上时,在一定电势下,$Ru(bpy)_3^{2+}$ 与试液中的三丙胺作用,产生电化学发光。根据电化学发光的强度,即可测定目标 DNA 的量。利用磁微球技术,以 $Ru(bpy)_3^{2+}$ 标记 DNA 的方法可见图 7-14。

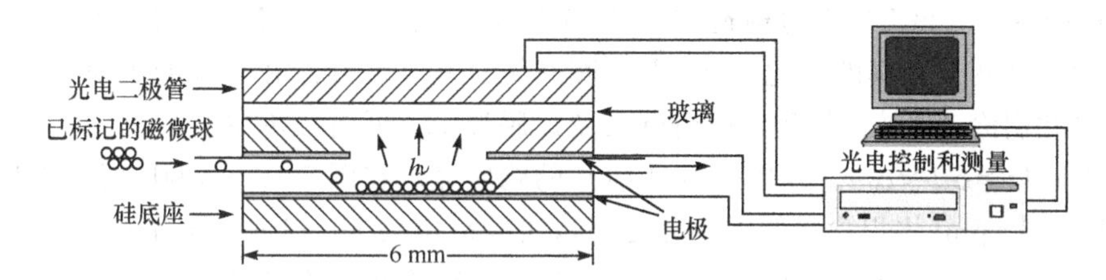

图 7-13　微电化学发光池的构造和测量系统

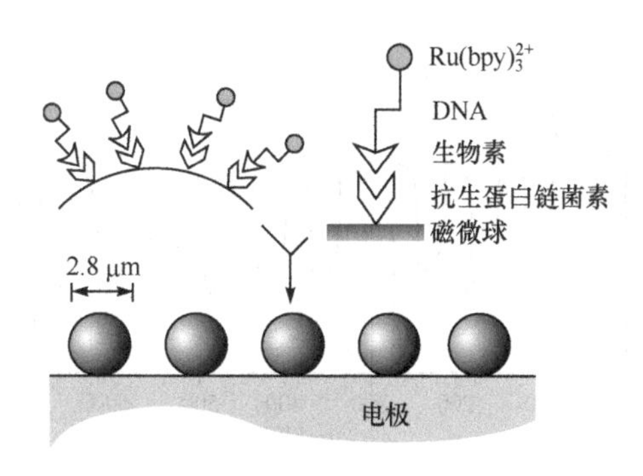

图 7-14　在磁微球上标记 DNA 的原理

目前已发展了定量测定 DNA 的聚合酶链反应扩增产物的商业化传感器。通过 avidin-biotin 亲和体系使含 $Ru(bpy)_3^{2+}$ 标识的 DNA 探针固定,在三丙胺存在下,通过每毫秒几十万次的电化学发光循环,大大提高了分析灵敏度,检测限达 10^{-15} mol/L。

7.2　压电晶体声波化学传感器

7.2.1　压电石英晶体气体传感器

压电石英晶体气体传感器常用于气体监测，如厚模剪切模式（TSM）压电石英晶体用于气体成分分析的关键在于选择合适的敏感物质、涂层材料和覆膜技术。对敏感膜的制备要从灵敏度、选择性、响应时间、吸附的可逆性和使用寿命等方面来考虑。除第3章介绍过的制膜方法外，真空镀膜法、浸入法、刷涂法、喷涂法等也是常用的方法。图7-15即为TSM及其表面膜层的结构示意图。

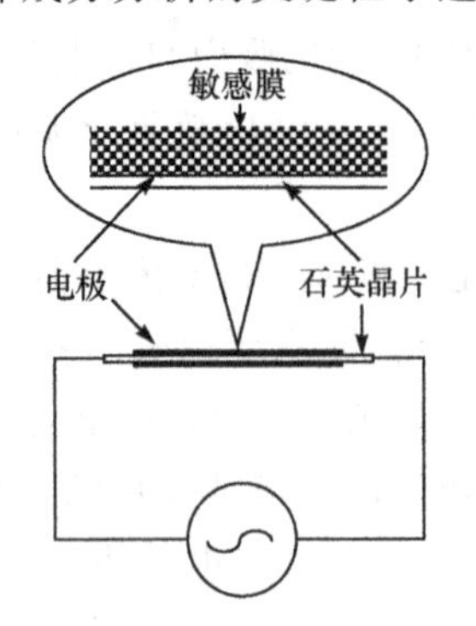

图 7-15　晶振及其表面膜层的结构示意图

开发方便和可靠的化学传感器用于大气中的 CO_2 测量是一项非常有意义的工作。通常的 CO_2 传感器只能测定含量超过2%的高浓度的 CO_2，对微量 CO_2 则无能为力。利用胺基硅烷涂膜于TSM可制得性能较好的微量 CO_2 传感器。该TSM的构造如图7-15所示，其基频为10 MHz，激励电极为金电极，用频率计测量频率的变化。将2%的胺基烷氧基硅烷刷涂在电极的表面上，自然干燥；重复此刷涂若干次，直至基频稍有改变。膜厚 Δd 可由频率的变化量 Δf 推测，即 $\Delta f_p = 1\ \text{kHz} \approx \Delta d \approx \Delta m$。该传感器对 CO_2 的响应显示在图7-16中，响应时间为1 min，检测限<50 vpm（体积含量的百万分之一），线性范围为50～1000 vpm，CO、CH_4 和有机蒸气（甲醇、乙醇、氯仿、丙酮、乙烷等）不干扰 CO_2 的测定，但大于1 vpm的 NO_2、大于2 vpm的 SO_2 则干扰测定。另外，超过的湿度对 CO_2 的响应也有明显的影响。

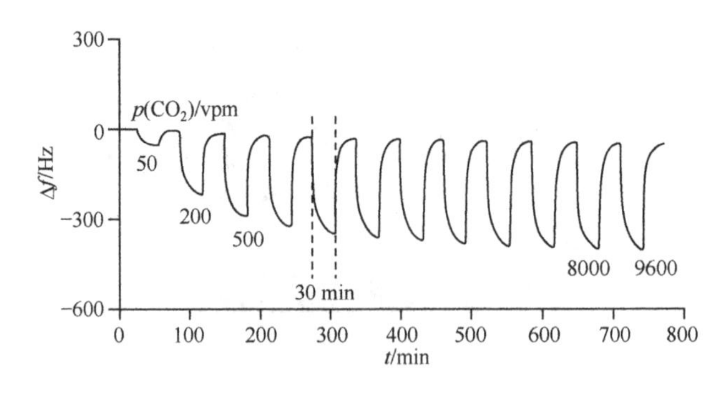

图 7-16　传感器对 CO_2 的响应

鲜度是评价食品品质，特别是水产品的重要指标之一。它对水产品的品质及原料的加工可适性有着巨大的影响，在收购、运销、加工过程中常需要对水产品鲜度进行鉴别。鲜度通常采用人的感官检验，但这种检验主观性强，个体差异较大，会对批量生产带来安全隐患，所以人们一直在寻找客观的理化指标来代替人的感官检验。目前评定水产品鲜度的理化方法可概括为物理的(僵硬指数、激光)方法、化学的[如 K 值、次黄嘌呤、丙二醛、吲哚、挥发性盐基氮(TVB-N)、氨基态氮、挥发性盐基氮/三甲胺比值、pH、电导法、粗氨]和微生物学方法及上述方法之间的组合评价。其中,K 值的指标是最具有代表性的方法。鱼类的肌肉运动必须依靠三磷酸腺苷转化提供能量,而鱼体死后其体内所含 ATP 按下列途径分解:ATP→ADP(二磷酸腺苷)→AMP(一磷酸腺苷)→IMP(肌苷酸)→HxR(肌苷)→Hx(次黄嘌呤)。K 值就是以核苷酸的分解产物作为指标的鲜度判定方法,它是根据 ATP 降解到 Hx 等 6 种相关的化合物分别进行定量而求得的相对值,K 值由式(7-3)计算:

$$K=\frac{\mathrm{Hx}+\mathrm{HxR}}{\mathrm{ATP}+\mathrm{ADP}+\mathrm{AMP}+\mathrm{Hx}+\mathrm{HxR}}\times 100\% \tag{7-3}$$

由此可见,K 值是 ATP 的分解产物 HxR 与占 ATP 关联物总量的百分比,K 值越小表明产品越新鲜。K 值作为评价鱼类新鲜度的化学指标应用较准确,尤其适合对鱼类早期鲜度的评定,许多学者建议将 K 值作为评定鱼类鲜度的指标。但 K 值指标法需要同时测定多项生化参数,程序复杂,时间较长,需要专业人员操作,很难适用于现场或快速检测。另有一些单参数的测定方法,如电导法、pH 法、TVB-N 法等,在特异性、广谱性、灵敏度方面较差。

氧化三甲胺[$(CH_3)_3NO$]广泛分布于猪肉、鱼和虾中,它具有一种特殊的鲜味。氧化三甲胺在细菌的作用下会被还原成三甲胺[TMA,$(CH_3)_3N$]。另一方面,生物体内的卵磷脂经微生物作用也分解产生 TMA,过多的 TMA 会使水产品产生腥臭味。既然水产品会在细菌的作用下产生 TMA 气体,那么随着其鲜度的下降,TMA 气体就会逐渐增加,生成的 TMA 越多说明水产品的鲜度越差。据此可以设计一种 TMA 传感器来检测水产品的鲜度。由于新鲜的水产品散发的 TMA 很少,所以要求 TMA 传感器的特异性好、灵敏度高。鉴于压电晶体声波化学传感器具有很高的灵敏度,一种基于声表面波的石英晶体 TMA 气体敏感器件被开发出来。

TMA 是一种碱性化合物,它的 $\mathrm{p}K_a$ 为 9.8,在酸性介质中,加质子可使其显正电性[$(CH_3)_3NH^+$]。基于 TMA 的化学特性,采用壳聚糖为膜材料,以庚二酸(蒲桃酸)为敏感材料制膜在石英晶体电极的表面上制备了 TMA 气体敏感器件。由于庚二酸是有机酸,并且它的 $\mathrm{p}K_1$ 为 4.5,在壳聚糖($\mathrm{p}K_a=6.5$)接近中性的介质中显负电性。这样,根据酸碱和静电作用的原理,TMA 气体敏感器件的电极表面可以吸附 TMA,使石英晶振的频率改变;更重要的是 TMA 气体敏感器件的电极表面对 TMA 的吸附是弱的相互作用,当 TMA 的浓度减少时,可以容易地从电极表面解吸,从而 TMA 气体敏感器件可以重复使用。

那么,由式(2-17)可以得到

$$\Delta f=-C_f(f_0^2/A)\Delta m \tag{7-4}$$

式中,Δf 为石英晶体谐振频率的变化量(Δf/Hz);C_f 为质量灵敏度常数($-2.26\times 10^6\ \mathrm{cm^2\cdot s/g}$);$f_0$ 为石英晶体在吸附物质前的谐振基频(MHz);Δm 为电极表面吸附物质的质量(g);A 为电极表面积($\mathrm{cm^2}$)。对于基频为 8 MHz、电极表面直径为 5 mm

的石英晶振，式(7-4)可简化为

$$\Delta f(\mathrm{Hz}) = -0.116\ \Delta m(\mathrm{cm^2/ng}) \tag{7-5}$$

式(7-5)表明，$\Delta f=-1\ \mathrm{Hz} \cong \Delta m=8.62\ \mathrm{ng/cm^2}$，即每平方厘米电极表面吸附 8.62 ng 的 TMA 会引起 1 Hz 的频率变化。

图 7-17 是 TMA 气体敏感器件的输出信号，TMA 从 0 增加至 250 ppm，Δf 随之成比例增大。如果以 TMA 气体敏感器件作为鲜度传感器的探头，通过测量水产品挥发的 TMA 浓度就可以判断出鱼的新鲜程度。

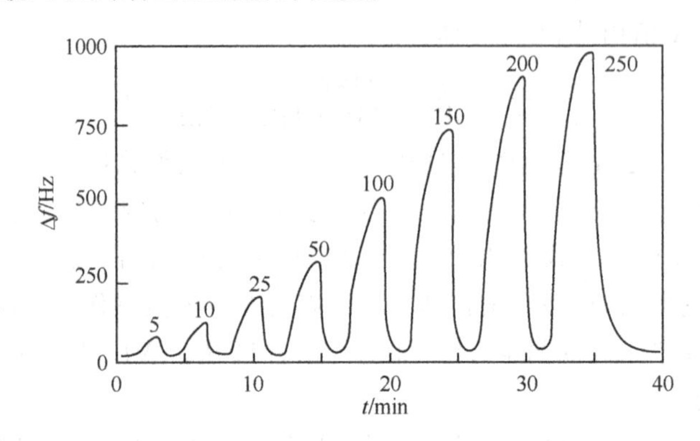

图 7-17　TMA 传感器的输出信号

鲜度传感器系统见图 7-18，该系统的电路频率测量部分采用单片机完成。由于单片机可直接测量的信号频率小于其外接晶振频率，而三甲胺传感器输出的基本频率值为 8.0 MHz，远大于单片机可以直接测量的频率值，必须经多次分频才能实现测量。该系统工作电压为 3.6 V，在此电压下数字电路元件难以完成对三甲胺传感器的振荡和分频操作。考虑到单片机价格低、内部集成有优良的振荡电路、工作电压低且可以通过软件编程来完成分频的特点，该设计采用了单片机芯片来实现传感器的振荡和分频。然后再利用另一片单片机中的定时/计数器定时，对输入信号频率和需要测量的频率进行控制。另外，鲜度检测仪在显示部分采用了具有低功耗设置的驱动芯片来驱动液晶显示，降低了系统的功耗。

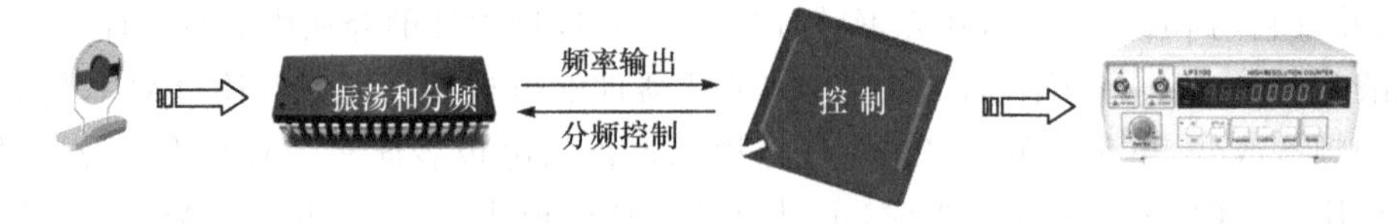

图 7-18　鲜度传感器系统示意图

图 7-19 是用鲜度传感器对一条鲤鱼的鲜度进行监测所获得的 TMA 响应曲线，其中鲜度传感器测试曲线如图中●所示，▲为传统的 TVB-N 测定法，■为气相色谱法。从三条曲线可以看出，鲜度传感器的测量结果较为可靠。鲜度测试仪电路简单，易于扩展，可以采用电池供电，方便携带，有着较大的发展潜力和应用前景。

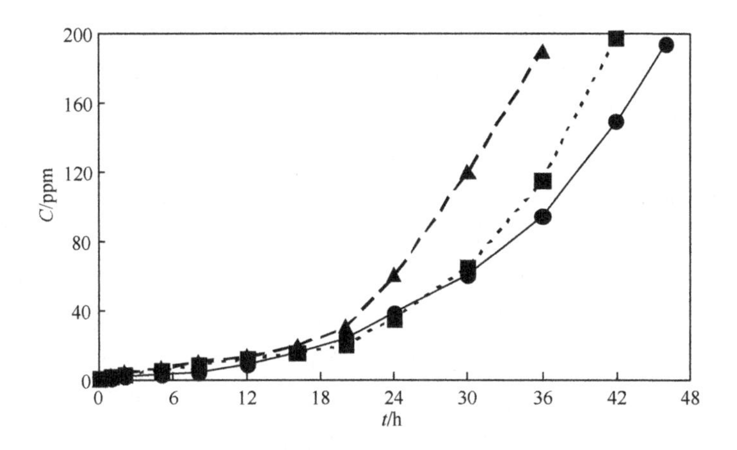

图 7-19　鲜度传感器对鱼鲜度的监测所获得的 TMA 响应曲线

7.2.2　压电石英晶体液体传感器

传统的石英晶体谐振器只能在气体中振荡，因而石英晶体传感器作为质量传感器的应用一直局限于气相。而晶体在液相中振荡导致的能量损耗远大于在气相中的损耗，早期的振荡电路又均是照搬气相中的电路，所以石英晶体在液相中的振荡很难实现。直到 1980 年，Konash 等设计了一种探头结构，使得石英晶体只有一面接触液体，实现了石英晶体在溶液中的振荡，开辟了压电传感器应用的全新领域。

对于石英晶体在液体中的频率偏移，它不仅仅与表面所吸附的质量有关，而且与液体的密度、黏度、电导率等因素有关。用于液体介质中的石英晶体谐振器总的频率偏移 Δf 由两部分组成：一部分是由液体阻尼引起的频率偏移 Δf_{L}；另一部分是由附着质量引起的频率偏移 Δf_{m}。通过同时具有附着质量和液体阻尼的 AT 切型石英晶体谐振器频率偏移公式：

$$\Delta f = \Delta f_{\mathrm{m}} + \Delta f_{\mathrm{L}} = -f_{\mathrm{s}}^{2}\rho / n(\rho\mu)^{1/2} - f_{\mathrm{s}}^{3/2}\left[\rho_{\mathrm{L}}\eta_{\mathrm{L}} / (\pi\rho\mu)\right]^{1/2} / n \tag{7-6}$$

人们就能很好地将石英传感器测得的频移同液体参数联系起来。

当石英晶体在液相振荡时，由于表面张力的作用，晶体表面所附着的溶液薄层也随石英晶体一起振荡，其结果也等效于石英晶体表面质量负载的增加，由此导致传感器振荡频率的下降。溶液的黏度越高，随晶体振荡的液层就越厚，等效的质量负载也越大；而溶液的密度越高，液层的质量也越大。流体力学原理分析认为，随振荡的石英晶体做剪切运动的液层仅是附着在晶体表面的溶液薄层，因为表面声波(此处指体声波)的振幅随距离的增加呈指数衰减，只有在表面声波一个波长左右(厚度在微米量级)以内的溶液层参与振荡。假定溶液为牛顿流体，从理论上讨论压电传感器受溶液黏度(η)、密度(ρ)的影响，可以得出传感器的频率下降值与$(\eta\rho)^{1/2}$成正比的结论。尽管不同推导方式所得的比例系数略有不同，实验测定值和理论预测值也有差别，但压电传感器的频率降与$(\eta\rho)^{1/2}$成正比这一结论是一致的。

当石英晶体单面接触溶液时，因为溶液只与一个激励电极接触，不形成直接的溶液回路,但因存在对高频电场的感应作用,溶液电导率的变化也会导致传感器振荡频率的变化。由于电导率的影响较小,而在实际测量体系中可以控制溶液电导率恒定,故在单面触液压电传感器的研究中对电导率的讨论较少。如果将石英晶体浸入溶液中,晶体表面的两个激励电极之间就有了溶液回路,这种情况下,晶体传感器的振荡频率就受溶液电导率的显著影响。研究人员对双面触液压电传感器进行了较为系统的理论研究,结果表明压电传感器的振荡频率随溶液电导率的增加而线性下降。与经典的电导仪相比,晶体传感器在较高电导率背景存在下仍然能够检测出溶液电导率的微小变化。这一特性一方面归功于频率测定的高精度,另一方面则是因为晶体传感器具有低的温度系数。对晶体传感器而言,溶液温度升高,电导率增加,导致频率下降;而溶液的黏度和密度则随温度增加而下降,从而导致传感器频率增加。由于这两方面的作用相互对消,所以晶体传感器测量电导率受温度波动的影响较小。

石英晶体传感器在气相中的应用研究工作已进行了 40 年,在液相中的应用也研究了近 30 年,经典石英晶体传感器的理论研究已基本成熟,而在液相中应用研究更是涉及生物、化学、医学等许多方面,但应用研究才刚刚开始,其前景十分广阔。

7.3　表面等离子共振传感器

1900 年 Wood 等在光学实验中首次发现了由表面等离子波(SPW)引起的衍射光栅上的不规则衍射现象,1960 年 Stern 和 Farrell 等提出了表面等离子波的概念。表面等离子波是指金属表面沿着金属和介质界面传播的电子疏密波。表面等离子共振(SPR)是在金属和电介质界面处入射光场在适当条件下引发金属表面的自由电子发生相干振荡的一种物理现象。经过几十年的发展,SPR 技术逐渐开始应用于传感器领域。1982 年 Nylander 和 Liederg 将 SPR 原理应用于气体检测和生物传感领域,1983 年 Liedberg 等首次将 SPR 原理应用于生物化学反应和动力学的计算。1990 年世界上首台商品化的 SPR 生物传感器由 Biacore 公司研制成功,此后 SPR 技术取得了长足的发展,出现了各种应用于物理、化学和生物领域的新型 SPR 传感器。

7.3.1　SPR 的基本原理

当入射光经偏振片起偏后以一定角度入射到金属(其中金属的另一表面附着被测体系)和玻璃界面上时,在金属膜中产生消逝波。消逝波能够引发表面等离子波,但消逝波的传播深度非常有限,入射光的全部能量均返回到棱镜中。当入射光的波长及入射角满足一定条件时,消逝波引发的表面等离子波的频率和消逝波的频率相等,二者发生共振,这时界面处的全反射条件将被破坏,呈现衰减全反射现象。从宏观上看检测到的反射光光强会大幅度减小,这就是表面等离子共振现象,能量从光子转移到表面等离子。入射光大部分能量被吸收,造成反射光能量急剧减少,在反射光强反应曲线上看到一个最小峰,这个峰称为吸收峰。此时对应的入射光波长为共振波长,对应的入射角为共振角。表面等离子共振的这些参数对附着在金属薄膜表面的被测系统的折射率、厚度、浓度等条件非常敏感，当这些条件改变时，共振角和共振波长也随之改变。因此SPR谱(共振角的变化-时间曲线，共振波长的变化-时间曲线)就能够反映与金属膜表面接触的被测体系的变化和性质。

当金属或半导体表面的自由电子与特定电磁波相互作用时，自由电子将吸收电磁波的能量，产生表面等离子体共振，见图7-20。具体过程是光线从光密介质向光疏介质传播时，若入射角大于临界角，则在两种介质的界面处发生全内反射，但光波的电磁场强度在界面处并不立即减小为零，而是部分地进入光疏介质，随入射深度以指数形式衰减，形成消逝波，消逝波的有效深度一般为100～200 nm。因为消逝波的存在，光线在界面处的全内反射将产生一个位移。若光疏介质很纯净，在没有吸收和其他消耗的情况下，消逝波沿光疏介质表面传播约半个波长，再返回光密介质，全内反射强度并不会被衰减。若将一层高反射的金属薄膜镀在玻璃或石英支持体上，当光线以一定的入射角透过支持体照射到金属薄膜的表面并发生全反射时，由于金属膜的厚度(约50 nm)小于消逝波的深度，在金属与溶液或空气的界面处，消逝波仍起作用，其在x轴方向的分量见式(7-7)：

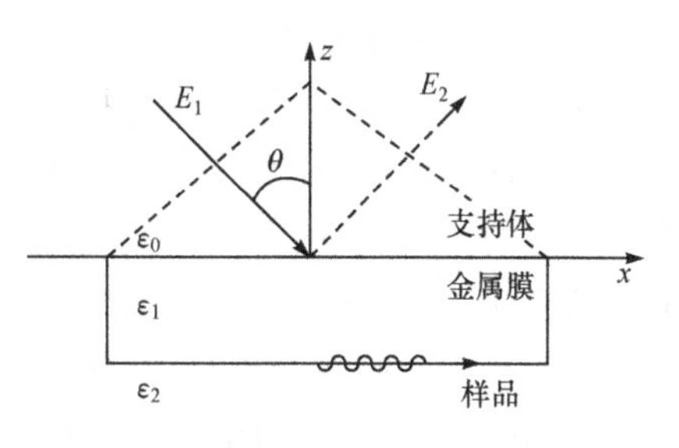

图 7-20　表面等离子共振原理示意图

$$K_{ev}=\frac{\omega}{c}=\sqrt{\varepsilon_0}\sin\theta \tag{7-7}$$

式中，ω为入射光的角频率；ε_0为支持体的介电常数；θ为入射光的入射角；c为光速；K_{ev}为消逝波在x轴的分量。

同时，在金属与溶液或空气的界面处金属表面的自由电子将被激发，产生振荡电荷，从而形成表面等离子体激元：

$$K_{sp}\approx\frac{\omega}{c}\sqrt{\frac{\varepsilon_1\varepsilon_2}{\varepsilon_1+\varepsilon_2}} \tag{7-8}$$

式中，ε_1为金属膜的介电常数；ε_2为金属膜表面样品的介电常数；K_{sp}为表面等离子波沿x轴的分量。

当K_{sp}与K_{ev}相等时，金属表面的等离子体激元将与消逝波发生耦合，产生表面等离子体共振吸收，反射光强度急剧下降，达到最小，此时的入射角θ_{sp}称共振角。入射光中只有P偏振光能激发表面等离子体共振。

$$K_{sp}=K_{ev} \tag{7-9}$$

此时

$$\sin\theta_{sp}=f(\omega,\ \varepsilon_0,\ \varepsilon_1,\ \varepsilon_2) \tag{7-10}$$

在实际测量时往往利用金属膜表面的样品折射率来替代其介电常数，以入射光的波长λ替代角频率ω，且ε_0和ε_1为常量，故式(7-10)可用式(7-11)描述

$$\sin\theta_{sp}=f(\lambda,n) \tag{7-11}$$

式中，λ为入射波长；n为金属膜表面样品的折射率。而样品的折射率又与样品中待测

化学或生物量(m)的大小有关,故有

$$\sin\theta_{sp} = f(\lambda, m) \tag{7-12}$$

由于消逝波的有效深度仅 100～200 nm,表面等离子体共振所测得的化学或生物量仅是金属表面很短距离内的值,而非其本体值。SPR 的角度受一些因素的影响,与入射光的波长、界面两侧介质的折射系数、金属膜的厚度、玻璃与金属的介电常数等有关。当其他条件固定的情况下,SPR 的角度只与临近金属膜介质的折射系数有关,介质中物质的浓度、表面介质的均匀度、厚度等改变引起的折射系数的变化将导致 SPR 角度的变化,因此 SPR 技术可以用于表征发生在金属膜表面的一些物理和化学变化并进行表面性质的研究。生物分子结合在金属表面使得表面的质量发生变化,也引起表面折射系数发生变化,SPR 角度(或波长)也随之改变,角度变化的大小与表面结合的分子的质量成正比,因此 SPR 技术可以用于生物分子相互作用的研究。由于 SPR 测定的是表面质量浓度变化引起的表面折射率的变化,因此被检测分子不需要进行标记,可以在发生反应时进行实时监测。

SPR 的检测参数主要包括灵敏度、分辨率和检测范围,除以上三种主要参数外,衡量 SPR 传感系统性能的参数还有选择性、响应时间、准确性、精确性、稳定性及可重复性等。

灵敏度　SPR 传感系统的灵敏度定义为被检测参数(如入射角、波长、强度、相位)的变化值与待测物参数(折射率、膜厚度、分析物浓度)变化的比值。对于检测共振角的传感系统,灵敏度随着入射光波长降低而增大;相反,对于检测共振波长的传感系统,灵敏度随入射光波长增加而增加。棱镜耦合方式的 SPR 传感器的灵敏度高于光栅耦合方式。Homola 等给出了典型的棱镜耦合和光栅耦合表面等离子共振传感器采用不同检测方式时的灵敏度,其中各种不同检测方式分辨率由已知参数检测精度算出。有报道一种检测共振波长棱镜耦合 SPR 传感器的灵敏度可达 8000 nm/RIU(refractive international unit,折射率的国际单位),噪声为 0.02 nm。一种检测共振波长的光栅高灵敏 SPR 气体传感器(金属膜为银膜)的灵敏度可达 1000 nm/RIU。而检测共振角度 SPR 传感器的灵敏度大约为 100°/RIU。SPR 生物传感器的灵敏度可分为两部分:由于生物探测分子结合上了分析物而引起的介电常数变化的灵敏度 S_{RI},以及分析物浓度 C 转换为介电常数 n 时的效率 E。

分辨率　SPR 传感系统的分辨率是传感系统能分辨的待定物参数(如折射率)的最小变化。它与检测精度有关,受系统噪声的限制,噪声来自温度、光源、光电探测器等。瑞典的 Linko Ping 大学和 BIAcore 研制的检测共振角度的棱镜耦合 SPR 传感器的折射分辨率高于 3×10^{-7} RIU。

测量范围　SPR 传感系统的另一个重要参数是测量范围,即传感系统可检测的待定参数的取值范围,如可检测的敏感膜折射率或样品浓度的变化范围等。一般来讲光强指示型表面等离子共振传感器的检测范围较小,而波长和角度指示型的传感器较大。检测范围由相应的角度探测仪和光谱分析仪所决定。

7.3.2 SPR 传感器的结构和组成

由于 SPR 传感器的整个传感过程包括生物分子的相互作用;敏感层电介质变化(介电常数改变);传感器电磁场变化;光电信号检测;信号的连续检测与分析共五个步骤。因而 SPR 传感器一般应包括以下四个部分:

(1) 可以发出平面偏振光的光源。固定入射角改变波长测量方式的 SPR 装置,其理想的光源是能发射各种波长的连续光源,并且具有足够的强度和稳定性,白炽灯和钨丝灯是较适合的光源。固定波长改变入射角测量方式的 SPR 装置多采用 He-Ne 激光器(λ=632.8 nm)作为光源,其单色性好,强度高。另外 LED 也可作为 SPR 光源,波长多为 760 nm, LED 的单色性较好,而且体积小、价格低、使用寿命长。

(2) 沉积在玻璃基底上的金属薄膜。传感片是进行 SPR 测定的关键部件,它是在玻璃片上镀一层金属薄膜,金属元素的性质各不相同,因此选择不同种类金属材料作为产生 SPR 的基质膜会对 SPR 光谱产生很大的影响。由于 SPR 是利用反射光谱来进行研究的,因此金属材料首先考虑的是反射率高的金属,Au 膜和 Ag 膜是 SPR 中最常见的两种金属薄膜。从 SPR 光谱的三个特征参数(共振波长或共振角,共振宽度,共振深度)来看,在同样的条件下 Ag 膜的共振波长或共振角的变化明显比 Au 膜灵敏,共振深度大于 Au 膜,共振半峰宽明显小于 Au。Ag 膜具有很高的反射率和较高的测量灵敏度,是 SPR 的首选金属膜。但 Ag 膜的稳定性较差,在空气中容易氧化。Au 膜的稳定性好,具有较强的化学惰性,尤其适用 Ag 不能使用的体系。金属薄膜的厚度直接影响共振深度,随着金属膜厚度的增加,共振深度变小,即最小反射系数变大。金属薄膜的制备方法主要有真空镀膜和化学镀膜,其中真空镀膜又包括真空蒸镀、离子镀、溅射、化学气相沉积和分子束外延等。SPR 传感芯片的金属膜主要采用电子束真空蒸镀(E-beam)和高频溅射两种方法,在金属的均匀度、致密度等方面,E-beam 的效果较佳,不过其缺点在于设备昂贵,镀膜成本高。膜的厚度一般在 50 nm 左右,研究表明在这个厚度时 SPR 响应最灵敏。金属膜的厚度要求非常均匀才能保证实验结果的可靠,每个传感片之间的金属膜厚度也要尽量一致以保证实验的重现性。传感片的玻璃一侧与棱镜相接触,两者的折射率应相同,两者之间一般用一些折射率相同的液体或介质以使两者在光学上成一体。

(3) 光波导耦合器件。常用的耦合器件主要有棱镜型、光纤型和光栅型。用于产生衰减全反射的棱镜型装置主要有 Otto 和 Kretschmann 型两种,其结构示意图如图 7-21 所示,两种装置检测的都是 P 偏振入射光的衰减全反射,均使用三角形或半球形棱镜,制作棱镜的材料为折射率较大的石英或普通玻璃。两者在结构上的区别主要是棱镜底面与金属膜之间是否存在空隙。在 SPR 生物传感器中主要使用 Kretschmann 型。Kretschmann 型结构简单,制作容易实现且使用方便。该装置是将几十纳米厚的金属薄膜直接覆盖在棱镜的底部,待

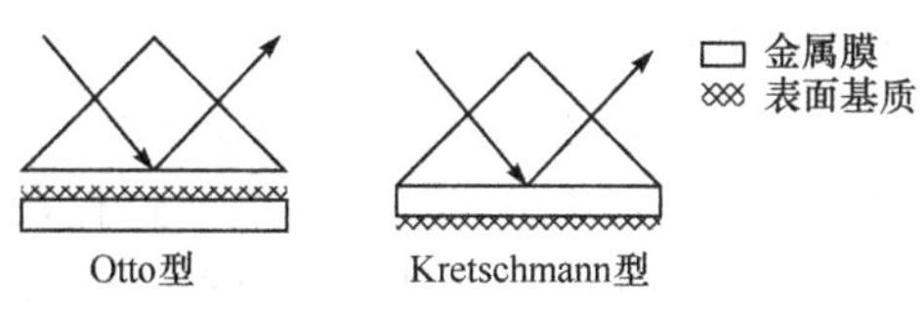

图 7-21　棱镜型 SPR 传感器的原理图

检测的介质在金属膜下面，光线射入棱镜，其消逝波透过金属薄膜在界面处引起 SPR。

(4) 光学检测器，用于检测 SPR 角度或波长。从检测方式来看，SPR 传感器可分为强度调制、角度调制、波长调制和相位调制 4 种。

(i) 强度调制：固定入射光波长及入射角(共振角附近)，检测发射光强度随外界折射率的变化。

(ii) 角度调制：固定入射光波长，通过扫描入射角度，追踪共振角(反射强度的最小值)随外界折射率的变化，观察反射光的归一化程度。目前商用的 SPR 仪器大多采用相干性较差的近红外 LED 作为光源，不需要复杂的转动装置，还可避免激光产生的干涉效应对测量结果的影响，接收端用线阵 CCD 采集不同入射角度的反射光强。

(iii) 波长调制：固定入射角度，以宽带光源入射，探测反射或者透射光谱的变化，获得共振波长随折射率变化的关系。该方法易于实现传感器的小型化和集成化，主要应用于光纤 SPR 传感器及测量局域表面等离子共振消光谱。波长调制 SPR 传感器光路结构中，通常引入光纤作为传光媒介，来减少外界干扰，提高仪器的集成度。

(iv) 相位调制：固定入射光波长和角度，探测 TM 波在棱镜底面反射前后相位的变化。理论和实验研究表明，与其他调制方式相比，相位调制可以使 SPR 传感器灵敏度提高 1～2 个数量级。

目前普遍使用的是角度调制法和波长调制法，强度调制法误差较大，相位调制法的灵敏度最高，但需要一系列的高频电路。由于表面等离子体波的传播距离非常短，传感检测过程必须在激发区域内完成，光学系统不仅用来激发表面等离子波，同时用来监测最后的响应信号，因此表面等离子体传感器的灵敏度不能通过增加传感区域来提高。由于表面等离子体波的传播常数总是大于光波，因此必须通过增强入射光的动量来匹配表面等离子体波。常用的光波动量增强的方式由衰减全反射棱镜、表面光栅和光波导器件来完成，相应又分为棱镜耦合、光栅耦合、集成波导耦合和光纤耦合等四种方式。

与一些传统的基于相互作用的分析技术和生物传感系统相比较，SPR 传感系统具有以下特点：

(1) 无需标记。SPR 传感系统是通过对敏感膜折射率变化的检测，从而获得生物分子相互作用的信息。SPR 对样品的折射率敏感，因此待测物无需标记，特别适合天然生物分子的研究，这意味着尽可能不影响待研究的相互作用，在许多情况下这也避免了纯化和标记的步骤，一些标记物具有毒性或放射性，不需要对样品进行标记就可以避免环境污染和增强安全性。

(2) 实时检测。SPR 生物传感系统采用的是光学检测手段，信息转换非常快捷，能动态地检测生物分子相互作用的全过程，SPR 传感图可以实时和连续记录，因此可以对生物分子相互作用的过程进行实时检测，这样不但可以大幅提高检测分析的速度，而且可以通过对检测结果的分析，得到作用过程的动力学参数信息。跟踪相互作用过程能得出有价值的诊断信息，这对设计一系列的实验、摸索自动化分析实验条件非常有用，而且有利于对分析系统的快速评价，能进行现场实时动态分析。SPR 响应时间约为 0.1 s 数量级，可以检测在此时间内的任何识别事件和反应过程，也可进行现场或实时的动态观察。

(3) 无污染无损失检测。SPR 传感系统所采用的光学检测手段避免了与待测样品的直接接触,SPR 也不穿透样品,适用于浑浊、不透明或有色溶液的检测,不会对样品造成污染,保证了待测样品的长效性。

(4) 高灵敏度检测。由于金属膜具有良好的导电性,所以分布于金属膜与敏感膜界面处的 SPW 产生的场主要分布于敏感膜一侧。生物样品被直接检测到的最小浓度可低于 0.01 ng/mL。SPR 一般能检测 nmol/L 量级的组分,如利用酶等放大技术,其检测限可降到 fmol/L 水平。SPR 检测灵敏度与介电常数变化幅度有关,传感表面及其附近介质的介电常数变化幅度越大或待测组分越靠近传感表面,就越容易被观察到。通过表面修饰将目标分子拉靠到金膜表面,可提高检测灵敏度。同理,增加待测分子体积也可以提高待测目标分子的检测灵敏度。

(5) 样品用量极少,一般一个表面仅需约 1 μg 蛋白配体,大多数情况下不需要对样品进行预处理。

(6) 检测过程方便快捷。偶联过程通常只需要不到 30 min,相互作用一般也在数分钟之内即可完成,而再生往往更快。

(7) 能跟踪监控固定的配体的稳定性,对复合物的定量测定不干扰反应的平衡。

(8) 应用范围非常广泛。SPR 检测介电常数及其变动,而介电常数乃物质的普遍特性,故 SPR 普遍可用。如果通过表面修饰引入各种识别机制,则 SPR 可在复杂介质中探测出微量的目标组分,所以它也是高选择性的分析方法。不仅可检测抗原抗体之间的特异性反应,还能检测各种脂类、蛋白质、多糖、生物膜上的信号分子以及许多生物大分子之间的相互作用。

(9) 测定模式多样。SPR 有角度、波长共振模式,能进行单通道、多通道以及成像分析;还可以利用消逝波,建立暗背景光共振散射和发射方法。例如,暗背景荧光、暗背景拉曼、暗背景瑞利散射等,特别适合于天然生物分子的研究。

(10) 容易与其他技术联用。SPR 可以和电化学技术联用,目前已经成为研究电化学界面反应的一种主要工具;与质谱技术的联用在蛋白质的鉴定和表征方面显示了极大的优越性,还可以和压电石英晶体天平、荧光显微技术等联用。

7.3.3 SPR 传感器中分子固定的方法

在 SPR 生物传感技术的测定中,一般将一种物质分子采用适当的方法固定在传感片的表面,将另一种物质加到传感片表面后,利用 SPR 信号变化来检测二者之间的相互作用以达到定性定量检测的目的。常用的分子固定方法有以下几种:

(1) 物理吸附法。将物质分子通过简单的物理吸附方法吸附在传感片表面,分子与金属膜之间通过疏水作用、静电作用、范德华力等结合在一起,这是 SPR 在最初应用时采用的方法。该方法的优点是操作简单,适用于许多种类的物质分子;其缺点是物质分子在表面吸附得不牢固,时间长会脱落,难以形成稳定的分子层,其他生物分子容易在裸露的金膜上产生非特异性吸附,固定量难以控制,如有的蛋白质无法在金属表面上形成稳定的膜，有的则会变性而失去活性，有时生物分子虽然很容易吸附在金属表面上，但是由于活性区域空间障碍和取向效应，生物分子团聚成体系结构，造成亲和反应不易发生。

(2) 自组装法。利用巯基(—SH)和金(或银)之间有较强的相互作用，带有巯基的分子在金表面可以自发地形成有序结构且稳定性非常高。表面富含巯基的生物分子通过 Au—S 键直接化学吸附到金膜表面，此方法仅适用于少数蛋白质的固定，如蛋白质A，在金膜表面形成的分子膜比较牢固，常作为固定免疫球蛋白 G 的媒介。还可以在要固定的分子上修饰巯基，直接自组装在传感片表面，也可以先在传感片上自组装一层物质，再将配体固定在其上。

(3) 共价固定法。采用这种固定方法首先要在传感表面通过吸附或自组装固定一层物质，然后将要固定的配体固定其上。由于是通过共价键连接，因此固定分子的稳定性大大提高。例如，采用末端为巯基的双功能分子(如 16-巯基十六烷醇、11-巯基十一烷酸等)能与金膜形成牢固的 Au—S 键，在金膜表面形成一层自组装单分子层，在这个基础上一种方法是直接通过偶联剂与生物分子表面相应的功能基团共价键合，从而将生物分子牢固地结合在传感器表面；另一种方法是在功能分子的末端基团上进一步共价偶联具有空间网状结构的高聚物分子(如葡聚糖、琼脂糖等)，接着通过羧化试剂使高聚物分子羧基化，然后利用偶联剂将生物分子固定于高聚物分子表面。根据生物分子表面参与偶联的基团不同，常用的方法可分为氨基偶联法、羧基偶联法、巯基偶联法和醛基偶联法等。

(4) LB 膜法。该方法也称为单分子复合膜技术，可把液面上有序排列的某些有机化合物逐层地转移到固定基片上，实现基片上的特定分子的高度有序排列，膜厚度控制可以精确到数十埃。

(5) 生物素-亲和素结合法。通过共价偶联法将亲和素固定在金膜表面，然后利用亲和素与生物素的高亲和力，将生物素标记的蛋白质固定到芯片表面。

7.3.4 SPR 传感器的应用与发展

SPR 传感器因为具有实时、无标记检测、灵敏度高及可小型化等优势而被广泛应用于疾病诊断、药物开发、基因测序、环境监测、食品安全检测、兴奋剂检测等领域。按测量对象属性可分为三类：物理量的测量、化学反应的测量和生物分子作用的测量。

(1) 物理量的测量。主要包括由湿度变化引起的敏感膜吸湿量变化，进而引起其折射率变化的湿度传感器，基于氢化无定形硅的热光效应的湿度传感器等。

(2) 化学反应的测量。待测分子被敏感膜有选择性地化学吸附或与敏感膜中的待定分子发生化学反应，从而引起敏感膜的光学属性(主要是折射率)发生变化，导致表面等离子共振条件的变化。因此可以通过检测共振角或共振波长的变化来检测待测分子的成分、浓度以及参与化学反应的特性。

(3) 生物分子作用的测量。SPR 传感器在生物领域的应用最为广泛，现有的商用 SPR 传感器基本都是生物传感器。SPR 的原理决定了它特别适合于生物分子之间相互作用的研究。自从1983年SPR传感系统第一次应用于生物领域,SPR生物传感器系统已经被广泛应用于各种类型的生物分子检测。因为多数生物分子具有反应专一性,其结构上的特异结合位点只能与特定生物分子的某一部分发生相互作用,如抗原-抗体、配体-受体等都具有高度的反应专一性,所以当将其中的一方固定在传感芯片的表面,样品溶液中若存在可与其特异结合的另一方,SPR光谱即发生变化,进而可用于检测生物分子的结合作用,或者是通过生物分子结合作用的检测来完成特定生物分子的识别及其浓度的测定。除了可以鉴别待测物的种类、测定分子的浓度和质量外,更重要的是SPR可以实时监测分子间相互作用的情形。例如,早期的抗原-抗体的相互作用,生物素和亲和素的相互作用以及一些IgG检测。

SPR生物传感器是SPR与生物分子特异性反应相互结合而形成的一类生物传感器。由于SPR技术具有能实时监测反应动态过程、分析样品不需要纯化、生物样品无需标记、灵敏度较高、无背景干扰、分析快捷、前处理简单、样品用量少等特点,在生物科学领域应用中取得了长足进展。SPR生物传感装置通常由SPR检测器、传感器芯片和缓冲液、样品、试剂连续流过的流动池组成,可以实时检测与固定化配体特异结合的分析物。SPR技术作为研究生物分子相互作用的全新手段,几乎可以检测所有的生物分子,如蛋白质、多肽、DNA、多糖、脂质体、小分子化合物,甚至噬菌体、细胞等,从而用来研究分子间有无结合以及相互作用的亲和力、结合解离的快慢,分析结合位点和结合顺序,并且寻找受体、配体、底物、疾病靶点和药物等。基于SPR技术的生物传感器已被广泛应用于蛋白质组学、细胞生物学、药物研发、临床诊断、食品安全、环境监测和分子工程等领域。目前SPR与其他类型生物传感器相比较,其主要竞争对手是免疫测定法。免疫测定法是最为常规和广泛的生物测定方法,非常多的常规检验由该方法完成,它的灵敏度、专一性极高,且成本非常低廉。而SPR传感器目前尚集中在研究和分析实验室阶段,真正走向常规检测市场的可用的商品化仪器非常有限,当前SPR传感器的发展是应将该检测器由研究实验室推向检测市场,使之成为类似于pH试纸、玻璃电极这样的常规检测仪器。但是商业化SPR生物传感器在生物化学检测市场的份额很小,还处于实验室研究阶段。要想与现有的生物传感器竞争,SPR传感器就必须在成本、功能、操作、灵敏度和稳定性等方面提高竞争力,因此SPR传感器的发展方向有以下方面。

(1) 改进仪器的检测限。目前直接SPR生物传感器表面覆盖的生物材料检测限约为1 pg/mm^2,不利于检测浓度较低、质量较小的生物分子,还没有将检测限制提高1个数量级以上的方法,而许多生物物质、药物或环境污染物质在很低浓度即可对生物体产生显著影响。例如,优化仪器的设计及与其他仪器联用,如光声光谱、光热光谱等,改进实验方法,增强表面等离子体共振的响应信号。

(2) 提高SPR传感器的灵敏度和分辨率。目前商用的SPR仪器检测限大约为1 pg/mm^2,探测的分子深度大约为200 nm,通过优化光学结构设计及数据处理方法,设计新型复合传感芯片等方法,能够有效地提高SPR传感器技术的灵敏度和分辨率,有利于对小分子低浓度的探测。例如,可以从以下几个方面进行改进:①研制先进的识别因子,SPR 传感器要检测复杂的实际对象如血液,就必须有稳定的受体基质以从非特异性效应中找到有效的反应。②光波导技术的使用,适应器件小型化,在一片芯片上制作多个传感器。③将金属膜两个表面都镀上敏感介质,并且在两个界面都产生 SPW 的长程 SPR 传感器的灵敏度可比普通 SPR 灵敏度提高 7 倍,而分辨率相当。基于相位检测的办法可将分辨率提高一个数量级,可区分表面效应及体效应的多通道 SPR 生物传感器,能够弥补非特异性吸收和背景折射干扰。④应用二次甚至三次放大反应并结合纳米粒子,提高 SPR 反应信号。例如,用纳米金技术结合生物素和亲和素技术来标记分析物,纳米金与金属膜表面的消逝波有强烈的相互作用,能够使检测下限下降几个数量级,甚至达到单分子检测。⑤增加 SPW 的穿透深度,对探测大分子细菌、病毒等具有重要意义。

(3) 多通道、多组分识别、高通量分析。实现多通道、多参数是传感器的发展趋势,增加表面等离子体共振成像传感通道,制作多功能检测芯片,提高图像横向分辨率和对比度,将会使得 SPR 传感技术在生物、药物研究领域的应用更为广泛。采用多通道结构至少有三个明显的优点。①可以一次完成多个样品检测,这在药物筛选中是十分必要的。②可以一次完成同一样品的不同特征的检测,这一点可以有效降低疾病检测中存在假阳性的概率。③在多通道中设置参考通道,可以消除非特异性响应的影响。目前已有十六通道传感器的报道。表面等离子体共振与电化学联用,同时得到样品的电化学和光学信息。由于 SPR 技术每次只能分析几个样品,且每次分析需要 5～10 min,自动化和微流控系统现在仍不能良好地解决多个样品的快速分析,这给 SPR 的实际应用和高通量分析带来了困难。

(4) 与其他分析仪器相连。目前有不少关于 SPR 和其他分析仪器相连的报道。SPR 技术与传统的蛋白质鉴定技术 MALDI-TOF-MS(机制辅助的激光解析离子化时间飞行质谱)的有机结合是蛋白组学中的一种新的研究手段,可以检测部分生物分子之间的相互作用。这种方法一般分为两步:第一步,SPR 检测自身环境中的生物分子;第二步,MALDI-TOF-MS 鉴定结合在 SPR 传感表面的分析物。这种方法综合了 SPR 和 MALDI-TOF-MS 两种技术的优势,实现了定量与定性的结合。也可以利用微型化的 Spreeta SPR 生物传感器,如将毛细管电泳(CE)分离后的产物直接导入 SPR 生物传感器进行检测;也有报道将高效液相色谱和 SPR 生物传感器相连。

(5) 低成本、微型化、集成化和阵列化。仪器的微型化可以带来很多好处,如可以减少试剂的消耗,加快分析速度,降低分析成本,提高系统稳定性,减少样品的使用量,容易实现多通道检测等。结合光波导/光纤技术的 SPR 传感器在降低成本,实现小型化、集成化及高稳定性等方面有独特优势,可推动 SPR 传感器的普及和拓展新的应用领域。降低检测成本的方法除了实现小型化外,更有效的途径是制作材料的选择。例如,研究或开发可以替代贵金属的材料,利用光学塑料代替昂贵的光学玻璃等。一些传感部件的再生利用应该是降低成本的更加有效的途径。

(6) 小分子检测。SPR 技术对待测物浓度的测定主要与物质的相对分子质量有关,对于相对分子质量大于 1000 的物质,其典型的可测定浓度范围为 μmol/L～nmol/L,而对于相对分子质量小于 1000 的物质，其典型的可测定浓度范围为 μmol/L～mmol/L，因此，积极的探索各种高灵敏度的分析方法来检测小分子已成为 SPR 研究的一个主要内容。

(7) 进一步提高仪器的性价比。表面等离子体共振传感器正由实验室的研究工作向实际应用领域推进，已有多种表面等离子体共振传感器问世，但是目前这类仪器大多价格昂贵，难以普及，无形中限制了表面等离子体共振传感器的研究和应用。因此，研制价格适中、性能优良、使用方便的表面等离子体共振仪器显得非常迫切。

7.4　分子印迹传感器

分子印迹技术(molecular imprinting technique，MIT)是制备对特定目标分子具有特异性预定选择性的高分子化合物——分子印迹聚合物(molecularly imprinted polymer，MIP)的技术。在 20 世纪 40 年代，诺贝尔奖获得者 Pauling 提出了利用抗原为模板合成抗体的设想，他提出的生物体所释放的物质与外来物质在空间上应相互匹配的假设成为了分子印迹的理论萌芽。1949 年 Dickey 等提出了专一性吸附和分子印迹这一概念，但在很长时间内没有得到人们的重视。1972 年 Wulff 在共价键型分子印迹技术和 Mosbach 等在非共价键分子印迹技术上的开拓性工作使得分子印迹技术得到了蓬勃的发展。1993 年 Mosbach 等在 *Nature* 上发表了有关茶碱分子印迹聚合物的研究报告，推广了分子印迹技术的应用范围，除了有分离、催化功能以外，还可以用于生物传感技术、痕量物质富集、合成人工抗体等不同领域。

分子印迹技术的迅速发展与其自身的特点是密切相关的，它具有三大特点：

(1) 预定性(predetermination)。因为模板分子和功能单体形成的这种自组装结构是在聚合之前预定形成的，所以这种预定性就决定了人们可以按照自己的目的制备不同的 MIPs，以满足各种不同的需要。

(2) 实用性(practicability)。它与天然的识别系统，如酶和底物、抗体和抗原、受体与激素相比，具有抗恶劣环境的能力，表现出高度稳定性和长的使用寿命，且制备简单。

(3) 识别性(recognition)。因为 MIPs 是按照模板分子的结构定做的，它具有特殊的分子结构和官能团，能选择性地识别印迹分子，因而其特异性识别作用很强。由于 MIP 具有以上这些优点，它在对映体和位置异构体的分离、固相萃取、化学仿生传感器、模拟酶催化、临床药物分析、膜分离技术等许多领域展现了良好的应用前景。近年来已有很多综述介绍了 MIPs 在不同领域中的理论和最新研究成果。

7.4.1　分子印迹传感器的原理和特点

MIP 的制备一般包括如下过程：①在一定的溶剂中使印迹分子与功能单体之间通过共价和非共价作用结合，形成主客体配合物；②加入交联剂，在引发剂引发作用下通过光或热的引发聚合，使主客体配合物与交联剂发生聚合反应，在此过程中聚合物链通过自由基聚合，将印迹分子和单体的配合物“捕获”到聚合物的立体结构中；③洗去印迹分子，将聚合物中的印迹分子洗脱或解离出来，在聚合物中留下与印迹分子大小和形状相互匹配的立体孔穴,孔穴中具有识别印迹分子的结合位点。图 7-22 为合成 MIP 的基本程序示意图。

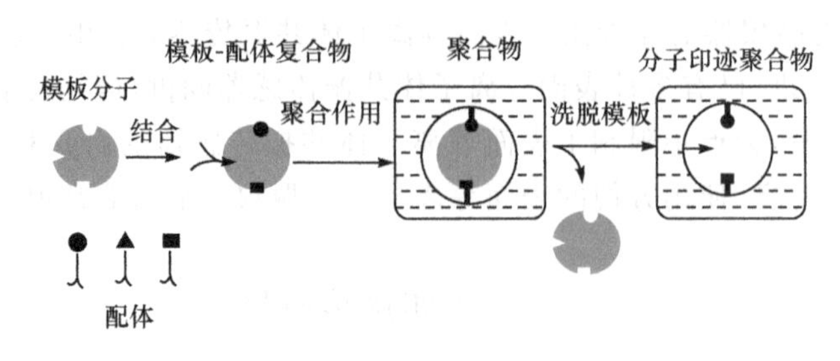

图 7-22　MIP 合成基本程序示意图

根据印迹分子与功能单体之间形成配合物的作用力的类型不同可将分子印迹聚合物的制备过程分为共价键作用和非共价键作用两种。Mosbach 等将它们相应地分为分子预组装方式和分子自组装方式,两者的主要区别在于单体与印迹分子结合的机理不同。

1. 分子自组装

分子自组装又称为非共价作用,是目前制备分子印迹聚合物最常用和有效的方法。它是通过非共价键和弱的相互作用力,如静电作用、疏水作用力、π-π 作用、电荷转移、氢键作用以及金属配位键等超分子作用,使功能单体与印迹分子形成主客体配合物,进一步聚合交联后除去印迹分子,得到非共价键的分子印迹聚合物,而且是在溶液中自发形成的,其中应用最广泛的是氢键。在这种方法中模板分子和功能单体相混合,通过聚合在模板分子周围形成高交联的聚合物。非共价型方法主要适用于结构中具有氢键或碱性功能基团、可溶于有机溶剂的模板分子,如甲基丙烯酸,因为它的结构决定了它既可以和胺类物质发生离子作用,又可以与酰胺或羧基发生氢键作用,由于其与印迹分子之间有较多的结合位点,因此由其制成的分子印迹聚合物具有高的选择性和结合能力。由于非共价键法使用超分子作用制备仿生模型,其分子识别机理类似于天然生物分子,因此是分子印迹技术的研究热点,绝大多数的分子印迹技术都是以这种作用形式为基础的。

2. 分子预组织

分子预组织又称为共价作用,这一方法中常使用的共价结合作用的物质包括硼酸酯、席夫碱、缩醛酮、酯和螯合物等,目前使用比较广泛的是硼酸酯。共价型分子印迹技术利用模板分子与功能单体间可逆的共价作用形成复合物,模板分子与功能单体间化学计量关系确定,产生的作用位点比较均匀,模板分子和单体之间形成稳定的化学键,通过化学键的作用固定空间排列和化学键的断裂来脱去模板分子。但共价键的能量较大,作用一般较强,键的形成、断裂需要较高的能量,所以模板分子与其结合和离去不是一个短时间的过程,在印迹分子预组装或识别过程中结合和解离速度慢,难以达到热力学平衡，这对于许多要求快速反应的来说是不利的，不适合快速识别，并且识别机理与生物识别相差甚远，因此这种方法发展缓慢。受这点限制，共价型的分子印迹使用范围比较窄，一般用于催化方面。在共价结合型的分子印迹聚合物中，印迹分子与功能单体之间具有可逆的共价键作用，如形成硼酸酯、亚胺、缩醛等衍生物，然后再与交联剂作用，聚合后在一定条件下水解除去印迹分子就形成了共价分子印迹聚合物。糖类衍生物印迹聚合物的研究是这类聚合物的典型实例。糖可以与硼酸根形成硼酸酯，利用这个作用可以先对糖进行衍生化，然后制备印迹糖的分子印迹聚合物。

如图7-23所示，以甘露吡喃糖苯苷为模板分子，4-乙烯基苯硼酸酯为功能单体，利用糖的羟基基团与硼酸根通过形成模板分子与功能单体的化合物，加入交联剂聚合后，再在碱性条件下水解脱掉糖分子，于是就获得了具有能够与模板分子匹配的识别位点的印迹聚合物。

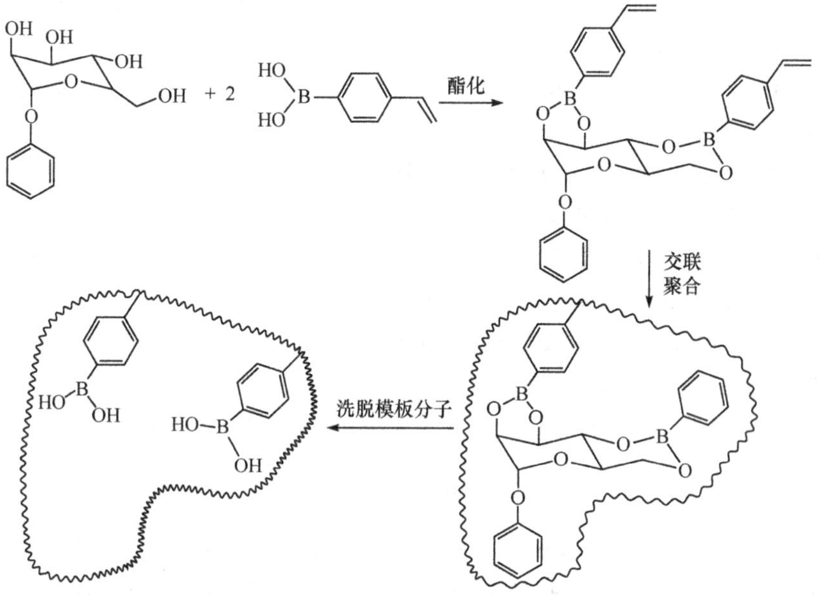

图7-23 分子预组织方法印迹糖的典型实例

3. 分子自组装与分子预组织的联用

近年来Vulfson等又发展了一种称之为“牺牲空间法”的分子印迹方法，该法实际上是把分子自组装和分子预组织两种方法结合起来，其制备过程是首先将模板分子与功能单体以共价键的形式形成模板分子的衍生物(单体-模板分子复合物)，这一步相当于分子预组织过程，然后交联聚合使功能基固定在聚合物链上，除去模板分子后功能基留在空穴中，当模板分子重新进入空穴中时，模板分子与功能单体上的功能基不是以共价键结合，而是以非共价键结合，其过程又如同分子自组装。

由于MIPs对目标化合物具有很高的选择性，且识别性能不受酸、碱、热、有机溶剂等因素的影响，因此可作为传感器识别元件，并有希望成为取代生物材料的理想替代品。把这种以分子印迹聚合物作为敏感材料的传感器件称为分子印迹聚合物传感器。自1987年Tabushi首次用分子印迹聚合物作为敏感材料对维生素进行检测以来，分子印迹聚合物传感器引起了人们广泛关注。一般来说分子印迹聚合物传感器的制作方式大体分为两类：①直接在转换器表面合成MIPs膜，此法可称直接法，主要采用紫外光聚合法、电聚合法和自组装法；②先制备MIPs颗粒或膜，再将制备的颗粒或膜与转换器直接连接，称为间接法，间接法制作的MIPs作为识别层一般较厚，故传感器的响应时间相对较长。MIPs传感器的响应原理如图7-24所示，分析物经扩散进入敏感层，与MIP特异性结合，发生物理或化学变化，经过换能器转换成可检测信号，进而完成传感器过程。

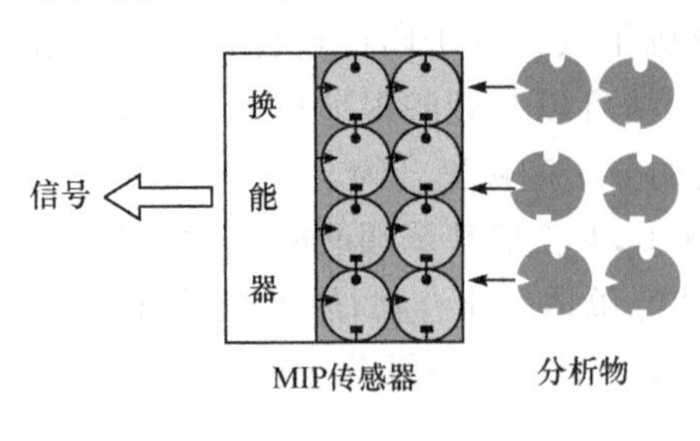

图7-24　MIPs传感器的响应原理

MIPs传感器具有以下几个方面的特点：

(1) MIPs与模板分子的作用类似于酶或抗体与底物的作用，具有很好的空间立体互补识别，表现出良好的选择性。

(2) 与酶或抗体等生物大分子相比，MIPs是高分子聚合物，具有很好的稳定性，比一般的生物材料更稳定，有更长的工作寿命和储存时间。

(3) 制备简单，聚合物可以根据需要加工成各种形态，如片层、薄膜、颗粒状等，与微加工工艺兼容，适合不同类型的传感器制备要求。

(4) MIPs刚性强、化学稳定性高，与生物大分子相比，它对环境pH、压力和温度更具耐受性，而且适合于有机溶剂环境。

(5) 制备的成本低，制备过程可以高度重复，易于放大，能耗低，效率高。

7.4.2　分子印迹聚合物的常用制备方法

分子印迹聚合物合成的基本原理是选择带有功能基的烯类单体与大量二烯类单体进行共聚合，要求所带的功能基能与印迹分子作用，这样制得的高交联刚性聚合物在除去印迹分子后就得到具有确定空间构型的孔穴和功能基在孔穴内精确排布的聚合物。因此这种聚合物在应用中对其印迹分子有相当高的专一选择性。与通常的聚合物合成相比，分子印迹聚合物的合成有其独特之处，其中最主要的是单体必须带有能与印迹分子发生作用的功能基而预先和印迹分子发生相互作用，并不是像其他聚合物那样先聚合再进行功能基化，而且这类聚合物一般是高度交联的，以确保单体将有利于与印迹分子结合的排列和构象固定下来，并保持对印迹分子起识别作用的位点在使用过程中空间形状不发生变化，使特异性得以保留。一个理想的分子印迹聚合物应具备以下性质：

(1) 具有适当的刚性，聚合物在脱去模板分子后仍能保持孔穴原来的形状和大小，从而使孔穴维持对模板分子的再结合能力。

(2) 具有一定的柔性，它是结合动力学所必需的，以使孔穴与模板分子的结合迅速达到平衡。柔性对于分子印迹聚合物模拟酶来说具有重要意义。

(3) 具有一定的机械稳定性，这一点对于高效液相色谱尤为重要。

(4) 具有热稳定性，使其能在较高温度环境下使用，因为对于一般的反应来说，温度较高在动力学上更有利。

聚合过程中的影响因素具体介绍如下。

1. 模板分子的选择

使用非共价型印迹聚合物几乎对模板分子没有限制，碳水化合物、有机胺类、羧酸类、甾醇类、氨基酸、核酸、蛋白质、金属离子等各种物质均可被用于制备 MIPs，其他的大分子如生物细胞或金属晶体作模板分子也有报道。一般来说在选择模板分子时应该考虑到以下几个问题：①模板分子是否带有可聚合基团；② 模板分子是否带有能够抑制或阻碍自由基聚合反应的基团（如硫醇或对苯二酚基团）；③模板分子在聚合温度下是否稳定（如使用 AIBN 作为自由基聚合引发剂时温度为 60 ℃）。满足这些要求的化合物才能作为模板分子，它们通常带有多种基团如胺基、羧基、羟基等。

2. 功能单体的选择

功能单体在印迹位点的作用过程中起着重要作用，在非共价印迹聚合物中，单体要保持相对于模板分子过量以保证分子间的作用力（实际合成中常选用模板与单体物质的量比为 1∶4）。一般来说要根据单体与印迹分子作用力的大小预测，合理的设计合成带有能与印迹分子发生作用的功能基的单体。在同时选用两种或两种以上的单体时，也应该考虑到单体的相对活性以保证共聚合反应能够进行。共价键型印迹聚合物用的单体是含有乙烯基的硼酸、醛、胺、酚和二醇等；非共价聚合物已使用的单体有丙烯酸、α-甲基丙烯酸、甲基丙烯酸酯、三氟甲基丙烯酸、亚甲基丁二酸、丙烯酰胺、4-乙烯基苯甲酸、4-乙烯基苯乙酸、2-丙烯酰胺基-2-甲基-1-丙磺酸、1-乙烯基咪唑、4-乙烯基吡啶、2-乙烯吡啶、2，6-丙烯酰胺吡啶、*N*-丙烯酰基丙氨酸、*N*-(4-乙烯苄基)亚氨基二乙酸铜和含乙烯基的 L-缬氨酸的衍生物等。

3. 交联剂的选择

在分子印迹聚合物的制备过程中交联剂一般具有三个作用：①可以控制聚合物的形态，如凝胶状或块状；②可以稳定印迹作用位点；③可以有助于聚合物母体的机械稳定性。交联剂使模板分子和功能单体形成高度交联、刚性的聚合物，将单体的功能基团固定在模板分子周围的特定位置，并保持起识别作用的位点在使用中空间形状不发生变化，使特异性得以保留。为了得到高度交联的聚合物，目前最常用的交联剂有双甲基丙烯酸乙二醇酯(EGDMA)、季戊四醇三丙烯酸酯(PETRA)、三甲氧基丙烷三甲基丙烯酸酯(TRIM)、*N*，*N'*-亚甲基双丙烯酰胺(MBA)、二乙烯基苯(DVB)、3，5-二丙烯酰胺基苯甲酸、L-2-二丙烯酰胺基苯丙醇丙烯酸酯等。

4. 溶剂的选择

非共价型 MIPs 中，反应溶剂对分子间作用力和 MIPs 的形态影响较大，溶剂还可以起到致孔剂的作用。所用溶剂对印迹分子不但应具有较高的溶解度，还能够促进印迹分子和功能单体间的相互作用，因此必须根据印迹分子与功能单体之间可能存在的作用力类型选择合适的溶剂。应用极性强的溶剂会不可避免地减弱模板分子和功能单体间的相互作用，从而导致弱的识别，降低印迹分子与功能单体间的结合，溶剂的极性越大，产生的识别效果越弱，特别是干扰氢键的形成，生成的 MIPs 识别性能较差，应尽可能采用介电常数低的有机溶剂，如苯、甲苯、二甲苯、氯仿、二氯甲烷等。聚合物的形态学也受溶剂的影响，溶剂使聚合物溶胀，从而可以导致结合部位三维结构发生变化，引起弱的结合，为避免溶胀发生，吸附中所用的溶剂最好与聚合反应使用的溶剂一致。聚合时溶剂还可能影响模板分子和功能单体间的作用强度或聚合反应的动力学。

5. 引发剂的选择

原则上适用于自由基聚合的引发剂都可以用来引发分子印迹聚合反应，然而对于不同的模板分子也要视条件而定。例如，当模板分子对光和热不稳定时，光引发和热引发的引发剂则不能选择。当模板和单体之间形成氢键作用时，低温聚合有利于稳定复合物，此时常选择光敏性引发剂。引发剂多数是偶氮类和过氧类化合物，也可另分成有机和无机或油溶和水溶两类。引发剂的选择需从聚合方法和温度、对聚合物性能的影响、储运稳定性等多方面来考虑。首先根据聚合方法选择引发剂种类，本体聚合、溶液聚合、悬浮聚合选用油溶性引发剂，乳液聚合和水溶液聚合则用水溶性引发剂。过氧类引发剂具有氧化性，易使聚合物着色；偶氮类含有氰基，具有毒性；需要考虑这些对聚合物性能的影响。常用的引发剂有偶氮二异丁腈(AIBN)、偶氮二异庚腈(ABDV)、过氧化二苯甲酰(BPO)等。

6. 聚合方法的实施

制备印迹聚合物按引发方式主要分为光聚合、热聚合、加压聚合和电化学聚合四种。模板分子与功能单体复合物、致孔剂、交联剂和引发剂混合物在超声波或通氮(氩)气除氧后利用光或热或压力或电场作用下聚合合成功能材料。对于热敏感的模板分子多使用光引发剂聚合，可以利用光化学反应灯。电化学聚合是指应用电化学方法在工作电极上发生聚合反应，但在整个聚合过程中也包括电极附近液相化学反应，因此一般为多相聚合反应，主要包括链的引发、链的增长和链的终止。电化学聚合物多为膜状，易于通过电化学条件的设置而控制反应产物的厚度，再现性好，可以制得特殊的聚合物，绿色环保，无污染。聚合方法按聚合过程分为本体聚合、原位聚合、悬浮聚合、乳液聚合、多步溶胀聚合、沉淀聚合和表面印迹法等。下面分别介绍常用方法的基本原理。

(1) 本体聚合。本体聚合即单体本身聚合，它是首先将模板分子与功能单体进行预聚合形成复合物，然后加入交联剂和引发剂让其在一定条件下发生聚合反应得到块状聚合物，将获得的块状聚合物研磨、过筛后，抽提、反复沉降、干燥，即得到一定粒径范围的无定形的分子印迹聚合物。本体聚合工艺简单，操作条件易于控制，实验装置简单，优化印迹条件容易，因而是目前研究最多的一种方法。用本体聚合方法所得到的聚合物对印迹分子有良好的选择性和识别特性，可以用作色谱固定相，也可用于药物分析和分离、氨基酸及其衍生物的分离。根据引发条件的不同可分为光引发和热引发，在低温下进行光引发具有如下优点：①可稳定印迹分子和单体所形成的复合物；②可印迹热不稳定的化合物；③可改变聚合物的物理性能以获得更好的选择性。研究发现，在功能单体、交联剂、引发剂相同的条件下，低温更有利于模板分子和功能单体形成有序稳定的聚合物，且选择性好。本体聚合缺点为：①制得的聚合物为块状，要进行研磨、过筛、抽提等操作，过程费时、费力，而且得到的聚合物呈无定形，均匀度较差，后处理过程繁杂，研磨过程中会不可避免地产生一些不规则粒子和大量的过细粒子，这些过细粒子需经过沉降除去，费时、费力且产量大大降低，通常小于50%；②不规则粒子的柱效率较低，如果作为HPLC固定相时，会影响色谱柱填充的强度，有可能造成色谱峰扩宽和拖尾现象，这在一定程度上会影响其柱效和分辨率，重现性也会较差；③大规模生产有困难；④由于交联度高，模板的去除很困难，去除率低，这对于以贵重药品为印迹分子的体系来说价格过高；⑤印迹点在合成过程中被包埋在聚合物内部，结合点利用率低，表现为低的吸附量。

(2) 分散聚合法。分散聚合是一种介于本体聚合和悬浮聚合之间的聚合方法。反应开始前将单体、引发剂、分散剂、交联剂等都溶于分散介质中，体系为均相，分散剂的大分子链舒展在溶剂中，引发剂分解后产生自由基后引发聚合。当反应进行一定程度后，大分子链生长到一定长度就相互缠结在一起，在搅拌作用下逐渐形成球形的核，随着反应的进行不断有分子链在已形成的核上生长并缠结，至最后形成完整的微球从聚合相中析出。从体系的相转变上看，开始体系为均相而后聚合物从中沉析出来成为多相，这与用传统的方法制印迹聚合物时的相转变相似。分散聚合是20世纪70年代由英国ICI公司研究出来的一种新的聚合方法，最初的目的是为了解决涂料工业中的粒子再分散问题。经过几十年的发展和改进分散聚合，已经在聚合物微球的合成方面显示出了自己的特点，而且分散聚合法工艺简单，能合理地解决散热问题，可适用于各种单体，且能制备不同粒径级别的单分散性聚合物微球。目前关于分散聚合稳定机理有两种解释，一种是吸附理论，即认为分散剂分子被吸附到粒子表面上，形成表面水化层，使粒子不易聚合而稳定悬浮在介质中；另一种是接枝理论，即认为分散剂分子接枝到粒子中的大分子链上，分散剂的支链伸向水相，靠空间位阻使体系稳定。曹同玉等将用本体聚合法制备的分子印迹聚合物和分散聚合法制备的分子印迹聚合物进行稳定性的对比实验，并用漫反射红外进行分析，认为使聚合物稳定起主导作用的是接枝机理，而吸附机理也有一定的贡献。国内外许多学者对不同体系下用分散聚合法制得的聚合物微球的影响因素如分散剂、单体、溶剂、引发剂、反应温度等进行了详细的讨论。

(3) 悬浮聚合法。Mayes等提出的悬浮聚合法是目前制备聚合物微球最简便最常用的方法之一。悬浮聚合一般采用与有机溶剂皆不互溶的全氟烃类化合物为分散介质,加入特制的聚合物表面活性剂使印迹混合物形成乳液,在强力搅拌下将单体分散为无数的小液珠,然后在每个单体小液珠上进行聚合反应,聚合后得到粒度范围分布窄、形态规则的 MIPs 颗粒。目前采取悬浮聚合制 MIPs 有两步溶胀和种子聚合法,该法可制得的具有均匀尺寸的球形 MIPs,由于所得的聚合物粒径均一,故尤其适用于作高效液相色谱的固定相,还可以用于手相拆分。对分子印迹聚合物的合成而言,大多数是在弱极性或非极性的有机介质中进行,水或高极性的有机溶剂是不适宜的,因为高极性溶剂会极大地降低功能单体与印迹分子间相互作用的数量与强度,从而影响聚合物的形成或聚合物对印迹分子的识别能力;另一方面酸性单体在水中的溶解度过高,使单体与交联剂间的无规共聚很难进行, 并且水溶性印迹分子会在水相中损失。采用全氟烃化合物作为悬浮介质,代替传统的有机溶剂+水悬浮介质,从而根除了非共价印迹中存在的不稳定的预组织合成物,但采用全氟烃化合物价格昂贵且不利于环境,不适合工业生产。

(4) 表面印迹法。表面印迹法是指先将模板分子与功能单体在有机溶剂中反应形成加合物,然后将此加合物与表面活化后的硅胶、聚三羟甲基丙烷三丙烯酸酯粒子和玻璃介质以及其他界面反应嫁接,使聚合反应发生在具有良好可接近性的基质表面,最后得到表面印迹聚合物的分子印迹聚合方法。这样获得的分子印迹聚合物解决了传统方法中对模板分子包埋过深或过紧而无法洗脱下来的问题。印迹位点处于 MIPs 表面,它能克服空间位阻的影响,使模板分子容易接近 MIPs 的识别位点,以解决由包埋法得到的 MIPs 结合位点不均一、可接近性差、识别动力学慢等问题,并且可以利用基质粒子的机械稳定性,通过粒子本身性能的调节来适应应用的需要。Norrlow 和 Dhal 等分别在硅胶和聚三羟甲基丙烷三丙烯酸酯粒子表面嫁接印迹层获得成功,Wulff 等也应用表面印迹法制得了分子印迹材料。通过对表面进行修饰,表面印迹法最大的优点是可以利用表面介质机械稳定性,并可通过对界面本身性能的调节来适应化学传感器领域的需要。选择表面印迹方法制备 MIPs,可以使底物较易接近活性点,这是表面印迹法优于其他聚合方法的另一个方面。除此之外,这种方法还可以单独改变载体的交联度或对印迹空穴结构进行调整,通过合成可以容易地得到小粒径及窄分布的分子印迹聚合物。

为了适应分析及传感器方面的应用,表面印迹法又发展了薄层和聚合物膜的制备方法。制备聚合物膜来模拟生物膜的功能,在生物无机、有机化学和环境化学中有着重要的意义。分子印迹聚合物膜的合成有以下几种方法:①直接合成于传感器换能装置的表面,作为传感器的敏感材料,识别结合或传输被测物质,产生可检测信号;②原位聚合成 100 μm 的膜形分子印迹聚合物,即先配制普通印迹聚合物混合液,将此混合液置于硅烷化的玻璃片上,将此玻璃片置于氮气氛中热引发聚合;③将含有羟基等官能团的聚合物溶解于溶有模板分子的溶剂中,通过相转移制得分子印迹聚合物膜;④利用类似于 PVC 膜的合成法,将含功能基团的聚合物与模板分子溶于强极性的溶剂中,将此溶剂置于玻璃器皿中,待溶剂挥发后得到分子印迹聚合物膜。例如,Kobayashi 采用相转移法制得对茶碱有很高的立体选择性的丙烯腈—丙烯酸共聚 MIP 薄膜;Sheer 等在硅烷化的玻璃片上制得能选择性地透过天然分子 9-乙基腺嘌呤的 MIPs 薄膜。

(5) 沉淀聚合法。沉淀聚合是指聚合反应所使用的单体、交联剂及引发剂可溶于分散剂中，产生的聚合物不溶于该体系而形成沉淀。由于在聚合过程中 MIPs 在溶剂中发生了相转换，所以沉淀聚合又称为非均相溶液聚合。沉淀聚合 MIPs 的生成可分为三个阶段：①模板分子、功能单体、引发剂和交联剂都溶于溶剂中，体系为均相，引发剂分解产生自由基后引发聚合，形成带支链的树胶状低聚物；②当反应进行到一定程度后，高分子链生长到一定长度后相互缠结，并在溶剂的作用下逐渐形成球形的核；③随着反应的进行，不断有分子链在已形成的核上生长并缠结，最终形成具有高度交联的 MIPs 并从溶剂相中析出。

7.4.3　分子印迹传感器的类型

分子印迹聚合物用作传感器的敏感材料是分子印迹技术的一个重要发展方向。化学或生物传感器是由分子识别元件和信号转换器所组成。分子印迹聚合物敏感材料与生物敏感材料相比具有专一性好、稳定性好，耐高温、高压、酸、碱和有机溶剂，不易被生物降解破坏，可多次重复使用，易于保存等优点，而且其来源比生物材料容易，可以用标准的化学方法合成出来，因此分子印迹聚合物有希望成为生物敏感材料的理想替代品。

分子印迹聚合物识别元件与转换器的常用连接方法有以下几种：①原位电化学聚合方法，在转换器表面直接制备印迹聚合物膜；②在转换器上涂抹(包括旋涂方法和滴涂方法)一层聚合物混合液，然后用光或热引发聚合，原位制备分子印迹识别层；③利用导电包埋材料如石墨或炭黑，来包埋印迹聚合物颗粒固定在转换器上，或利用惰性材料 PVC 来包埋印迹聚合物制备传感器；④将印迹聚合物材料经化学修饰衍生出巯基或其他基团，通过化学方法将印迹聚合物纳米微球固定在转换器上。根据测定方式不同又可分为以下几种常见类型，其分类见图 7-25 所示，根据转换器的测量原理不同可分为电化学式、光学式和质量式三大类。

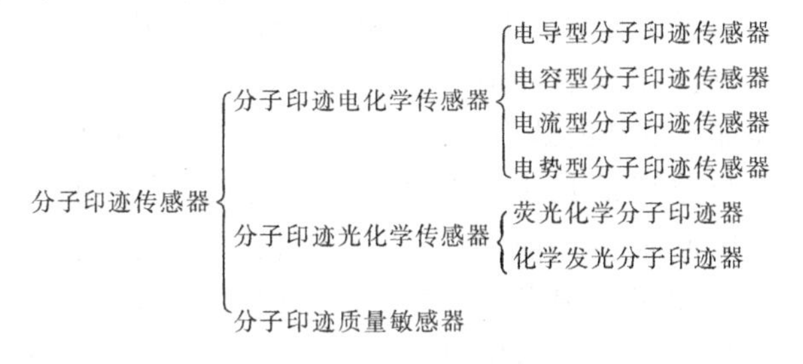

图 7-25　分子印迹传感器的分类

1. MIPs 电化学传感器

将 MIPs 引入电化学检测系统中，当 MIPs 与溶液中的待测分子结合后，电极的电信号会发生改变，从而实现对待测物的检测。按照转换器的类型来分，MIPs 电化学传感器主要有电导型、电容型、电势型、电流型等。按识别元件来分主要有：①丙烯或乙烯类聚合物，一般采用甲基丙烯酸、乙烯基吡啶或丙烯酰胺的衍生物为单体，在致孔性溶剂中引发聚合；②电聚合膜，有模板分子存在的情况下单体分子发生电聚合，将特殊的选择性引入聚合膜中，这种可能性已经被一些研究所证实，使用过的聚合单体主要有吡咯、酚类原卟啉(IV)镍和邻苯二胺等；③自组装单层膜，使用修饰过的自组装单层膜作为分子识别元件是许多研究的主题，一般认为在电极表面模板分子周围形成刚性的纳米结构自组装单层膜是一种二维印记，但是这类印迹最大的缺点是非交联的膜缺乏稳定性，巯基分子的横向扩散会破坏识别位点，特别是模板分子洗脱之后；④溶胶-凝胶膜，有模板分子存在的情况下，在溶胶-凝胶体系中可以形成对模板分子有特异识别能力的微孔；⑤其他预聚合体系，在转换器表面固化预聚合物，也可能将分子识别效应引入聚合物中，但是模板分子与识别位点之间的有效作用力很难控制。

电导型传感器是通过测量 MIPs 敏感膜传感器在结合被测物质前后电导的变化值来进行定量分析的。其工作原理是待测分子与分子印迹膜发生作用后，传感器的导电能力发生了变化，通过比较作用前后导电性能的改变，可以求出待测分子的含量。此种传感器在原理上较为简单，响应及平衡迅速，测试方法简单，而且 MIP 不需要经过复杂的程序固化在某种探头表面，但是在传感器制造中膜的制备、洗脱及其保存对其性能影响较大，选择性不高，溶液中含有的微量杂质对电导有影响，尽管如此，电导型传感器仍是一种有前途的检测模式，具有一定的开发前景。1995 年 Piletsky 等用阿特拉津分子为模板，甲基丙烯酸二乙胺乙基酯和甲基丙烯酸作为功能单体，制备得到了除草剂阿特拉津的电导型分子印迹敏感膜传感器，通过测定分子印迹膜在结合阿特拉津后导电性的变化来测定样品中是否含有模板阿特拉津，结果表明随着溶液中阿特拉津浓度的增加膜电阻减小，而三嗪和西玛三嗪这两种阿特拉津的类似物对膜电阻的变化影响很小，说明该膜具有高度专一的选择性，该传感器的响应时间为 30 min，检测范围为 0.01～0.5 mg/L，并且在室温下存放四个月后，灵敏度仍未见明显降低。

电容型传感器是通过测量 MIPs 膜修饰电极在结合被测物质前后电容的变化值来进行检测的。其工作原理是待测分子与分子印迹膜发生作用后，传感器与参比电极之间的电容发生了变化，通过比较作用前后电容的改变，可以求出待测分子的含量。这类传感器的优点是无需加入额外的试剂或标记，而且灵敏度高，操作简单，价格低廉，但是超薄膜的制备、自组装单层的构造及良好绝缘性能是制备电容型传感器的关键。Panasyuk等在金电极表面通过利用电聚合法制备得到了分子印迹聚合物膜，并用于传感器的研究，聚合前金电极用巯基苯酚乙醇溶液处理，在电极表面自组装形成巯基苯酚单分子层，然后通过循环伏安法在修饰电极表面合成以苯丙氨酸为模板，苯酚为聚合剂的分子印迹聚合物膜，膜厚约为 16 nm，此电极与 SCE 组成了测定苯丙氨酸的电容型分子印迹传感器，响应时间约为 15 min，对苯丙氨酸有明显的响应，但是对色氨酸、苯酚和 4-羟基苯基甘氨酸只有微弱响应。Delane 等采用接枝聚合技术在巯基十六烷修饰的金电极表面直接合成厚约 10 nm 的 MIPs 膜，将此电极与饱和甘汞电极组成电容型传感器，测定水溶液中敌草净，响应时间为 5 min，电容每变化一个单位对应待测物的浓度变化是 4.3 mmol/L。敌草净的结构类似物扑灭通和阿特拉津对测定没有干扰,但赛克嗪对测定有明显干扰。

电势型传感器是通过测量MIPs敏感膜上结合被测物质后电势变化值来进行定量分析的。其工作原理是待测分子与分子印迹膜发生作用后,传感器的电势发生了变化,通过比较作用前后电势的改变可以求出待测分子的含量。该类传感器的优点是测定分子不需要扩散穿过印迹膜,因此对模板分子没有尺寸限制,其选择性不仅与MIPs的性质有关,而且可以通过改变电势进一步提高其选择性。Agostino等用阿特拉津分子作为模板,甲基丙烯酸二乙胺乙基酯和甲基丙烯酸作为功能单体,AIBN作为致孔剂植被,得到了阿特拉津的电势型分子印迹敏感膜传感器,该传感器的线性范围为$3\times10^{-5}\sim1\times10^{-3}$ mol/L,响应时间低于10 s,使用两个月后灵敏度仍不会降低。刘亚强等以3-(2-氨基己酸)-丙基三甲氧基硅烷为功能分子,铜离子为模板,将分子印迹技术与溶胶-凝胶技术相结合,制备了铜离子选择电极,该电极对铜离子有较好的能斯特响应特性,其线性范围为$5.0\times10^{-2}\sim3.98\times10^{-6}$ mol/L。

电流型传感器是通过测量MIPs敏感膜在结合被测物质前后电流的变化值来进行定量测定的。其工作原理是待测分子与分子印迹膜发生作用后,待测物的电流信号增大或者是探针分子的化学电信号变小,通过比较作用前后电流的改变,可以求出待测分子含量。根据被测物的化学性质可以选用不同的检测方法,如循环伏安法、差示脉冲伏安法、方波伏安法、计时电流法等。由于电流型MIPs传感器采用的是直接电流检测,因而它具有很高的灵敏度和较低的检测限。分子印迹电流型化学传感器的关键是印迹膜必须提供一个通道,使底物分子能够穿过特异性的膜到达电极表面,发生氧化还原反应而产生电流,但是电流型传感器只适于测定有电活性的物质。Chen等在铟-氧化锡玻璃表面成功地制备得到了尿酸的导电印迹聚合膜,利用循环伏安法、线性扫描伏安法等电化学手段表征了该传感器,并成功用于尿酸测定,线性范围为0~1.125 mmol/L,检测限为0.2 μ mol/L。

2. MIPs荧光传感器

MIPs荧光传感器是利用荧光光谱为手段来对不同的分析物进行检测的,因此根据待检测的目标分析物的性质(荧光物质还是非荧光物质)不同,MIPs荧光传感器大体可分为直接检测荧光分析物、通过荧光试剂间接检测非荧光分析物、检测荧光标记竞争物三大类。MIPs荧光传感器的主要缺点是背景干扰大,因为被印迹的荧光分子不能完全从膜中洗脱出来而留在膜中会降低灵敏度。

(1)直接检测荧光分析物。对于本身能够发射荧光的分析物,MIPs荧光传感器制备过程一般以荧光分析物为印迹分子,利用分子印迹技术制备成MIPs,然后通过测定识别前后MIPs的荧光变化来对荧光分析物进行定性与定量测量。该方法制备相对简单,检测快速,但要求分析物本身具有发射荧光能力,即至少要包含一种发色团或荧光团。1995年Kriz等首次将75~105 μm的MIPs颗粒用于荧光传感对*N*-丹磺酰基-L-苯基丙氨酸进行检测,该MIPs荧光传感器以*N*-丹磺酰基-L-苯基丙氨酸为模板分子,MAA为功能单体,二甲基丙烯酸乙二醇酯(EDMA)为交联剂,偶氮二异庚腈为引发剂，45 ℃下聚合 15 h 得块状聚合物，在经粉碎、研磨、筛分、洗脱和干燥得到 MIPs 传感器。通过对 *N*-丹磺酰基-L-苯基丙氨酸和 *N*-丹磺酰基-D-苯基丙氨酸的竞争吸附研究表明，*N*-丹磺酰基-L-苯基丙氨酸 MIPs 的吸附性明显高于 *N*-丹磺酰基-D-苯基丙氨酸，检测范围为 0～100 μg/mL。

(2) 通过荧光试剂间接检测非荧光分析物。直接以荧光分析物为模板分子的方法要求待分析物本身具有发色团或荧光团，这种要求在一定程度上限制了该方法的使用范围，即对非荧光物质无法进行检测。对于本身不发荧光的待分析物，可以采用以下两种方式进行检测：①设计合成具有荧光团的物质直接作为功能单体参与形成空腔，通过监测聚合物中待分析物与荧光功能单体结合前后荧光光谱的变化来检测分析物，其中响应的荧光单体既为识别元件也为探测元件；②采用分子印迹荧光淬灭法，即在分子印迹聚合物中包埋荧光试剂，利用荧光淬灭分析方法检测分析物。这两种方法扩大了待分析物的检测范围，使得没有荧光团或发色团的物质也能用此传感器进行检测。1998 年 Turkewitsch 等以反-[4-对-(*N*,*N*-甲氨基)苯乙烯基]-*N*-乙烯节基吡啶盐酸盐作为荧光功能单体，制备了可对环状单磷酸腺苷(cAMP)识别的荧光传感器，当 MIPs 识别 cAMP 后 595 nm 处荧光淬灭，检测范围为 0.01～1000 μmol/L，由于 MIPs 背景干扰较强，MIPs 识别 cAMP 的荧光强度仅改变了 20%，其主要原因是印迹过程中形成的识别位点数量比较少。

(3) 检测荧光标记竞争物。通过荧光试剂间接检测非荧光分析物的方法扩大到了能检测没有荧光团或发色团的物质，但是具有发色团或荧光团的单体合成过程比较繁琐，从而其应用受到一定程度限制，在使用 MIPs 荧光传感器检测更低浓度待分析物时，由于模板分子难以从 MIPs 中完全去除，从而降低了检测的灵敏度。检测荧光标记竞争物法不需要设计合成具有发色团或荧光团的功能单体，也避免了残留模板分子对低浓度分析物检测时的干扰。1997 年 Piletsky 等报道了检测三嗪除草剂的荧光 MIPs 颗粒检测系统。以荧光素标记三嗪类似物与未标记的底物竞争结合位点，检测过程是先以标记三嗪与分子印迹聚合物结合到饱和，然后加入未标记底物，检测替代下来的标记三嗪的量，该方法的检测范围为 0.01～100 mol/L。

3. MIPs 化学发光传感器

化学发光法是利用反应物在氧化还原或发光反应过程中发射出一定波长的光，通过测定发射光的特性，对被测物进行检测。化学发光法灵敏度高且设备简单，在很多领域得到应用，但因为选择性的原因，一般用在柱后检测。将 MIPs 与化学发光法结合，提高化学发光法的选择性，可望开发出能用于直接检测的 MIPs 化学发光传感器。镧系元素铕(Eu)是一种发光元素，Eu^{3+} 与待测物结合后在光谱上发生改变，以此原理制作 Eu^{3+} 光谱探针。由于 Eu^{3+} 的激发光和发射光谱较窄，其本身就具有较高的灵敏度和一定范围的选择性，与 MIPs 结合进一步提高其灵敏度和选择性。MIPs-Eu^{3+} 化学发光法传感器的制作分两步：①将模板、$Eu(NO_3)_3$ 和络合分子按一定比例溶于甲醇-水混合液中，得到结晶体；②将晶体溶于含功能单体的混合液中，热聚合至溶液呈黏稠状，然后浸涂在光纤上，用紫外光照固化，制成 MIPs-Eu^{3+} 化学发光传感器。用 MIPs-Eu^{3+} 化学发光传感器检测有机磷农药草甘膦、氯蜱硫磷、二嗪磷和神经毒剂梭曼的水解产物频哪基醇甲基磷酸酯，检测限均低于 9 μg/L，响应时间均在 15 min 内。

4. MIPs 质量敏感型传感器

质量的增加使 QCM 的谐振频率降低，通过监测频率的变化测定 QCM 表面吸附质量。QCM 作为转换器广泛应用于传感器技术中，将 MIPs 与 QCM 结合，可构成能够检测特定分子的 MIPs 质量敏感型传感器。其他基于分子印迹膜的质量敏感型传感器还有 MIPs 椭圆偏光（ellipsornetry）传感器、MIPs 表面声波（surface acoustic wave）传感器、MIPs 红外消失波（infrared evanescent wave）传感器、MIPs 体声波（bulk acoustic wave）传感器等。Kobayashi 等以咖啡因为模板，聚丙烯腈为聚合剂，采用相转化沉淀法制备厚约 0.1 mm 的 MIPs 膜，将膜贴在石英晶体的金电极上，组成测定咖啡因的 MIPs-QCM 传感器。将传感器浸入含咖啡因的样品液中，MIPs 吸附咖啡因后，QCM 的谐振频率下降，约 30 min 达到稳定，频率每下降 1 Hz，对应于电极上质量增加 0.061 ng。Percival 等在镀金的 QCM 电极的表面覆盖了非共价分子印迹聚合物作为薄层渗透膜来选择性地测定 L-薄荷醇，在 0～1.0 ppm 的响应范围内，该传感器对于 L-薄荷醇的检测能力达到了 200 ppb，同时由于印迹位点的对映体手性识别能力，该传感器能够防止 D-薄荷醇的干扰。

7.4.4　分子印迹传感器存在的问题

随着分子印迹技术的不断深入发展，其应用领域也在不断扩展。由于分子印迹聚合物的合成涉及模板分子性质、尺寸以及功能单体、交联剂、溶剂、引发剂、引发方式、聚合时间等诸多因素，因此对其制备方法的优化较为困难。目前分子印迹聚合物的制备大多集中在小分子化合物上，对于生物大分子的研究进行得较少，这是因为生物大分子结构比较庞大，而且其本身的物理化学性质也很特别，对传统的聚合方法等提出了挑战；用于气相识别的研究也很少，这可能是因为气体分子本身体积太小，常温时呈气体，操作中无法控制。分子印迹聚合物在水相中的制备和识别是历来存在的问题，这也是分子印迹传感器与其他传感器相比存在的不足之处。MIPs 传感器研究一方面应用于分子印迹技术理论研究的最新成果，另一方面应在制作方法上改进创新，探索在转换器表面直接合成 MIPs 敏感层的稳定有效的技术，仍然是 MIPs 传感器研究的重点之一。目前在分子印迹技术的发展中还存在以下几个尚待解决的难题：

(1) 如何通过动力学、热力学的研究，以及结合位点作用机理、传质机理等方面的研究，从分子水平上对分子印迹及其识别过程进行更好地理解和认知。目前分子印迹聚合物和分子印迹技术的研究主要集中在如何制备针对某种模板分子的聚合物，并如何利用分子印迹聚合物进行富集、分离和检测。关于从动力学和热力学去研究分析分子印迹过程及识别过程的报道较少。

(2) 分子印迹聚合物存在结合容量低，结合位点不均一，模板分子泄漏等问题。由于各种微观元素的影响，分子印迹聚合物上的识别位点无法如理论上那样均匀地分布，而且每分子印迹孔穴里面的结合位点数目也无法控制，所以每个印迹孔穴的识别能力、结合能力都不尽相同，这样就可能会产生模板分子结合不紧密甚至是脱落等现象。

(3) 功能单体以及交联剂的种类太少，聚合方法有很大的局限性。功能单体和交联剂要求可以发生聚合反应，而且聚合反应后还要存在识别位点，如有 N、O、F 等可以形成氢键的原子基团，这样就大大限制了可以用作功能单体、交联剂的物质种类的选择。

(4) 如何有效地、普遍地印迹气相小分子或生物大分子甚至是细胞。气相小分子不易捕捉，而生物大分子甚至是细胞由于个体太大，基团太多，结构太复杂，制备它们的分子印迹聚合物难度很大。

(5) 如何有效地、普遍地在水环境中进行分子印迹聚合物的制备和印迹分子的识别。自然界的生物分子基本都是在水环境中存在的，但是目前大多数的分子印迹聚合物合成是在有机相中完成，水相中合成分子印迹聚合物也有报道，但是其功能单体和交联剂局限于少数几种，无法普及推广。

对应于 MIPs 传感器今后的发展方向主要集中在以下几个方面：

(1) 对于分子印迹和分子识别过程机理的进一步研究，从目前的定性半定量描述向完全定量描述发展。从分子水平上真正弄清楚印迹和识别过程。

(2) 目前使用的单体、交联剂和聚合方法都有较大的局限性，还有待于合成更多的新的单体、交联剂，开发新的聚合方法；寻找新的印迹基质和印迹方法以满足分子印迹和识别的需要。

(3) 目前大多数的印迹和识别过程是在有机溶剂中进行的，如何在水相中进行聚合和识别是今后发展的一个重点；分子印迹和识别过程将从有机相转向水相，以便接近和达到与天然分子识别系统相当的水平。

(4) 目前用于气相中识别的研究还很少，随着研究的深入和生产实践的需要，气相中的识别也将会成为分子印迹技术研究的重要方向，特别是 MIPs 表面声波气体传感器。

(5) 印迹对象将从氨基酸、药物等小分子、超分子到核苷酸、多肽、蛋白质等生物大分子，甚至生物活体细胞。

(6) 分子印迹聚合物的基质从有机高分子向无机高分子拓展。

(7) 模板分子可采用单一模板，也可以采用复合模板。另外模板分子的高效去除方法也会受到重视。

(8) 分子印迹仿生传感器具有抗各种恶劣环境的能力，又具有与生物酶类似的高选择性，利用这两个性质可以将分子印迹传感器制成分子探针，直接插入生物组织或细胞内进行探测和分析。

(9) 将组合化学的原理移植到分子印迹聚合物的亲和性和选择性筛选上，简化条件，优化过程，提高印迹聚合物的制备效率，组合分子印迹技术将成为印迹聚合物制备方法中的重要角色。

(10) 模仿人工嗅觉和味觉的原理，对单一传感器的选择性和灵敏度要求适中，而采用多个不同类型的传感器组成阵列对混合物中单一组分进行定性和定量检测，或是多组分同时测定，实现对实际样品的定性和定量分析，也是今后分子印迹传感器发展的一个方向。

随着生物技术、电子技术、合成方法等科学技术的高速发展，越来越多的新方法将会不断地涌现，必将促进分子印迹技术理论系统的完善和方法手段的更新。分子印迹技术的种种特性使其有望成为对各种物质进行富集、分离和检测的手段，而分子印迹技术与传感器技术的结合更是使得富集、分离和检测合而为一，大大节省了操作的时间，提高了检测的精密度和准确度，因此分子印迹传感器将会越来越受到关注。

7.5　纳米材料生物传感器

1990 年 7 月在美国巴尔的摩召开了首届国际纳米科学技术会议，正式宣布纳米材料科学为材料科学的一个新分支，标志着纳米技术的诞生。从会上各国科学家对纳米科技的前沿领域和发展趋势进行的讨论和展望来看，广义地说纳米材料是指微观结构至少在一维方向上受纳米尺度调制的各种固体超细材料，它包括零维的原子团簇和纳米微粒，一维调制的纳米多层膜，二维调制的纳米微粒膜，以及三维调制的纳米相材料。目前国际上将处于 1～100 nm 的超微颗粒及其致密的聚集体，以及由纳米微晶所构成的材料统称为纳米材料。纳米材料的飞速发展极大地推动了生物传感器的发展，由于其独特的物理、化学性质，为生物传感器提供了新的机遇。

7.5.1　纳米材料的性质及特点

纳米材料具有区别于本体材料的一些特殊性质，如表面效应、体积效应、量子尺寸效应和宏观量子隧道效应等，这些特殊的效应使纳米材料在光、电、磁和催化等方面具有特殊的功能。

1. 纳米材料的分类

按维数纳米材料的基本单元可以分为三类：①零维，指空间三维尺度均在纳米尺度，如纳米尺度颗粒、原子团簇等；②一维，指空间有两维处于纳米尺度，如纳米丝、纳米棒、纳米管等；③二维，指三维空间中有一维在纳米尺度范围，如超薄膜、多层膜、超晶格等。按化学组成可分为纳米金属、纳米晶体、纳米陶瓷、纳米玻璃、纳米高分子和纳米复合材料等。按材料物性可分为纳米半导体、纳米磁性材料、纳米非线性光学材料、纳米铁电体、纳米超导材料、纳米热电材料等。按应用可分为纳米电子材料、纳米光电子材料、纳米生物医用材料、纳米敏感材料、纳米储能材料等。

2. 纳米材料的宏观性能

(1) 热学性能。纳米材料的熔点、开始烧结温度和晶化温度均比常规微粒要低得多。其原因在于纳米材料颗粒小,纳米微粒的表面能高,比表面原子数多,这些表面原子近邻配位不全,活性大。体积远小于大块材料的纳米微粒熔化时所需增加的热力学能要小得多,这就使得纳米微粒熔点急剧下降。例如,铅的熔点为 600 K,而 200 nm 的球形铅微粒降低到 288 K。

(2) 磁学性能。纳米微粒的小尺寸效应、量子尺寸效应、表面效应等使其具有常规磁晶粒材料所不具备的磁特性,其主要磁学性能包括超顺磁性、矫顽力、居里温度和磁化力等。

(3) 光学性能。纳米粒子的一个重要标志是尺寸与物理特征量相差不多。与此同时,大的比表面积使处于表面态的原子和电子与处于小颗粒内部的原子和电子的行为有很大的差别。这种表面效应和量子尺寸效应导致了纳米粒子具有特殊的光学性能,主要表现有宽频带强吸收、蓝移和红移现象、量子限域效应、纳米微粒发光和纳米微粒分散物系光学性质。

(4) 光催化性能。光催化是纳米半导体独特的性能之一。这种纳米材料在光的照射下通过把光能转变为化学性,促进有机物的合成或使有机物降解的过程称为光催化。

(5) 力学性能。由于纳米晶体材料有很大的比表面积,杂质在界面的浓度便大大减低,从而提高了材料的力学性能。

(6) 电学性能。由于晶界上原子体积分数的增大,纳米材料的电阻高于同类粗晶体材料。

3. 纳米材料的微观性能

当小粒子尺寸进入纳米量级(1～100 nm)时,处于原子、分子为代表的微观和宏观物体交界区域表现出一系列特殊的效应,因而展现出许多特有的性质,在催化、滤光、光吸收、医药、磁介质以及新材料等方面有广阔的应用前景。

(1) 表面效应 (surface effect),指球形颗粒的表面积与直径的平方成正比,其体积与直径的立方成正比,故其比表面积(表面积/体积)与直径成反比。表面原子数与总原子数之比随着颗粒减小到纳米尺度而大幅度增加,离子的表面能及表面张力也随之增加,从而引起颗粒性质的变化。例如,纳米颗粒催化剂具有很大的比表面积,可大大加快化学反应过程,纳米金属铜和纳米金属铝等的表面具有很高的活性,在空气中迅速氧化而燃烧等。

(2) 小尺寸效应(small-size effect)或尺寸效应(size effect),指当颗粒尺寸不断减小到一定限度时,其表面积显著增加,在一定条件下会引起材料宏观物理性质(如光、热、电、磁、力学等性质)和化学性质的变化。例如,一些有色金属颗粒尺寸小于50 nm时不能散射可见光,失去原有的光泽而成黑色;小于 10 nm 的金、银的熔点显著降低;纯铁的矫顽力(coercive force)为 80 A/m,当尺寸减小到 200 μm 时,矫顽力增加 1000 倍,若进一步减小尺寸至 6 nm 时,矫顽力反而为零,呈现出超顺磁性(super paramagnetism);纳米陶瓷材料具有大的界面,界面的原子排列相当混乱,原子在外力变形的条件下很容易迁移,因此表现出韧性和延展性等。这些奇异的特性又与量子尺寸效应

(quantum-size effect)相关。

(3) 量子尺寸效应。根据原子模型与量子力学的解释,在由大量原子构成的宏观尺寸的固体中,电子数目很多,单个原子的能级就构成能带,由于电子数目多,能带中能级的间距很小,因此能带可以看成是连续的。随着尺寸减小至纳米尺寸时,材料中能带将分裂为分裂的能级,能级间的距离随颗粒尺寸减小而增大。当热能、电场能或磁场能比平均的能级间距还小时,纳米颗粒就会呈现一系列与宏观物体截然不同的反常特性。一些光学材料在纳米尺寸会产生蓝移现象,原本导电的铜在某一纳米尺寸界限就不导电,原来绝缘的晶体在某一纳米尺寸界限就开始导电等。

(4) 隧道效应。微观粒子具有波动性。电子具有粒子性又具有波动性,因此存在隧道效应。一些宏观物理量(如颗粒的磁化强度)也显示隧道效应,故称之为宏观量子隧道效应(bulk quantum hall effect)。当微电子器件电路的尺寸接近电子波长时,电子就会通过隧道效应而溢出器件,使器件无法工作。宏观量子隧道效应将会是未来微电子、光电子器件的基础。

(5) 介电限域效应。随着纳米粒子粒径的减小和比表面积的增加,其表面状态的改变将会引起微粒性质的明显变化,从而导致其光学性质发生很大变化,这就是介电限域效应。

4. 纳米材料的制备方法

纳米材料的制备方法主要包括物理法和化学法两大类。其中物理法包括放电爆炸法、机械合金化法、惰性气体蒸发法、等离子蒸发法等;化学法包括气相法、液相法、固相法、剧烈塑性变形法等。

(1) 气相法。气相法是直接利用气体或者通过各种手段将物质变为气体,使之在气体状态下发生物理变化或化学反应,最后在冷却过程中凝聚形成纳米微粒的方法。它又分为气体中蒸发法、气相反应法、气相分解法和溅射法等。在气相分解法中所需组分均存在于同一起始原料中,经气相分解反应即可制得所需粉末,由于分解温度很低,颗粒尺寸一般远小于 100 nm,如 $Zr(OC_4H_9)_4$ 经 500 ℃气相分解生成 ZrO_2 粉末(3~5 nm)。而气相反应法是经等离子体或激光直接加热,使气体组分之间发生反应而制得所需粉末。气相法的优点是粉末颗粒很细,且无硬团聚,可制备氧化物、碳化物、氮化物、硼化物、硅化物等多种纳米材料。其共同缺点是制备多组分复合材料的难度大、设备投资大、成本高。

(2) 液相法。液相法是制备纳米材料的主要方法之一,以均相的溶液为出发点,通过各种途径使溶质与溶剂分离,溶质形成一定形状和大小的颗粒,得到所需粉末的前驱体,热解后得到纳米微粒,主要的制备方法有沉淀法、水解法、喷雾法、溶剂法、蒸发溶剂热解法、氧化还原法、微乳液法、辐射化学合成法、溶胶-凝胶法。液相法具有设备简单、原料容易获得、纯度高、均匀性好、化学组成控制准确等优点,它们主要用来制备氧化物粉末,是目前实验室和工业上应用最为广泛的粉末制备方法。其主要特征表现为:①可以精确控制化学组成;②容易添加微量有效成分,制成多组分的均一粉体;③超细颗粒的表面活性好;④容易控制颗粒的形状和粒度;⑤工业化生产成本较低。当然每种方法都有各自的特点和不同的应用范围,用来制备种类、形状和粒径各异的超细纳米粉体。

(3) 固相法。固相法是通过从固相到固相的变化来制造粉体,伴随有气相-固相、液相-固相的状态变化,它可分为盐类直接热分解法、高温自蔓延合成法、火花放电法、溶出法、球磨法等。一般情况下当对粉末质量要求不是非常高时,通常采用简单又经济的热分解法;而当对粉末的颗粒尺寸及其分布范围、形态,尤其是团聚体性质要求很高时,高温自蔓延合成法是最佳选择,因为其粉末具有较高的性价比,是目前最受重视的方法之一。但是由于粉末成分均匀性难以保证,所以这两种方法在制备多组分复合陶瓷粉末时均存在不易克服的困难。

(4) 剧烈塑性变形法。剧烈塑性变形纳米化技术是一种致力于材料纳米化的方法,该法克服了由粉体压合法带来残余空隙、球磨法带来杂质等不足,并且适用于不同形状和尺寸的金属、合金、金属间化合物等。剧烈塑性变形法包括剧烈扭转旋紧法、等通道挤压法、多次锻造法等。

(5) 超声场中湿法。超声场中湿法具有工艺简单、成本低、效果好的优点。传统的湿法制备超细粉末普遍存在的问题是易形成严重的团聚结构,从而破坏了粉体的超细均匀特性。超声的空化效应很好地解决了这个问题,该效应不仅促进晶核的形成,同时起到控制晶核同步生长的作用,为制备超细、均一纳米粉末获得了良好的基础。超声场中湿法包括超声沉淀-煅烧法、超声电解法、超声水解法、超声化学法、超声雾化法等。

(6) 水热法。水热法是指在特定的密封反应器(高压釜)内,采用水溶液作为反应体系,在反应体系中产生一个高温高压的环境而进行无机合成和材料制备的一种有效方法。在水热法中由于水处于高温高压的状态,可在反应中起到压力传媒剂的作用。在高压下绝大多数反应物均能完全或部分溶解于水,可以使反应在接近均相中进行,从而加快反应的进行。水热法引起人们关注的主要原因是:①水热法采用中温液相控制,能耗相对较低,适用性广,既可用于超细粒子的制备,也可以得到尺寸较大的单晶,还可以制备无机陶瓷薄膜;②原料相对廉价易得,反应在液相快速对流中进行,产率高,物相均匀,纯度高,结晶良好,并且形状大小可控;③在水热过程中,可以通过调节反应温度、压力、处理时间、溶液成分、pH、前驱物和矿化剂的种类等因素来达到有效控制反应和晶体生长特性的目的;④反应在密闭容器中进行,可以控制反应气氛而形成合适的氧化还原反应条件,获得某种特殊的物相,尤其有利于有毒体系的合成反应,这样可以尽可能地减少污染。由于水热过程中制备出的纳米微粒通常具有物相均匀、纯度高、晶形好、单分散、形状尺寸可控等特点,水热技术已广泛应用于纳米材料的制备过程中。然而水热法也有局限性,最明显的一个特点就是该法往往只适用于对氧化物材料或少数对水不敏感的硫化物的制备和处理,而对其他易水解的化合物不适用。

5. 纳米材料的表征手段

不同于块状材料,纳米级材料由于尺寸小,需要一系列专门的仪器对其形貌、结构及结晶情况进行研究和分析。随着纳米科技的高速发展,其相应的表征手段也日趋完善和成熟。最常用的纳米材料表征方法有 X 射线衍射(X-ray diffraction,XRD)、扫描电子显微镜(scanning electron microscopy,SEM)、X 射线能谱色散分析(energy dispersive X-ray spectroscopy, EDS)、透射电镜(transmission electron microscopy, TEM)、傅里叶红外光谱(fourier transformaion infrared spectroscopy,FTIR)以及 Raman 光谱等。

7.5.2　常用的纳米材料

1. 金属纳米材料

金属纳米粒子可以通过比较简单的物理和化学方法制备,并且可以通过控制制备条件得到所需粒径及形貌的纳米粒子。金属纳米粒子一般具有较好的导电性能、催化性能以及吸附能力,它们在生物传感器中能够发挥独特的作用。在生物传感器研究中,应用较多的金属纳米粒子主要是一些贵金属的纳米粒子,如金、银、铂等纳米粒子。

金纳米粒子是研究较早的一种纳米材料,在生物学研究中通常称为胶体金。它的粒子尺寸一般为 1～100 nm,随粒径的变化呈现不同的颜色。纳米金的制备一般采用还原法,常用的有柠檬酸三钠还原法、鞣酸-柠檬酸三钠还原法、抗坏血酸还原法、白磷还原法等。其中 Frens 建立的柠檬酸三钠还原法是目前金纳米颗粒制备中最为普遍采用的制备方法,金纳米颗粒的粒径与制备时加入的柠檬酸三钠的量密切相关,改变加入的柠檬酸三钠的量,可以得到不同颜色的金纳米颗粒,也就是不同粒径的纳米金。纳米金的光散性与颗粒的大小密切相关,当颗粒大小发生变化时,光散性也随之发生改变,产生肉眼可见的显著的颜色变化。金纳米颗粒在生物传感器中被广泛应用,其主要原因有:①金纳米颗粒可通过氯金酸和柠檬酸钠这两种普通试剂合成,而且反应过程简单,通过调整反应物比例可控制纳米粒子的直径;②由于其直径为 1～100 nm,而大多数重要的生物分子(如蛋白质、核酸等)的尺寸都在这一尺度内,因此可以利用金纳米颗粒作探针进入生物组织内部探测生物分子的生理功能,进而在分子水平上揭示生命过程;③纳米金具有很好的生物兼容性,容易与 DNA 或蛋白质结合。

2. 半导体氧化物纳米材料

氧化物纳米粒子一般具有很强的吸附能力及某些特殊性质,如催化、对气体敏感等,许多氧化物纳米粒子在电化学传感器中有着广泛的应用。在应用于电化学传感器及生物传感器的氧化物纳米粒子中,研究相对较多的是二氧化硅、二氧化钛、二氧化钴、四氧化三铁磁性纳米粒子等。

3. 碳纳米材料

自从 1991 年日本 Iijima 教授在高分辨透射电镜下发现 CNTs 以来,由于其特殊的结构和独特的物理、化学、电学特性以及潜在的应用前景而备受人们关注。CNTs 又称巴基管,属于富勒碳系,是一种纳米尺度的具有完整分子结构的新型碳材料,是一种主要由碳六边形(弯曲处为碳五边形或碳七边形)组成的单层或多层石墨片卷曲而成的无缝纳米管状壳层结构，相邻层间距与石墨的层间距相当，约 0.34 nm。CNTs 的直径从小于 1 nm 至几十纳米，长度一般为十几纳米至微米级，因此具有较大的长径比，也有超长的 CNTs，长度达 2 mm。在 CNTs 中每个碳原子通过 sp^2 杂化与周围 3 个碳原子发生完全键合，各单层管的顶管有五边形或七边形参与封闭。按碳纳米管管壁的层数不同，碳纳米管可分为单壁碳纳米管(SWNT)和多壁碳纳米管(MWNT)。单壁碳纳米管由一层石墨片卷曲而成，典型的直径和长度分别为 0.75～3 nm和 1～50 μm，又称富勒管(Fullerenes tubes)；多壁碳纳米管由多层同轴柱状碳管构成，层数为 2～50，层与层之间的距离一般为 0.34 nm，典型直径和长度分别为 2～30nm 和 1～50 μm。碳纳米管的尺寸处在原子、分子为代表的微观物体和宏观物体交界的过渡区域，使得其既是非典型的微观系统也是非典型的宏观系统，具有表面效应、体积效应、量子尺寸效应和宏观量子隧道效应四大效应。图 7-26 为典型的 CNTs 的结构示意图。

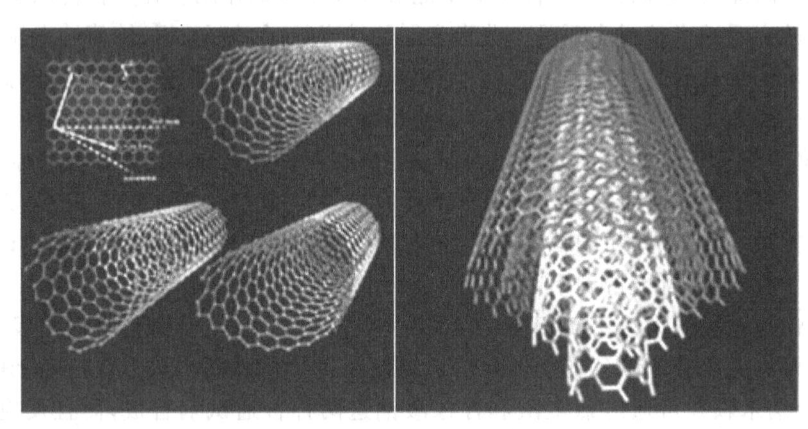

图 7-26　典型的 CNTs 的结构示意图

图 7-27　石墨烯的基本结构示意图

近年来一种新型碳材料——石墨烯也被广泛应用于传感器研究中。2004 年英国曼彻斯特大学物理和天文学系的 Geim 和 Novoselov 发现了二维结构石墨烯，并因此获得了 2010 年诺贝尔物理学奖。石墨烯是目前发现的唯一存在的二维自由态原子晶体，它是由碳六元环组成的两维周期蜂窝状点阵结构(图 7-27)，是构筑零维富勒烯、一维碳纳米管、三维体相石墨等 sp^2 杂化碳的基本结构单元，具有很多奇异的电子及机械性能、完美的杂化结构、大的共轭体系，其电子传输能力很强。石墨烯本身是良好的导热体，可以很快地散发热量，因而吸引了电化学、材料等其他领域科学家的高度关注。

石墨烯独特的二维晶体结构也赋予了它独特的理化性质，如很高的杨氏模量(约 1000 GPa)、高的断裂强度(约 120 GPa)、高的热导率[可达 5000 W/(m · K)，为金刚石的 3 倍]。由于是由单原子层构成，石墨烯具有高的比表面积(理论值为 2630 m^2/g)。石墨烯的奇特之处在于具有独特的电子结构和电学性质。石墨烯的能隙为零,其价带(π 电子)和导带(π^* 电子)相交于费米能级处(K 和 K′),是能隙为零的半导体,在费米能级附近其载流子呈现线性的色散关系(图 7-28)。石墨烯中电子的运动速度很高,可以达到光速的 1/300,同时电子的有效质量几乎为零,因此石墨烯既是纳米电路的理想材料,也可作为验证量子效应的理想材料。石墨烯具有较高的电子迁移率,成功用于制造弹道输送的晶体管。石墨烯还具有量子霍尔效应、铁磁性、极性电场效应等特殊的性质。

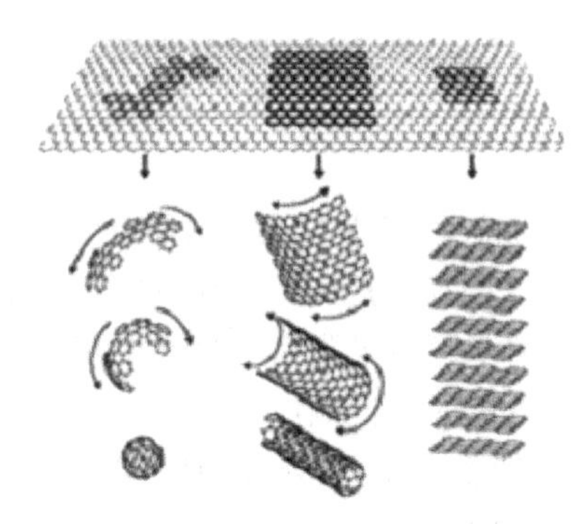

(a) 石墨烯翘曲成零维富勒烯,卷成一维碳纳米管或者堆垛成三维的石墨

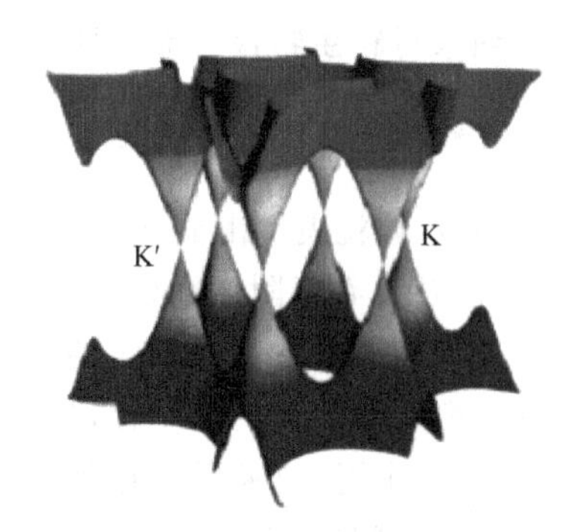

(b)石墨烯的能带结构

图 7-28　石墨烯独特的原子结构与电子结构

4. 量子点

量子点(QD)是纳米尺寸的半导体纳米晶粒,一般认为尺寸范围为 2～20 nm。量子点主要由 Ⅱ 族～Ⅵ 族(BaS、BaSe、BaTe、ZnS、ZnSe、ZnTe、CdS、CdSe、CdTe 等)或 Ⅲ 族～Ⅴ 族元素(GaAs、MnGaAn、InP、InAs 等)组成。目前研究较多的是 CdS、CdSe、CdTe 等。与传统的荧光染料分子相比,量子点有以下几方面优点:

(1) 高量子产率(quantum yield),发射高强度荧光,保证高灵敏度检测。

(2) 荧光发射光谱窄,半峰宽＜30 nm,相邻的发射光谱交叉覆盖区小,分辨率高。

(3) 光稳定,抗光漂白(photobleaching),能承受多次激光和光发射。

(4) 颜色在可见光范围任意可调,以满足各种用途和多重检测。

(5) 同一种材料随尺寸不同会发射不同波长的光,表现为单激发光源、多发射波长。

(6) 可以进行表面修饰连接,易于实现标记。

(7) 水溶性好,易于在溶液中分散和实验操作。

量子点的制备方法有两种:一种是化学制备,称为自下而上,在溶液中从有机和无机前驱体生成胶体量子点;另一种方法是自上而下,采用微电子光刻工艺或电化学刻蚀,从半导体基质加工而成。

5. 纳米复合材料

纳米复合材料近年来的研究和应用越来越广泛，复合材料的种类也越来越多，如无机-无机复合材料、无机-有机复合材料、有机-有机复合材料等。复合材料最大的优势是能够利用两种材料各自的优点而带来单种材料所不具备的一些性能，或者利用材料之间的协同作用达到意想不到的奇特效应，在酶和蛋白质的直接电化学和生物传感器研究方面的应用越来越广。

7.5.3 纳米材料生物传感器的研究

1. 纳米粒子在传感器中的作用

(1) 纳米颗粒表现出显著的不同于块状材料的特性，其非常大的比表面积、较高的表面自由能及具有吸附浓缩效应，因而可以牢固固载大量酶蛋白，并在一定程度上钝化酶的结构，使其不易发生进一步的变化而失活，被纳米颗粒吸附后不易在测试溶液中流失，增加了酶和蛋白质的稳定性，故可以显著提高电极的电流响应。

(2) 定向作用，纳米颗粒的吸附场能引起颗粒的整齐排列，这样吸附在纳米颗粒上的酶和蛋白质就具有定向作用。分子在定向之后，其功能会有所改善。

(3) 金属纳米粒子具有良好的导电性和宏观隧道效应，使酶的氧化还原中心与电极间通过纳米材料进行直接电子转移成为可能。起初人们只是注意到纳米金颗粒溶胶的表面效应在固定化酶过程中起的重要作用，而忽视了纳米颗粒在其他方面的特性。金属纳米颗粒本身具有催化活性，其宏观隧道效应可以作为固定化酶之间、固定化酶与电极之间有效的电子中介体，从而使得酶的氧化还原中心与电极间通过金属颗粒进行电子转移成为可能。它对于氧化还原反应的催化作用早已得到人们的共识，根据Gerney-mott理论，当金属原子簇所包含的原子数少到一定程度时，颗粒本身具有从周围体系中吸取电子而被还原的特性，因而在酶反应中纳米颗粒迅速地从被还原物质中获取电子而使酶重新具有氧化性，这样就加速了酶的再生速度，从而提高了酶电极的响应灵敏度。研究表明，金属纳米颗粒的导电性对增强传感器电流响应也有不可忽视的作用。金纳米粒子在酶与电极之间可以看作一种近似导线连接的作用，因此提高了电极与固定化酶间的电子传递速度，有效地加速了酶的再生过程，提高了传感器的电流响应灵敏度。在实验中，常引入高分子聚合物作为酶的固定膜。但高分子化合物的导电性差，使得电极表面的电子传递产生极大困难，影响了电极的灵敏度。若加入金、铂纳米粒子，由于金属粒子的导电性好，既可以在电极表面和酶的活性之间扩散，又往复传递电子，因而在两者之间建立连接，大幅度增加了酶与电极之间的电子传递，从而改善了酶电极的性能。

2. 纳米生物传感器的分类和特点

广义地，纳米生物传感器包括4种类型：

(1) 将纳米材料作为普通生物传感器的标记，辅助信号增强，或生物敏感元件的载体，如纳米胶体金、量子点、纳米磁性颗粒、纳米电子传导材料、纳米薄膜等。

(2) 在宏观基质上制备成纳米结构的换能器，如锥形光导纤维传感器、纳米悬臂梁等，经修饰生物分子成为纳米生物传感器。

(3) 单分子传感器，如分子信标。

(4) 生物体内的各种天然传感器和分子机器，它们许多都是纳米级结构，如生物分子马达、DNA 错配修正分子机器等。

纳米生物传感器的一般特性包括：测定所需要的样品量极少，适于少量样品测定；一般采用分子自组装的办法制备单分子生物传感层，分子扩散阻力小，传感器的响应速度快，适合于生物分子动力学检测；响应灵敏度很高，结合其他技术方法可以实现单分子测定；在细胞内测定方向，现在的微电极仍然体积过大，进入细胞会大大破坏细胞内部的正常结构，因此只适合于细胞浅部、表面和生物组织细胞间隙的物质测定。几个纳米大小的传感器仅仅占据哺乳动物细胞十亿分之一的体积，甚至可以植入到细胞核中，而不会对细胞产生大的伤害。

7.6　光致电化学传感器

光电化学过程是指分子、离子或半导体材料等因吸收光子而使电子受激发产生的电荷传递，从而实现光能向电能的转化过程。具有光电化学活性的物质受光激发后发生电荷分离或电荷传递过程，从而形成光电压或者光电流。具有光电转换性质的材料主要分为 3 类：①无机光电材料，这类材料主要指无机化合物构成的半导体光电材料，如 Si、TiO_2、CdS、$CuInSe_2$ 等；②有机光电材料，常用的有机类光电材料主要为有机小分子光电材料和高分子聚合物材料，小分子材料如卟啉类、酞菁类、偶氮类、叶绿素、噬菌调理素等，高分子聚合物材料主要有聚对苯撑乙烯 (PPV) 衍生物、聚噻吩 (PT) 衍生物等；③复合材料，主要是由有机光电材料或者配合物光电材料与无机光电材料复合形成，也可以是两种禁带宽度不同的无机半导体材料复合形成的材料。复合材料比单一材料具有更高的光电转换效率，常见的复合材料体系有 CdS-TiO_2、ZnS-TiO_2、联吡啶钌类配合物-TiO_2 等。基于 TiO_2 的复合材料是目前研究最多的一种，也有用 ZnO、SnO_2、Nb_2O_5、Al_2O_3 等其他宽禁带的半导体氧化物进行复合的。后来，利用金纳米粒子或者碳纳米结构的导电性，人们发展了基于金纳米粒子或者碳纳米结构的半导体复合物以提高半导体光生电子的捕获和传输能力，富勒烯/CdSe、碳纳米管/CdS、碳纳米管/CdSe、卟啉/富勒烯/金纳米粒子、CdS/金纳米粒子等体系具有较高的光电转换效率。另外，某些生物大分子如细胞、DNA 等也具有光电化学活性，可以通过它们自身的光电流变化研究生物分子及其他物质与它们的相互作用。待测物与光电化学活性物质之间的物理、化学相互作用产生的光电流或光电压的变化与待测物的浓度间的关系，是传感器定量的基础。以光电化学原理建立起来的这种分析方法，其检测过程和电致化学发光正好相反，用光信号作为激发源，检测的是电化学信号。和电化学发光的检测过程类似，都是采用不同形式的激发和检测信号，背景信号较低，因此光电化学可能达到与电致化学发光相当的高灵敏度。由于采用电化学检测，同光学检测相比，其设备价廉。根据测量参数的不同，光电化学传感器可分为电势型和电流型两种。基于电流型光电化学传感器是由于光的激发而导致的电极反应，故称为光致电化学传感器。光致电化学传感器工作的基本原理是利用被测物质与激发态的光电材料之间发生电子传递而引起光电材料的光电流变化进行测定。另外也可以根据待测物质本身的光电流对其进行定量分析。

7.6.1 基于无机半导体材料的光致电化学传感器

无机半导体材料受到能量大于其禁带宽度的光照射时，电子从价带跃迁到导带，此时，导带上产生电子，价带上产生空穴。所产生的这个电子-空穴对，一种可能是再复合，另一种可能是导带上的电子转移到外电路或者溶液中的电子受体上，从而产生光电流。如果导带上的电子转移到电极上，同时溶液中的电子供体又转移电子到价带的空穴上，则产生阳极光电流［图 7-29(a)］；相反如果导带上的电子转移到溶液中的电子受体上，同时电极上的电子转移到价带的空穴上，则产生阴极光电流［图 7-29(b)］。如果被分析物能作为半导体的电子供体/电子受体或第三种物质，与溶液中的电子供体/受体发生反应，则均会引起半导体阳极/阴极光电流的改变。基于无机半导体材料的光电化学传感器就是利用这种变化对被分析物直接测定或对第三种物质进行间接测定的。

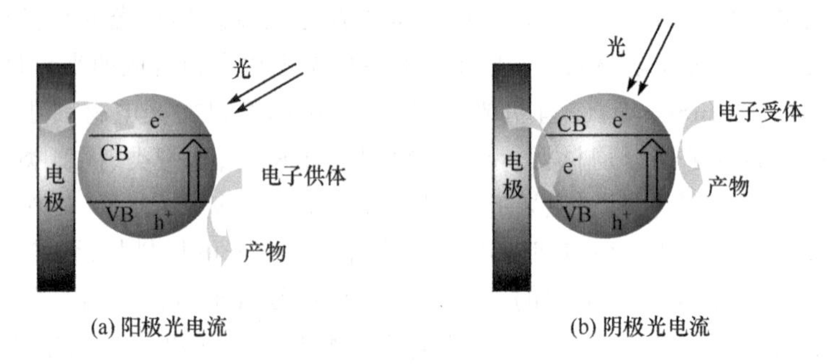

图 7-29 无机半导体材料的光电流示意图

CB. 导带；VB. 平衡带

1988 年，Fox 等发现本体 TiO_2 的光生空穴与若干有机物分别进行反应后，TiO_2 的光电流在不同程度上得到了增大，并指出利用这种光电流变化可对有机物质进行测定，开创了半导体在光电化学传感器中应用的研究。后来 Brown 等利用有机物质与本体 TiO_2 的光生空穴反应，对一系列有机物进行了测定。研究发现，对于氧化还原电位低于 TiO_2 的价带电位的有机物（如胺类、对苯二酚、芳香醇、醛、呋喃类物质）均有响应，一些不能和 TiO_2 的光生空穴发生反应的物质（如糖类、脂肪酮、脂肪酯等）则几乎没有响应。由于纳米材料的量子尺寸效应，它与本体材料相比，其禁带宽度增加，导带的能级变得更正，价带能级变得更负，因而光生空穴具有更强的氧化能力，而光生电子具有更强的还原能力。半导体纳米材料由于其粒子尺寸小于载流子的自由程，可以降低光生载流子的复合概率，具有比本体材料更优异的光电转换效率。纳米半导体的另一个显著特性就是表面效应，粒子表面原子所占的比例增大。例如，一个 5 nm CdS 粒子约有 15％的原子位于粒子表面。当表面原子数增加到一定程度，粒子性能更多地由表面原子而不是由晶格上的原子决定，表面原子数的增多，原子配位不满（悬空键）以及高的表面能，导致纳米微粒表面存在许多缺陷，这些表面具有很高的活性。因此纳米材料的出现大大丰富了光电化学传感器研究的内涵和应用范围。

TiO_2 纳米材料用作光电化学生物传感器的局限性在于，其只有在紫外光下才能激发，而且 TiO_2 纳米材料的光生空穴具有非常强的氧化能力，无论是紫外光还是光生空穴对生物分子的测定都具有一定的破坏性。利用多巴胺可以和纳米 TiO_2 表面未络合的钛原子形成电荷转移配合物这一特点，制备了多巴胺敏化纳米 TiO_2 多孔电极，并成功应用于 NADH 的灵敏光电化学测定（图 7-30），对 NADH 测定的线性范围为 $5.0\times10^{-7}\sim1.2\times10^{-4}$ mol/L，检测限达到 1.4×10^{-7} mol/L。此方法大大减少了紫外光以及 TiO_2 的光生空穴对于生物分子的损害，提高了测定的准确性，为 TiO_2 在光电生物传感方面的应用提供了新的途径。

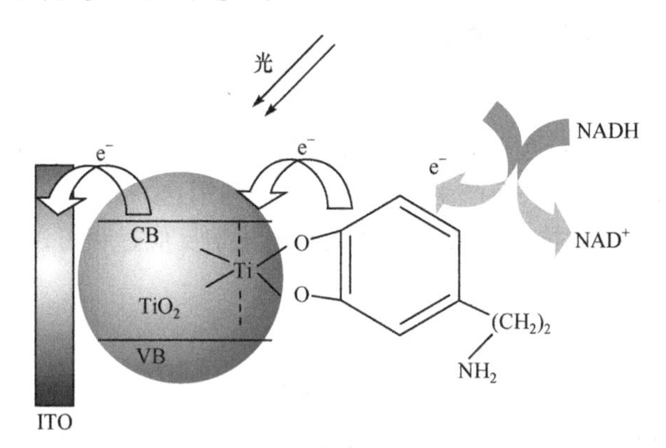

图 7-30　多巴胺-TiO_2 修饰电极对 NADH 测定的示意图

目前，CdS 纳米粒子在光电化学生物传感器中也显示出良好的应用前景。研究发现，CdS 纳米粒子受光激发后产生的光生空穴或者光生电子可以与若干生物分子如氧化还原蛋白质或者酶发生电荷传递，利用半导体纳米颗粒与生物分子的作用开创了一种新的光电化学测定体系。对于 CdS 纳米材料来说，如果溶液中没有电子供体来捕获空穴，那么空穴将与 CdS 自身的 S^{2-} 发生反应：$2h^+ + CdS \longrightarrow Cd^{2+} + S$，从而引起 CdS 纳米材料的光腐蚀。目前，用作 CdS 的空穴捕获剂的物质包括多硫化物（Na_2S 与 S 的混合物）、Na_2SO_3 和三乙醇胺。上述空穴捕获剂一般都是在强碱性环境（pH 12）下使用的、而生物体系的测定往往需要温和的 pH 条件。寻找在温和 pH 条件下能够有效捕获 CdS 的光生空穴的物质显得特别重要。研究发现，抗坏血酸可以在温和的 pH（pH 7）条件下有效捕获 CdS 量子点的光生空穴。基于这一发现，利用聚电解质 PDDA 与 CdS 的静电作用，通过层层组装技术构建了 CdS 量子点多层膜修饰电极，并成功应用于小鼠 IgG 的非标记免疫分析（图 7-31）。

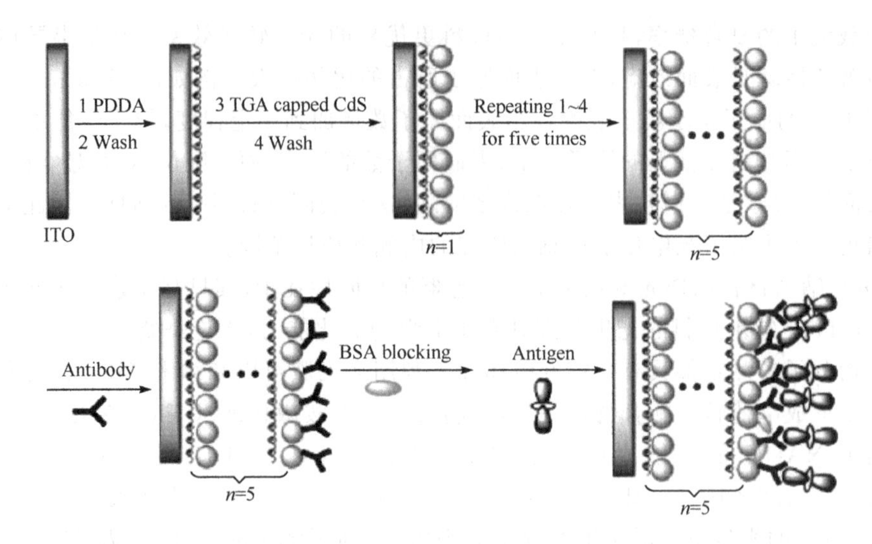

图 7-31 基于 PDDA/CdS 多层膜修饰电极的光致电化学小鼠 IgG 免疫传感器的构建过程

7.6.2 基于染料的光致电化学传感器

有机染料如亚甲基蓝和甲苯胺蓝受到光激发后能够产生激发态，抗坏血酸能够将激发态的染料还原，产生无色亚甲基蓝或者无色甲苯胺蓝。无色亚甲基蓝或者无色甲苯胺蓝转移电子到电极上，从而产生光电流。人们利用这一光电转换原理，用亚甲基蓝或甲苯胺蓝修饰电极测定抗坏血酸。整个光致电化学反应过程可以用下式表示：

$$S \xrightarrow{h\nu} S^*$$

$$S^* + AA \longrightarrow S^*_{Red} + AA_{Ox}$$

$$S^*_{Red} \longrightarrow S + 2e^-$$

式中，S 代表亚甲基蓝或甲苯胺蓝；AA 代表抗坏血酸；S^* 代表激发态亚甲基蓝或甲苯胺蓝。如果将甲苯胺蓝电聚合在玻碳电极表面上，利用聚甲苯胺蓝修饰电极光致电化学测定 NADH，可能发生如下的光致电化学反应（l-p-S 为无色聚甲苯胺蓝）：

$$p\text{-}S \xrightarrow{h\nu} p\text{-}S^*$$

$$p\text{-}S^* + NADH + H^+ \longrightarrow l\text{-}p\text{-}S + NAD^+$$

$$l\text{-}p\text{-}S \rightleftharpoons p\text{-}S + 2e^- + 2H^+$$

光电化学活性分子在电极的表面上受到光激发后，其外层电子可从基态跃迁到激发态。由于激发态分子具有很强的活性，与电子供体（AA 或 NADH）发生电子转移反应，生成的还原态分子进一步从电极表面失去电子，从而产生光电流；光电活性分子重新回到基态参与反应，循环往复。

胆碱（Ch）是一种有机碱，是乙酰胆碱的前体和卵磷脂的组成成分，也存在于神经鞘磷脂之中，在动物体内参与合成乙酰胆碱或组成磷脂酰胆碱等。它在调整动物体内脂肪代谢、控制胆固醇的积蓄、防止脂肪肝、保证体细胞的正常生命活动、促进软骨发育以及神经系统的正常运行等方面都起着重要作用。虽然可以从食物中取得人类及动物所需要的胆碱数量，但很多动物体内不能合成胆碱，其中包括幼年动物。当缺乏含胆碱的食物或缺少合成胆碱所必需的营养物质时，会造成胆碱缺乏病，可能引起肝与肾的损害。因此，有营养学家把它列入维生素类之中，并使胆碱成为食品中常用的添加剂。胆碱是一种季胺碱，没有紫外吸收和电化学活性，所以酶的催化反应成为测定胆碱的重要方法。近年来，酶修饰的电流型胆碱生物传感器已有较多的研究，但该类传感器都要使用过氧化物酶，借助于电子媒介物或纳米材料。Th 也是一种吩噻嗪类染料，将硫堇电聚合在光透电极的表面上形成光电极，然后用戊二醛交联胆碱氧化酶，制备了一种新型的胆碱生物传感器。该传感器利用聚硫堇(PTh)光透电极(PThE)同时具有光敏和电子受体的功能，与电子供体 H_2O_2 组成一个新的光致电化学系统。利用 ChOx 对胆碱的催化反应直接产生 H_2O_2，通过检测由此产生的光电流实现对胆碱的检测。

将 ITO 导电玻璃切成 5.0 cm×1.0 cm 长条，依次用乙醇、丙酮、水分别超声清洗 5 min，干燥。然后在一端留出 1.0 cm 作为电极端子，在另一段用绝缘漆封住并在表面留出直径为 6.0 mm 的空白作为 ITO 电极。将 10% SnO_2 水溶胶均匀涂覆在 ITO 电极上，干燥后将其置于含有 4.0 mmol/L Th 溶液的电解池中，在 1.20 V 电势沉积 40 min后制得 PThE。用水清洗掉表面吸附的 Th 单体后，再用磷酸盐(PBS)缓冲溶液(pH 6.5)清洗，自然干燥后取 5 μL 壳聚糖(CS)溶液滴在 PThE 表面，室温下晾干成膜。取 5 μL 0.25%戊二醛滴在电极表面，室温下反应 30 min 后用 PBS(pH 6.5)溶液清洗干燥。再滴加 5 μL 1.5 mg/mL 的 ChOx 溶液于电极表面上，室温下反应 2 h。晾干后再洗净表面吸附的 ChOx，即得聚硫堇/壳聚糖-酶电极(ChOx-CS/PThE)(图 7-32 B)。

观察 PThE 表面有蓝色膜生成，扫描电镜照片显示聚硫堇呈块状均匀分布于电极表面(图 7-33 a)。PThE 的循环伏安曲线显示其有一对对称的氧化还原峰，阳极和阴极峰电势分别为 0.032 V 和 −0.045 V，$\Delta E_p = 77$ mV，式电势 $E^{0'}$ 为 −0.0065 V，与文献的酸性介质中 PTh 的电极反应一致，显示 PTh 与 Th 有相似的电化学活性。PThE 对可见光的最大吸收位于 605 nm 处，与溶液中 Th 的 598 nm 非常接近，表明其具有同样吸收光的性质。ChOx-CS/PThE 的 CV 与 PThE 的差别不大，峰电势向正电势稍微移动，峰电流有所减小。观察扫描电镜照片(图 7-33 b)，有层状蛋白质分布在电极表面。

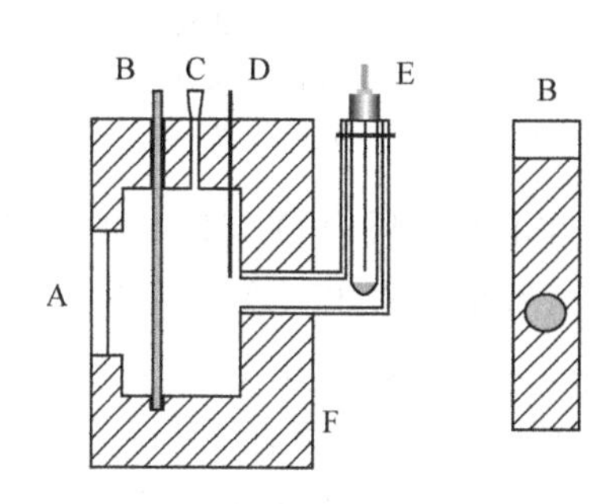

图 7-32　光致电化学实验装置示意图

A. 光窗；B. 工作电极；C. 样品注入孔；D. 对极；E. 参比电极

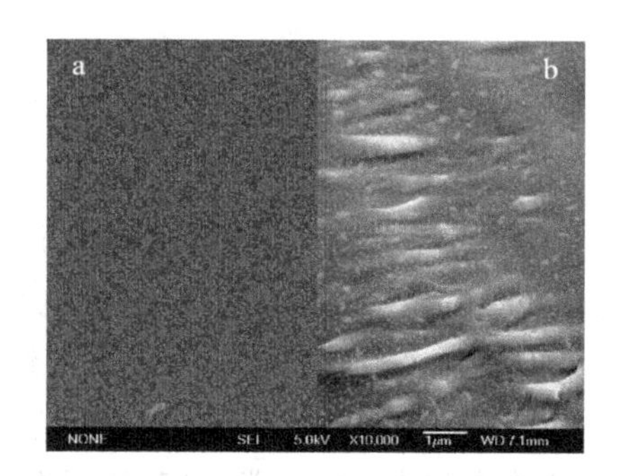

图 7-33　聚硫堇膜(a)和聚硫堇/壳聚糖-酶电极表面(b)的扫描电镜图

将电解液置于电解池中，插入 ChOx-CS/PThE 并使其工作表面对准光窗，分别连接三电极至电化学工作站，由光致电化学实验装置(图 7-32)施加可见光作为激发光源，其到达光窗处的能量为 15 mW/cm^2。电化学工作站检测光电流响应，偏压设置为 0.50 V。向电解池中注入样品并同时启动电流检测，待催化反应 8 min 时，开启光闸并每 20 s 切换 1 次，20 s 形成 1 次光电流-时间图谱。实验温度为室温。

ChOx-CS/PThE 对 H_2O_2 的光电流响应如图 7-34 所示，在实验中将光照交替开关三次，获得的三组光电流响应依次略微减小但变化不大，说明 ChOx-CS/PThE 对光照的响应重现性较好。同时可以观察到光电流-时间曲线的电流值随着 H_2O_2 浓度增加而逐渐增大(图 7-35)。图 7-35 内的插图是 ChOx-CS/PThE 对 Ch 的光电流响应，由此可见在$(5.00\sim250)\times10^{-5}$ mol/L 的浓度范围获得线性响应(图 7-35)，线性回归方程为 $i=23.6+65.7C$，相关系数为 0.9986，灵敏度 $\Delta i/C_{Ch}$ 为 65.7 nA/(mmol/L)，检测限为 30.0 μmol/L。表观米氏常数(K_M^a)是酶-底物反应动力学的重要指标，可以表征酶与底物之间亲和力大小。K_M^a 可以根据 Lineweaver-Burk 方程计算：

$$1/i_{ss}=1/i_{max}+1/C(K_M^a/i_{ss})$$

式中，i_{ss} 为加底物后的稳态电流；C 为底物的体积浓度；i_{max} 由饱和底物状态下所测的最大电流。较小的 K_M^a 值表示固定的酶与底物分子间有很高的亲和力，意味着酶有较高的活性，用双倒数作图法计算出的 K_M^a 为 0.947 mmol/L。

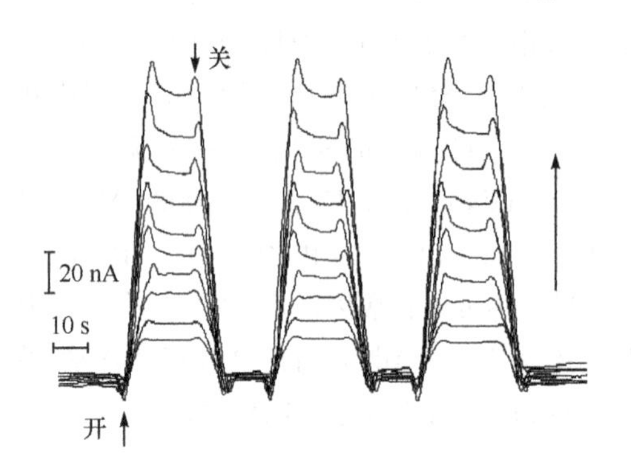

图 7-34　传感器对 H_2O_2 的光电流响应

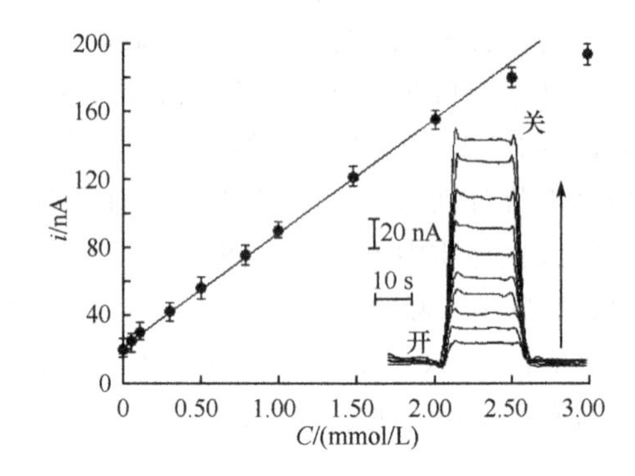

图 7-35　传感器对胆碱的光电流响应

C_{Ch}(1～10)：0、0.10、0.30、0.50、0.80、1.00、1.50、2.00、2.50、3.00 mmol/L

Th 可与 $Fe^{3+/2+}$ 在酸性介质中组成光电池，在酸性介质中 O_2/H_2O_2 的电极电势约为 0.65 V，小于 Fe^{3+}/Fe^{2+} 的电极电势(0.77 V)，氧化态的 Th^+ 在光照激发下，其基态能级 E^0 由−0.03 eV 变至单重态能级 $E_{0\text{-}0}=2.03$ eV，可以氧化 H_2O_2，产生光致电化学效应。而激发态的 Th^{+*} 被电子供体 H_2O_2 还原，继而其还原态 Th 在电极上又被氧化，再次参与光致电化学反应，从而不间断地产生光电流。在底物 Ch 存在下，ChOx 催化 Ch 生成电子供体 H_2O_2，所以在不需要过氧化物酶的情况下可以简单、灵敏、快速地测定 Ch 的量。光电界面对 H_2O_2 和 Ch 的响应原理可表示如下：

$$Ch + O_2 + H_2O \xrightarrow{ChOx} C_5H_{11}NO_2 + 2H_2O_2$$

$$Th^+ \xrightarrow{h\nu} Th^{+*}$$

$$Th^{+*} + H_2O_2 \longrightarrow Th + O_2 + H^+$$

$$Th - e^- \longrightarrow Th^+$$

当H_2O_2将PTh光电界面的Th^{+*}还原后，回到基态的Th必须被氧化为Th^+才能再度吸收光能而成为激发态的Th^{+*}，再次与H_2O_2发生电子转移反应，循环往复，从而产生不间断的光电流。所以需要在光电界面上施加一个合适的偏压让Th失去电子，同时用该电势下测得的电流强度标度光电流的大小。虽然ChOx-CS/PThE的循环伏安曲线表明其阳极峰电势为0.032 V，但考虑到ITO电极的半导体性质和超电势的影响，从实验获得一个合适的偏压是较好的选择。在相同浓度电子供体的存在下，当从0.10～0.50 V每隔0.10 V依次调高偏压时，观察到光电流随之同步增大。当设定的偏压大于0.50 V时，光电流强度没有明显的增加。因此将偏压固定在0.50 V。由于Th^+吸收光能而生成Th^{+*}，激发光的强度对光电流的大小有较强的影响。保持其他实验条件不变，通过改变光程，分别使到达光窗的光强为7.0、9.0、11、13和15 mW/cm^2，发现光电流随光照的增强而显著增加。由于饱和光电流与光强成正比，从而间接验证了PThE与H_2O_2的反应为光致电化学反应。

传感器对Ch的测定有较好的重现性。同一传感器对浓度为1.0 mmol/L的Ch溶液进行5次连续测定，其结果的相对标准偏差为4.7%。相同条件下制得的5个传感器，其响应的相对标准偏差为5.9%。制备的传感器避光保存在PBS的上方，经逐日测试发现，两周内传感器对Ch的响应在95%～100%，而后响应缓慢下降，20天后传感器仍能保持原有响应的80%。

Ch在含有卵磷脂的商品中是以磷脂酰胆碱(PC)的形式存在的，PC可在磷脂酶D(PLD)的作用下水解成游离的胆碱，通过对胆碱的检测可以测定卵磷脂中PC的含量。对样品的预处理采取传统的溶剂法，即利用PC不溶于丙酮而溶于乙醇的性质，用丙酮和乙醇两种溶剂从卵磷脂中提取PC，再将其水解成Ch后测定。准确称取商品卵磷脂颗粒500 mg，放于圆底烧瓶中，加入丙酮100 mL，电动搅拌器加热搅拌一定时间后过滤，将滤出物真空干燥后用无水乙醇溶解，静置一段时间后取上部清液加入PLD，35 ℃条件下搅拌15 min，以确保PC完全水解为Ch。将样品试液用电解液稀释，测定含量，并加入PC做回收实验。对3种样品的测定结果见表7-1。

表7-1 卵磷脂样品中磷脂酰胆碱含量的测定结果

样品	测得量/(mg/g)	相对标准偏差 RSD (%, n=5)	加入量/(mg/g)	测得总量/(mg/g)	回收率/%	样品标示量/(mg/g)
1	196	4.55	50.0	244	96.0	223
2	242	4.82	100	345	103	240～250
3	237	3.94	100	336	99.0	≥250

7.6.3　基于复合材料的光致电化学传感器

半导体材料的光电转换效率的提高有利于增大所制备的光电化学传感器的灵敏度。对于单一材料来说，电子-空穴生成后的再复合会降低材料的光电流。将两种材料复合后，能够降低电子和空穴的复合概率，因而将得到更高的光电转换效率。图 7-36 以三联吡啶合钌配合物-TiO_2 复合材料为例，说明复合材料提高光电转换效率的工作原理。复合材料的光电转换原理与自然界的光合作用相似，通过有效的光吸收和电荷分离而把光能转变为电能。由于 TiO_2 的禁带宽度较大，可见光无法将其直接激发，在电极表面吸附的联吡啶钌分子可以拓宽吸收光波长范围，吸收可见光而产生电子跃迁。联吡啶钌分子的激发态(S^*)能级高于 TiO_2 的导带，所以电子可以快速注入 TiO_2 层，并在导带基底上富集。然后通过外电路流向对电极，形成光电流。联吡啶钌分子输出电子后成为氧化态(S^+)，随后它们又被电解质中的电子供体还原而得以再生，循环往复，维持着这个光电转换过程。在联吡啶钌配合物-TiO_2 复合材料中，由于光生电子形成后迅速转移到 TiO_2 的导带上，从而减少了电子-空穴的复合概率，使光电流增大。

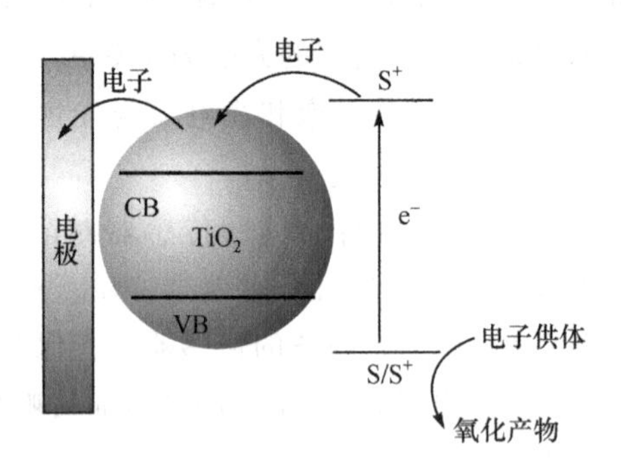

图 7-36　三联吡啶合钌配合物-TiO_2 复合材料的光电流产生示意图

S. 联吡啶钌配合物

第8章　化学与生物传感器的应用

8.1　多参数水质监测传感器系统

8.1.1　水质自动监测系统

水质自动监测系统(WQMS,图 8-1)是一套以在线自动分析仪、可编程控制器(PLC)为核心,运用现代传感器技术、自动测量技术、自动控制技术、计算机应用技术以及相关的专用分析软件和通信网络所组成的综合性的监测体系。实施水质自动监测,可以实现水质的实时连续监测和远程控制,及时掌握主要流域重点断面水体的水质状况,预警预报重大或流域性水质污染事故,解决跨行政区域的水污染事故纠纷,监测总量控制制度的落实情况。

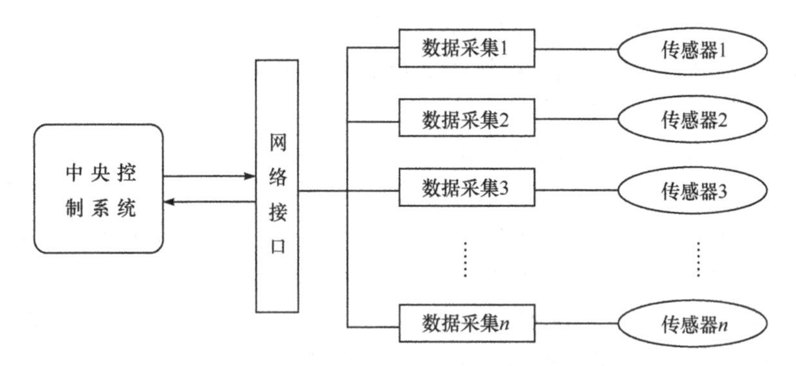

图 8-1　水质自动监测系统示意图

1. 系统的组成

系统由采样系统、过滤系统、输送系统、纯水系统、清洗系统、精滤系统、仪表系统、控制系统、软件系统等几部分组成。采样系统由采样泵、采样浮球、输送管路组成。采样球可以随水面液位高低自动调节,保证采样在同一液面深度,两台采样泵可以交替工作或一用一备,以保证采样的连续性和可靠性。两台泵可相互清洗。过滤系统是由固液分离器、钢珠过滤器和沉沙池组成,用于过滤和沉淀较大颗粒的泥沙及其他杂物。输送系统由两台输送泵及循环管路组成,输送水样到精滤系统,两台水泵可互为备用或交替工作。精滤系统由压水器、过滤器、气动三通阀、电磁阀、溢流杯组成,根据每台表的进样要求,采用不同大小的过滤芯来过滤水样中的大型颗粒,在仪器每次进样前都会有电信号送出,经 PLC 处理后对过滤芯进行反吹,保证进样可靠。清洗系统由清洗水箱及清洗泵组成。系统清洗分循环清洗和浮桶清洗,系统每天进行一次自动清洗,当需要手动清洗时,可操作控制面板上的循环清洗/浮桶清洗手柄。纯水系统由增压泵、反渗透部件、紫外灯、离子交换柱(内装树脂)、纯水箱组成,经过过滤、杀菌、吸附作用制取纯水,由纯水箱中的高低液位控制纯水制取,反渗透部件、紫外灯在高液位时停止工作。仪表系统由常规五参数分析仪、高锰酸盐指数分析仪、总有机磷(TOC)分析仪、氨氮分析仪、总磷分析仪、硝酸盐自动分析仪组成,可对十个参数进行在线监测,它们分别是:温度、pH、溶解氧、电导率、浊度、氨氮、高锰酸盐指数、硝酸盐、总有机磷、总磷。控制系统是整个系统的中心,由PLC控制整个系统的每个动作和过程,包括系统及设备的启停、报警控制、数据采集等。软件主要是对仪表的数据进行显示、记录、传送、设备操作、远程监控和通信等。

2. 控制原理

PLC控制系统主要是通过PLC控制外围的控制节点和设备来完成自动运行的功能。具体描述如下:当系统运行时,清洗泵先运行,清洗管路及采样泵2 min,同时钢珠过滤器和沉沙池进行排水,放完水后采样泵1启动抽水,五参数和沉沙过滤系统开始进水,其中五参数系统保持连续进水,进入沉沙过滤系统的水首先经钢珠过滤器过滤后进入沉沙池,等沉沙池进满水后,沉沙过滤系统停止进水。沉沙池里的水沉淀30 min后(时间可调),排放掉底部沉淀物后,输送泵开始工作,压水反冲器往溢流杯里打水,并对过滤芯进行反冲清洗。打水20 min后,输送系统停止运行,沉沙系统开始排水,排空后再进水,进入第二个分析循环,依此类推。采样泵1启动30 min后如果采样泵不能上水,则整个系统切换到采样泵2启动。如30 min后仍不上水则系统停止工作,等待维修。正常情况下,采样泵1和采样泵2每3 h自动切换一次,循环泵运行同采样泵。系统每24 h清洗一次,系统清洗管路时,整个系统会停止(仪表除外),然后进入清洗程序,清洗完毕系统自动运行,清洗包括循环清洗和采样管路浮桶清洗。I/O地址分配:PLC下部为DC输出单元,用于控制外围控制设备的开、停、反吹等操作,它的位地址从01000~01307共32个输出节点,相应地址的指示灯亮就代表相应地址的设备通电;PLC上部为DC输入单元,用于输入设备的状态信号、状态信息等,它的位地址从00000~00211共36个输入节点和32个输出节点,相应地址的指示灯亮,就代表相应地址的设备状态为开或闭合。

PLC把微型计算机技术和继电器控制技术融合在一体,在本系统中运行效果好,充分示出其功能强、构造简单、可靠性高、通用性好和继电接触器控制简单易懂、维修方便等优点。可编程控制器技术在世界上已广泛应用,成为自动化系统中的基本电控装置。在我国,近几年来可编程序控制器的应用推广工作已取得较大成效。在水质自动化监测中引进该技术,就是一个典型的例子。随着水质监测技术迅速发展,计算机控制等现代化手段在水质监测中的广泛应用,水质监测系统的快速反应能力和自动测报能力将大大提高,这将有利于各级水行政主管部门及社会公众更快地了解水质、水环境信息。

8.1.2　实时测量的氨氮传感器系统

1. 三电极复合探头

欲对水中氨氮含量进行现场实时测量，需同时测得三个参量，即 NH_3、pH 和温度 T。NH_3/pH/T 三电极复合探头采用圆形标准结构。NH_3/pH/T 三电极均匀安装在圆形剖面的径线上，整齐地排列成一条线。并且三电极测量头部安装在一个圆形的测量腔内，测量腔的一端与安装在保护罩下端的防水直流泵的出口用软管相接，工作时，直流泵使被测水在测量腔内以恒速循环，这样既可以使 NH_3/pH/T 三电极响应时间加快，同时起到三电极的自清洁作用。pH 电极采用玻璃膜电极，T 电极的敏感元件为 p-n 结温度传感器。

2. 氨气敏电极采用隔膜式气敏电极结构

图 8-2 是氨气敏电极的隔膜式气敏电极结构示意图，聚偏氟乙烯膜为疏水性透气膜，内电解质溶液为 NH_4Cl，指示电极为玻璃膜 pH 电极，内参比电极为 Ag-AgCl 电极，在玻璃膜与外层聚偏氟乙烯膜之间有一层约为 2 μm 的中介液——NH_4Cl 液膜，测量范围为 $5.3\times10^{-6}\sim10$ mol/L。

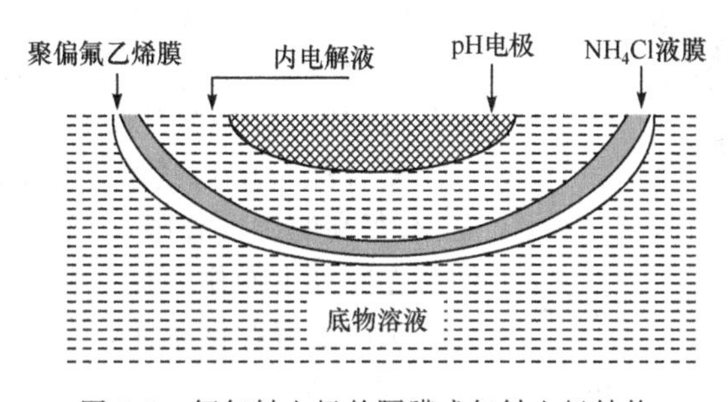

图 8-2　氨气敏电极的隔膜式气敏电极结构

3. 放大/控制/数据分析处理系统

对放大器的设计要求　放大电路为三路，即 pH、NH_3 和 T 各需要一路放大器。对 pH 和 NH_3 等化学传感器来说，放大器的设计要求是特殊的。由于 pH 和 NH_3 电极的输出阻抗高达 109 Ω 以上，要求放大电路的输入阻抗也高；在水下长期工作，要求不开封的情况下仍能方便地对 NH_3/pH/T 电极进行标定、校准。在三个放大器的设计中采用数字电位器件，由三片四联装数字电位器 X9241WP 构成，由控制器 DSP 发出指令字进行调整控制。

放大/控制/分析处理电路系统　氨氮测量仪的控制/分析处理电路采用高速数字信号处理器 DSP(TMS320F206)，而不采用其他单片机如 51 系列，原因有两个：一是自身系统完善，不用附加 ROM、RAM、I/O 口及总线接口芯片等，主频为 40 MHz，远高于 51 系列单片机；二是耗电量甚微，这是在海洋中设计仪器所必需的，而 51 系列所开发的控制/分析处理电路耗电量远大于 DSP 系统。需要指出的是，由于测量时 NH_3/pH/T 三电极复合探头处于同一水体，而电路系统采用的是同一直流电源系统，这一状况必然导致测量时化学电极之间的严重干扰，使测量精度受损，严重时导致测量失败。为此，设计控制电路时采用电极隔离，即将CD4016BE模拟开关加在NH_3/pH/T三电极放大器输出端和12位精密A/D转换器之间，测量时用软件控制，分时地将NH_3/pH/T电极彻底隔离。

时序匹配技术　TMS320F206的主频为40 MHz，而所用的Max1247A/D转换器的最大工作频率为133 kHz。为了对Max1247写入控制字，等待A/D转换完成，将结果顺序读出，该系统采用对A/D转换器和TMS320F206 DSP同步串口进行外同步操作方式。将时钟源DSP的Clock out(20 MHz)经1/N分频产生外同步时钟，且通信协议采用“查询”方式。

系统中用MC1403芯片为A/D转换器提供25 V的精确参考电压。

芯片Max3223与TMS320F206的异步串口相连为系统提供双RS232输出。

8.1.3　多探头传感器系统

多探头(复合电极)传感器(图8-3)系统成功地结合了便携式仪器与多参数系统的特点，可同时监测几个至十几个项目，如pH、温度、浊度、电导率、盐度、溶解氧(DO)、总溶解固体物(TDS)、氧化还原电位(ORP)及离子浓度。测量离子的种类可随实际要求选择，有的还可以进行一些特殊的测定，如海水表观密度、深度、叶绿素等。

图8-3　多探头(复合电极)传感器

复合探头小巧紧凑，可承受轻度撞击，坚固耐用，有很高的压力容限，可监测水深达100 m；探头均可在野外由操作人员自行更换，使用方便。在复合探头内配置存储单元，可存储2880组监测数据，因而在数据采集间隔为15 min的条件下可实现一个月的连续监测。

复合探头可与配有大容量存储器的监测仪连接，能存储49000组数据(含日期和时间)与100组场地编号。数据可单个或按预编时间间隔连续记录，可直接与计算机连接，通过计算机软件进行数据分析。

叶绿素的传统测试采用提取分析方法，测试程序耗时，需要有经验的分析人员才能确保良好的数据及长期的一致性，且不能用于连续监测。叶绿素的连续监测通常用现场荧光仪，它基于叶绿素的荧光特性，向水体照射波长为470 nm的光束，导致叶绿素发射出670 nm的荧光。由于测量在水体中直接进行，不需像传统的方法一样把细胞搅碎，故能真实反映细胞中叶绿素在现场条件中的活性表现。20世纪末，有公司使用其光纤技术成功地把现场荧光仪缩小至一个探头的大小，即一个生物传感器。图8-3中箭头处即为叶绿素探头，可直接安装于多参数水质监测仪(图8-4)上，从而实现轻便、操作简单且成本低

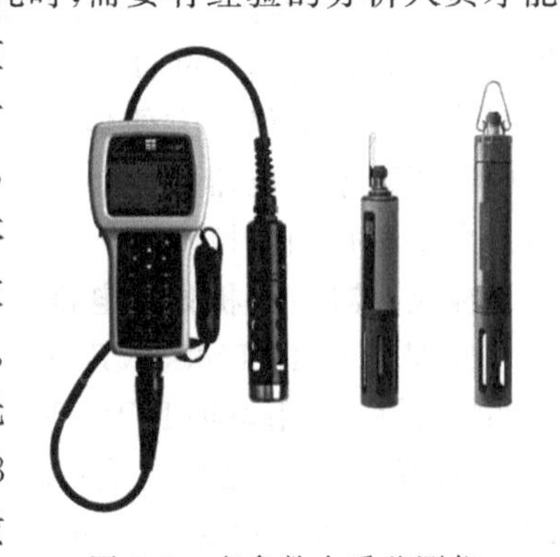
图8-4　多参数水质监测仪

廉的叶绿素监测。多参数水质监测仪的性能参数见表8-1。

表8-1 多参数水质监测仪的性能参数

项目	测量范围	分辨率	准确度
溶解氧	0～200% 空气饱和度	0.1% 空气饱和度	±2% 空气饱和度
	0～20 mg/L	0.01 mg/L	±0.3 mg/L
电导率	0～499.9 μS/cm	0.1 μS/cm	量程之 ±0.5%
	0～4999 μS/cm	1 μS/cm	量程之 ±0.5%
	0～49.99 mS/cm	0.01 mS/cm	量程之 ±0.5%
	0～200.0 mS/cm	0.1 mS/cm	量程之 ±0.5%
叶绿素	0～400 μg/L	0.1 μg/L	光学读数之 ±5%
盐 度	0～80 ppt	0.1 ppt	±2% 或 ±0.1 ppt
温 度	−5～+65 ℃	0.1 ℃	±0.1 ℃(±1 lsd)

8.1.4 水源监测光纤阵列传感器

人们为了监测水源免受污染,需要知道水源中重金属的种类和数量。利用载体分别将对重金属离子特别敏感的试剂覆膜于光纤的一端形成探头,光纤的另一端传输至高清晰度CCD,最后成像并由计算机处理成可对比图像(图8-5和图8-6)。例如,识别Hg(Ⅱ)是利用硅烷醇将一种对Hg(Ⅱ)特别敏感的试剂——二苯卡巴腙涂膜于光纤的一端,形成Hg(Ⅱ)的识别器件。其工作原理是光纤探头功能膜中的二苯卡巴腙与水源中的Hg(Ⅱ)发生配合反应,在膜中生成蓝色配合物,膜颜色的变化及程度迅速通过光纤传至CCD形成彩膜图像,彩膜图像经数字传输至计算机后,通过与原来存储在计算机中标准样本的对比,即可判明Hg(Ⅱ)的存在与否及含量。

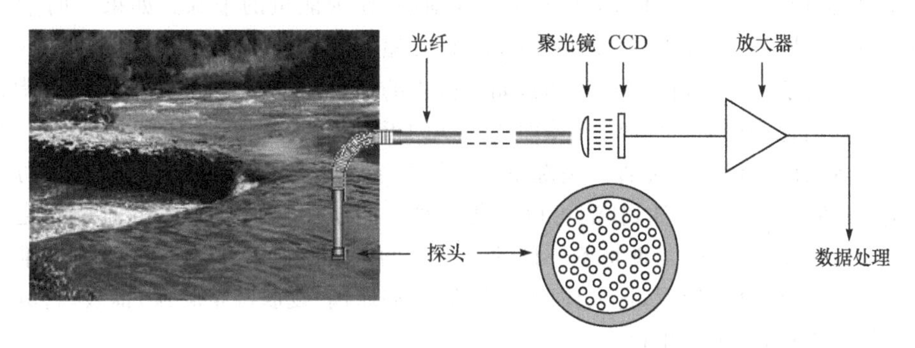

图8-5 监测金属离子污染的光纤阵列传感器

利用此原理可同时监测水源中多种重金属的种类和含量,即用载体分别将对各重金属离子特别敏感的各种试剂覆膜于集束光纤的各个单支光纤一端形成探头,集束光纤的另一端传输至高清晰度 CCD,最后成像并由计算机处理成可对比图像。通过与原来存储在计算机中标准样本的对比,即可同时判明水源中多种重金属的种类和含量。

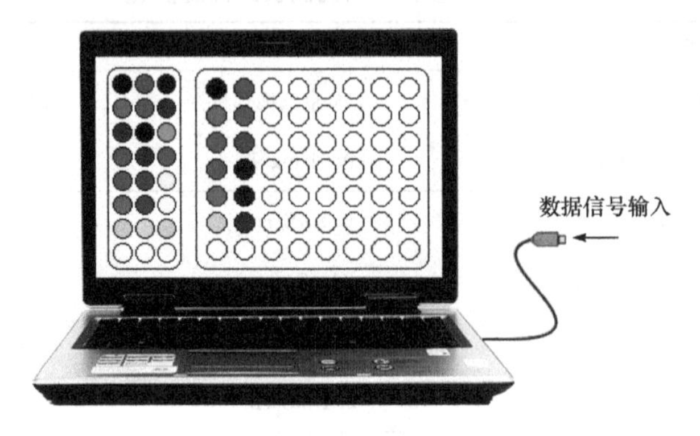

图 8-6 彩膜图像显示

8.2 便携式血糖测试仪

葡萄糖是一种在全世界范围内被分析测试最频繁的物质之一。商品化血糖测试仪已经成功开发了 50 余年,目前全世界每年约消耗 60 亿片血糖测试试纸,是糖尿病人实施血糖自我检测、有效控制病情的重要手段。血糖试纸实质是在一些基片上涂覆了含酶涂层的生物化学酶传感器。我国现有糖尿病人 4000 多万,每年还在以 1.5%的速度增加,对葡萄糖分析检测的研究也日渐增多。近年来有关葡萄糖氧化酶电极的研究论文每年都有上千篇,国内也有上百家研究单位、10 多家企业在从事血糖仪和血糖试纸的研发和生产。

8.2.1 血糖检测的意义

糖分是人们身体必不可少的营养之一。人们摄入谷物、蔬果等,经过消化系统转化为单糖(如葡萄糖等)进入血液,运送到全身细胞,作为能量的来源。如果一时消耗不了,则转化为糖原储存在肝脏和肌肉中,肝脏可储糖 70～120 g,约占肝质量的 6%～10%。细胞所能储存的肝糖是有限的,如果摄入的糖分过多,多余的糖即转变为脂肪。

当食物消化完毕后,储存的肝糖即成为糖的正常来源,维持血糖的正常浓度。在剧烈运动或者长时间没有补充食物情况下,肝糖也会消耗完。此时细胞将分解脂肪来供应能量,脂肪的 10%为甘油,甘油可以转化为糖。脂肪的其他部分亦可通过氧化产生能量,但其代谢途径和葡萄糖是不一样的。人类的大脑和神经细胞必须要糖来维持生存,必要时人体将分泌激素,把人体的某些部分(如肌肉、皮肤甚至脏器)摧毁,将其中的蛋白质转化为糖,以维持生存。

血液中的糖分称为血糖,绝大多数情况下都是葡萄糖(英文简写 Glu)。人体的血糖是由一对矛盾的激素调节的,即胰岛素和胰高血糖素。当感受到血液中的血糖低的时候,胰岛的 A 细胞会分泌胰高血糖素,动员肝脏的储备糖原释放入血液,导致血糖上升；当感受到血液中的血糖过高的时候，胰岛素的 B 细胞会分泌胰岛素，促进血糖变成肝糖原储备或者促进血糖进入组织细胞。

既然体内各组织细胞活动所需的能量大部分来自葡萄糖，则血糖必须保持一定的水平才能维持体内各器官和组织的需要。血糖值有两种表示法，一种是毫克/分升(mg/dL)，另一种为毫摩尔/升(mmol/L)，虽然现在提倡使用后者，但前者仍在一定范围使用。

正常人的空腹血糖浓度为 3.9～6.1 mmol/L(70.2～109.8 mg/dL)。空腹血糖浓度超过 6.1 mmol/L 称为高血糖，血糖浓度低于 3.9 mmol/L 称为低血糖。

低血糖给患者带来极大的危害，轻者引起记忆力减退、反应迟钝、痴呆、昏迷，直至危及生命。部分患者诱发脑血管意外、心律失常及心肌梗塞。高血糖可引起微血管病变，使患者的微循环有不同程度的异常。随着病程的延长和治疗不及时会促使微血管病变的加重和发展，使患者致盲、致残。微血管病变主要表现在视网膜、肾、心肌、神经组织及足趾，使患者深受病痛折磨。高血糖可引发糖尿病，这是一种血液中的葡萄糖堆积过多的疾病。它会给人带来非常大的痛苦，让人常常觉得口干想喝水，因多尿而半夜多次醒来。尽管已吃了不少食物仍感觉饥饿，体重减轻、嗜睡等，总让人觉得周身不适。等到能够感觉到某处的明显情况时，糖尿病的病情已发展到一定程度了，而可怕的并发症也正悄悄地在全身各处发展着。糖尿病性大血管病变是指主动脉、冠状动脉、脑基底动脉、肾动脉及周围动脉等动脉粥样硬化。其中动脉粥样硬化症病情较重、病死率高，约 70%～80%糖尿病患者死于糖尿病性大血管病变。当然高血糖不是糖尿病的诊断标准，而是一项检测结果的判定。虽然高血糖不等同糖尿病，但由于高血糖与糖尿病的高度相关性，所以血糖的检测在预防与控制高血糖和糖尿病中具有重要的意义。

临床诊断中所用到的自动或半自动生化分析仪由于体积较大、检测过程繁琐、成本较高，不适用于社区医院、急诊和病人对病情长期的自我监测。对于糖尿病患者，血糖浓度是反映病情状况的一个重要指标，需经常性地进行血糖测量以监测病情的发展。因此，便携式血糖测试仪成为目前发展较快的一类家用医疗仪器，它使患者在病情较稳定的阶段可以自行监测血糖浓度，是一种非常方便的家用诊疗仪器(图 8-7)。

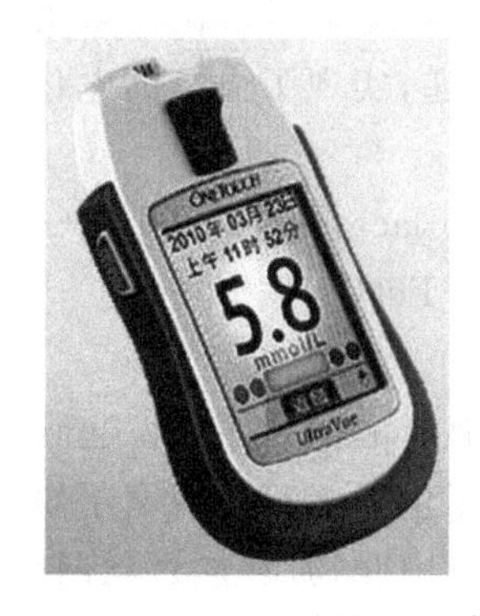

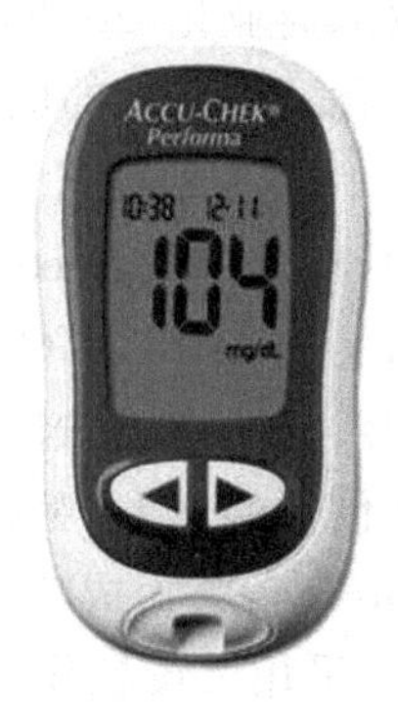

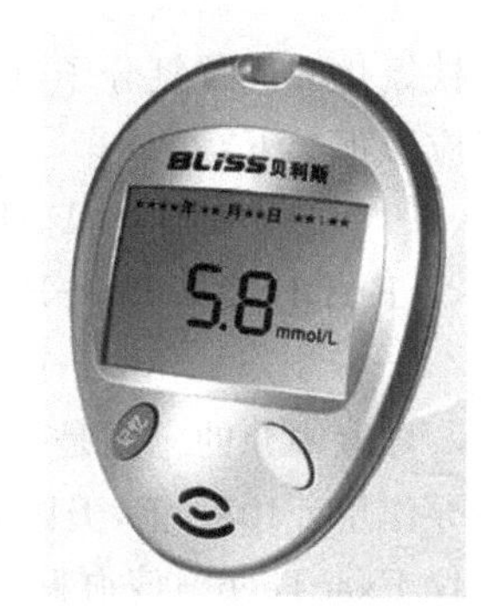

图 8-7　各种便携式血糖测试仪商品

8.2.2 血糖测试仪的检测原理、结构及其发展

血糖测试仪根据检测原理主要分为两种，即光化学法和电化学法。光化学法基于血液和试剂产生的反应测试血糖试条吸光度的变化值，其反应过程如下：

$$\beta\text{-D-glucose} + O_2 \xrightarrow{\text{GOD}} \text{D-glucono-1,5-lactone} + H_2O_2$$

$$H_2O_2 + \text{OP} \xrightarrow{\text{POD}} \text{AH} + H_2O$$

式中，GOD 和 POD 分别代表葡萄糖氧化酶和过氧化物酶；OP 和 AH 分别代表染料及其产物。由于采用光化学法的血糖测试仪在其试条加样区直接接触光孔，从而可能导致对光孔的污染。因而光化学法的血糖仪必须经常清洁光孔，否则污染后将导致测试结果产生偏差。一般来说，光化学原理比电化学原理的血糖仪测试时需要的血样多。目前，仅有少数血糖测试仪采用光化学法。

电化学法测定葡萄糖可追溯到 20 世纪 30 年代末，当时通过测定铂金电极上过氧化氢的氧化分解而产生的电流变化，测算出溶液中因氧的消耗导致的氧分压下降值，进而测得葡萄糖的浓度。其反应过程如下：

$$\beta\text{-D-Glucose} + O_2 \xrightarrow{\text{GOD}} \text{D-Glucono-1,5-lactone} + H_2O_2$$

$$H_2O_2 \longrightarrow H^+ + O_2 + e^-$$

25 年后，美国的 Updike 和 Hicks 成功简化了葡萄糖的电化学测定方法，他们将葡萄糖氧化酶固定在某种胶体基质中，实现了酶的固定和稳定化，使葡萄糖氧化酶催化剂可以反复使用。此后他们将固定后的葡萄糖氧化酶制成膜片，同 Clark 极谱式氧电极结合，制成了世界上第一个酶电极葡萄糖传感器。传感器为典型 Clark 极谱式氧电极工作模式，由铂金工作电极和银/氯化银参比电极构成，通过测定系统中溶解氧消耗导致的电流降低而测出电流的变化。后来采用经过改良的过氧化氢电极系统，葡萄糖氧化酶膜片被固定在氧渗透膜外面，葡萄糖同氧化酶反应产生的过氧化氢透过渗透膜抵达铂金电极表面而被测定。依据上述原理设计而成的商业化葡萄糖电化学分析仪目前仍在生产和使用。

随着葡萄糖电化学分析仪的商业化，20 世纪 70 年代 Williams 等采用分子导电介质铁氰化钾代替氧分子进行氧化还原反应的电子传递，实现了血糖的电化学测定。其反应原理如下：

$$\beta\text{-D-glucose} + \text{FAD(GOX)} \longrightarrow \text{D-glucono-1,5-lactone} + \text{FADH}_2\text{(GOD)}$$

$$\text{FADH}_2\text{(GOD)} + \text{Fe(CN)}_6^{3-} \longrightarrow \text{FAD(GOX)} + \text{Fe(CN)}_6^{4-}$$

$$\text{Fe(CN)}_6^{4-} \longrightarrow \text{Fe(CN)}_6^{3-} + e^-$$

导电中介的应用是一个开创性的成果，对后来血糖测试仪的开发起到了关键性的指导作用。1987 年，美国 Medisense 公司成功推出了世界上第一台家用便携式血糖测试仪 ExacTech。该血糖测试仪采用二茂铁作为导电中介物质，通过丝网印刷碳电极，制成了外观尺寸如同 pH 试纸大小的血糖试纸，并实现了大规模的商业生产。

血糖测试仪的硬件结构如图 8-8 所示，整个仪器系统由酶电极传感部分、信号调理

(电流电压转换、放大滤波部分)、温度补偿部分、液晶显示部分、单片机、智能芯片组成。在酶电极上滴血后产生的微电流较小,只能达到微安量级,不便于测量和分析,所以将其先转换成电压信号,然后进行电压放大。由于电源和各种因素干扰信号产生的系统噪声影响测试精度,因而应设计滤波电路去除干扰信号,使测试更加精确。经过处理后的电压值传送给内置 A/D 转换的单片机中,单片机经过计算得出血糖的浓度值,再利用液晶将结果显示出来。

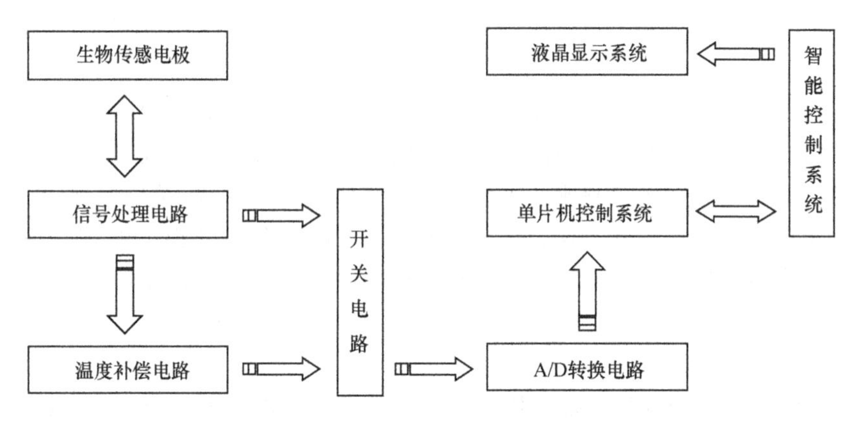

图 8-8　血糖测试仪的硬件结构与仪器系统

环境温度的变化会引起检测系统零点漂移和灵敏度的变化,从而造成测量误差。为消除环境温度的影响,系统中温度补偿电路采用微型温度传感器,其测温范围为 −55～125 ℃,测量分辨率为 0.0625 ℃,测温精度为±0.5 ℃。温度信号经过多路开关输入单片机,根据血糖测试电极的温度特性进行测试结果误差的自动修正。

为了进一步提高仪器的实用性,尽可能地方便患者,仪器中引入了人工智能原理,患者可在检测自身血糖浓度的同时得到个人病情信息和简单的处理办法、注意事项。此功能主要是通过调用固化了的带有糖尿病知识库的智能芯片中的信息来实现的。该芯片中所固化的知识库是根据世界卫生组织、国际糖尿病联盟和中国糖尿病学会批准出版的《全球糖尿病治疗指南》(以下简称《指南》)制成的,《指南》在糖尿病分析方面具有权威性。患者可在测得血糖值后,在操作界面选择“推理”功能。

血糖测试仪的测量范围一般在 1.6～33.3 mmol/L(30～600 mg/dL),与高精度生化分析仪的测量结果有显著的相关性,并且具有操作简便、测量时间短、成本低等优点,是糖尿病患者在家庭中监测控制自身血糖浓度的理想仪器。

8.2.3　血糖测试电化学试纸的产业化开发

由于潜力巨大的全球血糖试纸消耗品市场的增长,糖尿病人每天测试血糖的实际需要,商品化血糖试纸的开发设计和生产有着极大的商业价值。任何生产厂家或者技术开发商为了提高产品质量、降低生产成本,必将对每一款待开发的测试系统进行综合考虑和评估。需要评估考虑的主要内容包括:系统的准确度和精密度要求、血糖测定的速度、所使用氧化还原酶的种类和稳定化方式、采样量、进样方式、试纸的外观尺寸,导电介质、试纸基片材料和导电油墨等原材料的选择，在仪器的外观方面考虑用户友好界面的设计、使用方便性、元器件的价格成本、芯片的综合性能因数等。

现行血糖试纸的总体设计包括以下几个方面。

(1) 试纸基片的材料选择。目前血糖试纸的基片都趋向于使用PET聚酯材料，这种材料本身具有一定的折弯机械强度，容易实施机械切割，有利于规模化生产。材料的耐热温度达到120 ℃，比较适合导电油墨印刷完之后的高温固化。为了便于用户使用和操作，基片材料的厚度可控制在0.35～0.50 mm，试纸的实际尺寸一般控制在6 mm×30 mm左右。

(2) 工作电极和参比电极的材料选择。绝大多数血糖试纸的工作电极仍然使用碳墨材料，目前可考虑选择的碳墨有多种，较常用的有美国的艾奇森、厄康、杜邦以及英国的格温特。对采用不同碳墨制成的血糖试纸实施伏安扫描实验，结果发现商业化试纸无论使用上述哪种均有良好表现。参比电极传统上使用银-氯化银电极，近年来从成本上考虑也有大量改用碳材料的趋势。金属材料近年来也开始批量用于血糖试纸的制作中，这类材料包括金、钯、铂金等，通常采用电化学真空溅射方法均匀涂布在试纸基板表面。

(3) 试纸吸血槽的设计。随着对血糖试纸精度要求的不断提高，过去建立在光电比色基础上实施的滴血加样法逐步被虹吸式自动进样方式取代。由于虹吸式自动进样方式具有控制采样量大小的优点，因此虹吸式吸血槽的设计及其空间大小必须严格限定，由下列公式计算设定：

$$t=3\mu l^2/(\sigma\cos\varphi)h \tag{8-1}$$

式中，t 为样品吸入所需时间；μ 为血液黏度；l 为吸血槽长度；σ 为溶液表面张力；φ 为吸血膜湿润角度；h 为吸血槽高度。式(8-1)表明，试纸端口吸血槽吸血时间长短同吸血槽长度的平方正相关，同吸血槽的高度和吸血膜的湿润角度呈负相关，因此通过精心设计，可以实现控制和影响血糖测试系统的反应时间和测试精度。

(4) 血糖试纸上的试剂配合。血糖试纸作为一种“干试剂”试纸，对试纸上的试剂配合有严格要求。这种含生物酶的试剂可以混合在印制工作电极的碳墨中直接印刷在塑料片表面，也可以另行配制成水性油墨单独印刷在工作电极碳表面。使用喷涂设备生产试纸的，还应将试剂配成适当浓度的水性溶液涂布在工作电极上。任何一种试剂配合都少不了以下几个主要成分：氧化还原酶如葡萄糖氧化酶、葡萄糖-NAD-脱氢酶、葡萄糖-PQQ-脱氢酶或葡萄糖-FAD-脱氢酶等，各种导电介质如苯醌、铁氰化钾、二茂铁、钌化合物或锇化合物等。试剂配合中还需要黏合剂，如羟乙基纤维素、羧甲基纤维素、表面活性剂以及酶和导电剂的稳定剂等。

(5) 试纸触发器的设计和应用。在血糖测试的实际应用中，吸血槽吸血不足常导致测试数据产生误差，尤其在两电极设计和采用试纸两侧进样的系统中，往往由于血液并未灌满整个反应区而导致血糖测试失败。鉴于此，试纸进样触发器开始逐渐应用在试纸生产实践中，并取得了良好的效果，如斯坎公司最新开发的试纸便采用了类似设计，血液从顶部进入吸血槽后必须到达底部的触发器试纸才会发出测定倒计时信号给测试仪，仪器便进入倒计时测试，这种设计保证了在 3～5 s 反应时间内完成血糖值的精确测定。

8.3　基因芯片

基因芯片(gene chip)技术是生物芯片中的一种，是生命科学领域里兴起的一项高新技术，它集成了微电子制造技术、激光扫描、分子生物学、物理和化学等先进技术。生物芯片是指将成千上万的靶分子(如 DNA、RNA 或蛋白质等)经过一定的方法有序地固化在面积较小的支持物(如玻璃片、硅片、聚丙烯酰胺凝胶、尼龙膜等)上，组成密集分子排列，然后将已经标记的样品与支持物上的靶分子进行杂交，经洗脱、激光扫描后，运用计算机将所得的信号进行自动化分析。这种方法不仅节约了试剂与样品，而且节省大量的人力、物力与时间，使检测更为快速、敏感和准确，是目前生物检测中效率高、最为敏感和最具前途的技术。根据在支持物上所固定的靶分子的种类可以将生物芯片分为基因芯片、蛋白质芯片(protein chip)、组织芯片(tissue microarray)和芯片实验室(lab on chip)等。目前技术比较成熟、应用最广泛的是基因芯片技术，在基因组的表达分析、药物筛选、模式生物的基因表达及功能研究、遗传性疾病基因诊断、病原微生物的诊断等方面都有广泛的应用，是一种高效、大规模获取相关生物信息的重要手段。

8.3.1　基因芯片的定义及特点

1. 基因芯片的定义

基因芯片采用大量特定的寡核苷酸片段或基因片段作为探针，有规律地固定于与光电测量装置相结合的硅片、玻璃片、塑料片或尼龙基底等固体支持物上，形成二维阵列，与待测的标记样品的基因按碱基配对原理进行杂交，从而检测特定基因。图 8-9 即为一种基因芯片器件的构造。基因探针利用核酸双链的互补碱基之间的氢键作用形成稳定的双链结构，通过检测目的基因上的光电信号来实现样品的检测，从而使基因芯片技术成为高效地大规模获取相关生物信息的重要手段。

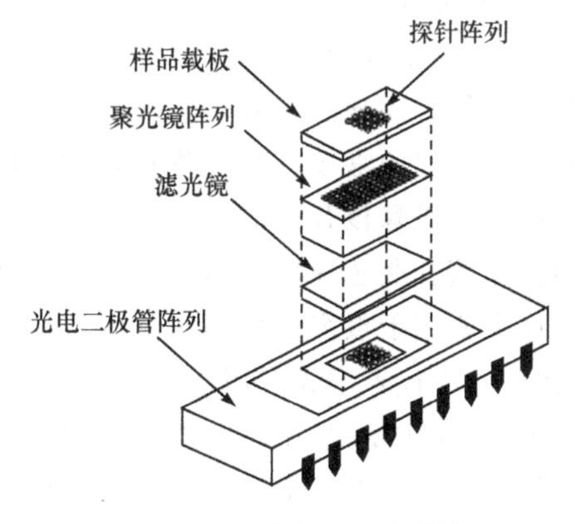

图 8-9　一种基因芯片器件

目前该技术主要应用于基因表达谱分析、新基因发现、基因突变及多态性分析、基因组文库作图、疾病诊断和预测、药物筛选、基因测序等。基因芯片是生物芯片研究中最先实现商品化的产品。从 20 世纪 80 年代初 SBH(sequencing by hybridization)概念的提出，到 90 年代初以美国为主开始进行的各种生物芯片的研制，芯片技术得以迅速发展。

2. 基因芯片检测技术的特点

(1) 高通量、多参数同步分析。目前基因芯片制作工艺可达到在 1 cm^2 的载体平面上固定数万至数十万个探针，可对样品中数目巨大的相关基因甚至整个基因组及信息进行同步检测和分析。

(2) 快速全自动分析。在一定条件下使样品中的靶基因片段同时与芯片的探针各自杂交，并采用扫描仪器测量杂交信号和分析处理数据。从根本上提高了检测工作的速度和效率，也极大降低了检测工作的强度和难度。

(3) 高精确度分析。由于芯片上的每一个点(探针)都可以精确定位和寻址，加上每一个探针都可以精确设计及制备，因此可以精确检测出不同的靶基因、同一靶基因不同的状态以及在一个碱基上的差别。

(4) 高精密度分析。商品化芯片制作上的精密及检测试剂和方法上的统一在一定程度上保证了芯片检测的精密度和重现性，使不同批次乃至不同实验室之间的检测结果可以进行有效对比及分析。

(5) 高灵敏度分析。芯片选用了不易产生扩散作用的载体，探针及样品靶基因的杂交点非常集中，加上杂交前样品靶基因的扩增和杂交后检测信号的扩增，极大地提高了检测的灵敏度，可以检测出 1 个细胞中低至 1 个拷贝的靶基因，从而使检测所需的样品量大幅度减少，一般只需要 10～20 μL 样品。

3. 基因芯片的分类

基因芯片的原理并不复杂，但其类型较为繁多，可以依据不同的分类方法进行分类，一般可分为以下几种：

(1) 按照载体上所点 DNA 种类的不同，基因芯片可分为寡核苷酸芯片和 cDNA 芯片两种。寡核苷酸芯片一般以原位合成的方法固定到载体上，具有密集程度高、可合成任意序列的寡核苷酸等优点，适用于 DNA 序列测定、突变检测、SNP 分析等。但其缺点是合成寡核苷酸的长度有限，因而特异性差，而且随着长度的增加，合成错误率增加。寡核苷酸芯片也可通过预合成点样制备，但固定率不如 cDNA 芯片高。寡核苷酸芯片主要用于点突变检测和测序，也可以用作表达谱研究。美国 Affymetrix 公司于 20 世纪 80 年代末率先开展了这方面的研究，1991 年该公司生产了世界上第一块寡核苷酸芯片。cDNA 芯片是将微量的 cDNA 片段在玻璃等载体上按矩阵密集排列并固化，其基因点样密度虽不及原位合成寡核苷酸芯片高，但比用传统载体如混合纤维素滤膜或尼龙膜的点样密度要高得多，可达到每张载玻片上 6 万个基因。cDNA 芯片最大的优点是靶基因检测特异性非常好，主要用于表达谱研究。

(2) 按照载体材料分类。载体材料可分为无机材料和有机材料两种：无机材料有玻璃、硅片、陶瓷等；有机材料有有机膜、凝胶等。膜芯片的介质主要采用的是尼龙膜，其阵列密度比较低，用到的探针量较大，检测的方法主要是用放射性同位素的方法，检测的结果是一种单色的结果。而以玻璃为基质的芯片，阵列密度高，所用的探针量少，检测方法具有多样性，所得结果是一种彩色的结果，与膜芯片相比，结果分辨率更高一些，分析的灵活性更强。

（3）按照点样方式的不同可以分为原位合成芯片、微矩阵芯片、电定位芯片三类。原位合成法有三种制备方法，一种是将光蚀刻技术运用到 DNA 合成化学中，以单核苷酸或其他生物大分子为底物，在玻璃晶片上原位合成寡核苷酸，每次循环都有特定的核苷酸结合上去，直至达到设定的寡核苷酸长度，每个寡核苷酸片段代表了一种特定的基因，存在于 DNA 芯片的特定位置上，可合成任意序列的 15～25 个碱基长度的片段。二是利用喷墨原理将单核苷酸前体喷到设定的位置。这种方法类似于喷墨打印机，修改的喷墨泵将 100 pL 的合成试剂滴在含有化学活性的氢氧基团的疏水表面，定位合成寡核苷酸，喷墨方法合成更快，较容易建立新的阵列。三是用物理方法限定前体物质的位置，用这种方法只需几步就能完成不同的、相关序列的复杂矩阵。将前体物通过正交管道就能合成选定长度的所有序列矩阵。微矩阵芯片是将 PCR 等方法得到的 cDNA、寡聚核苷酸片段等用针点或喷点的方法直接排列到玻璃片等介质上，从而制备成芯片，其优点是成本低、容易操作，而且其点样密度通常能满足需要。电定位芯片是利用静电吸引的原理将 DNA 快速定位在硅基质或导电玻璃上，其优点是在电力推动下可使杂交快速进行，但制作工艺复杂，点样密度低。

（4）按照基因芯片的用途可分为基因表达芯片和 DNA 测序芯片。基因表达芯片可以将克隆到的成千上万个基因探针或 cDNA 片段固定在一块 DNA 芯片上，对来源不同的个体、组织、细胞周期、发育阶段、分化阶段、不同的病变、不同的刺激下的细胞内 mRNA 或反转录后产生的 cDNA 进行检测，从而对这些基因表达的个体异性、病变特异性、刺激特异性进行综合分析和判断，迅速将某个或某几个基因与疾病联系起来，极快确定这些基因的功能，同时可进一步研究基因与基因间相互作用关系。DNA 测序芯片则是对大量的基因进行序列分析。

8.3.2　基因芯片的工作原理

基因芯片技术是应用已知核酸序列作为探针与互补的靶核苷酸序列杂交，通过获得杂交信号对被检测靶基因进行定性、定量分析，该技术将大量的探针集成于一张微小的片基表面，从而能在同一时间对大量基因进行平行分析，获取大量的生物信息。基因芯片技术的研究过程包括以下四个基本步骤：①DNA 探针的大量收集和纯化，基因芯片探针制备方法可以是根据基因设计特异性的 PCR 引物，对基因进行特异性地扩张，也可以是建立均一化的 cDNA 文库，通过克隆鉴定、筛选、扩增产生；②将纯化后的探针固化在片基上，首先要将片基（主要用的是玻璃片）进行特殊的化学处理，使玻璃片醛基化或氨基化，然后将纯化的探针通过显微打印或喷打在片基上，再将打印好的玻璃片进行后处理，如水合化、加热或紫外交联等；③样品的标记，标记的方法一般是采用逆转录法或随机引物延伸法等；④杂交后芯片的扫描，图像数据的采集和数据分析。从上可以看出，基因芯片技术是一个多步骤、多环节、比较复杂的技术，其中的每一个环节都直接关系到芯片的可应用性和结果分析。首先在探针获取方面，传统的方法如特异引物法所设计的引物对太多且复杂，在实际中很难应用；构建文库法是目前主要采用的方法，但需要早期投入较大的经费。同时探针的质量要有保证，即最好的碱基长度相差不能太大，比较适中才能保证芯片杂交温度的均一性，使得杂交条件易于控制。由于探针数目较大，对其要进行适当的管理。因此 DNA 芯片的研究过程主要包括基因芯片的制备、分子杂交、信号检测与结果分析，下面具体介绍每个方向的内容。

1. 基因芯片的制备

可以采用常规分子生物学技术进行探针的制备，具体有三种方法：①基因克隆与 PCR 扩增技术；②RT-PCR 扩增基因片段；③人工合成寡核苷酸片段，在传统的 DNA 合成仪上可合成少于 100 nt 的单链 DNA 片段。这种方式制备的探针可以是合成的寡核苷酸片段，也可以是从基因组中制备的、较长的基因片段或 cDNA，可以是双链、单链的 DNA 或 RNA 片段，还可用肽核酸作为探针。

由于芯片种类较多，其制备方法也不尽相同，在传统上基本可分为两大类：一类是原位合成，另一类是直接点样。原位合成适用于寡核苷酸，直接点样多用于大片段 DNA，有时也用于寡核苷酸甚至 mRNA。原位合成主要有光刻法和压电打印法两种途径。光刻法可以合成30 nt左右，打印法可以合成 40～50 nt；光刻法每步缩合率较低，一般为 95%左右，合成 30 nt 产率仅 20%；喷印法每步缩合率可达 99%以上，合成30 nt 产率可达 74%。从这个意义上来说，喷印法的特异性比光刻法高，此外喷印法不需特殊的合成试剂。与原位合成法比较，点样法较为简单，只需将预先制备好的寡核苷酸或 cDNA 等样品通过自动点样装置点样于经原位特殊处理的玻璃片或其他材料上即可。

(1) 原位光刻合成。寡聚核苷酸原位光刻合成技术是由 Affymetrix 公司开发的，它是利用固相化学、光敏保护基及光刻技术得到位置确定、高度多样性的化合物集合，由这种方法得到的芯片通常称为 Genechip™。合成的第一步是利用光照射使固体表面上的羟基脱保护，然后固体表面与光敏保护基保护、亚磷酰胺活化的碱基单体接触，一个 5′端保护的核苷酸单体连接上去，合成只在那些脱去保护基的地方发生，这个过程反复进行直至合成完毕。该法中光敏保护基用于保护碱基单位的 5′羟基；光照区域就是要合成的区域，该过程通过一系列的掩盖物(mask)来控制，在合成循环中探针数目呈指数增长。如某一含 n 个核苷酸的寡聚核苷酸，通过 $4n$ 个化学步骤能合成出 $4n$ 个可能结构，在玻璃片上进行 32 步化学反应，时间为 8 h，就可能得到所有 65536 个不同的8 nt寡核苷酸。这种方法可以使 1 cm^2 玻璃片上的探针数量达 10^6 个，每个探针在 5～10 μm 的方形区域内，探针的间距约为 20 μm。这种方法最大的优点就是在一个较小的区域可以制造大量不同的探针。已有用于检测艾滋病病毒、乳腺癌、卵巢癌(BRCAI) 等疾病的相关基因及监控药物代谢的 CY450 等多种基因芯片。但是基因芯片的这种制备方法需要预选设计、制造一系列掩盖物，造价较高；制造过程中采用光脱保护方式，掩盖物孔径较小时会发生光衍射现象，制约了探针密度的进一步提高，而且光脱保护不彻底，每步产率只有 92%～94%。因此这种方式只能合成 30 nt 左右的寡核苷酸探针，同时探针区域由于存在大量不成功的合成片段，杂交背景较高，不适于定量检测。

(2) 原位打印合成。芯片原位打印合成原理与喷墨打印类似，不过芯片喷印头和墨盒有多个，墨盒中装的是四种碱基等液体而不是碳粉。喷印头可在整个芯片上移动并根据芯片上不同位点探针序列的需要，将特定的碱基喷印在芯片上的特定位置。该技术采用的化学原理与传统的DNA固相合成一致，因此不需要特殊制备的化学试剂。合成过程为合成前以光引导原位合成类似的方式对芯片片基进行预处理，使其带有反应活性基团，如伯氨基。同时将合成用前体分子(DNA合成碱基、cDNA和其他分子)放入打印墨盒内，由计算机依据预定的程序在x、y、z方向自动控制打印喷头在芯片支持物上移动，并根据芯片不同位点探针序列需要将特定的碱基合成前体试剂(不足纳升)喷印到特定位点。喷头从微孔板上吸取探针试剂后移植到处理过的支持物上，通过热敏式或声控式或喷射器的动力把液滴喷射到支持物表面。喷印上的试剂即以固相合成原理与该处支持物发生偶联反应。由于脱保护方式为酸去保护，所以每步延伸的合成产率可以高达99%，合成的探针长度可以达到40～50 nt。以后每轮偶联反应依据同样的方式将需要连接的分子喷印到预定位点进行后续的偶联反应，类似地重复此操作可以在特定位点按照每个位点预定的序列合成出大量的寡核苷酸探针。

(3) 分子印章原位合成。分子印章技术与上述两种方法在合成原理上相同，区别仅在于该技术利用预先制作的印章将特定的合成试剂以印章印刷的方式分配到支持物的特定区域。后续反应步骤与压电打印原位合成技术相似。分子印章类似于传统的印章，其表面依照阵列合成的要求制作成凹凸不平的平面，依此将不同的核酸或多肽合成试剂按印到芯片片基特定的位点，然后进行合成反应。选择适当的合成顺序、设计凹凸位点不同的印章即可在支持物上原位合成出位置和序列预定的寡核苷酸或寡肽阵列。从这一点上讲，分子印章原位合成技术与压电打印原位合成技术更为相似。分子印章除了可用于原位合成外，还可以用点样方式制作微点阵芯片。例如，已有人将分子印章技术用于蛋白微点阵芯片的制作。以上三种原位合成技术所依据的固相合成原理相似，只是在合成前体试剂定位方面采取了不同的解决办法，并由此导致了许多细节上的差异。但是三种方法都必须解决的问题是必须确保不同聚合反应之间的精确定位，这一点对合成高密度寡核苷酸或多肽阵列尤为重要。同时由于原位合成每步合成产率的局限，较长(＞50 nt)的寡核苷酸或寡肽序列很难用这种方法合成。然而由于原位合成的短核酸探针阵列具有密度高、杂交速度快、效率高等优点，而且杂交效率受错配碱基的影响很明显，所以原位合成的DNA微点阵适合于进行突变检测、多态性分析、表达谱检测、杂交测序等需要大量探针和高的杂交严谨性的实验。

(4) 点样法。将合成好的探针、cNDA或基因组DNA，用特殊的自动化微量点样装置将其以较高密度、互不干扰地印点于经过特殊处理的硅片、玻璃片、尼龙膜、硝酸纤维素膜上，并使其与支持物牢固结合。支持物需预先经过特殊处理，如多聚赖氨酸或氨基硅烷等。也可用其他共价结合的方法将这些生物大分子牢牢地附着于支持物上。采用的自动化微量点样装置有一套计算机控制三维移动装置、多个打印/喷印针的打印/喷印头、一个减震底座(上面可放置内盛探针的多孔板和多个芯片)。根据需要还可以有温度和湿度控制装置、针洗涤装置。打印/喷印针将探针从多孔板取出，直接打印或喷印于芯片上。直接打印时针头与芯片接触，而喷印时针头与芯片保持一定距离。打印法的优点是探针密度高，通常 1 cm^2 可打印 2500 个探针；缺点是定量准确性及重现性不好，打印针易堵塞且使用寿命有限。喷印法的优点是定量准确，重现性好，使用寿命长；缺点是喷印的斑点大，因此探针密度低，通常 1 cm^2 只有 400 点。国外有多实验室和公司研究开发打印/喷印设备，目前有一些已经商品化，如美国 Biodot 公司的"喷印"仪以及 Cartesian Technologies 公司的 Pix-Sys NQ/PA 系列"打印"仪。这些自动化仪器依据所配备的"打印"或"喷印"针，将生物大分子从多孔板吸出直接"打印"或"喷印"于芯片片基上。"打印"时针头与芯片片基的表面发生接触，而"喷印"时针头与片基表面保持一定的距离。所以"打印"仪适宜制作较高密度的微阵列（如 2500 点/cm^2），"喷印"法由于"喷印"的斑点较大，所以只能形成较低密度的探针阵列，通常 400 点/cm^2。点样法制作芯片的工艺简单便于掌握、分析设备易于获取，适宜用户按照自己的需要灵活机动地设计微点阵，用于科研和实践工作。合成后点样有较为明显的优点，制备方法较直接，不需要原位合成那样较复杂的技术；点样的样品可以事先纯化；交联的方式多样；而且可以通过调节探针的浓度使不同碱基组成的探针杂交信号一致，研究者可以方便地设计、制备符合自己需要的基因芯片。但是芯片的这种制备过程中，样品浪费较为严重，对寡核苷酸的化学修饰也会增加合成成本，而且芯片制备前需要储存大量样品。

2. 一些新的制备基因芯片的技术

(1) 微电子芯片。利用微电子工业常用的光刻技术，芯片被设计构建在硅/二氧化硅等基底材料上，如图 8-10 所示，经热氧化，制成 1 mm×1 mm 的阵列，每个阵列含多个微电极，在每个电极上通过氧化硅沉积和蚀刻制备出样品池。将连接链亲和素的琼脂糖覆盖在电极上，在电场作用下生物素标记的探针即可结合在特定电极上。目前已研制出含 25 个圆形微定位位点（直径 80 μm）的 5×5 阵列及含 100 个微定位位点（直径 80 μm）的 10×10 阵列的芯片。电子芯片最大特点是杂交速度快，可大大缩短分析时间，但制备复杂、成本高。

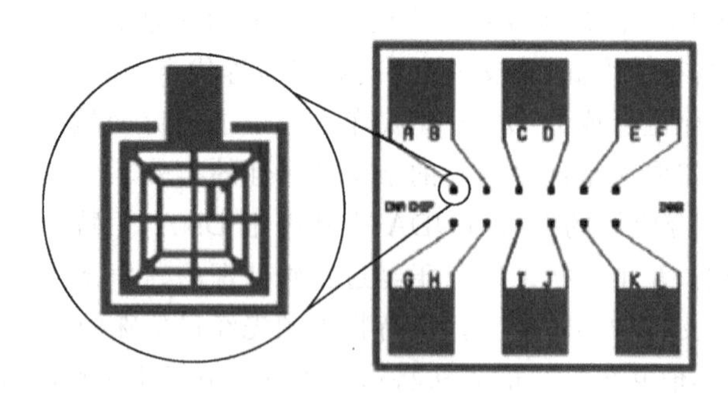

图 8-10　电子基因芯片

(2) 三维生物芯片。这种芯片技术主要是利用官能团化的聚丙酰胺凝胶块作为基质来固定寡核苷酸。通常的制备方法是将有活性基团的物质或丙烯酰胺衍生物与丙烯酰胺单体在玻璃板上聚合,机械切割出三维凝胶微块,使每块玻璃片上有 10 000 个微小聚乙烯酰胺凝胶条,每个凝胶条可用于靶 DNA、RNA 和蛋白质的分析,光刻或激光蒸发除去凝胶块之间的凝胶,再将带有活性基团(氨基、醛基等)的 DNA 点加到凝胶上进行交联,已有专门的仪器用于将 DNA 样品转移到凝胶块上。也可利用丙烯酰胺修饰的寡核苷酸与丙烯酰胺单体在硅化玻璃板或塑料微量滴定板上共聚而将寡核苷酸固定。先把已知化合物加在凝胶条上,再用 3 cm 的微型玻璃毛细管将待测样品加到凝胶条上,每个毛细管能把小到 0.2 nL 的体积打到凝胶上。三维生物芯片具有其他生物芯片不具有的优点:①凝胶条的三维化能加进更多的已知物质,固定的寡核苷酸的量较大,每种探针的量为 3～300 fmol,是二维芯片中样品量的 100 倍,被检测品 DNA 可以不带报告分子,增加了敏感性;②可以在芯片上同时进行扩增与检测,一般情况下必须在微量多孔板上先进行 PCR 扩增,再把样品加到芯片上,因此需要进行许多额外操作,该芯片所用凝胶体积很小,能使 PCR 扩增体系的体积减小 1000 倍(总体积约纳升级),从而节约了每个反应所用的 PCR 酶(约减少 100 倍);③以三维构象形式存在的蛋白和基因材料可以其天然状态在凝胶条上分析,可以进行免疫测定、受体-配体研究和蛋白组分析;④杂交反应快,还可以显著提高碱基错配识别能力。但是这种方法形成的阵列形式必须先用凝胶制备,凝胶块之间的玻璃必须是憎水表面以防止样品产生交叉污染,而且样品 DNA 分子需要较长的时间才能进入凝胶内部与探针分子发生杂交。

(3) 流过式芯片(flow-thru chip)。Gene Logic 正在开发一种在芯片片基上制成格栅状微通道,设计及合成特定的寡核苷酸探针,结合于微通道内芯片的特定区域。从待测样品中分离 DNA 或 RNA 并对其进行荧光标记,然后该样品流过芯片,固定的寡核苷酸探针捕获与之相互补的核酸,采用 Gene Logic's 信号检测系统分析结果。流通式芯片用于高通量分析已知基因的变化,其特点在于:①敏感度高,由于寡核苷酸吸附表面的增大,流过式芯片可监测稀有基因表达的变化;②速度快,微通道加速了杂交反应,减少了每次检测所需时间;③价格较低,由于采用特殊的共价化学技术将寡核苷酸吸附于微通道内,每一种流过式芯片可反复使用,从而成本降低。

(4)PNA 芯片。尽管 DNA 芯片已经得到广泛应用,但是在杂交过程中也会出现一些非特异性杂交,如当 dsDNA 作为分析物时,靶与互补链会复性;ssDNA 也会形成二级、三级结构,这些副作用导致探针分子无法接近靶核酸,严重影响探针与靶序列的杂交,导致杂交信号的减弱甚至丧失。解决这个问题的方法之一就是利用物理性质与靶核酸不同的探针,如 DNA 类似物 PNA(peptide nucleic acid,肽核酸),PNA 是一种以 *N*-(2-氨乙基)-甘氨酸取代糖磷酸主链的核酸衍生物,与 DNA 探针相比 PNA 探针具有更高的亲和力及序列特异性。Geiger 研究了 PNA 阵列进行突变检测的条件及可行性,发现 PNA 在低盐浓度下,双链靶 DNA 不需要变性即可直接进行检测,而且 PNA 具有更好的碱基错配识别能力。

3. 样品的制备

待分析基因在与芯片上的探针杂交之前，一般需要进行样品的分离纯化、扩增及标记。根据样品来源、含量及检测方法和分析目的不同，采用的基因分离、扩增及标记方法各异。常规的基因分离、扩增及标记技术完全可以采用，但操作繁琐且费时。高度集成的微型样品处理系统如细胞分离芯片及基因扩增芯片等是实现上述目的的有效手段和发展方向。首先从血液或活组织中分离出 DNA 或 mRNA，这个过程中包括细胞的分离、破裂、去蛋白、提取及纯化核酸等过程。由于目前芯片中检测仪器的灵敏度有限，因此样品中分离纯化的核酸需要进行高效的扩增。样品的标记主要采用荧光标记法，也可用生物素、放射性同位素等标记，样品的标记在其 PCR 扩增、反转录酶等过程中进行，反应中 DNA 聚合酶、反转录酶等可选择荧光标记的 dNTP 作为底物，在拷贝延伸的过程中将其掺入到新合成的 DNA 片段中，还可以在 PCR 过程中应用末端荧光标记的引物，使新形成的 DNA 链末端带上荧光。目前常用的有有机荧光材料和无机荧光材料两大类。有机荧光材料包括普通荧光标记材料、稀土络合物、荧光蛋白；无机荧光材料包括放射性元素、半导体纳米晶体、金纳米颗粒、银纳米颗粒、稀土颗粒。常用的是有机荧光材料中的酞菁类和花菁类染料，这类染料包括目前应用较多的 Cy3、Cy5、Cy7，荧光光谱位于 600～700 nm，随着苯环的并入而形成萘酞菁，其荧光谱也进一步移至 700 nm 以上。通过调控波长，使之与激光二极管的发射波长相匹配，从而获得最大的激光诱惑荧光强度，可以大大提高检测的灵敏度，同时减小设备投资与操作费用，简化操作。在微阵列分析中，多色荧光标记可以在一个分析中同时对两个或多个生物样品进行多重分析，多重分析能大大地增加基因表达和突变检测结果的准确性，排除芯片与芯片间的人为因素。

4. 分子杂交

待测样品经扩增、标记等处理后即可与 DNA 芯片上的探针阵列进行分子杂交。芯片的杂交与传统的 Southern 印迹杂交等类似，属固-液相杂交。探针分子固定在芯片表面，与位于液相的靶分子进行反应。二者的区别在于，传统的杂交过程将待测样品固定于滤膜上，与同位素标记的探针在一定杂交条件及温度下进行杂交，一般需要较长时间才能完成分子杂交过程，且每次只能检测为数不多的一个到几个探针；DNA 芯片将已知序列的 DNA 探针显微固定于支持物的表面，而将待测样品进行标记并与探针阵列进行杂交。这种方法不仅使得检测过程平行化，可以同时检测成百上千的基因序列，而且由于集成的显微化，杂交所需的探针数及待测样品量均大为减少，杂交时间明显缩短。

芯片杂交的特点是探针的量显著高于靶基因片段，一次可以对大量生物样品进行监测分析，杂交过程只要 30 min，杂交动力学呈线性关系。杂交信号的强弱与样品中靶基因的量成正相关。由于探针分子的一端结合在芯片表面，液相中的靶分子难以向该端的探针分子靠近，也就是说支持物对靶分子的杂交反应存在空间阻碍，导致两者不能迅速发生作用，互补形成双链，因此杂交时间延长。这可通过提高靶分子的浓度来克服。此外若探针密度很高,则探针分子间也存在空间位阻。在探针分子与支持物间加入适当长度的连接臂,使固化的探针分子与支持物隔开一定距离,可减少空间阻碍作用,从而使杂交效率提高。杂交条件的选择与研究目的有关,多态性分析或者基因测序时,每个核苷酸或突变位点都必须检测出来。通常设计出一套四种寡聚核苷酸,在靶序列上跨越每个位点,只在中央位点碱基有所不同,根据每套探针在某一特点位点的杂交严谨程度,即可测定出该碱基的种类。如果芯片仅用于检测基因表达,只需设计出针对基因中的特定区域的几套寡聚核苷酸即可。表达检测需要长的杂交时间,更高的严谨性,更高的样品浓度和低温度,这有利于增加检测的特异性和低拷贝基因检测的灵敏度。突变检测要鉴别出单碱基错配,需要更高的杂交严谨性和更短的时间。

杂交反应还必须考虑杂交反应体系的实验条件,如杂交液的盐浓度、杂交温度、杂交时间、探针序列的 G+C 含量、探针所带电荷情况、探针与芯片之间连接臂的长度及种类、检测基因二级结构等的影响,要根据探针的长度、类型及芯片的应用来选择并优化。有资料显示,探针和芯片之间适当的连接臂可使杂交效率提高 150 倍,连接臂上任何正或负的电荷都将减少杂交效率。由于探针和检测基因均带负电荷,因此影响它们之间的杂交结合,为此有人提出用不带电荷的 PNA 作探针。虽然 PNA 的制备比较复杂,但与 DNA 探针比较有许多特点,如不需要盐离子,因此可防止检测基因二级结构的形成。由于 PNA-DNA 结合更加稳定和特异,因此更有利于单碱基错配基因的检测。

5. 检测分析

待测样品与芯片上的探针阵列杂交后,荧光标记的样品结合在芯片的特定位置上,未杂交分子被除去,然后在激光的激发下含荧光标记的 DNA 片段发射荧光。样品与探针严格配对的杂交分子的热力学稳定性较高,所产生的荧光强度最强;不完全杂交(含单个或两个错配碱基)的双链分子的热力学稳定性低,荧光信号弱,不到前者的 1/35～1/5;不能杂交则检测不到荧光信号或只检测到芯片上原有的荧光信号,而且荧光强度与样品中靶分子的含量存在一定的线性关系。用计算机控制的高分辨荧光扫描仪可获得结合于芯片上目的基因的荧光信号,通过计算机处理即可给出目的基因的结构或表达信息。扫描一张 10 cm^2 的芯片需要 2～6 min。目前已有四五家生产扫描仪的公司,根据原理不同可分为两类:一是激光共聚焦显微镜的原理;另一种是 CCD 摄像原理(图 8-11)。前者的特点是灵敏度和分辨率较高,扫描时间长,比较适合研究用;后者的特点是扫描时间短,灵敏度和分辨率较低,比较适合临床诊断用。

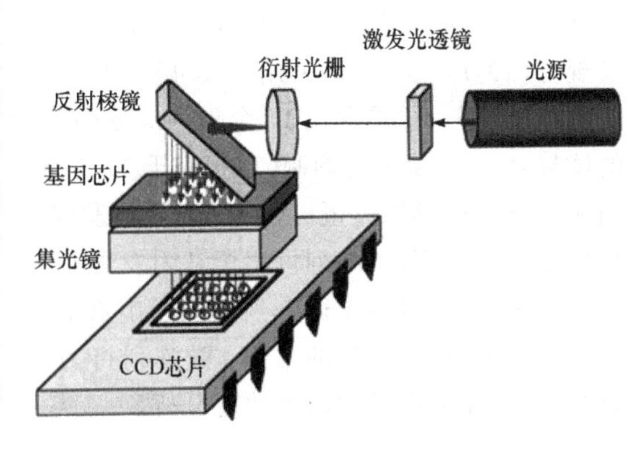

图 8-11　CCD 摄像检测装置

8.3.3　基因芯片的应用

1. 基因表达检测

基因表达谱可以直观地反映出基因组中各基因间的相互关系，以及在不同状态和条件下基因的转录调控水平，从而可以通过基因组转录效率来获得共同表达的基因及其调控信息，为探索基因调控的机理提供了一条有效的途径。人类基因组编码大约有100 000个不同的基因，要理解其基因功能，仅掌握基因序列信息资料是远远不够的，因此具有监测大量mRNA的实验工具很重要。基因芯片技术可清楚、直接、快速地检测出以1∶300 000水平出现的mRNA，且易于同时平行检测数以千计基因的转录水平。Lockhart对芯片技术定量检测基因表达及其敏感性、特异性进行了研究。结果显示10种细胞因子mRNA与来源于B细胞cDNA文库的标记RNA混合，标记RNA的水平在1∶300～1∶300 000，40 ℃平行杂交15～16 h，可重复性地检测出该10种细胞因子RNA，且杂交强度与1∶300 000～1∶3000的RNA靶浓度呈线性关系，在1∶3000～1∶300信号则呈现4或5倍增强。另一实验中，小鼠B细胞制备的cDNA文库中，已知白介素10(IL-10)的水平在1∶60 000～1∶30 000，将1∶300 000水平的IL-10混合到样品中，仍能正确地检测出加入的IL-10 RNA量，这提示芯片技术能敏感地反映基因表达中微小变化。Floresmm等用互补DNA芯片对患有严重脑垂体缺乏的动物进行分析，结果发现该病导致多种功能细胞基因表达异常，患病动物长期服用人生长激素(GH)后，基因表达有明显改善。

2. 寻找新基因

基因表达水平的定量检测在阐述基因功能、探索疾病原因及机理、发现可能的诊断及治疗靶等方面是很有价值的。例如，Heller等在炎症性类风湿性关节炎（RA)和炎症性肠病(IBO)的基因表达研究中，以RA或IBO组织制备探针，用Cy3和Cy5荧光素标记，然后与靶cDNA微阵列杂交，在检测出炎症诱导的TNF-α、IL-10或粒细胞集落刺激因子基因的同时，又发现一些以前未发现的基因，如HME和黑色素瘤生长刺激因子基因。Schena等报道了cDNA微阵列在人类基因表达监测、生物学功能研究和基因发现方面的应用。他们采用含1046个已知序列的cDNA微阵列，对T细胞热休克反应进行了检测，结果发现17个阵列成分的荧光比例明显改变，其中11个受热休克处理的诱导，6个呈现中度抑制，对相应于17个阵列成分的cDNA测序发现5个表达最高的成分是5种热休克蛋白，17个克隆中发现3个新序列。上述实验提示在缺乏任何序列信息的条件下，微阵列可用于基因发现和基因表达检测。目前大量人类表达序列标记物(ESTs)给cDNA微阵列提供了丰富的资源，数据库中400 000个ESTs代表了所有人类基因，成千上万的ESTs微阵列将为人类基因表达研究提供强有力的分析工具，将大大加速人类基因组的功能分析。

3. DNA 测序

人类基因组计划的实施促进了更高效率、能够自动化操作的测序方法的发展。芯片技术中杂交测序(SBH)技术和邻堆杂交(CSH)技术都是新的高效快速测序方法。与经典的 Sanger 测序相比,芯片测序的一致性达到 98%。Mark Chee 等对全长16.6 kb的人体粒体基因组进行重测序,准确率高达 99%;Wallraff G 等用含 65 536 个 8 聚寡核苷酸的微阵列,采用 SBH 技术,可测定长 200 bp 的 DNA 序列。如用67 108 864个 13 聚寡核苷酸的微阵列,可对数千个碱基长的 DNA 测序。SBH 技术的效率随着微阵列中寡核苷酸数量与长度的增加而提高,但微阵列中寡核苷酸数量与长度的增加则提高了微阵列的复杂性,降低了杂交准确性。CSH 技术弥补了 SBH 技术存在的弊端,CSH 技术的应用增加了微阵列中寡核苷酸的有效长度,加强了序列准确性,可进行较长的 DNA 测序。计算机模拟论证了 8 聚寡核苷酸微阵列与 5 聚寡核苷酸邻堆杂交,相当于 13 聚寡核苷酸微阵列的作用,可测定数千个核苷酸长的 DNA 序列。Dubiley 等将合成的 10 聚寡核苷酸固定于排列在载玻片表面制成寡核苷酸微阵列,先用分离微阵列进行单链 DNA 分离,再用测序微阵列分析序列,后者联合采用了 10 聚寡核苷酸微阵列的酶促磷酸化、DNA 杂交及与邻堆的 5 聚寡核苷酸连接等技术。该方法可用于含重复序列及较长序列的 DNA 序列测定及不同基因组同源区域的序列比较。

4. 突变体和多态性的检测

基因芯片技术还可规模地检测和分析 DNA 的变异及多态性。Guo 等利用结合在玻璃支持物上的等位基因特异性寡核苷酸(ASOs)微阵列建立了简单快速的基因多态性分析方法。将 ASOs 共价固定于玻璃载片上,采用 PCR 扩增基因组 DNA,其一条引物用荧光素标记,另一条引物用生物素标记,分离两条互补的 DNA 链,将荧光素标记 DNA 链与微阵列杂交,通过荧光扫描检测杂交模式,即可测定 PCR 产物存在多态性。采用该方法对人的酪氨酸酶基因第 4 个外显子内含有的 5 个单碱基突变进行分析,结果显示单碱基错配与完全匹配的杂交模式非常易于区别。这种方法可快速、定量地获得基因信息。α-地中海贫血中变异的检测也论证了该方法的有效性和可信性。Lipshutz 等采用含 18 495 个寡核苷酸探针的微阵列,对 HIV-I 基因组反转录酶基因 (rt) 及蛋白酶基因(pro)的高度多态性进行了筛选,发现微阵列中内部探针与靶序列的错配具有明显的不稳定性,据此可快速区别核酸靶的差异。高密度探针阵列可检测具有特征性的较长序列相关的多态性与变异,一般测定 1000 个核苷酸序列的变异与多态性需要 4000 个探针。随着遗传病与癌症相关基因发现数量的增加,变异与多态性分析将越来越重要。Hacia 等用含 96 600 个 20 聚寡核苷酸高密度阵列对遗传乳腺和卵巢癌 BRCAI 基因 3.45kb 的第 11 个外显子进行杂合变异筛选,在 15 个患者的已知变异的样品中,准确诊断出 14 个患者,20 个对照样品中未发现假阳性,结果表明 DNA 芯片技术可快速、准确地研究大量患者样品中特定基因所有可能的杂合变异。单核苷酸多态性基因分型一致是疾病基因研究的一个瓶颈,Hirschhorm 等采用单端扩增标记芯片

(SBE TAGS)对 100 多个单核苷酸多态性(SNPs)进行了分型,结果获得 5000 多个基因型,且准确率达 99%。

5. 传染性病原体的检测

该技术的制作方法是针对传染性病原体的特异基因,将其特异基因片段或者寡核苷酸(探针)固定于芯片上,利用核酸分子之间碱基互补配对原理,使其与待检测的样品核酸分子杂交。通过检测每个探针分子杂交信号,获取样品核酸分子的数量和序列信息,从而对一份生物样品进行诊断,也可同时检测多种病原体是否存在。如上海某公司研制的肝炎双检芯片就具有同时检测乙型肝炎和丙型肝炎的作用。基因芯片技术所具有高灵敏度和高特异性、低假阳性率和假阴性率,以及操作简便,自动化程度高,结果客观性强,是传染性病原体诊断的一个发展方向。

6. 遗传病的诊断

遗传病主要有三大类:单基因遗传病,约有 3360 多种,如血友病、先天聋哑、苯丙酮尿症、家族性多发性结肠息肉症等,人群中受累人数约为 10%;多基因遗传病,病种虽不多,但发病率高,多为常见病和多发病,如原发性高血压、糖尿病、冠心病等,人群中受累人数约为 20%;染色体病,近 500 种,人群中受累人数约为 1%。以上各类遗传病发病率加起来约为 30%,而且有逐年增加的趋势。以往在临床上人们因为无法鉴定基因的分子缺陷,对遗传病的诊断主要是通过对病史、症状和体征进行分析,并通过家系分析以及实验室检查等手段来完成的。这些方法都是对疾病的结果进行分析,再由结果追溯原因。近 20 年来,随着分子生物学技术的发展,人们可以直接从遗传病因即导致疾病的基因入手来进行遗传病的诊断。利用基因芯片技术,通过分析和检测患者某一特定基因,既可诊断遗传病患者,也可诊断有遗传病风险的胎儿(产前诊断),甚至是着床前的胚胎(着床前诊断)。

7. 药物筛选

特殊设计的基因芯片还可用于药物筛选。药物筛选一般包括新化合物的筛选和药理机理的分析研究。在传统的新药研发过程中,不得不对大量的候选化合物进行一一的药理学和动物学试验,耗时费力,这是造成新药研发成本居高不下的主要原因。因此在国际上成功开发一种新药通常需要数年甚至 10 多年的时间,并且花费数亿美金的研制费用。随着人类基因组学的发展和基因组信息的解密,各种疾病相关基因和药靶基因的确定,直接在基因水平上筛选新药和进行药理分析成为可能。基因芯片技术适合于复杂的疾病相关基因和药靶基因的分析,在一个高密度芯片上可以点上几百、几千、乃至上万个基因(或基因片段)作为探针。药物作用前后,这些基因表达的 mRNA 及水平都会有所改变,分别获得作用前后不同的 mRNA,标记后作为靶序列与芯片上的探针杂交,然后通过分析杂交结果可以得到 mRNA 的表达情况。确认哪些基因在中药的作用后表达了,哪些表达停止了,以及哪些表达升高,哪些表达下降,使得人们在分子水平上了解药物作用的靶点、作用方式以及代谢途径。利用基因芯片技术就能实现一种药物对成千上万基因的表达进行分析，获取大量有用的信息，从而大大减少新药研发过程中的筛选实验，并且节省巨额的研发费用。正因为如此，国际上许多制药跨国公司都普遍采用基因芯片来筛选新药。基因芯片技术不但是化学药筛选中的一个重要技术平台，事实上也可以应用于中药的筛选，这对于我国的传统中药的现代化并与现代医学理论接轨具有特别重要的意义。

8. 在基因水平上寻找药物靶标

利用基因芯片可比较正常组织（细胞）及病变组织（细胞）中大量相关基因表达的变化，从而将所发现的一组疾病相关基因作为药物筛选靶标。表达明显发生变化的基因常与发病过程及药物作用途径密切相关，很可能是药物作用的靶点或继发实践，可作为药物进一步筛选的靶点或验证已有的靶点。基因芯片可以从疾病及药物两个角度对生物体的多个参量同时进行研究，以发现和筛选靶标（及疾病相关分子），并同时获取大量其他相关信息。

9. 在环境科学和食品卫生领域中的应用

可以用基因芯片对环境污染物，如有机化学污染物、无机污染物、微生物及毒素等进行检测、监测与评价，研究环境污染物对人体健康的影响，环境污染物的致癌机理，环境污染物对人体敏感基因的作用等。此外，基因芯片技术还可以在环境污染物的分布与转归研究，环境污染物治理效果评价，环境修复微生物的筛选与改造等领域发挥作用。将基因芯片用于水质检测，可一次性识别水中所有的微生物。水体中的污染物的检测原理如下：在污染物的影响下，敏感生物个体细胞的基因表达会发生相当程度的变化，分析基因组 DNA 中的变化序列，然后筛选出 DNA 突变和多态性变化，寻找与正常表达的差异，单独地或混合地确定有毒物质对敏感生物基因水平上的影响及影响的程度。利用生物芯片检测出敏感生物的基因改变，从而可以反推出水体中存在的污染物。在环境监测和防治上，基因芯片可被用以快速、灵敏、高效监测污染微生物或有机化合物对环境、人体、动植物的污染和危害，同时可大规模筛选集体保护基因，制备能够防止危害或治理污染源的基因工程产品。基因芯片在食品卫生方面也具有较好的应用前景，如食品营养成分的分析，食品中有毒、有害化学物质的分析，检测食品中污染的致病微生物，检测食品中生物毒素（细菌毒素、真菌毒素）等。

8.3.4　基因芯片的发展及问题

基因芯片技术亟待解决的关键问题有以下几个：

（1）生产工艺复杂、难度大。如微流控芯片，它需要尖端的微加工、计算机及化学等技术，现阶段一般生物专业实验室根本没有能力研发这些芯片。

（2）所需设备及耗材价格昂贵。一直以来生物芯片生产所需的设备如点样仪、扫描仪等的价格居高不下，一些普通研究机构没有能力购置这些设备。另外，维持芯片研究所需要的耗材大部分需要从国外进口,这也加大了芯片研究的费用。

(3) 芯片相关的图像扫描及数据分析软件缺乏。生物芯片是一个多学科交叉技术,图像扫描及数据分析处理尤其是图像数据分析的相关软件较少。

(4) 实际应用芯片时方法繁琐、重复性差。目前虽然有一些芯片产品投放市场,但是在实际应用中所需的设备复杂(设备不统一)、方法繁琐(操作易出现人为误差),实验结果的重复性不是很理想。

(5) 基因表达终极产物是产生相应的蛋白质和酶,才能实现其各项生理功能,但基因与蛋白质功能并非完全平行,因此基因芯片技术还需要与其他检测蛋白质和酶的实验方法相结合才能发挥最佳的作用。

(6) 核酸杂交反应的特异性与检测灵敏度不够理想。由于固定于载体上的DNA存在相同或类似的序列,可能会发生交叉杂交,结果有假阳性和假阴性的可能。

(7) 对靶RNA的纯度和量的要求很高,检测结果受到载体材质、操作和制作方法的影响,制作方法复杂、样品处理繁琐、标记过程耗时。

(8) 对于基因和功能之间的关系还难以了解。基因芯片上的基因是已知,但很多基因的功能目前尚未研究清楚,有时尽管知道某基因的表达发生了变化,但无法知道这种变化的生理和病理学意义。

第9章　化学与生物传感器的未来

化学与生物传感器的问世是化学学科发展中的一次革命，它的不断发展将更多的学科联系在一起，并使其溶入了信息技术领域。随着新理论、新材料和新技术的进步，化学与生物传感器的研究和开发是一项不可能完结的工作，它必将有一个光辉灿烂的未来。

9.1　化学与生物传感器的发展方向

微型化、集成化和智能化是化学与生物传感器的发展方向，也是应用化学与生物传感器于原位、在体、实时、在线检测的必由之路。微型化就要推动微系统（微电子微机械技术）在化学与生物传感器领域中的应用。微系统就是通常所说的MEMS(micro electromechanical system)，它是指将化学与生物传感器及其处理、控制和后续电路等都集成于芯片上。由于得到集成电路工业的支持，20世纪90年代后硅表面的微机械加工技术得到迅猛的发展，微型流量控制器、微型泵、微型阀门、微型毛细管等相继出现，特别是以硅表面加工和体加工为主的硅精细加工，利用X射线的光刻、光铸工艺，精密机械加工，微装配和封装，微系统控制和集成技术的成熟，使以硅为基础材料的结构制作在工艺上能与IC工艺兼容，能大批量生产，降低成本，为化学与生物传感器实现微型化提供有力的支持。

集成化的优点是众所周知的，是微型化的必由之路，目前国际上兴起研究热潮的生物芯片就是集成化的典范。集成化不仅仅是一个使化学与生物传感器实现微小实用的技术手段，而是能把混合、化学反应、分离等宏观上不连续的物理化学过程集中在一块芯片上完成，使之成为芯片实验室，大大提高化学与生物传感器测试系统性能的技术。

智能化可以分为三个阶段。有人认为敏感元件集成了信号处理电路就可称为智能传感器。按照这种定义，绝大部分的化学传感器都可称为智能型，但实际上这些传感器的智能化程度很低，通常被称为集成传感器，这是第一阶段。第二阶段的传感器集成了信号预处理部分。所谓智能传感器就是部分或全部集成主要的处理单元，这是第三阶段。说到智能传感器就不能不提到智能材料，智能材料是化学传感器的一个重要发展方向。智能材料是一种能从自身的表层或内部获取关于环境条件及其变化的信息，并进行判断、处理和作出反应，以改变自身的结构与功能并使之很好地与外界相协调的具有自适应性的材料系统。或者说，智能材料是指在材料系统或结构中可将传感、控制和驱动三种职能集于一身，通过自身对信息的感知、采集、转换、传输和处理，能发出指令，执行和完成相应的动作，并有自检、自较、自修复等智能功能和生物特征的材料系统。所以说智能材料具有敏感和驱动功能的机敏材料与控制材料（系统）的有机合成，它不是一个单一的材料，而是一个由多种材料组元通过有机地紧密复合而构成的材料系统。

就本质而言,智能材料就是一种智能机构,它由传感器、执行器和控制器三部分组成。智能材料是材料科学向前发展的必然结果,是信息技术溶入材料科学的自然产物。目前已开发的许多功能高分子材料、自组装多分子膜、功能凝胶等已具备了智能材料的初步特征,相信在不远的将来,就会开发出用于化学与生物传感器的智能材料,给化学与生物传感器的研发带来一次革命。

9.2 新型化学与生物传感器的开发与应用

(1) 仿生传感器的研究引人注目。模拟人类和动物的器官功能,对各种物质及所处的环境进行有效识别,一直是人工智能研究的一个重要领域,也是化学与生物传感器的一项重要课题。近年来,以仿生学、传感学和计算机科学原理制成的仿生传感器的出现是化学与生物传感器在20世纪90年代的重大进展。日本和意大利科学家们利用电化学原理研究的能对酸、甜、苦、辣、咸等五种滋味和酒的品味进行检测的味觉传感器,能测量食品鲜度的鲜度传感器——电子舌,能探测空气中有毒气体、爆炸性气体的电子鼻等颇为引人注目。虽然目前开发的人工器官还不能完全取代感官在实际生产和生活中的作用,但已走出了重要的一步。可以说,仿生传感器将在21世纪得到更大的发展和更多的应用。它的进一步研究必将大大促进人工智能学、自动化学和机器人学的飞跃发展。

(2) 微型阵列传感器的研究受到重视。随着固态技术和微电子技术的进步,高精度、低工耗、低驱动、小尺寸和快速响应的微型阵列传感器是当前高性能化学传感器发展的新趋势。表面声波微型传感器和石英晶体微天平是重要的研究方向。改性的表面声波器件可以检测空气中各种痕量的易挥发有机气体和毒素;石英晶体微天平能检测液体中低含量的有害气体、有毒物质、有机溶质、污染物和重金属离子;表面声波传感器阵列能判定混合物的组分和浓度。它们在化学工业、食品工业、环境工程和生物医学上都将有重要的用途。由成千根直径为4 μm的光纤束制成的光纤阵列传感器,既可观察单组试样表面的化学量变化,还可用来分析多组元物质。如将其与外荧光显微镜和电荷耦合器相连,能显示出所储存的各种可视信息。若进一步利用人工神经网络和模糊逻辑技术,就能识别出100万种以上的化合物,超过生物嗅觉的能力。

(3) 适配体传感器是将生物识别元件(适配体)和信号转换元件紧密结合,从而检测目标物的分析装置。适配体传感器的识别元件即适配体可以通过多种方法筛选得到。信号转换元件可以有许多种,包括电化学电极、热敏元件、半导体、光纤、表面等离子体、石英晶体微天平、表面声波等,其检测的基本原理是固定在固定载体上的适配体与目标物特异结合所产生的识别信号通过信号转换器转化为可以定量处理的电、光等信号,并经仪表放大和输出,同时建立信号变化与目标物浓度的线性测量关系,从而达到分析检测的目的。例如,核酸适配体(aptamer)是一种在核酸分子中利用体外筛选技术——指数富集的配体系统进化技术(SELEX)得到的,功能类似于单克隆抗体的能与靶物质高特异性、高亲和力结合的寡核苷酸片段。核酸适配体靶物质范围广,包括酶、生长因子、抗体、基因调节因子、细胞黏附分子、植物凝集素、完整的病毒颗粒、病原菌等生物大分子，也包括金属离子、有机染料、氨基酸、抗生素等小分子物质。因其具有易人工合成与修饰、纯度高、稳定性好、对温度不敏感、易保存并可以反复变性复性等特性，在疾病诊断治疗、成像、基因调控、蛋白质组研究、新药研发等方面具有广阔的应用前景。核酸适配体因其相对分子质量比抗体小、靶物质比抗体广泛、无免疫原性、不依赖动物或细胞的出现对抗体产生了极大的挑战，在疾病诊断方面几乎可以代替抗体。

(4) 基于液晶取向改变的传感技术是一项新兴的生物化学检测技术，液晶态是物质处于液态与固态之间的一种状态，它具有液态的流动性和连续性，也具有晶体的各向异性，同时保留了晶体的某些有序排列及液晶分子的取向有序性。液晶取向改变的传感技术是利用传感器检测目标化合物前后，液晶分子在敏感膜表面的取向发生变化，改变液晶折射光线的能力，导致传感器的颜色和光亮度发生变化，从而实现对生物分子、有害化学物质的检测。该传感器的构建中，首先需要设计一个界面，界面处有特定的组装膜或者一定结构的沟槽(或者是二者的结合)，能够与液晶分子间形成某些化学或物理作用，该作用能够诱导液晶呈一定的取向。当待测物存在时，待测物与组装膜上的特定物质结合，使得沟槽被填埋，沟槽的消失使得液晶取向发生变化，由于液晶本身所特有的物理化学性质，界面上有固定取向的液晶分子会诱导相邻液晶分子采取相同的取向，这样就形成一个整齐排列取向的液晶膜(厚度 1～100 μm)。由于液晶分子具有取向有序性，光速通过液晶层时会产生双折射现象，有序性的变化会引起光学信号的改变，这一特性使得液晶成为一种新型的化学、生物传感器，并且由于液晶具有特殊的光学放大效应，因此液晶传感器具有很高的检测灵敏度而不需要进行任何标记，可发展为一类需要低检测下限以及不需要复杂的信号获取装置的检测技术。Abbott 研究小组首次提出了在固体表面形成敏感组装膜对气体小分子实现检测的基本原理：首先将敏感分子(也可称为受体)固定在表面(固体表面或液晶-水界面)，这种敏感分子能够与液晶分子作用并使液晶分子形成取向有序结构(水平或垂直与固体表面)；当待测物存在时，待测物取代液晶分子与敏感分子形成更为稳定的作用，这些作用包括氢键、酸-碱相互作用、金属-配体相互作用、疏水缔合作用等；由于检测物与敏感分子的结合释放了液晶分子，液晶分子取向发生变化，改变液晶折射光线的能力，导致传感器的颜色和光亮度发生变化，颜色变化指示目标分子的存在，光亮度变化指示目标分子的浓度，以此检测化学物质或生物分子。这种基于液晶取向变化的传感器的研究是具有极高的科研价值及现实意义，不仅可以实现对有毒气体分子的化学检测，更是研究生物分子相互作用力的有力工具，其具有无需标记、高速化、专一性、高灵敏度以及可大量平行筛选等优点，有望将其开发成一种全新的、用日光等自然光作光源、目视检测、无需电源、可进行高灵敏度、高分辨率、现场快速检测的微型传感器。随着科学技术之间的相互渗透，酶联免疫法、SPR、荧光分析等方法与液晶生物传感技术相组合，可以发展更灵敏的传感器，且可望实现液晶传感器的微型化和自动化。使用便携式液晶传感器进行疾病诊断可使病人无需在医院中漫长等待，在家即可自我检测。如同对集成电路工业的推动一样，液晶将给基因组学的发展带来又一次风暴。

(5) 计算机分析模拟的主要原理和方法也可以应用于生物传感器开发相关的内容研究和结果分析，进而提出应用计算机技术改进提高生物传感器的设计。分子模拟依赖于量子力学、分子力学、在分子或原子水平上的研究。它利用计算机来构造、实现、分析和存储复杂的分子模型，计算微观粒子之间的相互作用，提供直观的分子立体图像，观察分子间的相互作用。其中力场是对体系中分子能量的数学描述，是动力学模拟、蒙特卡洛模拟等方法的实现基础。不同的力场适宜于不同的分子和化学体系，通过使用不同的模拟计算方法即可获得各种相应的结果。例如，蛋白-蛋白相互作用以及蛋白-配体相互作用在许多生物过程中都是关键的步骤，对于研究生物体以及与其相关的应用都十分重要，计算机技术在揭示这些相互作用的方式和原理方面发挥了重要的作用。生物传感器的主要特点是应用了生物分子之间反应的特异性，因此需要了解生物反应的原理和特性。相对于生物学领域中对酶的深入研究，对于抗体的研究仍显不足，基于抗原-抗体特异性反应的免疫传感器与酶生物传感器相比，虽然在设计应用上比酶传感器更加广泛，但开发难度相对比较大。抗体的种类不多，不同抗体对于抗原的特异性识别部位也不同，因而增加了免疫生物传感器设计制作的难度。采用分子模拟技术能够模拟不同抗体-抗原之间的相互作用，揭示其结合原理和方式，为有针对性地设计特异性的免疫生物传感器提供理论指导，从而提高其检测的灵敏度和可靠性。免疫传感器除了应用蛋白质类抗原外，还会比较多地用到半抗原和其他小分子物质与抗体的特异性结合。半抗原和大分子抗原有一些本质上的区别：①半抗原在连接过程中的变形量不大；②与大分子抗原相比，半抗原的相互作用点及作用点的分布都有位置上的局限性，这些局限性又是能够深刻地表现抗原抗体反应的性质。因此仅仅用对最简单的体系研究得到的知识来讨论更为复杂体系的性质是不能满足需要的，这更需要采用分子模拟技术进行针对性的研究，应用分子模拟技术有利于生物传感器的优化设计和性能提高，对于生物传感器的自动化、集成化设计也具有一定的推动作用。分子模拟技术在优化和提高生物传感器性能方面有助于开发逐渐实现市场化的高效生物传感器。

(6) 近年来纳米生物传感器得到了迅速的发展，但未来的新一代纳米生物传感器也面临着诸多方面的挑战，如灵敏度、特异性、生物相容性、集成多种技术、检测方法、制备工艺、批量化生产、成本效益等。纳米生物传感器阵列或多种纳米生物传感器的集成，是生物传感器的一个重要发展趋势。分子自组装加工工艺简单可控，可以实现快速复制，而且成本较低，对生物传感器的发展有很重要的促进作用，有利于高灵敏度、低成本、一次性纳米生物传感器的发展。而生物分子自组装技术更值得关注，具有天然的生物兼容性、优异的结合性能是生物传感器发展的一个新领域。纳米生物传感器未来可以满足各种医疗诊断、药物发现、病原体检测、食品检测、环境检测、生物反恐和国家安全防御方面的需要，未来完全有可能替代当前的一些分析方法。人工纳米生物传感器是一种进行核酸和蛋白质快速检测的人工纳米生物机器。它是由多个维度和材质的无机纳米结构与多种生物分子组装而成，实现识别捕获、信号转导和级联放大等功能的集成，从而可以在单体系中一步实现生物检测的主要步骤。传统的纳米生物传感器往往仅是一种纳米材料与一种生物分子(识别元件)的复合，因而难以实现功能的集成，即靶物质的识别捕获、信号传导和级联放大通常是在时空上分离的三个步骤，这样不仅延长检测时间、增加检测成本，而且往往带来严重的系统误差。在此可以采用通过制备不同材料的零维纳米粒子与一维纳米线、纳米管的复合结构，利用纳米结构表面的不同形状和材料特性，控制多种生物分子在纳米结构表面不同区域的精确组装，装配成一个结构多个功能区域的“机器”，其识别捕获区域在组装生物识别元件后可以特异性地捕获靶核酸或靶蛋白分子，并通过磁性分离去除背景杂质；信号转导区域可以通过纳米线、纳米管的光电效应，将生物识别过程转变成光或电信号，并有可能实现多种酶反应从而实现信号倍增，提高检测灵敏度。值得指出的是，多个功能区域的集成也使整个生物检测过程局限在纳米尺度的空间中，这种分子拥挤环境正是生物体内的“生物分子机器”具有高效率的主要因素之一。

(7) 无线磁传感技术的研究基于磁致伸缩原理设计，在外加交变磁场中磁性膜片受磁场激发产生磁矩，将磁能转为机械能，并产生沿长度方向伸缩振动，即磁致伸缩。当交变磁场频率与磁性膜片机械振动频率相等时，磁片产生共振，具有最大振幅，此时振动频率为磁性膜片共振频率。当磁性膜片传感器表面负载质量发生变化时，其共振频率也会随之改变。由于磁性膜片本身是磁性的，其伸缩振动产生磁通，产生的磁通可由检测线圈检测，信号经放大后由外部仪器测定。磁弹性传感器中信号的激发与传送是通过磁场进行的，传感器与检测仪器之间没有任何物质连接，属于无线无源传感器。磁弹性传感器的无线无源特征使其在活体分析、在体分析、密闭容器中的无损检测等领域具有广泛的应用前景，如 pH 传感器、免疫传感器。

(8) 多孔硅与多孔硅微腔晶体作为新功能材料，其独特的光学性质、微电子相容性、滤过性、纳米微孔生长可控性及大的比表面积为生物信号传感提供了一个较为理想的平台，已制备成多种生物传感器，应用于血液、细菌、病毒、DNA 等的快速检测中。根据多孔硅与多孔硅微腔晶体的结构和性能，在传感器的应用主要基于以下几点：①材料为孔状结构，具有大的比表面积；②材料是一种敏感的光学半导体结构，对渗入的生物试剂非常敏感，微量的变化即会导致其光致发光、发射系数或电导率的变化；③材料是一种多孔渗透结构，有天然过滤作用，能直接滤除体积较大的细胞或者分子，从而可以降低干扰情况下检测成分比较复杂的样品，这对制备高灵敏度传感器非常重要。

(9) 微悬臂梁传感器以其体积小、成本低、灵敏度高等优点在生物化学领域到了广泛的研究和初步应用。将待测物与微悬臂梁通过某种方式固定在一起，会引起微悬臂梁弯曲或谐振频率的变化，因此可以利用微悬臂梁的这些特点制作基于微悬臂梁的物理、化学和生物传感器。它们结合不同的读出方法，可以测量到精度很高的微悬臂梁弯曲变化或谐振频率的变化，因此，微悬臂梁有两种不同的工作模式：静态工作模式和谐振工作模式。微悬臂梁传感技术的一个关键和难点是生化敏感材料与梁的固定。这种固定既要考虑检测的可靠性与灵敏度，不能使生物分子失活；还要考虑解吸附与梁的重复利用问题。固定方法有吸附法、包埋法、交联法、共价键合法等。微悬臂梁传感器的一个重要发展方向是将其与分析化学、计算机、电子学、材料科学与生物学、医学等交叉，可以组建芯片实验室，实现化学分析检测，有可能引发化学分析领域的一场革命。

(10)化学战剂虽然已被国际公约所禁止，但至今仍有大量的化学战剂尚未销毁，而且恐怖分子使用化学战剂袭击随时可能发生。化学战剂袭击不仅造成人员与动物大量死亡，形成大面积的染毒区和毒剂云团传播地带，使得毒剂的损伤范围远远超出释放点，染毒空气能渗入要塞、堑壕、坑道、建筑物甚至装甲车辆、飞机和舰舱内，从而发挥其杀伤作用，还会使空气、水源、设施等受到长期污染。化学战剂威胁范围广泛，根据化学战剂的性质、作用原理及战术目的，可进行不同的分类：如按战术用途分类可分致死性毒剂、致伤性毒剂、失能性毒剂、扰乱性毒剂和牵制性毒剂；按作用快慢可分速效性毒剂和非速效性毒剂。致死毒剂包括神经性毒剂，如塔崩、沙林、梭曼和维埃克斯；糜烂性毒剂如芥子气和氮芥气以及含砷的路易斯气。现代战争往往是在核武器、化学武器、生物武器威胁下进行的。侦检、鉴定和检测是整个“三防”医学中的重要环节，是进行有效化学战和生物战防护的前提。由于具有高度特异性、灵敏性和能快速地探测化学战剂和生物战剂(包括病毒、细菌和毒素等)的特性，生物传感器将是最重要的一类化学战剂和生物战剂侦检器材。例如表面声波传感器的优点是小型便携，以美国军方“联合化学战剂检测器(JCAD)”为例，其在 10 s 内，对于 V 型和 G 神经毒气，检测限是 1 mg/m^3；对于糜烂性毒剂如路易斯气，检测限为 50 mg/m^3；对于典型的血液毒剂，当浓度为 22 mg/m^3 和 20 mg/m^3 时仍可以检测出来。SAWRHINO 是另一种基于表面声波原理的化学战剂检测系统，可利用车辆运载进行野外使用，对 G 型神经毒气和 H 芥子气可进行响应，检测浓度范围为 200 ppt～400 ppm。

(11) 生物传感器技术因其具有快速、准确、高选择性等检测特点在食品发酵等领域有广泛的研究和应用，已在食品生产及安全监督领域、食品发酵工业的生产过程监控、产品品质分析等环节获得了比较广泛的应用。发酵是利用微生物在相应的环境或食品原料中对有机物进行分解，从而按照各自生产需要进行生产和加工的活动。在近十年里有关发酵领域电化学生物传感器的研究主要集中在葡萄糖、乳糖、乳酸、苹果酸、酒精、甘油等一些在微生物发酵过程中常见反应物和产物的检测。例如，葡萄糖是许多食品原料的重要水解产物，在发酵过程中葡萄糖浓度的变化直接反映出微生物分解发酵速度或污染情况。在相关食品工业中葡萄糖的浓度及变化包含了产品品质、过程控制所需的重要信息，因此与葡萄糖相关的生物传感器在乳制品、酒以及蔗糖等发酵过程中有相当多的研究和应用。以乳酸为监测对象的电化学生物传感器多应用于牛奶等乳制品的发酵过程中，包括 L-乳酸的发酵生产以及品质评价等。这类传感器通过在电极表面修饰乳酸氧化酶、乳酸脱氢酶等，以特定的酶促反应来获取发酵液中的乳酸含量信息，从而采取相应措施以保证产品品质。目前这类的生物传感器的研究主要集中在通过在电极上固定多种酶来提高传感器的灵敏度以及选择性。乙醇生物传感器主要应用于在线或非在线的酒精发酵中乙醇的检测。针对乙醇检测这一目标，研究者从乙醇氧化酶和乙醇脱氢酶的比较、固定方式等方面进行了试验和评价。丙三醇(甘油)是酒精发酵过程中的重要产物，因而也是酒精发酵监控的重要对象。在以甘油激酶、丙三醇脱氢酶为基础的酶电极所展开的研究中，主要有应用于酒精发酵过程以及其他微生物转化过程中的丙三醇监控，或用以检测酒精饮料中的丙三醇含量。食品的发酵过程必然伴随着反应物的分解和产物的生成，通过对反应物和产物的检测，从而更准确地反映微生物的发酵情况，如生物的产率、反应物的分解速率、是否有其他污染菌以及其干扰测定结果的因素，更好地应用于发酵过程的分析控制系统，提高原料利用率和产物的品质。基于这种思路，多分析物的生物传感器检测系统正在不断地研究并应用于各种在线或非在线的检测系统中。采用丝网印刷技术，可以低成本、大批量地制作电化学传感器，从而大大地拓展其应用领域。传感器阵列技术的研究可以用于多分析物的传感检测，在单个传感器研究发展的基础上，随着电子信息技术的发展，一些先进信号处理技术，如人工神经网络、无线传感器网络等必将和电化学生物传感器的发展慢慢融合、相互促进，使得电化学生物传感器能够取长补短，形成一个功能强大的阵列，在发酵过程监控、产品品质分析、食品安全检疫等领域获得更广泛的应用。

参考文献

曹丙庆,潘勇,赵建军,等.2007.分子印迹聚合物的制备及其传感器应用研究.高分子通报,8:34-42

董绍俊,车广礼,谢远武.1995.化学修饰电极.北京:科学出版社

胡军.2008.我国电化学血糖传感器的产业化发展.传感器世界,12:6-12

鞠熀先.2006.电分析化学与生物传感技术.北京:科学出版社

刘有芹,徐莉,颜芸,等.2007.分子印迹聚合物传感器的研究与发展.分析测试学报,26(3):450-454

毛秀玲,吴坚,应义斌.2008.电化学生物传感器在发酵领域中的应用.分析化学,36(12):1749-1755

倪星元,张志华.2005.传感器敏感功能材料及应用.北京:化学工业出版社

彭军.2003.传感器与检测技术.西安:西安电子科技大学出版社

彭图治,杨丽菊.1999.生命科学中的电分析化学.杭州:杭州大学出版社

司士辉.2003.生物传感器.北京:化学工业出版社

苏波,崔大付,耿照新,等.2006.微流控光纤芯片的研究.仪表技术与传感器,5:8-10

孙宝元,杨宝清.2004.传感器及其应用手册.北京:机械工业出版社

孙伟,高瑞芳,毕瑞锋,等.2007.室温离子液体六氟磷酸正丁基吡啶修饰碳糊电极的制备与表征.分析化学,35(4):567-570

孙伟,高瑞芳,焦奎.2007.离子液体在分析化学中应用研究进展.分析化学,35(12):1813-1819

万莉,赵常志,徐华筠,等.2009.基于蛋白质直接电子转移的全胆固醇传感器.高等学校化学学报,30:670-674

汪尔康.1999.二十一世纪的分析化学.北京:科学出版社

王光丽,徐静娟,陈洪渊.2009.光电化学传感器的研究进展.中国科学:化学,39(11):1336-1347

王明华,王剑平.2010.分子模拟在生物传感器研究中的应用.化学进展,22(5):845-851

王鹏,张文艳,朱果逸,等.1998.免疫电化学发光.分析化学,26(7):898-903

姚守拙.1997.压电化学与生物传感器.长沙:湖南师范大学出版社

姚守拙.2006.化学与生物传感器.北京:化学工业出版社

张先恩.2005.生物传感器.北京:化学工业出版社

张学记,鞠熀先,约瑟夫·王.2009.化学与生物传感器——原理、设计及其在生物医学中的应用.北京:化学工业出版社

周德庆,马敬军,徐晶晶.2004.水产品鲜度评价方法研究进展.莱阳农学院学报,21(4):312-315

周玲,王明华,王剑平,等.2011.传感器表面的适配体固定方法及其在生物传感器中的研究进展.分析化学,39(3):432-438

朱启忠.2009.生物固定化技术及应用.北京:化学工业出版社

邹宗亮,王升启,王志清.2000.基因芯片制备方法研究进展.生物技术通报,1:7-11

左伯莉,刘国宏.2007.化学传感器原理及应用.北京:清华大学出版社

左芳,丁克毅,刘东,等.2011.基于液晶取向改变的化学、生物传感器技术的研究进展.广州化工,39(12):1

Niu S Y, Wang S J, Shi C, et al. 2008. Studies on the fluorescence fiber-optic DNA biosensor using p-hydroxyphenylimidazo[f]1,10-phenanthroline Ferrum(Ⅲ) as indicator. J. Fluoresc., 18:227-235

Zhao C Z, Yu J, Zhao G S, et al. 2011. Choline biosensor based on poly(thionine)/H_2O_2 photoelectrochemical sensing interface. Chinese J. Anal. Chem., 39(6):886-889

Zhu Z H, Li X, Wang Y, et al. 2010. Direct electrochemistry and electrocatalysis of horseradish peroxidase with hyaluronic acid-ionic liquid-cadmium sulfide nanorod composite material. Anal. Chem. Acta., 670:51-56

Zhu Z H, Sun X Y, Wang Y, et al. 2010. Electrochemical horseradish peroxidase biosensor based on dextran-ionic liquid-V_2O_5 nanobelt composite material modified carbon ionic liquid electrode. Mater. Chem. Phys., 124:488-492

附　　录

附录 1　常用固体电极及其规格

名　　称		规　　格	生产企业及联系方法
铂电极	铂盘电极	直径 1.0～3.0 mm	天津艾达科技恒晟科技发展有限公司 地址：天津市南开区南开五马路朝园里 13 号楼 103 室 邮政编码：300102 电话：86-022-27452119 传真：86-022-27455317 邮箱：tjaida@163.com 网址：www.tjaida.cn
		直径 10、25 μm	
	辅助电极	直径 0.5 mm，长度 37 mm	
		直径 1.0 mm，长度 37 mm	
金电极	金盘电极	直径 1.0～3.0 mm	
	金丝电极	直径 1.0 mm，长度 37 mm	
碳电极	玻碳电极	直径 2.0～4.0 mm	
	石墨电极	直径 2.0～5.0 mm	
金属电极	铜、镍、钨、铟、铅、铁	直径 2.0 mm	

附录 2　相关仪器及其主要性能

名　　称	主要性能	生产企业及联系方法
Autolab 电化学工作站	输出电流±100 mA 最大输出电压±10 V 电位扫描范围±10 V 施加电位精度 0.2% 施加电位分辨率 150 μV 测量电位分辨率最小 3 μV 电流范围 10 nA～10 mA，7 挡 施加和测量电流精度±0.2% 施加电流分辨率 0.03% 测量电流分辨率 0.0003% 最大扫速 200 V/s 测试方法：CV、LSV、CA、CC、BE、OCPT、DC、NPV、DPV、DNPV、SW、ACV、ACSHV	瑞士万通中国有限公司北京代表处 励强科技（上海）有限公司 地址：北京市建国门内大街 18 号恒基中心 3 座 906-907 室 邮编：100005 电话：86-010-65170006 传真：86-010-65179657 邮箱：info@metrohm.com.cn 网址：www.metrohm.com.cn
多功能化学 发光检测仪	波长范围 300～650 nm 灵敏度 SP＞1000 A/Lm 测量动态范围：大于 5 个数量级 测量精度优于 0.05%	西安瑞迈分析仪器有限责任公司 地址：西安市高新技术产业开发区科技五路 22 号 邮编：710075 电话：86-029-88327954 传真：86-029-88335483 邮箱：xaremax@sina.com 网址：www.xaremex.com
电化学发光检测仪	波长范围 300～650 nm 灵敏度 SP＞1000 A/Lm 电位范围 −10 V～10 V 电流范围±250 mA 参比电极输入阻抗 10^{12} Ω 灵敏度 1×10^{12}～0.1 A，16 挡 输入偏置电流＜50 pA 电位增量 1 mV 扫描速率 0.0001～200 V/S 测试方法：CV、LSV、CA、CC、BE、OCPT	